CAMBRIDGE LIBRARY COLLECTION

Books of enduring scholarly value

Mathematical Sciences

From its pre-historic roots in simple counting to the algorithms powering modern desktop computers, from the genius of Archimedes to the genius of Einstein, advances in mathematical understanding and numerical techniques have been directly responsible for creating the modern world as we know it. This series will provide a library of the most influential publications and writers on mathematics in its broadest sense. As such, it will show not only the deep roots from which modern science and technology have grown, but also the astonishing breadth of application of mathematical techniques in the humanities and social sciences, and in everyday life.

Oeuvres complètes

Augustin-Louis, Baron Cauchy (1789-1857) was the pre-eminent French mathematician of the nineteenth century. He began his career as a military engineer during the Napoleonic Wars, but even then was publishing significant mathematical papers, and was persuaded by Lagrange and Laplace to devote himself entirely to mathematics. His greatest contributions are considered to be the Cours d'analyse de l'École Royale Polytechnique (1821), Résumé des leçons sur le calcul infinitésimal (1823) and Leçons sur les applications du calcul infinitésimal à la géométrie (1826-8), and his pioneering work encompassed a huge range of topics, most significantly real analysis, the theory of functions of a complex variable, and theoretical mechanics. Twenty-six volumes of his collected papers were published between 1882 and 1958. The first series (volumes 1–12) consists of papers published by the Académie des Sciences de l'Institut de France; the second series (volumes 13–26) of papers published elsewhere.

Cambridge University Press has long been a pioneer in the reissuing of out-of-print titles from its own backlist, producing digital reprints of books that are still sought after by scholars and students but could not be reprinted economically using traditional technology. The Cambridge Library Collection extends this activity to a wider range of books which are still of importance to researchers and professionals, either for the source material they contain, or as landmarks in the history of their academic discipline.

Drawing from the world-renowned collections in the Cambridge University Library, and guided by the advice of experts in each subject area, Cambridge University Press is using state-of-the-art scanning machines in its own Printing House to capture the content of each book selected for inclusion. The files are processed to give a consistently clear, crisp image, and the books finished to the high quality standard for which the Press is recognised around the world. The latest print-on-demand technology ensures that the books will remain available indefinitely, and that orders for single or multiple copies can quickly be supplied.

The Cambridge Library Collection will bring back to life books of enduring scholarly value across a wide range of disciplines in the humanities and social sciences and in science and technology.

Oeuvres complètes

Series 2

VOLUME 10

AUGUSTIN LOUIS CAUCHY

CAMBRIDGE
UNIVERSITY PRESS

CAMBRIDGE UNIVERSITY PRESS

Cambridge New York Melbourne Madrid Cape Town Singapore São Paolo Delhi

Published in the United States of America by Cambridge University Press, New York

www.cambridge.org
Information on this title: www.cambridge.org/9781108003230

This edition first published 1895
This digitally printed version 2009

ISBN 978-1-108-00323-0

ŒUVRES

COMPLÈTES

D'AUGUSTIN CAUCHY

ŒUVRES

COMPLÈTES

D'AUGUSTIN CAUCHY

PUBLIÉES SOUS LA DIRECTION SCIENTIFIQUE

DE L'ACADÉMIE DES SCIENCES

ET SOUS LES AUSPICES

DE M. LE MINISTRE DE L'INSTRUCTION PUBLIQUE.

IIe SÉRIE. — TOME V.

PARIS,

GAUTHIER-VILLARS ET FILS, IMPRIMEURS-LIBRAIRES

DU BUREAU DES LONGITUDES, DE L'ÉCOLE POLYTECHNIQUE,

Quai des Augustins, 55.

MDCCCXCV

SECONDE SÉRIE.

I. — MÉMOIRES PUBLIÉS DANS DIVERS RECUEILS

AUTRES QUE CEUX DE L'ACADÉMIE.

II. — OUVRAGES CLASSIQUES.

III. — MÉMOIRES PUBLIÉS EN CORPS D'OUVRAGE.

IV. — MÉMOIRES PUBLIÉS SÉPARÉMENT.

III.

MÉMOIRES

PUBLIÉS EN CORPS D'OUVRAGE.

RÉSUMÉS ANALYTIQUES

DE TURIN.

DEUXIÈME ÉDITION

RÉIMPRIMÉE

D'APRÈS LA PREMIÈRE ÉDITION.

RÉSUMÉS ANALYTIQUES

PAR

M. AUGUSTIN LOUIS CAUCHY

MEMBRE DE L'ACADÉMIE DES SCIENCES DE PARIS,
DE LA SOCIÉTÉ ROYALE DE LONDRES, ETC.........

À TURIN
DE L'IMPRIMERIE ROYALE

1833.

RÉSUMÉS ANALYTIQUES.

AVERTISSEMENT.

L'expérience de l'enseignement m'a prouvé qu'on peut simplifier encore sur plusieurs points l'étude de l'Analyse. D'autre part, des recherches approfondies sur différentes branches des Sciences mathématiques m'ont conduit à des résultats nouveaux et à de nouvelles méthodes qui fournissent la solution d'un grand nombre de questions diverses. Déjà quelques-unes de ces méthodes se trouvent indiquées dans des Notes que renferme le *Bulletin des Sciences*, et présentées avec plus d'étendue dans les deux Mémoires lithographiés en 1831 et 1832. En attendant que je puisse donner à ces matières de plus amples développements par la publication de Traités spéciaux, ou la reprise des *Exercices de Mathématiques*, j'ai pensé qu'une série d'articles destinés à offrir le résumé des théories les plus importantes de l'Analyse, soit anciennes, soit nouvelles, particulièrement des théories qu'embrasse l'Analyse algébrique et des méthodes qui en rendent l'exposition plus facile, pourrait intéresser les géomètres et ceux qui s'adonnent à la culture des Sciences. Tel est le but que je me propose dans le présent Ouvrage, qui paraîtra par cahiers à des époques plus ou moins rapprochées les unes des autres, suivant le plus ou moins de temps que les circonstances me permettront d'y consacrer.

§ I. — *Sur les nombres figurés.*

Désignons par $(m)_n$ le nombre des produits qu'on peut former avec m lettres $a, b, c, \ldots$ combinées n à n. Parmi ces produits, le nombre de ceux qui renfermeront la lettre a sera évidemment

$$(m-1)_{n-1},$$

et le nombre de ceux qui renfermeront seulement les $m-1$ autres lettres $b, c, \ldots$ sera

$$(m-1)_n.$$

On aura donc

$$(m)_n = (m-1)_n + (m-1)_{n-1}. \tag{1}$$

De plus, si l'on forme : 1° les produits qui renferment la lettre a et dont le nombre est $(m-1)_{n-1}$; 2° les produits qui renferment la lettre b et dont le nombre est encore $(m-1)_{n-1}, \ldots$, on obtiendra en tout

$$m(m-1)_{n-1}$$

produits. Mais, en opérant de cette manière, on obtiendra n fois chaque produit; car, si $n=3$, par exemple, le produit abc sera compris, et parmi ceux qui renferment la lettre a, et parmi ceux qui renferment la lettre b, et parmi ceux qui renferment la lettre c. Donc

$$(m)_n = \frac{m}{n}(m-1)_{n-1}. \tag{2}$$

Observons enfin qu'on aura évidemment

$$(m)_1 = m, \tag{3}$$

et que, à chaque produit formé avec n lettres prises dans la suite $a, b, c, \ldots$, correspond un seul produit formé avec les $m-n$ lettres restantes; d'où il suit qu'on trouvera généralement

$$(m)_n = (m)_{m-n}. \tag{4}$$

Si au nombre m, qui doit toujours être égal ou supérieur à n, on attribue successivement les valeurs

$$n, \quad n+1, \quad n+2, \quad \ldots,$$

l'expression $(m)_n$ engendrera la suite des nombres

$$(n)_n = 1, \quad (n+1)_n = (n+1)_1 = n+1, \quad (n+2)_n, \quad (n+3)_n, \quad \ldots$$

qu'on appelle les nombres *figurés* de l'ordre n. Ceux du premier ordre seront, en vertu de la formule (3), les nombres *naturels*

$$1, \quad 2, \quad 3, \quad 4, \quad \ldots;$$

et généralement ceux du premier, du second, du troisième ordre, etc. composeront la seconde, la troisième, la quatrième, ... ligne horizontale du triangle arithmétique de Pascal, savoir

$$\begin{array}{cccccccccc}
1, & 1, & 1, & 1, & 1, & 1, & 1, & 1, & 1, & \ldots, \\
 & 1, & (2)_1, & (3)_1, & (4)_1, & (5)_1, & (6)_1, & (7)_1, & (8)_1, & \ldots, \\
 & & 1, & (3)_2, & (4)_2, & (5)_2, & (6)_2, & (7)_2, & (8)_2, & \ldots, \\
 & & & 1, & (4)_3, & (5)_3, & (6)_3, & (7)_3, & (8)_3, & \ldots, \\
 & & & & 1, & (5)_4, & (6)_4, & (7)_4, & (8)_4, & \ldots, \\
 & & & & & 1, & (6)_5, & (7)_5, & (8)_5, & \ldots, \\
 & & & & & & 1, & (7)_6, & (8)_6, & \ldots, \\
 & & & & & & & 1, & (8)_7, & \ldots, \\
 & & & & & & & & 1, & \ldots
\end{array}$$

ou

$$\begin{array}{cccccccccc}
1, & 1, & 1, & 1, & 1, & 1, & 1, & 1, & 1, & \ldots, \\
 & 1, & 2, & 3, & 4, & 5, & 6, & 7, & 8, & \ldots, \\
 & & 1, & 3, & 6, & 10, & 15, & 21, & 28, & \ldots, \\
 & & & 1, & 4, & 10, & 20, & 35, & 56, & \ldots, \\
 & & & & 1, & 5, & 15, & 35, & 70, & \ldots, \\
 & & & & & 1, & 6, & 21, & 56, & \ldots, \\
 & & & & & & 1, & 7, & 28, & \ldots, \\
 & & & & & & & 1, & 8, & \ldots, \\
 & & & & & & & & 1, & \ldots.
\end{array}$$

Dans ce Tableau, les termes de la première suite sont tous égaux à l'unité. De plus, le premier terme de chaque nouvelle suite, équivalent lui-même à l'unité, est avancé d'un rang vers la droite par rapport au premier terme de la suite précédente; et chaque nouveau terme d'une suite quelconque est, en vertu de la formule (1), la somme qu'on obtient lorsqu'on ajoute au terme précédent de la même suite le nombre qui se trouve immédiatement au-dessus. Il en résulte que le $n^{\text{ième}}$ terme de la suite des nombres figurés de l'ordre $m+1$ est la somme des n premiers nombres figurés de l'ordre m. On a donc

$$(5)\qquad 1+(m+1)_m+(m+2)_m+\ldots+(m+n-1)_m=(m+n)_{m+1}.$$

Au reste, la formule (5) peut être déduite immédiatement de la formule (1).

De la formule (2) on tire successivement

$$(m)_n=\frac{m}{n}(m-1)_{n-1},\qquad (m-1)_{n-1}=\frac{m-1}{n-1}(m-2)_{n-2},\qquad \ldots$$

et, par suite,

$$(6)\qquad (m)_n=\frac{m}{n}\,\frac{m-1}{n-1}\,\frac{m-2}{n-2}\cdots\frac{m-(n-1)}{n-(n-1)}$$

ou

$$(7)\qquad (m)_n=\frac{m(m-1)\ldots(m-n+1)}{1.2\ldots n}.$$

Cela posé, la formule (5) donnera

$$(8)\qquad \left\{\begin{aligned} &1+(m+1)+\frac{(m+1)(m+2)}{1.2}+\ldots\\ &\qquad+\frac{n(n+1)\ldots(n+m-1)}{1.2\ldots m}=\frac{n(n+1)\ldots(n+m)}{1.2\ldots(m+1)}.\end{aligned}\right.$$

Ainsi, en particulier,

$$(9)\qquad 1+2+3+\ldots+n=\frac{n(n+1)}{2},$$

$$(10)\qquad 1+3+6+\ldots+\frac{n(n+1)}{2}=\frac{n(n+1)(n+2)}{2.3},$$

$$(11)\qquad 1+4+10+\ldots+\frac{n(n+1)(n+2)}{2.3}=\frac{n(n+1)(n+2)(n+3)}{2.3.4},$$

. . . .

En vertu de l'équation (9), les sommes des n premiers termes des progressions arithmétiques

$$0,\quad 1,\quad 2,\quad 3,\quad \ldots,\quad (n-1),$$
$$a,\quad a+b,\quad a+2b,\quad \ldots,\quad a+(n-1)b$$

seront respectivement

$$(12)\qquad 0+1+2+\ldots+(n-1)=\frac{n(n-1)}{2}$$

et

$$(13)\qquad na+[1+2+\ldots+(n-1)]b=na+\frac{n(n-1)}{2}b=n\left[a+\frac{(n-1)}{2}b\right].$$

Le second membre de la formule (12) ou (13) est le produit de n par la demi-somme du premier et du dernier terme de la progression que l'on considère.

Si l'on indique la somme des n premiers termes d'une suite par la lettre S placée devant le $n^{\text{ième}}$ terme, les équations (9), (10), (11) pourront s'écrire comme il suit

$$(14)\qquad \left\{\begin{aligned} &S(n)=\frac{n(n+1)}{2},\\ &S\left[\frac{n(n+1)}{2}\right]=\frac{n(n+1)(n+2)}{2.3},\\ &S\left[\frac{n(n+1)(n+2)}{2.3}\right]=\frac{n(n+1)(n+2)(n+3)}{2.3.4},\\ &\ldots\ldots\ldots\ldots\ldots\ldots\ldots\ldots\ldots\ldots \end{aligned}\right.$$

et l'on en conclura

$$(15)\qquad \left\{\begin{aligned} &S(n)=\frac{n(n+1)}{2},\\ &S[n(n+1)]=\frac{n(n+1)(n+2)}{3},\\ &S[n(n+1)(n+2)]=\frac{n(n+1)(n+2)(n+3)}{4},\\ &\ldots\ldots\ldots\ldots\ldots\ldots\ldots\ldots\ldots\ldots \end{aligned}\right.$$

Si des boulets de même diamètre sont distribués, dans plusieurs couches superposées, de manière à figurer une pyramide triangulaire, et dans chaque couche sur plusieurs files parallèles, de manière à figurer un triangle équilatéral, le nombre des boulets compris dans une couche triangulaire, ou dans la pyramide, se trouvera déterminé par la formule (9) ou (10), et sera ce qu'on nomme un nombre *triangulaire* ou un nombre *pyramidal.* Donc les nombres triangulaires et pyramidaux se confondent avec les nombres figurés du second et du troisième ordre.

§ II. — *Développement du produit de plusieurs binômes, ou d'une puissance entière et positive de l'un d'entre eux; théorème de Fermat sur les nombres premiers.*

Considérons m binômes différents de la forme

$$x+a,\quad x+b,\quad x+c,\quad \ldots.$$

En les multipliant l'un par l'autre, on aura

$$(1)\quad \left\{\begin{array}{l}(x+a)(x+b)(x+c)\ldots\\ \quad = x^m+(a+b+c+\ldots)x^{m-1}+(ab+ac+\ldots+bc+\ldots)x^{m-2}+\ldots+abc\ldots;\end{array}\right.$$

de plus, en posant

$$a=b=c=\ldots,$$

on trouvera

$$\begin{array}{r}a+b+c+\ldots=ma=(m)_1 a,\\ ab+ac+\ldots+bc+\ldots=(m)_2 a^2,\\ \ldots\ldots\ldots\ldots\ldots\ldots\ldots\ldots,\\ abc\ldots=a^m.\end{array}$$

Donc, par suite,

$$(2)\qquad (x+a)^m=x^m+(m)_1\,a x^{m-1}+(m)_2\,a^2x^{m-2}+\ldots+a^m.$$

Dans le second membre de l'équation (2), les coefficients des diverses puissances de x et de a, savoir

$$(3)\qquad 1,\quad (m)_1,\quad (m)_2,\quad \ldots,\quad (m)_2,\quad (m)_1,\quad 1,$$

sont précisément les nombres qui composent la $(m+1)^{\text{ième}}$ colonne verticale du triangle arithmétique de Pascal, et le coefficient de

$$a^{m-n}x^n \quad \text{ou de} \quad a^n x^{m-n}$$

est

$$(4) \qquad (m)_n = (m)_{m-n}$$

ou, en vertu de la formule (7) du § I,

$$(5) \qquad \frac{m(m-1)\ldots(m-n+1)}{1.2\ldots n} = \frac{m(m-1)\ldots(n+1)}{1.2\ldots(m-n)}.$$

On peut s'assurer que les fractions contenues dans les deux membres de la formule (5) sont égales en les réduisant au même dénominateur.

Si l'on pose successivement

$$m=2, \qquad m=3, \qquad m=4, \qquad m=5, \qquad \ldots,$$

on trouvera, en prenant pour coefficients les divers termes des colonnes verticales du triangle arithmétique,

$$(x+a)^2 = x^2 + 2ax + a^2,$$
$$(x+a)^3 = x^3 + 3ax^2 + 3a^2x + a^3,$$
$$(x+a)^4 = x^4 + 4ax^3 + 6a^2x^2 + 4a^3x + a^4,$$
$$(x+a)^5 = x^5 + 5ax^4 + 10a^2x^3 + 10a^3x^2 + 5a^4x + a^5,$$
$$\ldots\ldots\ldots\ldots\ldots\ldots\ldots\ldots\ldots\ldots$$

Lorsque dans la formule (2) on pose $a = 1$, elle donne

$$(6) \qquad (x+1)^m = x^m + (m)_1 x^{m-1} + (m)_2 x^{m-2} + \ldots + 1.$$

Si l'on fait de plus $x = 1$, on trouvera

$$(7) \qquad 2^m = 1 + (m)_1 + (m)_2 + \ldots + (m)_2 + (m)_1 + 1.$$

Donc les divers coefficients, dont le nombre est $m+1$, fournissent une somme égale à 2^m. Lorsque m est un nombre premier, tous les termes de la suite contenue dans le second membre de la formule (7) sont, à l'exception du premier et du dernier, des multiples de m. Donc alors 2^m divisé par m donne 2 pour reste. Dans le même cas, n étant un nombre entier quelconque,

$$(n+1)^m$$

divisé par m donne, en vertu de la formule (6), le même reste que n^m+1, et par suite

$$(n+1)^m-(n+1)$$

donne le même reste que

$$n^m-n.$$

Donc 2^m-2 étant divisible par m, on pourra en dire autant de 3^m-3, puis de 4^m-4, ..., et généralement de

$$n^m-n=n(n^{m-1}-1).$$

Donc, si n n'est pas divisible par le nombre premier m, n^{m-1} divisé par m donnera l'unité pour reste, ce qui constitue le théorème de Fermat sur les nombres premiers.

Lorsque dans l'équation (1) on remplace $a, b, c, \ldots$ par $-a, -b, -c, \ldots$, on en tire

$$(8)\quad (x-a)(x-b)(x-c)\ldots=x^m+A_1x^{m-1}+A_2x^{m-2}+\ldots+A_m,$$

les valeurs de $A_1, A_2, \ldots, A_m$ étant

$$(9)\quad \left\{\begin{array}{l} A_1=-(a+b+c+\ldots),\\ A_2=ab+ac+\ldots+bc+\ldots,\\ \ldots\ldots\ldots\ldots\ldots\ldots\ldots\ldots,\\ A_m=(-1)^m abc\ldots=\pm abc\ldots. \end{array}\right.$$

§ III. — *Des variables et des fonctions en général, et, en particulier, des fonctions entières d'une seule variable. Relations qui existent entre les coefficients des puissances entières et positives d'un binôme.*

On nomme quantité *variable* celle que l'on considère comme devant recevoir successivement plusieurs valeurs différentes les unes des autres. On appelle, au contraire, quantité *constante* toute quantité qui reçoit une valeur fixe et déterminée. Lorsque les valeurs successivement attribuées à une même variable s'approchent indéfiniment d'une valeur fixe, de manière à finir par en différer aussi peu que l'on voudra, cette dernière est appelée la *limite* de toutes les autres. Ainsi, par exemple, la surface du cercle est la limite vers laquelle convergent les surfaces des polygones réguliers inscrits, tandis que le nombre de leurs côtés croît de plus en plus, etc.

Lorsque les valeurs numériques successives d'une même variable décroissent indéfiniment, de manière à s'abaisser au-dessous de tout nombre donné, cette variable devient ce qu'on nomme un *infiniment petit*, ou une *quantité infiniment petite*. Une variable de cette espèce a zéro pour limite.

Lorsque les valeurs numériques successives d'une même variable croissent de plus en plus, de manière à s'élever au-dessus de tout nombre donné, on dit que cette variable a pour limite l'*infini positif*, indiqué par le signe ∞, s'il s'agit d'une variable positive, et l'*infini négatif*, indiqué par la notation $-\infty$, s'il s'agit d'une variable négative.

Lorsque des quantités variables sont tellement liées entre elles que, la valeur de l'une d'elles étant donnée, on puisse en conclure les valeurs de toutes les autres, on conçoit d'ordinaire ces diverses quantités exprimées au moyen de l'une d'entre elles, qui prend alors le nom de *variable indépendante*, et les autres quantités, exprimées au moyen de la variable indépendante, sont ce qu'on appelle des *fonctions* de cette variable.

Lorsque des quantités variables sont tellement liées entre elles que, les valeurs de quelques-unes d'entre elles étant données, on puisse en conclure les valeurs de toutes les autres, on conçoit ces diverses quantités exprimées au moyen de plusieurs d'entre elles, qui prennent alors le nom de *variables indépendantes*, et les quantités restantes, exprimées au moyen des variables indépendantes, sont ce qu'on appelle des *fonctions* de ces mêmes variables.

Les diverses expressions que fournissent l'Algèbre et la Trigonométrie, lorsqu'elles renferment des variables considérées comme indépendantes, sont autant de fonctions de ces mêmes variables. Ainsi, par exemple,

$$ax, \quad x^m, \quad A^x, \quad Lx, \quad \ldots$$

sont des fonctions de la variable x;

$$x+y, \quad x^y, \quad xyz, \quad \ldots$$

sont des fonctions des variables x, y ou x, y et z, ...

Lorsque des fonctions d'une ou de plusieurs variables se trouvent, comme dans les exemples précédents, immédiatement exprimées au moyen de ces mêmes variables, elles sont nommées *fonctions explicites*. Mais, lorsqu'on donne seulement les relations entre les fonctions et les variables, c'est-à-dire les équations auxquelles ces quantités doivent satisfaire, tant que ces équations ne sont pas résolues algébriquement, les fonctions, n'étant pas exprimées immédiatement au moyen des variables, sont appelées *fonctions implicites*. Pour les rendre explicites, il suffit de résoudre, lorsque cela se peut, les équations qui les déterminent. Par exemple, soit y une fonction implicite de x déterminée par l'équation

$$Ly = x.$$

Si l'on nomme A la base du système de logarithmes que l'on considère, la même fonction devenue explicite par la résolution de l'équation donnée sera

$$y = A^x.$$

Soit maintenant y une fonction de x, qui, pour chaque valeur de x intermédiaire entre deux limites données, admette constamment une valeur unique et finie. *La fonction y sera* CONTINUE *par rapport à x entre les limites données, si entre ces limites un accroissement infiniment petit de la variable x produit toujours un accroissement infiniment petit de la fonction elle-même.* On dit encore que la fonction y est, dans le voisinage d'une valeur particulière attribuée à la variable x, fonction *continue* de cette variable, toutes les fois qu'elle est continue entre deux limites de x, même très rapprochées, qui renferment la valeur dont il s'agit.

Enfin, lorsqu'une fonction cesse d'être continue dans le voisinage d'une valeur particulière de la variable x, on dit qu'elle devient alors *discontinue*, et qu'il y a, pour cette valeur particulière, *solution de continuité*.

D'après ces définitions, A étant un nombre et a une quantité constante, chacune des fonctions

$$a+x,\quad a-x,\quad ax,\quad \frac{a}{x},\quad x^a,\quad A^x,\quad Lx$$

sera continue dans le voisinage d'une valeur finie attribuée à la variable x, si cette valeur se trouve comprise, pour les fonctions

$$a+x,\quad a-x,\quad ax,\quad A^x,$$

entre les limites $x=-\infty$, $x=\infty$; pour la fonction

$$\frac{a}{x}$$

entre les limites $x=-\infty$, $x=0$, ou bien entre les limites $x=0$, $x=\infty$; enfin, pour les fonctions

$$x^a,\quad Lx,$$

entre les limites $x=0$, $x=\infty$. La fonction $\frac{a}{x}$ devient discontinue pour $x=0$.

Il semble qu'on devrait nommer *fonctions algébriques* toutes celles que fournissent les opérations de l'Algèbre. Mais on a réservé particulièrement ce nom à celles que l'on forme en n'employant que les premières opérations algébriques, savoir l'addition et la soustraction, la multiplication et la division, enfin l'élévation à des puissances fixes; et, dès qu'une fonction renferme des exposants variables ou des logarithmes, elle prend le nom de *fonction exponentielle* ou *logarithmique*.

Les fonctions que l'on nomme *algébriques* se divisent en fonctions *rationnelles* et fonctions *irrationnelles*. Les fonctions rationnelles sont celles dans lesquelles la variable ne se trouve élevée qu'à des puissances entières. On appelle, en particulier, *fonction entière* tout polynôme qui ne renferme que des puissances entières de la variable, et *fonction fractionnaire* ou *fraction rationnelle* le quotient de deux semblables polynômes. Le degré d'une fonction entière est l'exposant de la plus haute puissance de x dans cette même fonction. La fonction entière du premier degré s'appelle aussi *fonction linéaire*, parce que dans l'application à la Géométrie on s'en sert pour représenter l'ordonnée d'une ligne droite. Toute fonction entière ou fractionnaire est par cela même rationnelle, et toute autre espèce de fonctions algébriques est irrationnelle.

Les définitions précédentes étant admises, considérons une fonction entière de x du degré m, c'est-à-dire un polynôme de la forme

$$\text{(1)} \qquad P = A_0 x^m + A_1 x^{m-1} + \ldots + A_{m-1} x + A_m.$$

Si, dans ce polynôme, on pose $x = a + z$, il se changera en une fonction entière de z, de sorte qu'on aura, quel que soit z,

$$\begin{aligned} &A_0 x^m + A_1 x^{m-1} + A_2 x^{m-2} + \ldots + A_{m-1} x + A_m \\ &= C_0 z^m + C_1 z^{m-1} + C_2 z^{m-2} + \ldots + C_{m-1} z + C_m, \end{aligned}$$

et, par conséquent, quel que soit x,

$$\text{(2)} \quad \left\{ \begin{aligned} &A_0 x^m + A_1 x^{m-1} + A_2 x^{m-2} + \ldots + A_{m-1} x + A_m \\ &= C_0 (x-a)^m + C_1 (x-a)^{m-1} + C_2 (x-a)^{m-2} + \ldots + C_{m-1}(x-a) + C_m, \end{aligned} \right.$$

le coefficient C_0 étant précisément égal à A_0. Donc tout polynôme ordonné suivant les puissances descendantes et entières de x peut être transformé en un autre polynôme ordonné suivant les puissances descendantes et entières de $x - a$.

Lorsque le polynôme (1) est algébriquement divisible par un facteur du premier degré et de la forme $x - a$, c'est-à-dire lorsqu'on a

$$P = A_0 x^m + A_1 x^{m-1} + \ldots + A_{m-1} x + A_m = (x - a) Q,$$

Q désignant une nouvelle fonction entière du degré $m - 1$, il est clair que ce polynôme s'évanouit pour $x = a$; en d'autres termes, $x = a$ est une racine de l'équation

$$(3) \qquad A_0 x^m + A_1 x^{m-1} + \ldots + A_{m-1} x + A_m = 0.$$

Réciproquement, lorsque a est une racine de l'équation (3), C_m se réduit nécessairement à zéro dans le second membre de la formule (2), et cette formule donne

$$(4) \qquad \left\{ \begin{aligned} & A_0 x^m + A_1 x^{m-1} + \ldots + A_{m-1} x + A_m \\ & \quad = (x - a)[C_0(x-a)^{m-1} + C_1(x-a)^{m-2} + \ldots + C_{m-1}]; \end{aligned} \right.$$

donc alors le polynôme (1) est divisible par $x - a$, ou est de la forme

$$(5) \qquad P = (x - a)Q.$$

Si b désigne une seconde racine de l'équation (3), b étant différent de a, alors en posant $x = b$ on fera évanouir le produit $P = (x - a)Q$ et par conséquent le polynôme Q, puisque $x - a$ ne s'évanouira pas pour $x = b$. On aura donc encore

$$Q = (x - b)R$$

et, par suite,

$$P = (x - a)(x - b)R$$

R désignant un polynôme du degré $m - 2$. En continuant ainsi, on prouvera que, si l'équation (3) admet m racines distinctes

$$a, \quad b, \quad c, \quad \ldots,$$

le polynôme P sera le produit des facteurs

$$x - a, \quad x - b, \quad x - c, \quad \ldots$$

par une fonction entière du degré zéro, c'est-à-dire par un coefficient constant qui ne pourra différer de A_0; en sorte qu'on aura

$$(6) \qquad P = A_0(x - a)(x - b)(x - c)\ldots.$$

Donc alors l'équation (3) pourra être présentée sous la forme

$$A_0(x-a)(x-b)(x-c)\ldots=0. \tag{7}$$

Le premier membre de l'équation (7) ne pouvant s'évanouir qu'avec l'un des facteurs

$$x-a, \quad x-b, \quad x-c, \quad \ldots,$$

il en résulte que l'équation (3) du degré m ne saurait admettre plus de m racines distinctes.

Soit maintenant

$$B_0 x^m + B_1 x^{m-1} + \ldots + B_{m-1} x + B_m \tag{8}$$

une nouvelle fonction entière de x d'un degré ou égal ou inférieur à m, B_0 pouvant être nul. Si cette nouvelle fonction devient égale à la première pour plus de m valeurs distinctes de x, on aura nécessairement

$$B_0 = A_0, \quad B_1 = A_1, \quad \ldots, \quad B_m = A_m.$$

Car, dans le cas contraire, la différence entre les fonctions (1) et (8) se réduisant à zéro, pour plus de m valeurs distinctes de x, l'équation

$$(A_0 - B_0)x^m + (A_1 - B_1)x^{m-1} + \ldots + A_{m-1} - B_{m-1} = 0$$

serait une équation du degré m qui admettrait plus de m racines, ce qui est absurde. On peut donc énoncer la proposition suivante :

Théorème I. — *Si deux fonctions entières de la variable x deviennent égales pour un nombre de valeurs de cette variable supérieur au degré de chacune de ces fonctions, les coefficients des puissances semblables de x seront les mêmes dans les deux fonctions dont il s'agit.*

On en déduit comme corollaires ces autres théorèmes :

Théorème II. — *Dans deux fonctions entières de x, les coefficients des puissances semblables de x sont les mêmes, lorsque ces deux fonctions sont égales, quel que soit x.*

Théorème III. — *Dans deux fonctions entières de x, les coefficients des* *puissances semblables de x sont les mêmes, lorsque ces fonctions deviennent égales pour toutes les valeurs entières de la variable x ou même pour toutes les valeurs entières qui surpassent une limite donnée.*

Théorème IV. — *Dans deux fonctions entières de plusieurs variables x, y, z, ..., les coefficients des produits des puissances semblables de x, y, z, ... sont les mêmes, lorsque ces fonctions deviennent égales pour des valeurs quelconques des variables.*

Théorème V. — *Si deux fonctions entières de plusieurs variables x, y, z, ... deviennent égales pour des valeurs entières quelconques de x, y, z, ... ou même pour toutes les valeurs entières qui surpassent des limites données, les produits des puissances semblables de x, y, z, ... offriront les mêmes coefficients dans ces deux fonctions qui, par suite, seront identiquement égales, quelles que soient les valeurs attribuées à x, y, z, ...*

Pour montrer une application de ces théorèmes, multiplions l'une par l'autre les deux fonctions entières

$$(1+x)^k = 1 + (k)_1 x + (k)_2 x^2 + \ldots + (k)_{k-1} x^{k-1} + x^k,$$
$$(1+x)^l = 1 + (l)_1 x + (l)_2 x^2 + \ldots + (l)_{l-1} x^{l-1} + x^l,$$

k, l étant deux nombres entiers quelconques. On trouvera pour produit, en faisant, pour abréger, $k + l = n$,

$$(9) \qquad (1+x)^n = 1 + \mathrm{A}_1 x + \mathrm{A}_2 x^2 + \ldots + \mathrm{A}_{n-1} x^{n-1} + x^n,$$

le coefficient de x^m étant, dans le second membre de la formule (9),

$$(10) \qquad \mathrm{A}_m = (k)_m + (k)_{m-1}(l)_1 + (k)_{m-2}(l)_2 + \ldots + (k)_1 (l)_{m-1} + (l)_m.$$

D'ailleurs on aura encore

$$(11) \qquad (1+x)^n = 1 + (n)_1 x + (n)_2 x^2 + \ldots + (n)_{n-1} x^{n-1} + x^n,$$

le coefficient de x^m, dans le second membre de la formule (11), étant

$$(n)_m = (k+l)_m;$$

et, puisque, en vertu du théorème II, les coefficients de x^m dans les seconds membres des formules (9) et (11) devront être égaux entre eux, on aura nécessairement

$$(12)\qquad (k+l)_m = (k)_m + (k)_{m-1}(l)_1 + \ldots + (k)_1(l)_{m-1} + (l)_m,$$

ou, ce qui revient au même,

$$(13)\quad \left\{\begin{aligned} &\frac{(k+l)(k+l-1)\ldots(k+l-m+1)}{1.2\ldots m}\\ &\quad = \frac{k(k-1)\ldots(k-m+1)}{1.2\ldots m} + \frac{k(k-1)\ldots(k-m+2)}{1.2\ldots(m-1)}\frac{l}{1}\\ &\quad + \frac{k(k-1)\ldots(k-m+3)}{1.2\ldots(m-2)}\frac{l(l-1)}{1.2}\\ &\quad + \ldots\ldots\ldots\ldots\ldots\ldots\\ &\quad + \frac{k(k-1)}{1.2}\frac{l(l-1)\ldots(l-m+3)}{1.2\ldots(m-2)}\\ &\quad + \frac{k}{1}\frac{l(l-1)\ldots(l-m+2)}{1.2\ldots(m-1)} + \frac{l(l-1)\ldots(l-m+1)}{1.2\ldots m}. \end{aligned}\right.$$

Enfin, cette dernière formule, devant subsister pour toutes les valeurs entières de k et de l qui surpassent le nombre m, continuera de subsister, en vertu du théorème V, quand on y remplacera les nombres entiers k, l par des quantités quelconques x, y. On aura donc, quels que soient x et y,

$$(14)\quad \left\{\begin{aligned} &\frac{(x+y)(x+y-1)\ldots(x+y-m+1)}{1.2\ldots m}\\ &\quad = \frac{x(x-1)\ldots(x-m+1)}{1.2\ldots m} + \frac{x(x-1)\ldots(x-m+2)}{1.2\ldots(m-1)}\frac{y}{1}\\ &\quad + \frac{x(x-1)\ldots(x-m+3)}{1.2\ldots(m-2)}\frac{y(y-1)}{1.2}\\ &\quad + \ldots\ldots\ldots\ldots\ldots\ldots\\ &\quad + \frac{x(x-1)}{1.2}\frac{y(y-1)\ldots(y-m+3)}{1.2\ldots(m-2)}\\ &\quad + \frac{x}{1}\frac{y(y-1)\ldots(y-m+2)}{1.2\ldots(m-1)} + \frac{y(y-1)\ldots(y-m+1)}{1.2\ldots m}. \end{aligned}\right.$$

Si, dans la formule (14), on remplace x par $-x$ et y par $-y$, ou bien encore y par $-y$, sans remplacer en même temps x par $-x$, on obtiendra les suivantes :

$$(15)\quad \left\{\begin{aligned} &\frac{(x+y)(x+y+1)\ldots(x+y+m-1)}{1.2\ldots m}\\ &\quad=\frac{x(x+1)\ldots(x+m-1)}{1.2\ldots m}+\frac{x(x+1)\ldots(x+m-2)}{1.2\ldots(m-1)}\frac{y}{1}\\ &\quad+\frac{x(x+1)\ldots(x+m-3)}{1.2\ldots(m-2)}\frac{y(y+1)}{1.2}+\ldots\\ &\quad+\frac{x(x+1)}{1.2}\frac{y(y+1)\ldots(y+m-3)}{1.2\ldots(m-2)}\\ &\quad+\frac{x}{1}\frac{y(y+1)\ldots(y+m-2)}{1.2\ldots(m-1)}+\frac{y(y+1)\ldots(y+m-1)}{1.2\ldots m}, \end{aligned}\right.$$

$$(16)\quad \left\{\begin{aligned} &\frac{(x-y)(x-y-1)\ldots(x-y-m+1)}{1.2\ldots m}\\ &\quad=\frac{x(x-1)\ldots(x-m+1)}{1.2\ldots m}-\frac{x(x-1)\ldots(x-m+2)}{1.2\ldots(m-1)}\frac{y}{1}\\ &\quad+\frac{x(x-1)\ldots(x-m+3)}{1.2\ldots(m-2)}\frac{y(y+1)}{1.2}+\ldots\\ &\quad\pm\frac{x(x-1)}{1.2}\frac{y(y+1)\ldots(y+m-3)}{1.2\ldots(m-2)}\\ &\quad\mp\frac{x}{1}\frac{y(y+1)\ldots(y+m-2)}{1.2\ldots(m-1)}\pm\frac{y(y+1)\ldots(y+m-1)}{1.2\ldots m}. \end{aligned}\right.$$

Si maintenant on pose, dans la formule (16), $x=m$, elle donnera

$$(17)\quad \left\{\begin{aligned} &1-my+\frac{m(m-1)}{1.2}\frac{y(y+1)}{1.2}-\ldots\\ &\quad\pm\frac{m(m-1)}{1.2}\frac{y(y+1)\ldots(y+m-3)}{1.2\ldots(m-2)}\\ &\quad\mp m\frac{y(y+1)\ldots(y+m-2)}{1.2\ldots(m-1)}\pm\frac{y(y+1)\ldots(y+m-1)}{1.2\ldots m}\\ &\quad=\frac{(m-y)(m-1-y)\ldots(1-y)}{1.2\ldots m}; \end{aligned}\right.$$

puis on conclura de cette dernière : 1° en prenant pour y un nombre entier n qui fasse partie de la suite 1, 2, 3, ..., m,

$$(18)\quad \begin{cases} 1 - m(n)_1 + \dfrac{m(m-1)}{1.2}(n+1)_2 - \ldots \\ \pm \dfrac{m(m-1)}{1.2}(n+m-3)_{m-2} \mp m(n+m-2)_{m-1} \pm (n+m-1)_m = 0, \end{cases}$$

ou, ce qui revient au même,

$$(19)\quad \begin{cases} 1 - m(n)_{n-1} + \dfrac{m(m-1)}{1.2}(n+1)_{n-1} - \ldots \\ \pm \dfrac{m(m-1)}{1.2}(n+m-3)_{n-1} \mp m(n+m-2)_{n-1} \pm (n+m-1)_{n-1} = 0; \end{cases}$$

2° en posant $y = m+1$,

$$(20)\quad \begin{cases} 1 - m(m+1)_m + \dfrac{m(m-1)}{1.2}(m+2)_m - \ldots \\ \pm \dfrac{m(m-1)}{1.2}(2m-2)_m \mp m(2m-1)_m \pm (2m)_m = \pm 1. \end{cases}$$

§ IV. — *Résolutions de plusieurs équations simultanées du premier degré.*

Soient données entre n inconnues

$$x, \quad y, \quad z, \quad \ldots, \quad u, \quad v$$

n équations du premier degré de la forme

$$(1)\quad \begin{cases} a_0 x + b_0 y + c_0 z + \ldots + g_0 u + h_0 v = k_0, \\ a_1 x + b_1 y + c_1 z + \ldots + g_1 u + h_1 v = k_1, \\ a_2 x + b_2 y + c_2 z + \ldots + g_2 u + h_2 v = k_2, \\ \ldots\ldots\ldots\ldots\ldots\ldots\ldots\ldots\ldots\ldots, \\ a_{n-1} x + b_{n-1} y + c_{n-1} z + \ldots + g_{n-1} u + h_{n-1} v = k_{n-1}, \end{cases}$$

$a_0, a_1, \ldots, a_{n-1}, b_0, b_1, \ldots, b_{n-1}, \ldots, h_0, h_1, \ldots, h_{n-1}$ et $k_0, k_1, \ldots, k_{n-1}$ étant des quantités quelconques. Si l'on combine entre elles, par voie d'addition, les formules (1) respectivement multipliées par les facteurs

$$(2)\quad A_{n-1}, \quad A_{n-2}, \quad A_{n-3}, \quad \ldots, \quad A_1, \quad A_0,$$

on en conclura

$$Px = X$$

et, par suite,

(3) $$x = \frac{X}{P},$$

pourvu que, après avoir choisi ces facteurs de manière à vérifier les conditions

(4) $$\left\{\begin{array}{l} A_0 b_{n-1} + A_1 b_{n-2} + \ldots + A_{n-2} b_1 + A_{n-1} b_0 = 0, \\ A_0 c_{n-1} + A_1 c_{n-2} + \ldots + A_{n-2} c_1 + A_{n-1} c_0 = 0, \\ \ldots\ldots\ldots\ldots\ldots\ldots\ldots\ldots\ldots\ldots, \\ A_0 g_{n-1} + A_1 g_{n-2} + \ldots + A_{n-2} g_1 + A_{n-1} g_0 = 0, \\ A_0 h_{n-1} + A_1 h_{n-2} + \ldots + A_{n-2} h_1 + A_{n-1} h_0 = 0, \end{array}\right.$$

on pose

(5) $$A_0 a_{n-1} + A_1 a_{n-2} + \ldots + A_{n-2} a_1 + A_{n-1} a_0 = P$$

et

(6) $$A_0 k_{n-1} + A_1 k_{n-2} + \ldots + A_{n-2} k_1 + A_{n-1} k_0 = X.$$

Considérons en particulier le cas où les équations (1) deviendraient

(7) $$\left\{\begin{array}{lllllll} x & + y & + z & + \ldots + u & + v & = 1, \\ ax & + by & + cz & + \ldots + gu & + hv & = k, \\ a^2 x & + b^2 y & + c^2 z & + \ldots + g^2 u & + h^2 v & = k^2, \\ \ldots & & & & & , \\ a^{n-1} x & + b^{n-1} y & + c^{n-1} z & + \ldots + g^{n-1} u & + h^{n-1} v & = k^{n-1}, \end{array}\right.$$

c'est-à-dire le cas où les divers coefficients de chaque inconnue seraient, ainsi que les seconds membres des équations données, les différents termes d'une progression géométrique, le premier terme de chaque progression étant l'unité. Dans ce cas particulier, les conditions (4), réduites aux suivantes

(8) $$\left\{\begin{array}{l} A_0 b^{n-1} + A_1 b^{n-2} + \ldots + A_{n-2} b + A_{n-1} = 0, \\ A_0 c^{n-1} + A_1 c^{n-2} + \ldots + A_{n-2} c + A_{n-1} = 0, \\ \ldots\ldots\ldots\ldots\ldots\ldots\ldots\ldots\ldots\ldots, \\ A_0 g^{n-1} + A_1 g^{n-2} + \ldots + A_{n-2} g + A_{n-1} = 0, \\ A_0 h^{n-1} + A_1 h^{n-2} + \ldots + A_{n-2} h + A_{n-1} = 0, \end{array}\right.$$

exprimeront seulement que

$$b,\quad c,\quad \ldots,\quad g,\quad h$$

sont racines de l'équation

$$A_0 x^{n-1} + A_1 x^{n-2} + \ldots + A_{n-2} x + A_{n-1} = 0. \tag{9}$$

Elles seront donc satisfaites, si l'on détermine les facteurs

$$A_0,\quad A_1,\quad \ldots,\quad A_{n-2},\quad A_{n-1}$$

de manière que l'on ait, quel que soit x,

$$\left\{\begin{aligned} &A_0 x^{n-1} + A_1 x^{n-2} + \ldots + A_{n-2} x + A_{n-1} \\ &\quad = A_0 (x-b)(x-c)\ldots(x-g)(x-h), \end{aligned}\right. \tag{10}$$

c'est-à-dire si, après avoir choisi arbitrairement la valeur de A_0, on prend

$$\left\{\begin{aligned} A_1 &= - A_0 (b + c + \ldots + g + h), \\ A_2 &= A_0 (bc + \ldots + bg + bh + \ldots + gh), \\ &\ldots\ldots\ldots\ldots\ldots\ldots\ldots\ldots\ldots\ldots, \\ A_{n-1} &= \pm A_0 bc\ldots gh. \end{aligned}\right. \tag{11}$$

Alors les équations (5), (6) donneront

$$P = A_0 (a-b)(a-c)\ldots(a-g)(a-h), \tag{12}$$

$$X = A_0 (k-b)(k-c)\ldots(k-g)(k-h), \tag{13}$$

et par suite la formule (3) deviendra

$$\left\{\begin{aligned} &x = \frac{(k-b)(k-c)\ldots(k-g)(k-h)}{(a-b)(a-c)\ldots(a-g)(a-h)}. \\ &\text{On trouvera de même} \\ &y = \frac{(k-a)(k-c)\ldots(k-g)(k-h)}{(b-a)(b-c)\ldots(b-g)(b-h)}, \\ &\ldots\ldots\ldots\ldots\ldots\ldots\ldots\ldots\ldots\ldots, \\ &v = \frac{(k-a)(k-b)(k-c)\ldots(k-g)}{(h-a)(h-b)(h-c)\ldots(h-g)}. \end{aligned}\right. \tag{14}$$

Ainsi, par exemple, les valeurs de x, y, z propres à résoudre les trois équations

$$(15)\qquad \begin{cases} x + y + z = 1, \\ ax + by + cz = k, \\ a^2x + b^2y + c^2z = k^2 \end{cases}$$

seront

$$(16)\qquad x = \frac{(k-b)(k-c)}{(a-b)(a-c)}, \qquad y = \frac{(k-c)(k-a)}{(b-c)(b-a)}, \qquad z = \frac{(k-a)(k-b)}{(c-a)(c-b)}.$$

Dans les formules (14), le dénominateur de la fraction qui représente la valeur d'une inconnue est le produit de toutes les différences qu'on obtient lorsque du coefficient de cette inconnue pris dans la seconde des équations (7) on retranche successivement les coefficients de toutes les autres inconnues. Pour trouver le numérateur de la même fraction, il suffit de substituer dans le dénominateur la lettre k au coefficient de l'inconnue que l'on considère.

Si l'on veut réduire au même dénominateur les fractions qui représentent les valeurs des diverses inconnues, on pourra prendre évidemment pour dénominateur commun le produit des binômes

$$(17)\qquad b-a;\quad c-a,\quad c-b;\quad \ldots,\quad h-a,\quad h-b,\quad \ldots,\quad h-g;$$

c'est-à-dire le produit de toutes les différences qu'on obtient quand, après avoir disposé les lettres

$$a,\quad b,\quad c,\quad \ldots,\quad g,\quad h$$

dans un ordre quelconque, par exemple dans l'ordre alphabétique, on retranche successivement de chaque lettre toutes celles qui la précèdent. Effectivement, si l'on choisit A_0 de manière que la formule (12) se réduise à

$$(18)\qquad P = (b-a)(c-a)(c-b)\ldots(h-a)(h-b)\ldots(h-g),$$

les équations (14) pourront s'écrire comme il suit

$$(19)\qquad x = \frac{X}{P},\qquad y = \frac{Y}{P},\qquad \ldots,\qquad v = \frac{V}{P},$$

les quantités X, Y, ..., V étant ce que devient le produit P quand on y remplace successivement par la lettre k chacune des lettres $a, b, \ldots, h$.

Le produit P, déterminé par l'équation (18), jouit d'une propriété digne de remarque, à l'aide de laquelle on peut établir directement les formules (19). C'est qu'il se change toujours en $-$P quand on échange entre elles deux quelconques des lettres

$$a, \quad b, \quad c, \quad \ldots, \quad g, \quad h.$$

Alors, en effet, le binôme qui renferme les deux lettres échangées entre elles changera évidemment de signe; et, de plus, le produit des deux binômes qui renferment ces deux lettres avec une troisième, se confondant nécessairement, soit avec le produit des différences qu'on obtient quand on retranche la troisième lettre des deux premières, soit avec ce dernier produit pris en signe contraire, ne changera ni de valeur ni de signe après l'échange dont il s'agit. Ajoutons que, si l'on développe le produit P, en multipliant les uns par les autres les binômes (17), le développement ainsi obtenu se composera de divers produits partiels affectés les uns du signe +, les autres du signe $-$, et dans chacun desquels la somme des exposants des lettres

$$a, \quad b, \quad c, \quad \ldots, \quad g, \quad h$$

sera équivalente au nombre des binômes (17), c'est-à-dire à

$$1+2+3+\ldots+(n-1)=\frac{n(n-1)}{2}. \tag{20}$$

Le premier de ces produits partiels, formé par la multiplication des premiers termes des divers binômes, se réduira simplement à

$$a^0 b^1 c^2 \ldots g^{n-2} h^{n-1}. \tag{21}$$

Si l'on suppose en particulier $n = 2$, on trouvera

$$P = b - a,$$

ou, ce qui revient au même,

$$P = a^0 b^1 - a^1 b^0. \tag{22}$$

Si l'on suppose, au contraire, $n = 3$, on aura

$$(23) \qquad P = a^0 b^1 c^2 - a^0 b^2 c^1 + a^1 b^2 c^0 - a^1 b^0 c^2 + a^2 b^0 c^1 - a^2 b^1 c^0.$$

Donc alors, dans chacun des produits partiels que renfermera le développement de P, les exposants des lettres a, b ou a, b, c seront respectivement égaux aux deux ou trois premiers termes de la suite des nombres naturels

$$(24) \qquad 0, \quad 1, \quad 2, \quad 3, \quad \ldots,$$

et tous ces produits partiels se déduiront les uns des autres par des échanges opérés entre les exposants dont il s'agit. Or on peut affirmer qu'il en sera généralement ainsi, et que tous les produits partiels dont se composera le développement de P seront semblables au produit (21) et se déduiront de celui-ci par de simples échanges opérés entre les indices

$$0, \quad 1, \quad 2, \quad \ldots, \quad n-2, \quad n-1.$$

Effectivement, soit

$$(25) \qquad a^p b^q c^r \ldots g^s h^t$$

l'un quelconque des produits partiels, de ceux, par exemple, qui sont affectés du signe +, en sorte qu'on ait

$$(26) \qquad P = a^p b^q c^r \ldots g^s h^t + \ldots.$$

On tirera de la formule (26), en échangeant entre elles les deux lettres a et b,

$$-P = a^q b^p c^r \ldots g^s h^t + \ldots,$$

ou, ce qui revient au même,

$$(27) \qquad P = -a^q b^p c^r \ldots g^s h^t - \ldots.$$

Donc le développement de P ne peut renfermer un terme affecté du signe + et de la forme

$$a^p b^q c^r \ldots g^s h^t$$

sans renfermer en même temps un terme affecté du signe − et de la forme

$$-a^q b^p c^r \dots g^s h^t,$$

c'est-à-dire un second terme qui se déduise du premier par un échange opéré entre les exposants des deux lettres a, b, mais qui soit affecté d'un signe contraire. On arriverait encore à une conclusion toute semblable si le premier terme était l'un de ceux qui sont affectés du signe $-$. Donc les différents termes contenus dans le développement de P, étant réunis deux à deux, produiront des expressions de la forme

$$(28)\qquad a^p b^q c^r \dots g^s h^t - a^q b^p c^r \dots g^s h^t = (a^p b^q - a^q b^p) c^r \dots g^s h^t,$$

en sorte qu'on aura

$$(29)\qquad \mathrm{P} = (a^p b^q - a^q b^p) c^r \dots g^s h^t + \dots.$$

Or le binôme (28) s'évanouit toutes les fois que les exposants p, q deviennent égaux. Il en résulte qu'on verra disparaître, dans le développement de P, tous les termes où deux lettres diverses a, b seraient élevées à la même puissance. Donc, si le produit (25) est un de ceux qui ne disparaissent pas, les exposants

$$p, \quad q, \quad r, \quad \dots, \quad s, \quad t$$

des différentes lettres y seront tous distincts les uns des autres; et, comme l'exposant de chaque lettre ne pourra surpasser le nombre de celles des différences

$$b-a, \quad c-a, \quad c-b, \quad \dots, \quad h-a, \quad h-b, \quad \dots, \quad h-g$$

qui la renferment, c'est-à-dire le nombre $n-1$, les exposants

$$p, \quad q, \quad r, \quad \dots, \quad s, \quad t$$

ne pourront être évidemment que les nombres

$$0, \quad 1, \quad 2, \quad \dots, \quad n-1.$$

Donc, en définitive, dans le développement de la fonction

$$(30)\qquad \mathrm{P} = a^0 b^1 c^2 \dots g^{n-2} h^{n-1} - \dots,$$

tous les termes se déduiront du premier par des échanges opérés entre les exposants des différentes lettres, et deux termes, dont l'un se déduira de l'autre par un seul échange opéré entre deux exposants, seront toujours affectés de signes contraires.

Si l'on élève les quantités

$$a, \quad b, \quad c, \quad \ldots, \quad g, \quad h$$

à des puissances dont les degrés soient respectivement égaux aux nombres

$$0, \quad 1, \quad 2, \quad \ldots, \quad n-2, \quad n-1$$

rangés dans un ordre quelconque, le produit de ces puissances sera toujours l'un des termes affectés du signe + ou du signe − dans le second membre de la formule (30). En effet, pour déduire ce produit du premier terme

$$a^0 b^1 c^2 \ldots g^{n-2} h^{n-1},$$

il suffira d'opérer des échanges successifs : 1° entre l'exposant 0 et celui que portera la lettre a dans le nouveau produit; 2° entre l'exposant 1 et celui que portera la lettre b dans le nouveau produit, etc. Cela posé, représentons par la notation

$$(31) \qquad S(\pm a^0 b^1 c^2 \ldots g^{n-2} h^{n-1})$$

la somme qu'on obtient quand, au produit

$$a^0 b^1 c^2 \ldots g^{n-2} h^{n-1},$$

pris avec le signe +, on ajoute tous ceux qu'on peut en déduire à l'aide d'échanges opérés entre les exposants

$$0, \quad 1, \quad 2, \quad \ldots, \quad n-2, \quad n-1,$$

chacun des nouveaux produits étant pris avec le signe + ou le signe −, suivant qu'on le déduit du premier à l'aide d'un nombre pair ou d'un nombre impair d'échanges successifs. On aura

$$(32) \qquad P = S(\pm a^0 b^1 c^2 \ldots g^{n-2} h^{n-1}),$$

et les formules (21), qui fournissent les valeurs de $x, y, z, \ldots, u, v,$

propres à vérifier les équations (1), pourront s'écrire comme il suit :

$$(33)\qquad \left\{\begin{aligned} x &= \frac{S(\pm k^0 b^1 c^2 \ldots g^{n-2} h^{n-1})}{S(\pm a^0 b^1 c^2 \ldots g^{n-2} h^{n-1})},\\ y &= \frac{S(\pm a^0 k^1 c^2 \ldots g^{n-2} h^{n-1})}{S(\pm a^0 b^1 c^2 \ldots g^{n-2} h^{n-1})},\\ &\ldots\ldots\ldots\ldots\ldots\ldots\ldots,\\ v &= \frac{S(\pm a^0 b^1 c^2 \ldots g^{n-2} k^{n-1})}{S(\pm a^0 b^1 c^2 \ldots g^{n-2} h^{n-1})}. \end{aligned}\right.$$

Concevons maintenant que, dans le développement de P, on remplace les exposants des différentes lettres a, b, c, ..., g, h par des indices. Alors, au lieu de l'équation (29), on obtiendra la suivante :

$$(34)\qquad P = (a_p b_q - a_q b_p) c_r \ldots g_s h_t + \ldots.$$

Or cette dernière valeur de P pourra être présentée sous la forme

$$(35)\qquad P = A_0 a_{n-1} + A_1 a_{n-2} + \ldots + A_{n-2} a_1 + A_{n-1} a_0,$$

$A_0, A_1, \ldots, A_{n-2}, A_{n-1}$ étant des sommes de produits formés avec les coefficients

$$b_0,\ b_1,\ \ldots,\ b_{n-1},\ c_0,\ c_1,\ \ldots,\ c_{n-1},\ \ldots,\ g_0,\ g_1,\ \ldots,\ g_{n-1},\ h_0,\ h_1,\ \ldots,\ h_{n-1};$$

et, comme elle s'évanouira, en vertu de l'équation (34), si l'on suppose

$$a_0 = b_0, \qquad a_1 = b_1, \qquad \ldots, \qquad a_{n-1} = b_{n-1},$$

on peut affirmer que les quantités

$$A_0, \quad A_1, \quad \ldots, \quad A_{n-2}, \quad A_{n-1},$$

renfermées dans l'équation (35), vérifieront la première des conditions (4). On prouverait de même que les quantités dont il s'agit vérifieront la deuxième, la troisième, etc., enfin la dernière des conditions (4). Donc ces quantités pourront servir à l'élimination des inconnues y, z, ..., u, v entre les équations (1), et la valeur de x sera donnée par la formule (3), pourvu qu'on détermine X par la formule (6), ou, ce qui revient au même, pourvu qu'on appelle X ce que devient l'expression (5) quand on y remplace la lettre a par la lettre k.

Donc, en définitive, les valeurs des inconnues

$$x,\ y,\ \ldots,\ u,\ v,$$

propres à vérifier les équations (1), seront des fractions, dont on obtiendra le commun dénominateur P en remplaçant les exposants des lettres a, b, c, ..., g, h par des indices dans le développement du produit qui compose le second membre de l'équation (18). Quant au numérateur de chaque fraction, on le déduira immédiatement du dénominateur, en remplaçant les quantités qui, dans les équations (1), servent de coefficients à l'inconnue que l'on considère, par les seconds membres de ces mêmes équations.

Si, pour plus de commodité, on représente par la notation

$$(36)\qquad S(\pm a_0 b_1 c_2 \ldots g_{n-2} h_{n-1})$$

la somme qu'on obtient quand, au produit

$$a_0 b_1 c_2 \ldots g_{n-2} h_{n-1}$$

pris avec le signe +, on ajoute tous ceux qu'on peut en déduire à l'aide d'échanges opérés entre les indices

$$0,\ 1,\ 2,\ 3,\ \ldots,\ n-2,\ n-1,$$

chacun des nouveaux produits étant pris avec le signe + ou le signe −, suivant qu'on le déduit du premier à l'aide d'un nombre pair ou d'un nombre impair d'échanges successifs; on aura

$$(37)\qquad P = S(\pm a_0 b_1 c_2 \ldots g_{n-2} h_{n-1}),$$

et les valeurs de $x, y, z, \ldots, u, v$, propres à vérifier les équations (1), se présenteront sous la forme

$$(38)\qquad \left\{\begin{aligned} x &= \frac{S(\pm k_0 b_1 c_2 \ldots g_{n-2} h_{n-1})}{S(\pm a_0 b_1 c_2 \ldots g_{n-2} h_{n-1})},\\ y &= \frac{S(\pm a_0 k_1 c_2 \ldots g_{n-2} h_{n-1})}{S(\pm a_0 b_1 c_2 \ldots g_{n-2} h_{n-1})},\\ &\ldots\ldots\ldots\ldots\ldots\ldots,\\ v &= \frac{S(\pm a_0 b_1 c_2 \ldots g_{n-2} k_{n-1})}{S(\pm a_0 b_1 c_2 \ldots g_{n-2} h_{n-1})}.\end{aligned}\right.$$

Si, pour fixer les idées, on réduit les équations (1) à

$$(39)\qquad \begin{cases} a_0 x + b_0 y + c_0 z = k_0, \\ a_1 x + b_1 y + c_1 z = k_1, \\ a_2 x + b_2 y + c_2 z = k_2, \end{cases}$$

on trouvera

$$(40)\qquad x = \frac{S(\pm k_0 b_1 c_2)}{S(\pm a_0 b_1 c_2)} = \frac{k_0 b_1 c_2 - k_0 b_2 c_1 + k_1 b_2 c_0 - k_1 b_0 c_2 + k_2 b_0 c_1 - k_2 b_1 c_0}{a_0 b_1 c_2 - a_0 b_2 c_1 + a_1 b_2 c_0 - a_1 b_0 c_2 + a_2 b_0 c_1 - a_2 b_1 c_0}.$$

On arriverait au même résultat, en présentant la première des équations (16) sous la forme

$$(41)\qquad x = \frac{(b-k)(c-k)(c-b)}{(b-a)(c-a)(c-b)},$$

puis développant les deux produits

$$(b-k)(c-k)(c-b), \quad (b-a)(c-a)(c-b),$$

et remplaçant dans les développements les exposants des lettres par des indices. Sous ces conditions, la formule (41) peut être censée fournir la valeur de la première des inconnues que renferment les équations (39). Cette valeur qui, prise à la lettre, serait inexacte et ne peut devenir exacte que par suite des modifications énoncées, est ce qu'on nomme une *valeur symbolique* de l'inconnue dont il s'agit. L'équation (41), considérée sous ce point de vue, est elle-même une *équation symbolique*.

Concevons à présent que $m+1$ inconnues, représentées par

$$x_0, \quad x_1, \quad \ldots, \quad x_m,$$

soient déterminées par $m+1$ équations du premier degré et de la forme

$$(42)\qquad \begin{cases} x_0 = k_0, \\ x_0 + x_1 = k_1, \\ x_0 + 2x_1 + x_2 = k_2, \\ \ldots\ldots\ldots\ldots\ldots\ldots, \\ x_0 + m x_1 + \dfrac{m(m-1)}{1.2} x_2 + \ldots + x_m = k_m. \end{cases}$$

On tirera successivement de ces équations

$$x_0 = k_0, \qquad x_1 = k_1 - k_0, \qquad x_2 = k_2 - 2k_1 + k_0, \qquad \ldots,$$

et généralement, si l'on désigne par n un quelconque des nombres entiers renfermés entre les limites o, m, on obtiendra pour valeur de x_n une fonction linéaire des quantités

$$k_0, \quad k_1, \quad k_2, \quad \ldots, \quad k_n.$$

Soit en conséquence

$$(43) \qquad x_n = A_0 k_n + A_1 k_{n-1} + A_2 k_{n-2} + \ldots + A_{n-1} k_1 + A_n k_0.$$

Dans le cas particulier où les quantités

$$(44) \qquad k_0, \quad k_1, \quad k_2, \quad \ldots, \quad k_m$$

se réduiront aux différents termes d'une progression géométrique de la forme

$$(45) \qquad k^0 = 1, \qquad k, \quad k^2, \quad \ldots, \quad k^m,$$

on aura simplement

$$(46) \qquad x_n = A_0 k^n + A_1 k^{n-1} + A_2 k^{n-2} + \ldots + A_{n-1} k + A_n.$$

D'autre part, il est clair que, dans ce cas, on vérifiera les équations (42) en posant

$$x + 1 = k, \qquad x = k - 1$$

et

$$x_n = x^n = (k-1)^n,$$

ou, ce qui revient au même,

$$(47) \qquad x_n = k^n - nk^{n-1} + \frac{n(n-1)}{1.2} k^{n-2} - \ldots \mp nk \pm 1.$$

Les formules (46), (47) devant s'accorder entre elles, il en résulte qu'on aura, quel que soit k,

$$(48) \qquad \left\{ \begin{aligned} & A_0 k^n + A_1 k^{n-1} + A_2 k^{n-2} + \ldots + A_{n-1} k + A_n \\ & = k^n - nk^{n-1} + \frac{n(n-1)}{1.2} k^{n-2} - \ldots \mp nk \pm 1 \end{aligned} \right.$$

et, par suite,

$$(49)\quad A_0 = 1,\quad A_1 = -n,\quad A_2 = \frac{n(n-1)}{1.2},\quad \ldots,\quad A_{n-1} = \mp n,\quad A_n = \pm 1.$$

Donc la valeur générale de x_n, déterminée par la formule (46), sera

$$(50)\quad x_n = k_n - n k_{n-1} + \frac{n(n-1)}{1.2} k_{n-2} - \ldots \mp n k_1 \pm k_0.$$

Au reste, on peut arriver directement à l'équation (50) en combinant entre elles par voie d'addition les n premières des formules (42) respectivement multipliées par les coefficients

$$1,\quad -n,\quad \frac{n(n-1)}{2},\quad \ldots,\quad \mp n,\quad \pm 1,$$

puis ayant égard aux formules (19) et (20) du § III, ou plutôt à celles qu'on en déduit quand on échange entre elles les lettres m et n. Donc, en définitive, les valeurs de

$$x_0,\quad x_1,\quad \ldots,\quad x_m,$$

propres à vérifier les équations (42), seront

$$(51)\quad \begin{cases} x_0 = k_0, \\ x_1 = k_1 - k_0, \\ x_2 = k_2 - 2k_1 + k_0, \\ \ldots\ldots\ldots\ldots\ldots\ldots, \\ x_m = k_m - m k_{m-1} + \dfrac{m(m-1)}{1.2} k_{m-2} - \ldots \mp m k_1 \pm k_0. \end{cases}$$

Si, dans les formules (42) et (51), on remplace simultanément les quantités

$$x_0,\quad x_1,\quad x_2,\quad \ldots,\quad x_m,\qquad k_0,\quad k_1,\quad k_2,\quad \ldots,\quad k_m$$

par les rapports

$$x_0,\quad \frac{x_1}{a},\quad \frac{x_2}{a^2},\quad \ldots,\quad \frac{x_m}{a^m},\qquad k_0,\quad \frac{k_1}{a},\quad \frac{k_2}{a^2},\quad \ldots,\quad \frac{k_m}{a^m},$$

on en conclura que les valeurs des inconnues

$$x_0,\quad x_1,\quad x_2,\quad \ldots,\quad x_m,$$

propres à vérifier les équations

$$(52)\quad \left\{\begin{aligned} x_0 &= k_0,\\ x_1 + a\,x_0 &= k_1,\\ x_2 + 2ax_1 + a^2x_0 &= k_2,\\ &\ldots\ldots\ldots\ldots,\\ x_m + ma\,x_{m-1} + \frac{m(m-1)}{1.2}a^2x_{m-2} + \ldots \mp ma^{m-1}x_1 \pm a^m x_0 &= k_m, \end{aligned}\right.$$

sont respectivement

$$(53)\quad \left\{\begin{aligned} x_0 &= k_0,\\ x_1 &= k_1 - ak_0,\\ x_2 &= k_2 - 2ak_1 + a^2k_0,\\ &\ldots\ldots\ldots\ldots,\\ x_m &= k_m - mak_{m-1} + \frac{m(m-1)}{1.2}a^2k_{m-2} - \ldots \mp ma^{m-1}k_1 \pm a^m k_0. \end{aligned}\right.$$

Si l'on suppose, en particulier, $a = -1$, les formules (52) deviendront

$$(54)\quad \left\{\begin{aligned} x_0 &= k_0,\\ x_1 - x_0 &= k_1,\\ x_2 - 2x_1 + x_0 &= k_2,\\ &\ldots\ldots\ldots\ldots,\\ x_m - mx_{m-1} + \frac{m(m-1)}{1.2}x_{m-2} - \ldots \mp mx_1 \pm x_0 &= k_m, \end{aligned}\right.$$

et l'on en tirera

$$(55)\quad \left\{\begin{aligned} x_0 &= k_0,\\ x_1 &= k_1 + k_0,\\ x_2 &= k_2 + 2k_1 + k_0,\\ &\ldots\ldots\ldots\ldots,\\ x_m &= k_m + mk_{m-1} + \frac{m(m-1)}{1.2}k_{m-2} + \ldots + mk_1 + k_0. \end{aligned}\right.$$

§ V. — *Formules d'interpolation.*

L'*interpolation* consiste à déterminer la valeur exacte ou approchée d'une fonction d'après un certain nombre de valeurs particulières supposées connues.

Considérons spécialement une fonction entière u de la variable x. D'après ce qui a été dit dans le § III, cette fonction sera complètement déterminée si elle est du degré m et si l'on en connaît $m+1$ valeurs particulières. Soient

$$u_0,\quad u_1,\quad u_2,\quad \ldots,\quad u_{m-1},\quad u_m$$

ces $m+1$ valeurs particulières correspondantes aux valeurs

$$x_0,\quad x_1,\quad x_2,\quad \ldots,\quad x_{m-1},\quad x_m$$

de la variable x. Si l'on suppose d'abord que les valeurs particulières de u se réduisent toutes à zéro, à l'exception de la première u_0, la fonction u, devant alors s'évanouir pour $x=x_1$, pour $x=x_2$, ..., enfin pour $x=x_m$, sera divisible par le produit

$$(x-x_1)(x-x_2)\ldots(x-x_m)$$

et sera, par conséquent, de la forme

$$u=a(x-x_1)(x-x_2)\ldots(x-x_m),$$

a ne pouvant être qu'une quantité constante. De plus, u devant se réduire à u_0 pour $x=x_0$, on en conclura

$$u_0=a(x_0-x_1)(x_0-x_2)\ldots(x_0-x_m)$$

et, par suite,

$$(1)\qquad u=u_0\frac{(x-x_1)(x-x_2)\ldots(x-x_m)}{(x_0-x_1)(x_0-x_2)\ldots(x_0-x_m)}.$$

De même, si les valeurs particulières de u se réduisent toutes à zéro, à l'exception de la seconde u_1, on trouvera

$$u=u_1\frac{(x-x_0)(x-x_2)\ldots(x-x_m)}{(x_1-x_0)(x_1-x_2)\ldots(x_1-x_m)},$$

etc.

Enfin, si elles se réduisent toutes à zéro, à l'exception de la dernière u_m, on trouvera

$$u = u_m \frac{(x-x_0)(x-x_1)\ldots(x-x_{m-1})}{(x_m-x_0)(x_m-x_1)\ldots(x_m-x_{m-1})}.$$

En réunissant les diverses valeurs de u correspondantes aux diverses hypothèses qu'on vient de faire, on obtiendra pour somme un polynôme en x du degré m qui aura évidemment la propriété de se réduire à u_0 pour $x = x_0$, à u_1 pour $x = x_1$, ..., à u_m pour $x = x_m$. Ce polynôme sera donc la valeur générale de u qui résout la question proposée, en sorte que cette valeur générale se trouvera déterminée par la formule

$$(2)\quad \left\{ \begin{aligned} u = u_0 &\frac{(x-x_1)(x-x_2)\ldots(x-x_m)}{(x_0-x_1)(x_0-x_2)\ldots(x_0-x_m)} + \ldots \\ &+ u_m \frac{(x-x_0)(x-x_1)\ldots(x-x_{m-1})}{(x_m-x_0)(x_m-x_1)\ldots(x_m-x_{m-1})}, \end{aligned} \right.$$

qui est la formule d'interpolation de Lagrange.

En vertu de la formule (1), si la fonction u du degré m doit s'évanouir pour les valeurs particulières

$$0, \quad 1, \quad 2, \quad \ldots, \quad m-1$$

de la variable x, et se réduire à l'unité pour $x = m$, on aura

$$(3)\qquad u = \frac{x(x-1)\ldots(x-m+1)}{1.2\ldots m}.$$

Lorsque les valeurs particulières de x représentées par

$$x_0, \quad x_1, \quad x_2, \quad \ldots, \quad x_m$$

se réduisent aux différents termes de la suite

$$0, \quad 1, \quad 2, \quad \ldots, \quad m,$$

alors, pour obtenir la valeur générale de u, il suffit évidemment de supposer

$$(4)\quad u = a_0 + a_1 x + a_2 \frac{x(x-1)}{1.2} + \ldots + a_m \frac{x(x-1)\ldots(x-m+1)}{1.2\ldots m}$$

et de choisir les coefficients

$$a_0,\quad a_1,\quad a_2,\quad \ldots,\quad a_m$$

de manière à vérifier les équations

$$(5)\quad \left\{ \begin{aligned} a_0 &= u_0, \\ a_0 + a_1 &= u_1, \\ a_0 + 2a_1 + a_2 &= u_2, \\ &\ldots\ldots\ldots\ldots\ldots, \\ a_0 + m a_1 + \frac{m(m-1)}{2} a_2 + \ldots + a_m &= u_m. \end{aligned} \right.$$

Or on vérifiera ces dernières (*voir* le § IV) en prenant

$$(6)\quad \left\{ \begin{aligned} a_0 &= u_0, \\ a_1 &= u_1 - u_0, \\ a_2 &= u_2 - 2u_1 + u_0, \\ &\ldots\ldots\ldots\ldots\ldots, \\ a_m &= u_m - m u_{m-1} + \frac{m(m-1)}{1.2} m_{m-2} - \ldots \mp m u_1 \pm u_0. \end{aligned} \right.$$

Donc la valeur générale de u sera

$$(7)\quad \left\{ \begin{aligned} u = u_0 &+ (u_1 - u_0)x + (u_2 - 2u_1 + u_0)\frac{x(x-1)}{1.2} + \ldots \\ &+ \left[u_m - m u_{m-1} + \frac{m(m-1)}{1.2} u_{m-2} + \ldots \mp m u_1 \pm u_0\right] \frac{x(x-1)\ldots(x-m+1)}{1.2\ldots m}. \end{aligned} \right.$$

Si l'on suppose en particulier

$$u = x^m,$$

on aura

$$(8)\quad u_0 = 0,\qquad u_1 = 1,\qquad u_2 = 2^m,\qquad \ldots,\qquad u_{m-1} = (m-1)^m,\qquad u_m = m^m,$$

et les formules (6), (7) donneront

$$
(9)\quad\left\{\begin{aligned}
a_0 &= 0,\\
a_1 &= 1,\\
a_2 &= 2^m - 2,\\
a_3 &= 3^m - 3.2^m + 3,\\
&\dots\dots\dots\dots\dots\dots,\\
a_{m-1} &= (m-1)^m - (m-1)(m-2)^m + \dots \pm (m-1),\\
a_m &= m^m - m(m-1)^m + \frac{m(m-1)}{1.2}(m-2)^m - \dots \mp m,
\end{aligned}\right.
$$

$$
(10)\quad\left\{\begin{aligned}
x^m = x &+ (2^m-2)\frac{x(x-1)}{1.2} + (3^m - 3.2^m + 3)\frac{x(x-1)(x-2)}{1.2.3} + \dots\\
&+ \left[m^m - m(m-1)^m + \frac{m(m-1)}{1.2}(m-2)^m - \dots \mp m\right]\frac{x(x-1)\dots(x-m+1)}{1.2\dots m}.
\end{aligned}\right.
$$

D'autre part, comme, dans le cas dont il s'agit, on aura, quel que soit x,

$$
(11)\quad\left\{\begin{aligned}
x^m = a_0 &+ a_1 x + a_2\frac{x(x-1)}{1.2} + \dots\\
&+ a_{m-1}\frac{x(x-1)\dots(x-m+2)}{1.2\dots(m-1)} + a_m\frac{x(x-1)\dots(x-m+1)}{1.2\dots m},
\end{aligned}\right.
$$

on en conclura

$$
\frac{a_m}{1.2\dots m} = 1,
$$

$$
\frac{a_{m-1}}{1.2\dots(m-1)} - [1+2+\dots+(m-1)]\frac{a_m}{1.2\dots m} = 0
$$

ou, ce qui revient au même,

$$
(12)\quad\left\{\begin{aligned}
a_m &= 1.2.3\dots m,\\
a_{m-1} &= 1.2\dots(m-1)[1+2+\dots+(m-1)] = 1.2\dots(m-1)\frac{(m-1)m}{2},\\
&\dots\dots\dots\dots\dots\dots\dots\dots\dots\dots\dots\dots\dots\dots\dots\dots
\end{aligned}\right.
$$

On aura donc encore

$$
(13)\quad\left\{\begin{aligned}
&m^m - m(m-1)^m + \frac{m(m-1)}{1.2}(m-2)^m - \dots \pm m = 1.2.3\dots m,\\
&(m-1)^m - (m-1)(m-2)^m + \dots \mp (m-1) = 1.2.3\dots(m-1)\frac{m(m-1)}{2},\\
&\dots\dots\dots\dots\dots\dots\dots\dots\dots\dots\dots\dots\dots\dots\dots\dots
\end{aligned}\right.
$$

et la formule (10) pourra être réduite à

$$(14)\quad \begin{cases} x^m = x(x-1)\ldots(x-m+1) + \dfrac{m(m-1)}{1.2}x(x-1)\ldots(x-m+2)+\ldots \\ \quad + \dfrac{3^{m-1}-2^m+1}{1.2}x(x-1)(x-2) + \dfrac{2^{m-1}-1}{1}x(x-1)+x. \end{cases}$$

Si, dans cette dernière, on change x en $-x$, elle donnera

$$(15)\quad \begin{cases} x^m = x(x+1)\ldots(x+m-1) - \dfrac{m(m-1)}{1.2}x(x+1)\ldots(x+m-2)+\ldots \\ \quad \pm \dfrac{3^{m-1}-2^m+1}{1.2}x(x+1)(x+2) \mp \dfrac{2^{m-1}-1}{1}x(x+1)\pm x. \end{cases}$$

Lorsque m est de la forme

$$p-1,$$

p désignant un nombre premier impair, la première des équations (13) se réduit à

$$(16)\quad 1.2.3\ldots m = m^m - m(m-1)^m + \frac{m(m-1)}{1.2}(m-2)^m - \ldots - m;$$

et, comme alors, en vertu du théorème de Fermat sur les nombres premiers, les puissances

$$m^m,\quad (m-1)^m,\quad (m-2)^m,\quad \ldots$$

divisées par p donneront l'unité pour reste, il est clair que le second membre de l'équation (16), divisé par p, fournira le même reste que la somme

$$1 - m + \frac{m(m-1)}{1.2} - \ldots - m = (1-1)^m - 1 = -1.$$

Donc, *lorsque $p = m + 1$ est un nombre premier impair, le produit*

$$(17)\quad 1.2.3\ldots m,$$

divisé par p, donne pour reste -1, ou en d'autres termes ce produit, augmenté de l'unité, devient divisible par p. C'est en cela que consiste le théorème de Wilson, qui s'étend au cas même où l'on pose $p = 2 = 1 + 1$. D'ailleurs il est clair que ce théorème subsiste uniquement pour les nombres premiers. Car, si le nombre $m+1$ admet d'autres diviseurs que lui-même et l'unité, chacun de ces diviseurs, se confondant nécessairement avec l'un des nombres 2, 3, ..., m, divisera le produit

$$1.2.3\ldots m,$$

d'où l'on doit conclure qu'il ne saurait diviser la somme

$$1+1.2.3\ldots m.$$

Si les valeurs particulières de x, représentées par $x_1, x_2, \ldots, x_m$, se réduisaient aux différents termes de la progression géométrique

$$1, \quad r, \quad r^2, \quad \ldots, \quad r^m,$$

alors, en posant

$$u = a_0 + a_1 x + \ldots + a_m x^m,$$

on aurait, pour déterminer les facteurs inconnus $a_0, a_1, \ldots, a_m$, des équations linéaires dont les premiers membres seraient semblables aux premiers membres des formules (7) du § IV, et par suite on obtiendrait les valeurs de $a_0, a_1, \ldots, a_m$ en ajoutant les équations dont il s'agit, après les avoir respectivement multipliées par les coefficients des diverses puissances de x dans les développements des produits

$$\begin{array}{l}(x-r)(x-r^2)\ldots(x-r^m),\\ (x-1)(x-r^2)\ldots(x-r^m),\\ \ldots\ldots\ldots\ldots\ldots\ldots\ldots\ldots,\\ (x-1)(x-r)\ldots(x-r^{m-1}).\end{array}$$

On trouverait ainsi

$$(18)\quad \left\{\begin{array}{l} u = \dfrac{u_m - (r+r^2+\ldots+r^m)u_{m-1} + \ldots \pm r r^2 \ldots r^m u_0}{(1-r)(1-r^2)\ldots(1-r^m)} + \ldots \\[2ex] \quad + \dfrac{u_m - (1+r+\ldots+r^{m-1})u_{m-1} + \ldots \pm 1.r\ldots r^{m-1} u_0}{(r^m-1)(r^m-r)\ldots(r^m-r^{m-1})} x^m. \end{array}\right.$$

Observons enfin que, des formules (7) et (18), on déduira facilement celles qui seraient relatives au cas où les valeurs particulières de x coïncideraient avec les différents termes d'une progression quelconque, soit arithmétique, soit géométrique.

§ VI. — *Des séries convergentes et divergentes, et en particulier de celles qui représentent les développements des puissances entières et négatives d'un binôme.*

On appelle *série* une suite indéfinie de quantités

(1) $$u_0,\quad u_1,\quad u_2,\quad \ldots$$

qui dérivent les unes des autres suivant une loi connue. Ces quantités elles-mêmes sont les différents *termes* de la série que l'on considère. Soit

(2) $$s_n = u_0 + u_1 + \ldots + u_{n-1}$$

la somme des n premiers termes, n désignant un nombre entier quelconque. Si, pour des valeurs de n toujours croissantes, la somme s_n s'approche indéfiniment d'une limite finie s, la série sera dite *convergente,* et la limite en question s'appellera la *somme* de la série. Au contraire, si, tandis que n croît indéfiniment, la somme s_n ne s'approche d'aucune limite fixe, la série sera *divergente* et n'aura plus de somme. Dans l'un et l'autre cas, le terme qui correspond à l'indice n, savoir u_n, sera ce qu'on nomme le *terme général.* Il suffit que l'on donne ce terme général en fonction de l'indice n pour que la série soit complètement déterminée. Si, dans le cas où la série est convergente, on pose

(3) $$s = s_n + r_n;$$

r_n sera ce qu'on appelle le reste de la série prolongée jusqu'au $n^{\text{ième}}$ terme.

L'une des séries les plus simples est la progression géométrique

(4) $$1,\quad x,\quad x^2,\quad x^3,\quad \ldots$$

qui a pour terme général x^n. En la substituant à la série (1), on aura

$$s_n = 1 + x + \ldots + x^{n-2} + x^{n-1},$$
$$s_n x = x + x^2 + \ldots + x^{n-1} + x^n,$$

et, par suite,

$$s_n(x-1) = x^n - 1,$$

$$(5) \qquad s_n = 1 + x + \ldots + x^{n-1} = \frac{x^n - 1}{x - 1} = \frac{1 - x^n}{1 - x}.$$

On peut mettre cette valeur de s_n sous la forme

$$(6) \qquad s_n = \frac{1}{1-x} - \frac{x^n}{1-x};$$

et, comme, pour des valeurs croissantes de n, la valeur numérique de la fraction

$$\frac{x^n}{1-x}$$

converge vers la limite zéro ou croît au delà de toute limite, suivant qu'on suppose la valeur numérique de x inférieure ou supérieure à l'unité, on doit conclure que dans la première hypothèse la progression (4) est une série convergente qui a pour somme

$$(7) \qquad s = \frac{1}{1-x},$$

tandis que, dans la seconde hypothèse, la même progression est une série divergente qui n'a plus de somme. Si, dans la première hypothèse, on prend s_n pour valeur approchée de s, l'erreur commise sera mesurée par la valeur numérique du reste

$$(8) \qquad r_n = \frac{x^n}{1-x}.$$

On indique généralement la somme d'une série convergente par la somme de ses premiers termes suivie de points ou d'un etc. Ainsi, lorsque la série (1) sera convergente, on aura

$$s = u_0 + u_1 + u_2 + u_3 + \ldots,$$

et l'équation (7) donnera, si la valeur numérique de x ne surpasse pas l'unité,

$$(9) \qquad 1 + x + x^2 + x^3 + \ldots = \frac{1}{1-x} = (1-x)^{-1}.$$

Il résulte de cette dernière formule que la progression géométrique

$$1, \quad x, \quad x^2, \quad x^3, \quad \ldots$$

a pour somme la première des puissances négatives entières du binôme $1 - x$.

En vertu des définitions ci-dessus adoptées, pour que la série (1) soit convergente, il est nécessaire et il suffit que des valeurs croissantes de n fassent converger indéfiniment la somme s_n vers une limite fixe : en d'autres termes, il est nécessaire et il suffit que, pour des valeurs infiniment grandes de n, les sommes

$$s_n, \quad s_{n+1}, \quad s_{n+2}, \quad \ldots$$

diffèrent de la limite s, et par conséquent entre elles, de quantités infiniment petites. D'ailleurs les différences respectives entre la première somme s_n et les suivantes sont respectivement

$$s_{n+1} - s_n = u_n,$$
$$s_{n+2} - s_n = u_n + u_{n+1},$$
$$s_{n+3} - s_n = u_n + u_{n+1} + u_{n+2},$$
$$\ldots\ldots\ldots\ldots\ldots\ldots\ldots\ldots$$

Donc, pour que la série (1) soit convergente, il est d'abord nécessaire que le terme général u_n décroisse indéfiniment, tandis que n augmente. Mais cette condition ne suffit pas, et il faut encore que, pour des valeurs croissantes de n, les différentes sommes

$$u_n + u_{n+1},$$
$$u_n + u_{n+1} + u_{n+2},$$
$$\ldots\ldots\ldots\ldots,$$

c'est-à-dire les sommes des quantités

$$u_n, \quad u_{n+1}, \quad u_{n+2}, \quad \ldots$$

prises, à partir de la première, en tel nombre que l'on voudra, finissent par obtenir constamment des valeurs numériques inférieures à toute limite assignable. Réciproquement, lorsque ces conditions sont remplies, la convergence de la série est assurée.

Il résulte encore de ces principes que, si une série convergente est uniquement formée de termes positifs, la convergence continuera de subsister, lorsqu'on changera les signes de tous ces termes ou de quelques-uns d'entre eux. Car, en opérant ainsi, on ne pourra que diminuer la valeur numérique de la somme des termes qui suivront un terme quelconque.

Pour plus de commodité, nous désignerons dorénavant par

$$(10) \qquad U_0, \quad U_1, \quad U_2, \quad \ldots$$

les valeurs numériques des différents termes de la série (1), de sorte qu'on aura

$$u_n = U_n \qquad \text{ou} \qquad u_n = -U_n$$

suivant que u_n sera positif ou négatif. Cela posé, il est clair que, si la série (10) est convergente, la série (1) sera convergente à plus forte raison. De plus, il sera facile d'établir la proposition suivante :

Théorème I. — *Soit* Ω *la limite ou la plus grande des limites vers lesquelles converge, tandis que* n *croît indéfiniment, la racine* $n^{\text{ième}}$ *de la valeur numérique de* u_n, *c'est-à-dire l'expression*

$$U_n^{\frac{1}{n}} = \sqrt[n]{U_n}.$$

La série (1) *sera convergente si l'on a* $\Omega < 1$, *et divergente si l'on a* $\Omega > 1$.

Démonstration. — En effet, soit U un nombre renfermé entre les limites 1 et Ω. On aura, dans la première hypothèse,

$$\Omega < U < 1.$$

Alors, si n vient à croître au delà de toute limite, les plus grandes valeurs de

$$U_n^{\frac{1}{n}} = (\pm u_n)^{\frac{1}{n}},$$

en s'approchant indéfiniment de Ω, finiront par devenir inférieures à U, et en même temps les plus grandes valeurs numériques de u_n deviendront inférieures à U^n. Donc, dans la première hypothèse, les termes de la série

$$u_0, \quad u_1, \quad u_2, \quad \ldots, \quad u_n, \quad u_{n+1}, \quad \ldots$$

finiront par devenir (abstraction faite des signes) inférieurs aux termes correspondants de la progression géométrique

$$1, \quad U, \quad U^2, \quad \ldots, \quad U^n, \quad U^{n+1}, \quad \ldots,$$

et, comme cette progression sera convergente, U étant < 1, la série (1) sera elle-même convergente. Au contraire, dans la seconde hypothèse, on aura

$$\Omega > U > 1.$$

Alors, si n vient à croître au delà de toute limite, les plus grandes valeurs de $(\pm u_n)^{\frac{1}{n}}$, en s'approchant indéfiniment de Ω, finiront par devenir supérieures à U, et les plus grandes valeurs numériques de u_n supérieures à U^n. Donc alors on trouvera, dans la série

$$u_0, \quad u_1, \quad u_2, \quad \ldots, \quad u_n, \quad u_{n+1}, \quad \ldots,$$

un nombre indéfini de termes supérieurs aux termes correspondants de la progression géométrique

$$1, \quad U, \quad U^2, \quad \ldots, \quad U^n, \quad U^{n+1}, \quad \ldots,$$

par conséquent, un nombre indéfini de termes supérieurs à l'unité, U étant > 1; et la série (1) sera nécessairement divergente.

Si, pour des valeurs croissantes de n, la valeur numérique du rapport

$$(11) \qquad \frac{u_{n+1}}{u_n},$$

c'est-à-dire la fraction

$$\frac{U_{n+1}}{U_n},$$

converge vers une limite fixe Ω, alors, en désignant par ε un nombre aussi petit que l'on voudra, on pourra donner au nombre m entier une valeur assez considérable pour que, n étant égal ou supérieur à m, chacun des rapports

$$\frac{U_{m+1}}{U_m}, \quad \frac{U_{m+2}}{U_{m+1}}, \quad \ldots, \quad \frac{U_n}{U_{n-1}},$$

et, par suite, la moyenne géométrique entre ces rapports (¹), ou le quotient

$$\frac{U_n^{\frac{1}{n}}}{U_m^{\frac{1}{n}}}, \tag{12}$$

restent compris entre les quantités

$$\Omega - \varepsilon, \quad \Omega + \varepsilon.$$

Si maintenant on fait croître indéfiniment le nombre n sans changer la valeur de m, l'expression

$$U_m^{\frac{1}{n}}$$

convergera vers la limite

$$U_m^0 = 1,$$

et l'expression (12) vers la même limite que la suivante :

$$U_n^{\frac{1}{n}}.$$

Donc la limite de cette dernière, devant rester comprise entre les quantités $\Omega - \varepsilon$, $\Omega + \varepsilon$, quelque petit que l'on suppose le nombre ε, coïncidera nécessairement avec la limite Ω de la valeur numérique du rapport

$$\frac{u_{n+1}}{u_n}.$$

On peut donc énoncer le théorème suivant :

THÉORÈME II. — *Si, pour des valeurs croissantes de n, la valeur numé-*

(¹) Lorsque n quantités positives $a, a', a'', \ldots$ sont toutes supérieures à un nombre donné g, et toutes inférieures à un autre nombre donné h, le produit $aa'a''\ldots$ est évidemment compris entre les limites g^n, h^n; et, par suite, la racine $n^{\text{ième}}$ de ce produit ou la moyenne géométrique entre les quantités $a, a', a'', \ldots$ se trouve elle-même comprise entre les deux nombres g, h.

rique du rapport $\frac{u_{n+1}}{u_n}$ *converge vers une limite fixe* Ω, *la série* (1) *sera convergente ou divergente suivant que cette limite sera inférieure ou supérieure à l'unité.*

Lorsque, la série (1) étant convergente et composée de termes alternativement positifs et négatifs, la valeur numérique U_n du terme général décroît sans cesse pour des valeurs croissantes de n, alors, la valeur du reste r_n pouvant être présentée sous la forme

$$r_n = (-1)^n[(U_n - U_{n+1}) + (U_{n+2} - U_{n+3}) + \ldots]$$

ou sous la suivante

$$r_n = (-1)^{n-1}[(U_n - U_{n+1}) + (U_{n+2} - U_{n+3}) + \ldots],$$

selon que le premier terme u_0 est positif ou négatif, le reste r_n change de signe quand on fait croître n d'une unité. Par suite, la somme s de la série est comprise entre

$$s_n \quad \text{et} \quad s_{n+1}.$$

On peut donc énoncer la proposition suivante :

Théorème III. — *Lorsque, une série convergente étant composée de termes alternativement positifs et négatifs, la valeur numérique de chaque terme est inférieure à celle du terme précédent, la somme de la série est comprise entre le premier terme et la somme des deux premiers, entre cette dernière somme et celle des trois premiers, etc.*

Si l'on multiplie par une constante a les différents termes de la série (1), on obtiendra la suivante

$$au_0, \quad au_1, \quad au_2, \quad \ldots \tag{13}$$

dans laquelle la somme des n premiers termes, savoir

$$a(u_0 + u_1 + \ldots + u_{n-1}) = as_n,$$

convergera vers une limite fixe as si la somme des n premiers termes de la série (1) converge vers une limite fixe s, et ne convergera vers aucune limite dans le cas contraire. Cette remarque suffit pour établir le théorème suivant :

THÉORÈME IV. — *Si l'on multiplie les différents termes de la série* (1) *par une constante* a, *la nouvelle série ainsi obtenue sera convergente ou divergente suivant que la série* (1) *sera elle-même convergente ou divergente. et l'on aura dans le premier cas*

$$au_0 + au_1 + au_2 + \ldots = a(u_0 + u_1 + u_2 + \ldots). \tag{14}$$

Corollaire. — Si, dans l'équation (14), on change a en $\frac{1}{a}$, on trouvera

$$\frac{u_0 + u_1 + u_2 + \ldots}{a} = \frac{u_0}{a} + \frac{u_1}{a} + \frac{u_2}{a} + \ldots. \tag{15}$$

Si, les séries

$$\begin{array}{llll} u_0, & u_1, & u_2, & \ldots, \\ v_0, & v_1, & v_2, & \ldots, \\ w_0, & w_1, & w_2, & \ldots, \\ \ldots, & \ldots, & \ldots, & \ldots \end{array}$$

étant convergentes et ayant pour sommes respectives $s, s', s'', \ldots,$ on fait

$$\begin{array}{l} s_n = u_0 + u_1 + \ldots + u_{n-1}, \\ s'_n = v_0 + v_1 + \ldots + v_{n-1}, \\ s''_n = w_0 + w_1 + \ldots + w_{n-1}, \\ \ldots\ldots\ldots\ldots\ldots\ldots\ldots\ldots, \end{array}$$

alors, pour des valeurs croissantes de n, s_n convergera vers la limite s, s'_n vers la limite s', ..., et par suite les sommes

$$s_n + s'_n, \quad s_n + s'_n + s''_n, \quad \ldots$$

des n premiers termes des séries qui auront pour termes généraux

$$u_n + v_n, \quad u_n + v_n + w_n, \quad \ldots$$

convergeront vers les limites

$$s + s', \quad s + s' + s'', \quad \ldots.$$

On peut donc encore énoncer ce théorème :

Théorème V. — *Lorsque plusieurs séries sont convergentes, l'addition de leurs termes généraux fournit le terme général d'une nouvelle série qui est elle-même convergente et dont la somme résulte de l'addition des sommes des séries proposées.*

On a, en vertu de ce théorème,

$$(16)\quad \begin{cases} (u_0+u_1+u_2+\ldots)+(v_0+v_1+v_2+\ldots) \\ \quad =(u_0+v_0)+(u_1+v_1)+(u_2+v_2)+\ldots, \end{cases}$$

$$(17)\quad \begin{cases} (u_0+u_1+u_2+\ldots)+(v_0+v_1+v_2+\ldots)+(w_0+w_1+w_2+\ldots) \\ \quad =(u_0+v_0+w_0)+(u_1+v_1+w_1)+(u_2+v_2+w_2)+\ldots. \end{cases}$$

Théorème VI. — *Si, les deux séries*

$$(18)\quad \begin{cases} u_0, & u_1, & u_2, & \ldots, \\ v_0, & v_1, & v_2, & \ldots \end{cases}$$

etant convergentes et ayant pour sommes respectives s, s', chacune de ces deux séries reste convergente lorsqu'on réduit ses différents termes à leurs valeurs numériques, alors la série

$$(19)\quad u_0v_0,\quad u_0v_1+u_1v_0,\quad u_0v_2+u_1v_1+u_2v_0,\quad \ldots,$$

dont le terme général est

$$u_0v_n+u_1v_{n-1}+\ldots+u_{n-1}v_1+u_nv_0,$$

sera elle-même convergente et aura pour somme le produit ss', en sorte qu'on trouvera

$$(20)\quad \begin{cases} (u_0+u_1+u_2+\ldots)(v_0+v_1+v_2+\ldots) \\ \quad =u_0v_0+(u_0v_1+u_1v_0)+(u_0v_2+u_1v_1+u_2v_0)+\ldots. \end{cases}$$

Démonstration. — Soient s_n, s'_n les sommes des n premiers termes des séries (18), et s''_n la somme des n premiers termes de la série (19). Représentons par m le plus grand nombre entier compris dans $\frac{n-1}{2}$, et supposons d'abord que les différents termes des séries (18) soient tous positifs. On aura évidemment, dans cette hypothèse,

$$\begin{aligned} u_0 v_0 + (u_0 v_1 + u_1 v_0) + \ldots + (u_0 v_{n-1} + u_1 v_{n-2} + \ldots + u_{n-2} v_1 + u_{n-1} v_0) \\ < (u_0 + u_1 + \ldots + u_{n-1})(v_0 + v_1 + \ldots + v_{n-1}) \\ > (u_0 + u_1 + \ldots + u_m)\ (v_0 + v_1 + \ldots + v_m) \end{aligned}$$

ou

$$\begin{aligned} s''_n &< s_n s'_n \\ &> s_{m+1} s'_{m+1}. \end{aligned}$$

Concevons maintenant que l'on fasse croître n au delà de toute limite. Le nombre m, qui ne peut être que $\frac{n-1}{2}$ ou $\frac{n-2}{2}$, croîtra lui-même indéfiniment, et les deux sommes s_n, s_{m+1} convergeront vers la limite s, tandis que s'_n et s'_{m+1} convergeront vers la limite s'. Par suite, les deux produits $s_n s'_n$, $s_{m+1} s'_{m+1}$ et la somme s''_n, comprise entre ces deux produits, convergeront vers la limite ss'; ce qui suffit pour établir le théorème énoncé. Il en résulte aussi que l'expression

$$(21)\quad \left\{ \begin{aligned} s_n s'_n - s''_n = u_{n-1} v_{n-1} + (u_{n-1} v_{n-2} + u_{n-2} v_{n-1}) + \ldots \\ + (u_{n-1} v_1 + u_{n-2} v_2 + \ldots + u_2 v_{n-2} + u_1 v_{n-1}) \end{aligned} \right.$$

convergera, dans l'hypothèse dont il s'agit, vers la limite zéro.

Supposons à présent que, les différents termes des séries (18) conservant les mêmes valeurs numériques, tous ces termes, ou quelques-uns d'entre eux, viennent à changer de signe, ce changement ne pourra que diminuer la valeur numérique du second membre de la formule (21). Donc cette valeur numérique, ou celle de la différence

$$s_n s'_n - s''_n$$

convergera encore, pour des valeurs croissantes de n, vers la limite zéro, et s''_n vers la limite ss' du produit $s_n s'_n$. Donc alors la série (19) sera encore convergente et aura pour somme le produit ss'.

Lorsque, les termes de la série (1) renfermant une certaine variable x, cette série est convergente et ses différents termes fonctions continues de x dans le voisinage d'une valeur particulière attribuée à cette variable, la somme s_n des n premiers termes, le reste r_n et la somme s de la série sont encore trois fonctions de la variable x, dont la première est évidemment continue par rapport à x dans le voisinage de la valeur particulière dont il s'agit. Cela posé, considérons les accroissements que reçoivent ces trois fonctions, lorsqu'on fait croître x d'une quantité infiniment petite. L'accroissement de s_n sera, pour toutes les valeurs possibles de n, une quantité infiniment petite, et celui de r_n deviendra insensible en même temps que r_n, si l'on attribue à n une valeur très considérable. Par suite, l'accroissement de la fonction s ne pourra être qu'une quantité infiniment petite. De cette remarque on déduit immédiatement la proposition suivante :

THÉORÈME VII. — *Lorsque les différents termes de la série* (1) *sont des fonctions d'une variable x, continues par rapport à cette variable dans le voisinage d'une valeur particulière pour laquelle la série est convergente, la somme s de la série est aussi, dans le voisinage de cette valeur particulière, fonction continue de x.*

Considérons à présent une série ordonnée suivant les puissances entières et positives de x, c'est-à-dire une série de la forme

$$(22) \qquad a_0, \quad a_1 x, \quad a_2 x^2, \quad \ldots,$$

et soit ω la limite ou la plus grande des limites vers lesquelles converge, pour des valeurs croissantes de n, la racine $n^{\text{ième}}$ de la valeur numérique de a_n ou l'expression $(\pm a_n)^{\frac{1}{n}}$. Comme la limite ou la plus grande des limites de

$$(\pm a_n x^n)^{\frac{1}{n}}$$

sera

$$\pm \omega x,$$

il est clair que la série (22) sera convergente quand la valeur numérique du produit ωx sera inférieure à l'unité, c'est-à-dire quand la valeur numérique de x sera inférieure à $\frac{1}{\omega}$, et divergente quand la valeur numérique de x deviendra supérieure à $\frac{1}{\omega}$. Ajoutons que ω sera précisément la limite de la valeur numérique du rapport $\frac{a_{n+1}}{a_n}$, si, pour des valeurs croissantes de n, cette valeur numérique converge effectivement vers une limite fixe. On peut donc énoncer ce théorème :

Théorème VIII. — *Si ω désigne la limite ou la plus grande des limites de l'expression $(\pm a_n)^{\frac{1}{n}}$, ou bien encore une limite fixe vers laquelle converge, tandis que n croît indéfiniment, la valeur numérique du rapport*

$$\frac{a_{n+1}}{a_n},$$

la série (22) *sera convergente pour toutes les valeurs de x comprises entre les limites*

$$(23) \qquad -\frac{1}{\omega}, \quad +\frac{1}{\omega},$$

et divergente pour toutes les valeurs de x situées hors de ces limites.

Si la série (22) est convergente pour des valeurs numériques de x inférieures à un nombre donné c, ce nombre sera nécessairement inférieur ou tout au plus égal à $\frac{1}{\omega}$, et la série (22) continuera d'être convergente quand on remplacera chaque terme par sa valeur numérique. Cela posé, on déduit immédiatement du théorème VI la proposition suivante :

Théorème IX. — *Si deux séries ordonnées suivant les puissances entières et positives de x, savoir*

$$(24) \qquad \begin{cases} a_0, & a_1 x, & a_2 x^2, & \dots, \\ b_0, & b_1 x, & b_2 x^2, & \dots, \end{cases}$$

sont convergentes pour des valeurs numériques de x inférieures à un nombre donné c, la série

$$(25) \qquad a_0 b_0, \quad (a_0 b_1 + a_1 b_0) x, \quad (a_0 b_2 + a_1 b_1 + a_2 b_0) x^2, \quad \dots$$

sera elle-même convergente entre les limites

$$x = -c, \qquad x = +c,$$

et l'on aura, pour des valeurs de x renfermées entre ces limites,

$$(26)\quad \left\{\begin{array}{l}(a_0+a_1x+a_2x^2+\ldots)(b_0+b_1x+b_2x^2+\ldots)\\ \quad = a_0b_0+(a_0b_1+a_1b_0)x+(a_0b_2+a_1b_1+a_2b_0)x^2+\ldots.\end{array}\right.$$

Corollaire I. — Si deux ou plusieurs fonctions de x représentées par y, z, ... sont développables en séries convergentes ordonnées suivant les puissances entières et positives de x pour des valeurs de x comprises entre les limites $-c$, $+c$, le produit $yz\ldots$ sera, pour les mêmes valeurs de x, développable en une semblable série.

En supposant $y=z=\ldots$, on obtient cet autre corollaire :

Corollaire II. — Si une fonction de x représentée par y est développable en une série convergente de la forme

$$y=a_0+a_1x+a_2x^2+\ldots$$

pour des valeurs de x comprises entre les limites $-c$, $+c$, le carré, le cube de y et ses diverses puissances seront, pour les mêmes valeurs de x, développables en de semblables séries, de sorte qu'on aura

$$y^2=a_0^2+2a_0a_1x+(2a_0a_2+a_1^2)x^2+\ldots,$$

$$y^3=a_0^3+3a_0^2a_1x+(3a_0^2a_2+3a_0a_1^2)x^2+\ldots,$$

$$\ldots\ldots\ldots\ldots\ldots\ldots\ldots\ldots\ldots\ldots\ldots\ldots$$

Théorème X. — *Lorsque deux séries convergentes, ordonnées suivant les puissances entières et positives de x, conservent des sommes égales pour toutes les valeurs numériques de x qui ne surpassent pas un nombre donné, ces deux séries sont nécessairement identiques.*

En effet, admettons que, pour des valeurs numériques de x inférieures à c, on ait constamment

$$a_0+a_1x+a_2x^2+\ldots=b_0+b_1x+b_2x^2+\ldots,$$

on en conclura, en supposant $x=0$,

$$a_0=b_0$$

et, par conséquent,

$$a_1+a_2x+\ldots=b_1+b_2x+\ldots,$$

puis, en posant de nouveau $x = 0$,

$$a_1 = b_1,$$

et ainsi de suite.

Concevons maintenant que dans la formule (5) on attribue à la variable x un accroissement α, dont la valeur numérique soit très petite et inférieure à celle de $1 - x$. Cette formule donnera

$$(27)\qquad 1 + (x+\alpha) + (x+\alpha)^2 + \ldots + (x+\alpha)^{n-1} = \frac{1-(x+\alpha)^n}{1-(x+\alpha)};$$

et, comme on aura

$$\frac{1}{1-x-\alpha} = \frac{1}{1-x}\left(1 - \frac{\alpha}{1-x}\right)^{-1} = \frac{1}{1-x} + \frac{\alpha}{(1-x)^2} + \frac{\alpha^2}{(1-x)^3} + \ldots,$$

on trouvera encore

$$(28)\qquad \left\{\begin{aligned} &1 + (x+\alpha) + (x^2 + 2\alpha x + \alpha^2) + \ldots \\ &\quad + [x^{n-1} + (n-1)\alpha x^{n-2} + (n-1)_2\alpha^2 x^{n-3} + \ldots + \alpha^{n-1}] \\ &= [1 - x^n - n\alpha x^{n-1} - (n)_2\alpha^2 x^{n-2} - \ldots - \alpha^n]\left[\frac{1}{1-x} + \frac{\alpha}{(1-x)^2} + \frac{\alpha^2}{(1-x)^3} + \ldots\right]; \end{aligned}\right.$$

puis, en multipliant successivement la somme

$$\frac{1}{1-x} + \frac{\alpha}{(1-x)^2} + \frac{\alpha^2}{(1-x)^3} + \ldots$$

par les différents termes du polynôme

$$(1 - x^n) - n\alpha x^{n-1} - (n)_2\alpha^2 x^{n-2} - \ldots - \alpha^n,$$

et ayant égard aux formules (14) et (26), on tirera de l'équation (28)

$$(29)\qquad \left\{\begin{aligned} &1 + x + x^2 + \ldots + x^{n-1} \\ &\quad + [1 + 2x + 3x^2 + \ldots + (n-1)x^{n-2}]\alpha \\ &\quad + [1 + 3x + 6x^2 + \ldots + (n-1)_2 x^{n-3}]\alpha^2 \\ &\quad + \ldots\ldots\ldots\ldots\ldots\ldots \\ &\quad + \alpha^{n-1} \\ &= \frac{1-x^n}{1-x} + \left[\frac{1-x^n}{(1-x)^2} - \frac{nx^{n-1}}{1-x}\right]\alpha \\ &\quad + \left[\frac{1-x^n}{(1-x)^3} - \frac{nx^{n-1}}{(1-x)^2} - \frac{(n)_2 x^{n-2}}{1-x}\right]\alpha^2 + \ldots. \end{aligned}\right.$$

D'ailleurs, en vertu du théorème X, les coefficients des puissances semblables de α devront être les mêmes dans les deux membres de l'équation (29). On aura donc encore

$$(30)\quad \begin{cases} 1+x+x^2+\ldots+x^{n-1}=\dfrac{1}{1-x}-\dfrac{x^n}{1-x}, \\ 1+2x+3x^2+\ldots+(n-1)\,x^{n-2}=\dfrac{1}{(1-x)^2}-\dfrac{x^n}{(1-x)^2}-\dfrac{nx^{n-1}}{1-x}, \\ 1+3x+6x^2+\ldots+(n-1)_2x^{n-3}=\dfrac{1}{(1-x)^3}-\dfrac{x^n}{(1-x)^3}-\dfrac{nx^{n-1}}{(1-x)^2}-\dfrac{(n)_2x^{n-2}}{1-x}, \\ \ldots\ldots\ldots\ldots\ldots\ldots\ldots\ldots\ldots\ldots\ldots \end{cases}$$

et généralement

$$(31)\quad \begin{cases} 1+(m)_{m-1}x+(m+1)_{m-1}x^2+\ldots+(n-1)_{m-1}x^{n-m} \\ \quad =\dfrac{1}{(1-x)^m}-\dfrac{x^n}{(1-x)^m}-\dfrac{nx^{n-1}}{(1-x)^{m-1}}-\ldots-\dfrac{(n)_{m-1}x^{n-m+1}}{1-x}. \end{cases}$$

D'autre part, il est facile de s'assurer que la série

$$(32)\qquad 1,\quad (m)_{m-1}x,\quad (m+1)_{m-1}x^2,\quad \ldots,\quad (n-1)_{m-1}x^{n-m},\quad \ldots,$$

qui a pour terme général

$$(33)\qquad (m+n-1)_{m-1}x^n,$$

reste convergente pour toute valeur numérique de x inférieure à l'unité. Car, pour déduire la série (32) de la série (22), il suffit de poser

$$a_n=(m+n-1)_{m-1}=(m+n-1)_n,$$

et l'on trouve alors

$$\frac{a_{n+1}}{a_n}=\frac{m+n}{n+1}=1+\frac{m-1}{n+1}.$$

Or, si l'on fait croître indéfiniment le nombre n, sans changer la valeur de m, la valeur précédente du rapport $\frac{a_{n+1}}{a_n}$ convergera vers la limite $\omega=1$. On aura donc aussi $\frac{1}{\omega}=1$, et la série (32), en vertu du théorème VIII, sera convergente pour les valeurs de x renfermées entre des limites $x=-1$, $x=+1$. Donc, pour de semblables valeurs de x, l'expression (33) et celle qu'on en déduit en remplaçant n par $n - m + 1$, savoir

$$(34)\qquad (n)_{m-1} x^{n-m+1},$$

deviendront infiniment petites en même temps que $\frac{1}{n}$. Par conséquent, si, la valeur numérique de x étant inférieure à l'unité, on fait croître indéfiniment le nombre n, les quantités

$$x^n, \quad n x^{n-1}, \quad (n)_2 x^{n-2}, \quad \ldots, \quad (n)_{m-1} x^{n-m+1},$$

dont les premières sont ce que devient la dernière quand on attribue successivement à m les valeurs particulières 1, 2, 3, ..., convergeront toutes vers la limite zéro, et l'on tirera de la formule (31)

$$(35)\qquad 1 + (m)_{m-1} x + (m+1)_{m-1} x^2 + (m+2)_{m-1} x^3 + \ldots = \frac{1}{(1-x)^m}$$

ou, ce qui revient au même,

$$(36)\qquad 1 + (m)_1 x + (m+1)_2 x^2 + (m+2)_3 x^3 + \ldots = \frac{1}{(1-x)^m}.$$

On trouvera, par exemple,

$$(37)\qquad \begin{cases} 1 + x + x^2 + x^3 + \ldots = \dfrac{1}{1-x}, \\ 1 + 2x + 3x^2 + 4x^3 + \ldots = \dfrac{1}{(1-x)^2}, \\ 1 + 3x + 6x^2 + 10x^3 + \ldots = \dfrac{1}{(1-x)^3}, \\ \ldots\ldots\ldots\ldots\ldots\ldots\ldots\ldots\ldots \end{cases}$$

Ajoutons que l'équation (35) ou (36) peut encore s'écrire comme il suit :

$$(38)\qquad (1-x)^{-m} = 1 + \frac{m}{1} x + \frac{m(m+1)}{1.2} x^2 + \frac{m(m+1)(m+2)}{1.2.3} x^3 + \ldots$$

Si dans cette dernière on remplace x par $-x$, on obtiendra la suivante

$$(39)\qquad (1+x)^{-m} = 1 - \frac{m}{1} x + \frac{m(m+1)}{1.2} x^2 - \frac{m(m+1)(m+2)}{1.2.3} x^3 + \ldots,$$

qui subsiste, comme la formule (38), pour des valeurs numériques de x inférieures à l'unité. Enfin, si dans la formule (35) on remplace x par $\frac{x}{a}$, celle qu'on obtiendra, savoir

$$(40)\qquad (x+a)^{-m} = a^{-m} - \frac{m}{1} a^{-m-1} x + \frac{m(m+1)}{1.2} a^{-m-2} x^2 - \ldots,$$

subsistera pour des valeurs numériques de x inférieures à celles de a, et sera précisément ce que devient la formule (2) du § II, quand on y remplace m par $-m$.

§ VII. — *Développements des exponentielles* e^x, A^x.

Si, dans la formule (6) du § II et la formule (38) du § VI, on remplace x par α, elles donneront

$$(1)\qquad (1+\alpha)^m = 1 + m\alpha + \frac{m^2\alpha^2}{1.2}\left(1-\frac{1}{m}\right) + \frac{m^3\alpha^3}{1.2.3}\left(1-\frac{1}{m}\right)\left(1-\frac{2}{m}\right) + \ldots,$$

$$(2)\qquad (1-\alpha)^{-m} = 1 + m\alpha + \frac{m^2\alpha^2}{1.2}\left(1+\frac{1}{m}\right) + \frac{m^3\alpha^3}{1.2.3}\left(1+\frac{1}{m}\right)\left(1+\frac{2}{m}\right) + \ldots.$$

Si maintenant on fait croître indéfiniment le nombre m et décroître indéfiniment la valeur numérique de α, mais de manière que le produit

$$m\alpha$$

converge vers une limite finie x, les divers termes du second membre, dans chacune des formules (1) et (2), s'approcheront sans cesse des différents termes de la série

$$(3)\qquad 1,\quad x,\quad \frac{x^2}{1.2},\quad \frac{x^3}{1.2.3},\quad \ldots,$$

qui restera convergente pour une valeur finie quelconque de la variable x. En effet, le terme général de la série (3) sera

$$\frac{x^n}{1.2\ldots n};$$

et, si l'on pose

$$a_n = \frac{1}{1.2\ldots n},$$

le rapport

$$\frac{a_{n+1}}{a_n} = \frac{1}{n+1}$$

convergera, pour des valeurs croissantes de n, vers la limite $\omega = 0$. Donc la série (3) sera convergente pour toutes les valeurs finies de x comprises entre les limites

$$x = -\frac{1}{0} = -\infty, \qquad x = \frac{1}{0} = \infty,$$

c'est-à-dire pour une valeur finie quelconque de la variable x. Cela posé, en admettant que l'on ait

$$(4) \qquad \lim(m\alpha) = x,$$

on tirera des formules (1) et (2)

$$(5) \qquad \lim(1+\alpha)^m = \lim(1-\alpha)^{-m} = 1 + x + \frac{x^2}{1.2} + \frac{x^3}{1.2.3} + \ldots.$$

Il y a plus : pour que la formule (4) entraîne la formule (5), il n'est pas nécessaire que m, venant à croître indéfiniment, conserve toujours une valeur entière. Car, si l'on nomme μ une quantité positive qui croisse indéfiniment tandis que α diminue, mais de manière que l'on ait

$$(6) \qquad \lim(\mu\alpha) = x,$$

et m le nombre entier immédiatement inférieur à μ, alors, μ étant renfermé entre les deux nombres m, $m+1$, le rapport $\frac{\mu}{m}$, compris entre 1 et $1+\frac{1}{m}$, aura pour limite l'unité. Donc la formule (6) entraînera les formules (4), (5), et, comme on aura d'ailleurs

$$(1+\alpha)^\mu = [(1+\alpha)^m]^{\frac{\mu}{m}}, \qquad (1-\alpha)^{-\mu} = [(1-\alpha)^{-m}]^{\frac{\mu}{m}},$$

par conséquent,

$$\lim(1+\alpha)^{\mu} = \lim(1+\alpha)^{m}, \qquad \lim(1-\alpha)^{-\mu} = \lim(1-\alpha)^{-m},$$

on trouvera encore

$$(7) \qquad \lim(1+\alpha)^{\mu} = \lim(1-\alpha)^{-\mu} = 1 + x + \frac{x^2}{1.2} + \frac{x^3}{1.2.3} + \dots$$

La formule (6) sera vérifiée, si l'on suppose

$$\mu = \frac{x}{\alpha},$$

puisque, dans cette hypothèse, on aura constamment $\mu\alpha = x$. Alors la formule (7) donnera

$$(8) \qquad \lim(1+\alpha)^{\frac{x}{\alpha}} = \lim(1-\alpha)^{-\frac{x}{\alpha}} = 1 + x + \frac{x^2}{1.2} + \frac{x^3}{1.2.3} + \dots;$$

puis, en réduisant x à l'unité, et nommant e la somme de la série (3) pour $x = 1$, en sorte qu'on ait

$$(9) \qquad e = 1 + 1 + \frac{1}{1.2} + \frac{1}{1.2.3} + \dots = 2,7182818\dots,$$

on trouvera

$$(10) \qquad \lim(1+\alpha)^{\frac{1}{\alpha}} = \lim(1-\alpha)^{-\frac{1}{\alpha}} = e.$$

On aura, par suite,

$$(11) \qquad \lim(1+\alpha)^{\frac{x}{\alpha}} = \lim(1-\alpha)^{-\frac{x}{\alpha}} = e^x,$$

et l'on tirera de la formule (11), jointe à la formule (8),

$$(12) \qquad e^x = 1 + x + \frac{x^2}{1.2} + \frac{x^3}{1.2.3} + \dots$$

Le nombre e est celui qui sert de base au système des logarithmes qu'on appele *hyperboliques* ou *népériens*. L'équation (12), qui fournit le développement d'une exponentielle de la forme e^x en une série ordonnée suivant les puissances ascendantes de x, subsiste quelle que soit la valeur finie attribuée à la variable x.

Si, α étant positif, on prend $x = m\alpha$, les formules (1), (2) donneront

$$(13)\quad \begin{cases} (1+\alpha)^{\frac{x}{\alpha}} = 1 + x + \dfrac{x^2}{1.2}\left(1-\dfrac{1}{m}\right) + \dfrac{x^3}{1.2.3}\left(1-\dfrac{1}{m}\right)\left(1-\dfrac{2}{m}\right) + \ldots, \\ (1-\alpha)^{-\frac{x}{\alpha}} = 1 + x + \dfrac{x^2}{1.2}\left(1+\dfrac{1}{m}\right) + \dfrac{x^3}{1.2.3}\left(1+\dfrac{1}{m}\right)\left(1+\dfrac{2}{m}\right) + \ldots; \end{cases}$$

et de ces dernières, comparées à l'équation (12), on tirera

$$(14)\qquad (1+\alpha)^{\frac{x}{\alpha}} < e^x < (1-\alpha)^{-\frac{x}{\alpha}},$$

par conséquent

$$(15)\qquad (1+\alpha)^{\frac{1}{\alpha}} < e < (1-\alpha)^{-\frac{1}{\alpha}}.$$

La formule (15) subsiste pour une valeur positive quelconque de α.

Observons encore que, en vertu de l'équation (12), la formule (7) sera réduite à

$$(16)\qquad \lim(1+\alpha)^{\mu} = \lim(1-\alpha)^{-\mu} = e^x.$$

Donc l'équation (6) entraînera toujours la formule (16).

Soit maintenant A une quantité positive quelconque. Désignons à l'aide de la lettre caractéristique L les logarithmes pris dans le système dont la base est A, et à l'aide de la lettre caractéristique l les logarithmes népériens, pris dans le système dont la base est e. Enfin soit

$$(17)\qquad a = \mathrm{lA} = \frac{1}{\mathrm{L}e} \quad (^1)$$

le logarithme népérien de A. On aura

$$(18)\qquad \mathrm{A} = e^a$$

[1] Le logarithme $x = \mathrm{L}y$ du nombre y, dans le système dont la base est A, n'est autre chose que l'exposant x de la puissance à laquelle il faut élever A pour obtenir y, c'est-à-dire la valeur de y propre à vérifier l'équation

$$y = \mathrm{A}^x.$$

Cela posé, soient $x' = \mathrm{L}'y$ et $b = \mathrm{L'A}$ les logarithmes de y et de A, relativement à une

et, par suite,

$$(19) \qquad A^x = e^{ax} = 1 + ax + \frac{a^2x^2}{1.2} + \frac{a^3x^3}{1.2.3} + \ldots$$

ou, ce qui revient au même,

$$(20) \qquad A^x = 1 + x\,\mathrm{l}A + \frac{x^2\,\mathrm{l}A^2}{1.2} + \frac{x^3\,\mathrm{l}A^3}{1.2.3} + \ldots.$$

Cette dernière formule subsiste, comme l'équation (12), pour une valeur finie quelconque de la variable x.

§ VIII. — *Des séries doubles ou multiples. Nombres de Bernoulli.*

Soient

$$(1) \qquad \left\{\begin{array}{llll} u_{0,0}, & u_{0,1}, & u_{0,2}, & \ldots, \\ u_{1,0}, & u_{1,1}, & u_{1,2}, & \ldots, \\ u_{2,0}, & u_{2,1}, & u_{2,2}, & \ldots, \\ \ldots, & \ldots, & \ldots, & \ldots \end{array}\right.$$

des quantités quelconques rangées sur des lignes horizontales et verticales, de manière que chaque série horizontale ou verticale renferme une infinité de termes. Le système de ces quantités sera ce qu'on peut appeler une *série double*, et ces quantités elles-mêmes seront les différents termes de la série, qui aura pour *terme général*

$$u_{m,m'},$$

m, m' désignant deux nombres entiers quelconques. Pareillement, on

nouvelle base A' distincte de A. On aura

$$A = A'^b, \qquad A^x = A'^{bx}$$

et, par suite,

$$x' = bx, \qquad \frac{x'}{x} = b.$$

Donc le rapport entre les logarithmes x', x de y, dans deux systèmes différents, conserve la même valeur b, quel que soit y. Si l'on pose en particulier $A' = e$, on trouvera

$$\mathrm{l}A = \frac{\mathrm{l}A}{\mathrm{L}A} = \frac{\mathrm{l}e}{\mathrm{L}e} = \frac{1}{\mathrm{L}e}.$$

peut imaginer une série triple, dont le terme général

$$u_{m,m',m''}$$

serait une fonction donnée des trois indices ou nombres entiers m, m', m'', une série quadruple, ..., et finalement une série multiple dont le terme général serait une fonction de divers indices m, m', m'', m''', ..., chacun de ces indices pouvant recevoir successivement les valeurs entières

$$0, \ 1, \ 2, \ 3, \ 4, \ \ldots.$$

Cela posé, nommons s_n la somme formée par l'addition d'un nombre fini ou même infini de termes de la série multiple, cette somme étant composée de manière qu'elle renferme au moins tous les termes dans lesquels la somme des indices est inférieure à n, et que jamais elle ne comprenne un terme correspondant à des indices donnés, sans renfermer en même temps tous les termes qu'on en déduit en remplaçant ces mêmes indices, ou quelques-uns d'entre eux, par des indices moindres. Si, toutes les fois que les deux conditions précédentes sont remplies, la somme s_n converge, pour des valeurs croissantes de n, vers une limite fixe s, la série multiple sera dite *convergente*, et la limite en question s'appellera la *somme* de la série. Dans le cas contraire, la série multiple sera *divergente* et n'aura plus de somme. Si, dans le premier cas, on pose

$$s = s_n + r_n, \tag{2}$$

r_n sera le reste de la série multiple, et ce reste, qui représentera ce qu'on peut nommer la somme de tous les termes non compris dans s_n, deviendra infiniment petit pour des valeurs infiniment grandes de n. Enfin, si l'on pose dans le même cas

$$\left\{\begin{array}{l} v_0 = s_1, \\ v_1 = s_2 - s_1, \\ v_2 = s_3 - s_2, \\ \ldots\ldots\ldots\ldots \end{array}\right. \tag{3}$$

et généralement

(4) $$v_n = s_{n+1} - s_n,$$

la série simple

(5) $$v_0,\quad v_1,\quad v_2,\quad \ldots$$

sera elle-même une série convergente qui aura pour somme s, pour terme général v_n, et pour reste r_n.

Comme, d'après ce qu'on vient de dire, les termes non compris dans la somme s_n se réduiront, soit aux différents termes dans lesquels la somme des indices est au moins égale à n, soit à une partie de ces mêmes termes, on peut évidemment énoncer la proposition suivante :

Théorème I. — *Une série multiple sera convergente si, dans cette série, les termes où la somme des indices devient au moins égale à n, étant ajoutés les uns aux autres en tel nombre et en tel ordre que l'on voudra, fournissent une somme qui devienne infiniment petite pour des valeurs infiniment grandes de n.*

Il y a plus : si tous les termes de la série multiple sont positifs, cette série ne pourra être convergente sans que la condition que nous venons d'énoncer soit remplie, et, dans ce cas, on pourra évidemment, sans détruire la convergence de la série, changer les signes de tous ses termes ou de quelques-uns d'entre eux. On peut donc encore énoncer cet autre théorème :

Théorème II. — *Une série multiple est toujours convergente, lorsque les valeurs numériques de ses différents termes forment une série convergente.*

Si les différents termes de la série proposée étaient les uns positifs, les autres négatifs, il pourrait arriver que la série fût convergente, et que les termes dans lesquels la somme des indices serait au moins égale à n, étant ajoutés les uns aux autres dans un certain ordre, ne donnassent pas toujours une somme infiniment petite pour des valeurs infiniment grandes de n. Cette remarque est applicable même aux séries simples. Ainsi, en particulier, si l'on considère la série simple

$$(6) \qquad 1, \quad -\frac{1}{2}, \quad +\frac{1}{3}, \quad -\frac{1}{4}, \quad \ldots, \quad \pm\frac{1}{n}, \quad \mp\frac{1}{n+1}, \quad \ldots,$$

on aura

$$(7) \qquad s_n = 1 - \frac{1}{2} + \frac{1}{3} - \frac{1}{4} + \ldots \pm \frac{1}{n};$$

et, comme les valeurs numériques des différences

$$(8) \qquad \begin{cases} s_{n+1} - s_n = \mp \dfrac{1}{n+1}, \\ s_{n+2} - s_n = \mp \left(\dfrac{1}{n+1} - \dfrac{1}{n+2}\right), \\ s_{n+3} - s_n = \mp \left(\dfrac{1}{n+1} - \dfrac{1}{n+2} + \dfrac{1}{n+3}\right), \\ \ldots\ldots\ldots\ldots\ldots\ldots\ldots\ldots \end{cases}$$

seront toutes renfermées entre les limites

$$(9) \qquad \frac{1}{n+1}, \quad \frac{1}{n+1} - \frac{1}{n+2}, \quad \ldots,$$

qui deviennent infiniment petites pour des valeurs infiniment grandes de n, on peut affirmer que la somme s_n convergera pour des valeurs croissantes de n vers une limite fixe s, et que la série (6) sera convergente. Mais, si, au lieu d'ajouter les uns aux autres les termes

$$\mp \frac{1}{n+1}, \quad \pm \frac{1}{n+2}, \quad \mp \frac{1}{n+3}, \quad \ldots,$$

pris dans l'ordre où ils se trouvent, on venait à intervertir cet ordre en choisissant parmi eux des termes affectés du même signe, par exemple, les suivants

$$\pm \frac{1}{n+2}, \quad \pm \frac{1}{n+4}, \quad \ldots, \quad \pm \frac{1}{n+2n} = \pm \frac{1}{3n},$$

la valeur numérique de la somme de ces derniers termes, savoir

$$\frac{1}{n+2} + \frac{1}{n+4} + \ldots + \frac{1}{3n},$$

surpasserait évidemment le produit

$$n \times \frac{1}{3n} = \frac{1}{3},$$

et cesserait d'être infiniment petite pour des valeurs infiniment grandes de n.

Lorsqu'une série multiple est uniquement composée de termes positifs, alors, pour que la condition énoncée dans le théorème I soit remplie, et par suite, pour qu'on soit assuré de la convergence de la série, il suffit évidemment qu'en adoptant, pour former la somme désignée par s_n, un des différents modes qui peuvent satisfaire aux conditions précédemment indiquées, on obtienne une valeur de s_n qui converge vers une limite fixe s, tandis que n croît indéfiniment. De cette remarque, jointe au théorème II, on déduit immédiatement la proposition suivante :

Théorème III. — *Nommons s_n la somme formée par l'addition d'un nombre fini ou même infini de termes d'une série multiple, cette somme étant composée de manière qu'elle renferme au moins tous les termes dans lesquels la somme des indices est inférieure à n, et que jamais elle ne renferme un terme correspondant à des indices donnés, sans renfermer en même temps tous les termes qu'on en déduit en remplaçant ces mêmes indices par des indices moindres. Si, dans un cas particulier où ces deux conditions soient remplies, la somme s_n et celle qu'on obtient en substituant aux différents termes qui la composent leurs valeurs numériques convergent l'une et l'autre vers des limites fixes, il en sera de même dans tous les cas, et la série proposée sera convergente.*

Scolie. — Il est important d'observer que les deux sommes dont il s'agit ici convergeront vers des limites fixes, si la série (5) et celle en laquelle la série (5) se transforme lorsqu'aux sommes de termes désignées par v_0, v_1, v_2, ... on substitue les sommes des valeurs numériques de ces mêmes termes sont l'une et l'autre convergentes.

Considérons, pour fixer les idées, une série double, par exemple la série (1). Si cette série est convergente, alors, en prenant pour s_n la somme des termes dans lesquels les indices offrent une somme inférieure à n, on trouvera

$$(10)\qquad v_n = u_{0,n} + u_{1,n-1} + \ldots + u_{n-1,1} + u_{n,0},$$

et la série (5), réduite à

$$(11)\qquad u_{0,0},\quad u_{0,1} + u_{1,0},\quad u_{0,2} + u_{1,1} + u_{2,0},\quad \ldots$$

sera une série simple convergente, dont la somme s ne différera pas de celle de la série double. Si, dans le même cas, on prend pour s_n la somme des termes où le premier indice est inférieur à n, on trouvera

$$(12)\qquad v_n = u_{n,0} + u_{n,1} + u_{n,2} + \ldots;$$

par conséquent, chacune des séries horizontales comprises dans le Tableau (1) sera convergente, et les sommes de ces séries convergentes, savoir

$$(13)\qquad \left\{\begin{array}{l} u_{0,0} + u_{0,1} + u_{0,2} + \ldots, \\ u_{1,0} + u_{1,1} + u_{1,2} + \ldots, \\ u_{2,0} + u_{2,1} + u_{2,2} + \ldots, \\ \ldots\ldots\ldots\ldots\ldots\ldots, \end{array}\right.$$

formeront elles-mêmes une nouvelle série convergente dont la somme sera encore s. Enfin, si l'on prend pour s_n la somme des termes de la série double où le second indice est inférieur à n, on trouvera

$$(14)\qquad v_n = u_{0,n} + u_{1,n} + u_{2,n} + \ldots;$$

par conséquent, chacune des séries verticales comprises dans le Tableau (1) sera convergente, et les sommes de ces séries convergentes, savoir

$$(15)\qquad \left\{\begin{array}{l} u_{0,0} + u_{1,0} + u_{2,0} + \ldots, \\ u_{0,1} + u_{1,1} + u_{2,1} + \ldots, \\ u_{0,2} + u_{1,2} + u_{2,2} + \ldots, \\ \ldots\ldots\ldots\ldots\ldots\ldots, \end{array}\right.$$

formeront à leur tour une nouvelle série convergente dont la somme sera encore s. Ajoutons que du théorème III et du scolie placé à la suite de ce théorème on déduira immédiatement la proposition suivante :

THÉORÈME IV. — *Si des trois séries simples* (11), (13), (15) *l'une est convergente et demeure convergente, tandis que l'on remplace les quantités* $u_{0,0}, u_{1,0}, u_{0,1}, u_{2,0}, \ldots$ *par leurs valeurs numériques, les deux autres seront pareillement convergentes, et la série* (1) *sera une série double convergente, dont la somme ne différera pas de celles des trois séries simples dont il s'agit.*

Pour exprimer que s représente la somme de la série (1) supposée convergente, nous écrirons simplement

$$(16)\quad \left\{\begin{array}{l} s = \quad u_{0,0} + u_{0,1} + u_{0,2} + \ldots \\ \quad + u_{1,0} + u_{1,1} + u_{1,2} + \ldots \\ \quad + u_{2,0} + u_{2,1} + u_{2,2} + \ldots \\ \quad \ldots\ldots\ldots\ldots\ldots\ldots\ldots \end{array}\right.$$

Soit maintenant z une fonction de deux variables x, y. Pour que cette fonction soit développable en une série convergente ordonnée suivant les puissances entières et positives de x, y, c'est-à-dire, en d'autres termes, pour que z puisse être considéré comme équivalent à la somme d'une semblable série, il ne suffira pas, comme on pourrait le croire au premier abord, que z soit développable en une série convergente ordonnée suivant les puissances entières et positives de x, et le coefficient de chacune de ces puissances en une série convergente ordonnée suivant les puissances entières et positives de y, en sorte qu'on ait

$$(17)\quad z = u_0 + u_1 x + u_2 x^2 + \ldots,$$

$$(18)\quad \left\{\begin{array}{l} u_0 = a_{0,0} + a_{0,1} y + a_{0,2} y^2 + \ldots, \\ u_1 = a_{1,0} + a_{1,1} y + a_{1,2} y^2 + \ldots, \\ u_2 = a_{2,0} + a_{2,1} y + a_{2,2} y^2 + \ldots, \end{array}\right.$$

et, par suite,

$$(19)\quad \left\{\begin{array}{l} z = a_{0,0} + a_{0,1} y + a_{0,2} y^2 + \ldots + (a_{1,0} + a_{1,1} y + a_{1,2} y^2 + \ldots) x \\ \quad + (a_{2,0} + a_{2,1} y + a_{2,2} y^2 + \ldots) x^2 + \ldots; \end{array}\right.$$

mais, en vertu du théorème IV, z sera effectivement développable en une série convergente ordonnée suivant les puissances entières et positives de x, y, je veux dire, que s sera la somme de la série double

$$(20)\qquad \begin{cases} a_{0,0}, & a_{0,1}y, & a_{0,2}y^2, & \ldots, \\ a_{1,0}x, & a_{1,1}xy, & a_{1,2}xy^2, & \ldots, \\ a_{2,0}x^2, & a_{2,1}x^2y, & a_{2,2}x^2y^2, & \ldots, \\ \ldots\ldots, & \ldots\ldots\ldots, & \ldots\ldots\ldots, & \ldots, \end{cases}$$

si le second nombre de la formule (19) conserve une valeur finie et déterminée, lorsqu'on y remplace les variables x, y et les coefficients

$$a_{0,0},\quad a_{0,1},\quad a_{0,2},\quad \ldots,\quad a_{1,0},\quad a_{1,1},\quad a_{1,2},\quad \ldots,\quad a_{2,0},\quad a_{2,1},\quad a_{2,2},\quad \ldots$$

par leurs valeurs numériques.

Pour éclaircir ce qu'on vient de dire par des exemples, concevons d'abord que l'on veuille développer, suivant les puissances entières et positives de x, y, le produit

$$z = \frac{1}{1-x}\,\frac{1}{1-y}.$$

Alors, pour des valeurs de x, y propres à remplir les deux conditions

$$(21)\qquad x^2 < 1,\quad y^2 < 1,$$

on aura

$$(22)\qquad z = \frac{1}{1-x}\,\frac{1}{1-y} = \frac{1}{1-y} + \frac{x}{1-y} + \frac{x^2}{1-y} + \ldots,$$

$$(23)\qquad \frac{1}{1-y} = 1 + y + y^2 + \ldots$$

et, par suite,

$$(24)\qquad \begin{cases} \dfrac{1}{1-x}\,\dfrac{1}{1-y} = (1+y+y^2+\ldots) + x\,(1+y+y^2+\ldots) \\ \qquad\qquad + x^2(1+y+y^2+\ldots) + \ldots. \end{cases}$$

Or, comme la formule (24) continuera de subsister quand on y remplacera les variables x, y par leurs valeurs numériques, on peut affirmer que, si les conditions (21) sont remplies, le produit

$$\frac{1}{1-x}\,\frac{1}{1-y}$$

sera développable en une série convergente ordonnée suivant les puissances ascendantes de x, y, en sorte qu'on aura

$$(25)\qquad \left\{\begin{aligned} \frac{1}{1-x}\,\frac{1}{1-y} = {} & 1 + y + y^2 + \ldots \\ & + x + xy + xy^2 + \ldots \\ & + x^2 + x^2y + x^2y^2 + \ldots \\ & + \ldots\ldots\ldots\ldots\ldots\ldots, \end{aligned}\right.$$

qu'alors aussi chacune des lignes horizontales ou verticales comprises dans le second membre de la formule (25) offrira une série simple convergente, et qu'il en sera encore de même de la série simple

$$(26)\qquad 1,\quad x+y,\quad x^2+xy+y^2,\quad x^3+x^2y+xy^2+y^3,\quad \ldots,$$

ce qu'on peut aisément vérifier en écrivant les divers termes de cette dernière comme il suit :

$$(27)\qquad \frac{x-y}{x-y},\quad \frac{x^2-y^2}{x-y},\quad \frac{x^3-y^3}{x-y},\quad \frac{x^4-y^4}{x-y},\quad \ldots.$$

Considérons en second lieu la fonction

$$z = \frac{1}{1-x-y}.$$

Si l'on suppose remplies les deux conditions

$$(28)\qquad y^2 < 1,\quad x^2 < (1-y)^2,$$

on aura

$$(29)\qquad \frac{1}{1-x-y} = \frac{1}{1-y} + \frac{x}{(1-y)^2} + \frac{x^2}{(1-y)^3} + \ldots,$$

$$(30)\qquad \left\{\begin{aligned} \frac{1}{1-y} &= 1 + y + y^2 + y^3 + \ldots, \\ \frac{1}{(1-y)^2} &= 1 + 2y + 3y^2 + 4y^3 + \ldots, \\ \frac{1}{(1-y)^3} &= 1 + 3y + 6y^2 + 10y^3 + \ldots, \\ & \ldots\ldots\ldots\ldots\ldots\ldots\ldots\ldots, \end{aligned}\right.$$

et, par suite,

$$(31)\quad \left\{ \begin{aligned} \frac{1}{1-x-y} &= 1+y+y^2+\ldots+x(1+2y+3y^2+\ldots) \\ &\quad + x^2(1+3y+6y^2+\ldots)+\ldots. \end{aligned} \right.$$

Toutefois, on ne saurait conclure de la formule (31) qu'on ait toujours, quand les conditions (28) sont remplies,

$$(32)\quad \left\{ \begin{array}{rcccc} \dfrac{1}{1-x-y} = & 1\;+ & y\;+ & y^2\;+ & y^3+\ldots \\ & +\,x\;+ & 2x\,y\;+ & 3x\,y^2+ & 4x\,y^3+\ldots \\ & +\,x^2+ & 3x^2y\;+ & 6x^2y^2+ & 10x^2y^3+\ldots \\ & +\,x^3+ & 4x^3y\;+ & 10x^3y^2+ & 20x^3y^3+\ldots \\ & +\ldots\ldots & \ldots\ldots & \ldots\ldots & \ldots\ldots \end{array} \right.$$

et que, en conséquence, la série simple

$$1, \quad x+y, \quad x^2+2xy+y^2, \quad x^3+3x^2y+3xy^2+y^3, \quad \ldots,$$

c'est-à-dire la progression géométrique

$$1, \quad x+y, \quad (x+y)^2, \quad (x+y)^3, \quad \ldots$$

soit alors nécessairement convergente; car il est visible que cette progression sera divergente, lorsque les variables x, y étant négatives recevront des valeurs numériques inférieures à l'unité, mais dont la somme surpassera l'unité, par exemple lorsqu'on supposera

$$x=-\frac{2}{3}, \qquad y=-\frac{2}{3},$$

et, par suite,

$$x+y=-\frac{4}{3}.$$

Alors, cependant, les conditions (28) seront remplies. Mais, si, la valeur numérique de y étant inférieure à l'unité, la valeur numérique de x ne surpasse pas la plus petite des deux quantités

$$1-y, \quad 1+y,$$

la formule (31) continuera de subsister, tandis qu'on y remplacera les variables x, y par leurs valeurs numériques, et entraînera l'équation (32).

Concevons à présent que, pour des valeurs numériques de x inférieures à c, la fonction y de x puisse être développée en une série convergente ordonnée suivant les puissances entières et positives de x, et que, pour des valeurs numériques de y inférieures à c', la fonction z de y puisse être développée en une série convergente ordonnée suivant les puissances entières et positives de y, de sorte qu'on ait, entre les limites $x = -c$, $x = c$,

$$y = a_0 + a_1 x + a_2 x^2 + \ldots \tag{33}$$

et, entre les limites $y = -c'$, $y = c'$,

$$z = b_0 + b_1 y + b_2 y^2 + \ldots. \tag{34}$$

Les quantités y^2, y^3, ... pourront elles-mêmes, pour des valeurs numériques de x inférieures à c, être développées en séries convergentes ordonnées suivant les puissances entières et positives de x, à l'aide des formules

$$\left\{\begin{array}{l} y^2 = a_0^2 + 2a_0 a_1 x + (2a_0 a_2 + a_1^2)x^2 \quad + \ldots, \\ y^3 = a_0^3 + 3a_0^2 a_1 x + (3a_0^2 a_2 + 3a_0 a_1^2)x^2 + \ldots, \\ \ldots\ldots\ldots\ldots\ldots\ldots\ldots\ldots\ldots\ldots\ldots\ldots \end{array}\right. \tag{35}$$

(*voir* le § VI, théorème IX, corollaire II), et l'on aura, par suite,

$$z = b_0 + b_1(a_0 + a_1 x + a_2 x^2 + \ldots) + b_2(a_0^2 + 2a_0 a_1 x + \ldots) + \ldots. \tag{36}$$

Toutefois, on ne devra point conclure de la formule (36) que z soit développable en une série convergente ordonnée suivant les puissances entières et positives de x, et que l'on ait

$$z = b_0 + a_0 b_1 + a_0^2 b_2 + \ldots + (a_1 b_1 + 2a_0 a_1 b_2 + \ldots)x + (a_2 b_1 + \ldots)x^2 + \ldots \tag{37}$$

pour toutes les valeurs numériques de x qui, étant inférieures à c, fournissent des valeurs numériques de y inférieures à c'. Mais, en vertu du théorème II, la formule (37) deviendra, pour une valeur donnée de x, une conséquence nécessaire de la formule (36), si les séries comprises dans les seconds membres des formules (33), (34) restent convergentes quand on réduit chaque terme à sa valeur numérique après avoir substitué dans la première série la valeur donnée de x, et dans la seconde série une valeur de y égale à la somme des valeurs numériques des termes de la première série. Or c'est ce qui arrivera nécessairement, si l'on attribue à x une valeur numérique inférieure à c, et pour laquelle la somme des valeurs numériques des termes de la première série soit inférieure à c'. On peut donc énoncer la proposition suivante :

Théorème V. — *Supposons que, pour des valeurs numériques de x inférieures à c, y soit développable en une première série convergente ordonnée suivant les puissances entières et positives de x, et que, pour des valeurs numériques de y inférieures à c', z soit développable en une seconde série convergente ordonnée suivant les puissances entières et positives de y; z sera développable en une nouvelle série convergente ordonnée suivant les puissances entières et positives de la variable x, pour toute valeur de cette variable choisie entre les limites $-c$, $+c$ de telle manière que la somme des valeurs numériques des termes de la première série soit inférieure à c'.*

Supposons, pour fixer les idées,

$$y = 1 - \frac{1 - e^{-x}}{x} \tag{38}$$

et

$$z = \frac{1}{1-y} = \frac{x}{1-e^{-x}}. \tag{39}$$

On tirera de l'équation (38), pour une valeur quelconque de la variable x,

$$y = \frac{x}{2} - \frac{x^2}{2.3} + \frac{x^3}{2.3.4} - \ldots \tag{40}$$

et de la formule (39), pour une valeur numérique de y inférieure à l'unité,

$$z = 1 + y + y^2 + y^3 + \ldots. \tag{41}$$

On aura donc

$$(42)\quad z = 1 + \left(\frac{x}{2} - \frac{x^2}{2.3} + \frac{x^3}{2.3.4} - \ldots\right) + \left(\frac{x}{2} - \frac{x^2}{2.3} + \frac{x^3}{2.3.4} - \ldots\right)^2 + \ldots,$$

par conséquent

$$(43)\quad \begin{cases} z = \dfrac{x}{1-e^{-x}} = 1 + \left(\dfrac{x}{2} - \dfrac{x^2}{6} + \dfrac{x^3}{24} - \dfrac{x^4}{120} + \ldots\right) \\ \qquad + \left(\dfrac{x^2}{4} - \dfrac{x^3}{6} + \dfrac{5x^4}{72} - \ldots\right) \\ \qquad + \left(\dfrac{x^3}{8} - \dfrac{x^4}{8} + \ldots\right) + \left(\dfrac{x^4}{16} + \ldots\right) + \ldots \end{cases}$$

pour toutes les valeurs de x qui rendront $y^2 < 1$, c'est-à-dire pour toute valeur positive de x et pour toute valeur négative comprise entre les limites o, $-1,250\ldots$, le nombre $1,250\ldots$ étant la racine positive unique de l'équation

$$(44)\quad \frac{x}{2} + \frac{x^2}{2.3} + \frac{x^3}{2.3.4} + \ldots = 1 \quad \text{ou} \quad \frac{e^x - 1}{x} = 2.$$

Or il ne résulte pas de la formule (43) que la fonction

$$z = \frac{x}{1-e^{-x}}$$

soit développable, pour toutes les valeurs positives de x, en une série convergente ordonnée suivant les puissances ascendantes de x, et que l'on ait par suite, en prenant $x > 0$,

$$(45)\quad \begin{cases} \dfrac{x}{1-e^{-x}} = 1 + \dfrac{1}{2}x + \left(\dfrac{1}{4} - \dfrac{1}{6}\right)x^2 + \left(\dfrac{1}{8} - \dfrac{1}{6} + \dfrac{1}{24}\right)x^3 \\ \qquad + \left(\dfrac{1}{16} - \dfrac{1}{8} + \dfrac{5}{72} - \dfrac{1}{120}\right)x^4 - \ldots \end{cases}$$

ou, ce qui revient au même,

$$(46)\quad \frac{x}{1-e^{-x}} = 1 + \frac{1}{2}x + \frac{1}{6}\frac{x^2}{1.2} - \frac{1}{30}\frac{x^4}{1.2.3.4} + \frac{1}{42}\frac{x^6}{1.2.3.4.5.6} - \ldots.$$

Mais, en vertu du théorème V, la formule (42) ou (43) entraînera l'équation (46) si la valeur positive ou négative de x est comprise entre les limites

$$-1,250\ldots,\quad +1,250\ldots,$$

puisqu'alors les valeurs numériques des termes de la série comprise dans le second membre de la formule (40) fourniront une somme inférieure à l'unité.

En calculant les coefficients des diverses puissances de x dans le second membre de la formule (45), on s'assure facilement que ceux de la troisième et de la cinquième puissance se réduisent à zéro. Or on peut démontrer qu'il doit en être de même des coefficients de toutes les puissances de degré impair supérieures à la première, c'est-à-dire que la différence

$$(47)\qquad \frac{x}{1-e^{-x}}-\frac{1}{2}x$$

développée suivant les puissances entières et positives de x doit uniquement renfermer des puissances de degré pair. En effet, cette différence, pouvant s'écrire comme il suit

$$(48)\qquad \frac{1}{2}x\frac{1+e^{-x}}{1-e^{-x}}=\frac{1}{2}\,\frac{x\left(e^{\frac{x}{2}}+e^{-\frac{x}{2}}\right)}{e^{\frac{x}{2}}-e^{-\frac{x}{2}}},$$

ne change pas de valeur quand on y change le signe de x. Son développement, devant jouir de la même propriété, ne saurait renfermer les puissances impaires de la variable x.

Observons encore que l'expression

$$(49)\quad \frac{2x}{e^{x}-e^{-x}}=\frac{x}{x+\frac{x^3}{1.2.3}+\frac{x^5}{1.2.3.4.5}+\ldots}=\frac{1}{1+\frac{x^2}{2.3}+\frac{x^4}{2.3.4.5}+\ldots},$$

pouvant être présentée sous la forme

$$1-\left(\frac{x^2}{2.3}+\frac{x^4}{2.3.4.5}+\ldots\right)+\left(\frac{x^2}{2.3}+\frac{x^4}{2.3.4.5}+\ldots\right)^2-\ldots$$

pour toute valeur numérique de x inférieure au nombre $2,179\ldots,$

c'est-à-dire à la racine positive de l'équation

$$(50) \qquad \frac{x^2}{2.3} + \frac{x^4}{2.3.4.5} + \ldots = 1 \quad \text{ou} \quad \frac{e^x - e^{-x}}{2x} = 2,$$

sera dans ce cas, en vertu du théorème V, développable en une série convergente ordonnée suivant les puissances ascendantes de x. Donc la fonction

$$\frac{x}{e^{\frac{x}{2}} - e^{-\frac{x}{2}}}$$

que l'on déduit de l'expression (49), en remplaçant x par $\frac{x}{2}$, et, par suite, l'expression (48) seront développables en séries convergentes ordonnées selon les puissances entières et positives de la variable x pour toute valeur numérique de cette variable inférieure au nombre $4,35\ldots = 2(2,179\ldots)$. Donc la formule (46) subsistera pour toutes les valeurs de x comprises entre les limites

$$x = -4,35\ldots, \qquad x = 4,35\ldots.$$

Il y a plus : comme, pour de telles valeurs de x, le produit de la somme

$$1 + \frac{1}{2}x + \frac{1}{6}\frac{x^2}{1.2} - \frac{1}{30}\frac{x^4}{1.2.3.4} + \frac{1}{42}\frac{x^6}{1.2.3.4.5.6} - \ldots$$

par la différence $1 - e^{-x}$, à laquelle on peut toujours substituer son développement, savoir

$$x - \frac{x^2}{1.2} + \frac{x^3}{1.2.3} - \ldots,$$

se réduira identiquement à x, en vertu de la formule (46), on peut affirmer que cette formule subsistera pour toute valeur de x inférieure au nombre c, si ce nombre est tel que la série

$$1, \quad \frac{1}{2}x, \quad \frac{1}{6}\frac{x^2}{1.2}, \quad -\frac{1}{30}\frac{x^4}{1.2.3.4}, \quad \frac{1}{42}\frac{x^6}{1.2.3.4.5.6}, \quad \ldots$$

reste convergente entre les limites $x = -c$, $x = c$. Donc, par suite, la formule

$$(51)\qquad x\frac{e^x+e^{-x}}{e^x-e^{-x}}=1+\frac{1}{6}\frac{2^2x^2}{1.2}-\frac{1}{30}\frac{2^4x^4}{1.2.3.4}+\frac{1}{42}\frac{2^6x^6}{1.2.3.4.5.6}-\ldots,$$

que l'on déduit de l'équation (46), en y remplaçant x par $2x$, subsistera pour toutes les valeurs de x comprises entre les limites $x=-2c$, $x=2c$. Nous prouverons plus tard que le nombre c, dont il s'agit ici, est précisément égal à $\frac{\pi}{2}$.

Quant aux facteurs numériques

$$(52)\qquad \frac{1}{6},\quad \frac{1}{30},\quad \frac{1}{42},\quad \ldots,$$

qui, dans les seconds membres des formules (46) et (51), se trouvent pris tantôt avec le signe +, tantôt avec le signe −, et multipliés par les divers termes des développements des fonctions

$$\frac{e^x+e^{-x}}{2}-1 \quad \text{et} \quad \frac{e^{2x}+e^{-2x}}{2}-1,$$

ils sont ce qu'on appelle les *nombres de Bernoulli*.

§ IX. — *Sommation des puissances entières des nombres naturels. Volume d'une pyramide à base quelconque.*

A l'aide des principes établis dans les paragraphes précédents, on peut aisément déterminer la somme des $m^{\text{ièmes}}$ puissances des nombres naturels

$$1,\quad 2,\quad 3,\quad \ldots,\quad n,$$

savoir

$$(1)\qquad 1+2^m+3^m+\ldots+n^m=\mathrm{S}(n^m).$$

En effet, comme on a

$$n(n+1)=n^2+n,$$

$$n(n+1)(n+2)=n^3+3n^2+2n,$$

$$n(n+1)(n+2)(n+3)=n^4+6n^3+11n^2+6n,$$

$$\ldots\ldots\ldots\ldots\ldots\ldots\ldots\ldots\ldots\ldots,$$

les formules (15) du § I donneront

$$(2)\quad \begin{cases} S(n) = \dfrac{n(n+1)}{2}, \\ S(n^2) + S(n) = \dfrac{n(n+1)(n+2)}{2}, \\ S(n^3) + 3S(n^2) + 2S(n) = \dfrac{n(n+1)(n+2)(n+3)}{4}, \\ S(n^4) + 6S(n^3) + 11S(n^2) + 6S(n) = \dfrac{n(n+1)(n+2)(n+3)(n+4)}{5}, \\ \dots\dots\dots\dots, \end{cases}$$

et, par conséquent,

$$(3)\quad \begin{cases} S(n) = \dfrac{n(n+1)}{2}, \\ S(n^2) = \dfrac{n(n+1)(n+2)}{3} - \dfrac{n(n+1)}{2} = \dfrac{n(n+1)(2n+1)}{2.3}, \\ S(n^3) = \dfrac{n(n+1)(n+2)(n+3)}{4} - \dfrac{n(n+1)(2n+1)}{2} - n(n+1) = \left[\dfrac{n(n+1)}{2}\right]^2, \\ S(n^4) = \dfrac{n(n+1)(n+2)(n+3)(n+4)}{5} - \dfrac{3}{2}n^2(n+1)^2 - 11\,\dfrac{n(n+1)(2n+1)}{6} - 3n(n+1), \\ \dots\dots\dots\dots, \end{cases}$$

ou, ce qui revient au même,

$$(4)\quad \begin{cases} 1 + 2 + 3 + \ldots + n = \dfrac{n(n+1)}{2}, \\ 1 + 4 + 9 + \ldots + n^2 = \dfrac{n(n+1)(2n+1)}{2.3}, \\ 1 + 8 + 27 + \ldots + n^3 = \left[\dfrac{n(n+1)}{2}\right]^2, \\ 1 + 16 + 81 + \ldots + n^4 = \dfrac{n(n+1)(2n+1)(3n^2+3n-1)}{2.3.5}, \\ \dots\dots\dots\dots \end{cases}$$

Il est bon d'observer que, en vertu des formules (4), on aura

$$(5)\quad 1 + 8 + 27 + \ldots + n^2 = (1 + 2 + 3 + \ldots + n)^2.$$

Ainsi, en particulier, on trouvera

$$1 + 8 + 27 + 64 = (1 + 2 + 3 + 4)^2.$$

On pourrait facilement déduire les formules (3) ou (4) de l'équation (14) ou (15) du § V. Effectivement, si l'on pose $x = n$ dans l'équation (15) du § V, on en tirera

$$(6)\quad \begin{cases} n^m = n(n+1)\ldots(n+m-1) - \dfrac{m(m-1)}{1.2} n(n+1)\ldots(n+m-2) + \ldots \\ \pm \dfrac{3^{m-1} - 2^m + 1}{1.2} n(n+1)(n+2) \mp \dfrac{2^{m-1} - 1}{1} n(n+1) \pm n, \end{cases}$$

et, par suite,

$$(7)\quad \begin{cases} S(n^m) = S[n(n+1)\ldots(n+m-1)] - \dfrac{m(m-1)}{1.2} S[n(n+1)\ldots(n+m-2)] + \ldots \\ \pm \dfrac{3^{m-1} - 2^m + 1}{1.2} S[n(n+1)(n+2)] \mp \dfrac{2^{m-1} - 1}{1} S[n(n+1)] \pm S(n), \end{cases}$$

puis on conclura de cette dernière, combinée avec les formules (15) du § I,

$$(8)\quad \begin{cases} S(n^m) = \dfrac{n(n+1)\ldots(n+m)}{m+1} - \dfrac{m-1}{2} n(n+1)\ldots(n+m-1) + \ldots \\ \pm \dfrac{3^{m-1} - 2^m + 1}{1.2} \dfrac{n(n+1)(n+2)(n+3)}{4} \\ \mp \dfrac{2^{m-1} - 1}{1} \dfrac{n(n+1)(n+2)}{3} \pm \dfrac{n(n+1)}{2}. \end{cases}$$

En opérant de la même manière, on tirera de la formule (14) du § V

$$(9)\quad \begin{cases} S(n^m) = \dfrac{(n+1)n\ldots(n-m+1)}{m+1} + \dfrac{m-1}{2} (n+1)n\ldots(n-m+2) + \ldots \\ + \dfrac{3^{m-1} - 2^m + 1}{1.2} \dfrac{(n+1)n(n-1)(n-2)}{4} \\ + \dfrac{2^{m-1} + 1}{1} \dfrac{(n+1)n(n-1)}{3} + \dfrac{(n+1)n}{2}. \end{cases}$$

Si, dans l'une des formules (8), (9), on pose successivement

$$m = 1, \qquad m = 2, \qquad m = 3, \qquad \ldots,$$

on retrouvera précisément les formules (3) ou (4).

On pourrait encore faire servir les nombres de Bernoulli au calcul de la somme $S(n^m)$. En effet, cette somme est évidemment le coefficient de

$$\frac{x^m}{1.2.3\ldots m}$$

dans le développement du polynôme

$$(10)\qquad e^x + e^{2x} + \ldots + e^{nx} = e^x \frac{e^{nx}-1}{e^x-1} = \frac{e^{nx}-1}{1-e^{-x}},$$

suivant les puissances ascendantes et entières de la variable x. On a d'ailleurs, quel que soit x,

$$(11)\qquad e^{nx}-1 = nx + \frac{n^2x^2}{1.2} + \frac{n^3x^3}{1.2.3} + \ldots = x\left(n + \frac{n^2x}{1.2} + \frac{n^3x^3}{1.2.3} + \ldots\right),$$

et, pour des valeurs numériques de x inférieures à $1,250\ldots$ (*voir* le paragraphe précédent),

$$(12)\qquad \frac{x}{1-e^{-x}} = 1 + \frac{1}{2}x + \frac{1}{6}\frac{x^2}{1.2} - \frac{1}{30}\frac{x^4}{1.2.3.4} + \frac{1}{42}\frac{x^6}{1.2.3.4.5.6} - \ldots,$$

les coefficients

$$\frac{1}{6},\quad \frac{1}{30},\quad \frac{1}{42},\quad \ldots,$$

que renferment le troisième terme et les suivants, étant précisément les nombres de Bernoulli. Cela posé, on tirera de la formule (10), pour des valeurs numériques de x inférieures à $1,250\ldots$,

$$(13)\quad \left\{\begin{aligned} & n + x\,S(n) + \frac{x^2}{1.2}S(n^2) + \frac{x^3}{1.2.3}S(n^3) + \ldots + \frac{x^m}{1.2\ldots m}S(n^m) + \ldots \\ & = \left(n + \frac{n^2}{2}x + \frac{n^3}{3}\frac{x^2}{1.2} + \ldots\right)\left(1 + \frac{1}{2}x + \frac{1}{6}\frac{x^2}{1.2} - \frac{1}{30}\frac{x^4}{1.2.3.4} + \frac{1}{42}\frac{x^6}{1.2.3.4.5.6} - \ldots\right); \end{aligned}\right.$$

puis, en développant le second membre de la formule (13), suivant les puissances ascendantes et entières de la variable x, et égalant entre eux les coefficients des puissances de même degré renfermées dans les deux membres, on trouvera

$$(14)\quad \begin{cases} S(n) = \dfrac{n^2}{2} + n = \dfrac{n(n+1)}{2}, \\ S(n^2) = \dfrac{n^3}{3} + \dfrac{n^2}{2} + \dfrac{n}{6} = \dfrac{n(n+1)(2n+1)}{2.3}, \\ S(n^3) = \dfrac{n^4}{4} + \dfrac{n^3}{2} + \dfrac{n^2}{4} = \left[\dfrac{n(n+1)}{2}\right]^2, \\ S(n^4) = \dfrac{n^5}{5} + \dfrac{n^4}{2} + \dfrac{1}{6}2n^3 - \dfrac{1}{30}n = \dfrac{n(n+1)(2n+1)(3n^2+3n-1)}{2.3.5}, \\ \dots\dots\dots\dots\dots\dots \end{cases}$$

et généralement

$$(15)\quad \begin{cases} S(n^m) = \dfrac{n^{m+1}}{m+1} + \dfrac{n^m}{2} + \dfrac{1}{6}\dfrac{m}{2}n^{m-1} - \dfrac{1}{30}\dfrac{m(m-1)(m-2)}{2.3.4}n^{m-3} \\ \qquad + \dfrac{1}{42}\dfrac{m(m-1)(m-2)(m-3)(m-4)}{2.3.4.5.6}n^{m-5} - \dots \end{cases}$$

Les deux premières des formules (4) ou (14) fournissent le moyen de calculer le nombre des boulets dont se composent des piles à base carrée ou rectangulaire, telles qu'on les construit dans les arsenaux; et d'abord, si des boulets sont distribués dans plusieurs couches superposées, de manière à figurer une pyramide à base carrée, le nombre des boulets compris dans cette pyramide se trouvera évidemment déterminé par la seconde des formules (14). De plus, si le carré qui servait de base à la pyramide, et dont chaque côté renfermait n boulets, se change en un rectangle dont les deux côtés renferment, le premier n, le second $n+m$ boulets, et la pyramide elle-même en un prisme tronqué terminé supérieurement, non par un boulet unique, mais par une file de $m+1$ boulets placés à la suite l'un de l'autre, le nombre total des boulets contenus dans le prisme tronqué sera évidemment

$$m+1+2(m+2)+3(m+3)+\dots+n(m+n)$$
$$= m\,S(n) + S(n^2) = \left(m + \frac{2n+1}{3}\right)S(n)$$

ou, ce qui revient au même,

$$(16)\qquad \left(m+\frac{2n+1}{3}\right)\frac{n(n+1)}{2}.$$

La formule (16) fournit la règle connue, en vertu de laquelle on obtient le nombre des boulets que contient une pile à base carrée, en multipliant le facteur

$$\frac{n(n+1)}{2},$$

c'est-à-dire le nombre des boulets compris dans l'une des faces obliques et triangulaires de la pile, par la somme

$$m+\frac{2n+1}{3},$$

c'est-à-dire par le tiers du nombre des boulets compris dans l'arête qui termine la pile, et dans les côtés de la base parallèles à cette arête.

Si, après avoir divisé par n^{m+1} les deux membres de la formule (8), (9) ou (15), on fait croître indéfiniment le nombre n, le rapport $\frac{1}{n}$ et ses diverses puissances s'approchant alors indéfiniment de la limite zéro, on trouvera

$$(17)\qquad \lim\frac{S(n^m)}{n^{m+1}}=\frac{1}{m+1}.$$

Ainsi, en particulier, si l'on pose successivement $m=1$, $m=2$, ..., on trouvera

$$(18)\qquad \lim\frac{S(n)}{n^2}=\frac{1}{2},$$

$$(19)\qquad \lim\frac{S(n^2)}{n^3}=\frac{1}{3},$$

....

On peut appliquer les formules (18) et (19) à l'évaluation de la surface d'un triangle ou de la solidité d'une pyramide, en opérant comme il suit.

Considérons d'abord un triangle dont la base soit B et la hauteur H.

Divisons cette hauteur H en n parties égales à

$$h = \frac{H}{n} \tag{20}$$

par $n - 1$ droites parallèles à la base B. Les portions de ces droites qui se trouveront renfermées dans le triangle seront respectivement

$$b,\quad 2b,\quad 3b,\quad \ldots,\quad (n-1)b,$$

la valeur de b étant

$$b = \frac{B}{n}. \tag{21}$$

Cela posé, concevons, en premier lieu, que les deux angles du triangle adjacents à la base B soient aigus. L'aire du triangle sera évidemment supérieure à la somme des aires des rectangles inscrits qui auraient pour bases les longueurs

$$b,\quad 2b,\quad 3b,\quad \ldots,\quad (n-1)b,$$

et inférieure à la somme des aires des rectangles circonscrits qui auraient pour bases les longueurs

$$b,\quad 2b,\quad 3b,\quad \ldots,\quad (n-1)b,\quad nb = B,$$

la hauteur de chaque rectangle inscrit ou circonscrit étant la distance h entre deux parallèles consécutives. Donc, si l'on prend pour valeur approchée de l'aire du triangle la somme des aires des rectangles circonscrits, savoir

$$bh + 2bh + \ldots + nbh = bh\,S(n) = \frac{S(n)}{n^2}\,BH, \tag{22}$$

l'erreur commise sera inférieure à l'aire $nbh = \frac{BH}{n}$ du plus grand des rectangles circonscrits. Si maintenant on fait croître indéfiniment le nombre n, l'erreur commise $\frac{BH}{n}$ décroîtra sans cesse, et la limite de l'expression (21), qui sera, en vertu de la formule (18),

$$\frac{1}{2}BH, \tag{23}$$

offrira la véritable valeur de l'aire du triangle proposé.

Si l'un des angles adjacents à la base B devenait obtus, on arriverait encore aux mêmes conclusions en substituant aux rectangles ci-dessus mentionnés des parallélogrammes construits sur les mêmes bases, et dont les côtés pourraient être parallèles à l'un des côtés du triangle donné.

Considérons à présent une pyramide à base triangulaire ou polygonale. Nommons B la base de cette pyramide, H sa hauteur, et divisons cette hauteur en n portions égales à

$$h = \frac{H}{n} \tag{24}$$

par $n - 1$ plans parallèles à celui de la base B. Les sections faites par ces plans dans la pyramide seront semblables à la base B, et les aires de ces sections seront respectivement

$$b, \quad 4b, \quad 9b, \quad \ldots, \quad (n-1)^2 b,$$

la valeur de b étant

$$b = \frac{B}{n^2}. \tag{25}$$

Cela posé, le volume de la pyramide sera évidemment supérieur à la somme des volumes des prismes inscrits qui auraient pour bases les sections dont il s'agit, et inférieur à la somme des volumes des prismes circonscrits qui auraient pour bases les mêmes sections et la base de la pyramide, la hauteur de chaque prisme étant la distance h entre les plans de deux sections voisines, et ses côtés étant parallèles à une droite menée de l'un quelconque des points intérieurs de la base B au sommet de la pyramide. Donc, si l'on prend pour valeur approchée du volume de la pyramide la somme des volumes des prismes circonscrits, savoir

$$bh + 4bh + 9bh + \ldots + n^2 bh = bh\,S(n^2) = \frac{S(n^2)}{n^3} BH, \tag{26}$$

l'erreur commise sera inférieure au volume $n^2 bh = \frac{BH}{n}$ du plus grand des prismes circonscrits. Si maintenant on fait croître indéfiniment le nombre n, l'erreur commise $\frac{BH}{n}$ décroîtra sans cesse, et la limite de l'expression (26), qui sera, en vertu de la formule (19),

$$\frac{1}{3}BH, \tag{27}$$

offrira la véritable valeur du volume de la pyramide proposée.

§ X. — *Formules pour l'évaluation des logarithmes. Développement du logarithme d'un binôme.*

En prenant les logarithmes népériens des quantités que renferme la formule (15) du § VII, on en conclut

$$\frac{l(1+\alpha)}{\alpha} < 1 < \frac{-l(1-\alpha)}{\alpha}. \tag{1}$$

On aura donc, pour des valeurs positives de α,

$$l(1+\alpha) < \alpha \tag{2}$$

et

$$-l(1-\alpha) = l\left(\frac{1}{1-\alpha}\right) > \alpha. \tag{3}$$

Ajoutons que, en vertu de la formule (10) du § V, chacun des deux rapports qui constituent le premier et le dernier membre de la formule (1) aura pour limite l'unité, quand α deviendra infiniment petit.

Soient maintenant x une quantité quelconque, n un nombre entier très considérable, et

$$\alpha = \frac{x}{n}. \tag{4}$$

Le binôme $1+x$ sera le dernier terme de la progression arithmétique

$$1, \quad 1+\alpha, \quad 1+2\alpha, \quad \ldots, \quad 1+(n-1)\alpha, \quad 1+n\alpha, \tag{5}$$

et l'on aura identiquement

$$(6)\qquad \mathrm{l}(1+x) = \mathrm{l}\left(\frac{1+\alpha}{1}\right) + \mathrm{l}\left(\frac{1+2\alpha}{1+\alpha}\right) + \ldots + \mathrm{l}\left[\frac{1+n\alpha}{1+(n-1)\alpha}\right].$$

D'autre part, m étant un nombre entier compris entre les limites o, n, on aura

$$(7)\qquad \frac{1+(m+1)\alpha}{1+m\alpha} = 1 + \frac{\alpha}{1+m\alpha}, \qquad \frac{1+m\alpha}{1+(m+1)\alpha} = 1 - \frac{\alpha}{1+(m+1)\alpha},$$

et par suite les formules (2), (3) donneront, pour des valeurs positives de x,

$$(8)\qquad \begin{cases} \mathrm{l}\left[\dfrac{1+(m+1)\alpha}{1+m\alpha}\right] < \dfrac{\alpha}{1+m\alpha}, \\ \mathrm{l}\left[\dfrac{1+(m+1)\alpha}{1+m\alpha}\right] > \dfrac{\alpha}{1+(m+1)\alpha}. \end{cases}$$

De ces dernières, combinées avec la formule (6), on tirera

$$(9)\qquad \mathfrak{U} < \mathrm{l}(1+x) < \mathfrak{U}_1,$$

les valeurs de $\mathfrak{U}$, $\mathfrak{U}_1$ étant respectivement

$$(10)\qquad \mathfrak{U} = \frac{\alpha}{1+\alpha} + \frac{\alpha}{1+2\alpha} + \ldots + \frac{\alpha}{1+(n-1)\alpha} + \frac{\alpha}{1+n\alpha},$$

$$(11)\qquad \mathfrak{U}_1 = \alpha + \frac{\alpha}{1+\alpha} + \ldots + \frac{\alpha}{1+(n-2)\alpha} + \frac{\alpha}{1+(n-1)\alpha}.$$

Lorsque x et, par suite, α deviennent négatifs, la formule (9) doit être remplacée par la suivante

$$(12)\qquad \mathfrak{U} > \mathrm{l}(1+x) > \mathfrak{U}_1.$$

Si l'on prend pour valeur approchée de $\mathrm{l}(1+x)$ la quantité $\mathfrak{U}$ ou la demi-somme $\frac{\mathfrak{U}+\mathfrak{U}_1}{2}$, c'est-à-dire si l'on pose

$$(13)\qquad \mathrm{l}(1+x) = \frac{\alpha}{1+\alpha} + \frac{\alpha}{1+2\alpha} + \ldots + \frac{\alpha}{1+(n-1)\alpha} + \frac{\alpha}{1+n\alpha}$$

ou bien

$$(14)\quad \begin{cases} l(1+x) = \frac{1}{2}\alpha + \frac{\alpha}{1+\alpha} + \frac{\alpha}{1+2\alpha} + \ldots \\ \qquad + \frac{\alpha}{1+(n-2)\alpha} + \frac{\alpha}{1+(n-1)\alpha} + \frac{1}{2}\frac{\alpha}{1+n\alpha}, \end{cases}$$

il est clair que l'erreur commise ne surpassera pas, dans le premier cas, la valeur numérique de la différence

$$(15)\qquad \mathfrak{U}_1 - \mathfrak{U} = \alpha - \frac{\alpha}{1+x} = \frac{\alpha x}{1+x} = \frac{x^2}{n(1+x)},$$

et, dans le second cas, la moitié de cette valeur numérique. Donc cette erreur deviendra infiniment petite pour des valeurs infiniment grandes de n ou, ce qui revient au même, pour des valeurs infiniment petites de α, et $l(1+x)$ aura exactement pour valeur la limite vers laquelle converge le second membre de la formule (13), tandis que α s'approche indéfiniment de la limite zéro.

Lorsque la valeur de x est renfermée entre les limites -1, $+1$, c'est-à-dire lorsqu'on a

$$(16)\qquad x^2 < 1,$$

alors, en désignant par m un nombre entier inférieur ou tout au plus égal à n, on a généralement

$$(17)\qquad \frac{\alpha}{1+m\alpha} = \alpha - m\alpha^2 + m^2\alpha^3 - m^3\alpha^4 + \ldots,$$

et par suite la formule (13) donne

$$(18)\qquad l(1+x) = n\alpha - \alpha^2 S(n) + \alpha^3 S(n^2) - \alpha^4 S(n^3) + \ldots$$

ou, ce qui revient au même,

$$(19)\qquad l(1+x) = x - x^2\frac{S(n)}{n^2} + x^3\frac{S(n^2)}{n^3} - x^4\frac{S(n^3)}{n^4} + \ldots.$$

Si maintenant on fait croître indéfiniment le nombre n, alors, en ayant égard aux formules (17), (18) du § IX, on réduira l'équation (19) à la suivante

$$(20)\qquad \mathrm{l}(1+x) = x - \frac{x^2}{2} + \frac{x^3}{3} - \frac{x^4}{4} + \ldots.$$

Cette dernière fournit la valeur exacte de $\mathrm{l}(1+x)$, toutes les fois que la valeur numérique de x ne surpasse pas l'unité. Alors la série

$$(21)\qquad x,\quad -\frac{x^2}{2},\quad \frac{x^3}{3},\quad -\frac{x^4}{4},\quad \ldots$$

est nécessairement convergente, ce qu'on peut démontrer directement, attendu que le coefficient a_n de x_n, dans cette série, étant réduit à

$$a_n = \frac{(-1)^{n+1}}{n},$$

la valeur numérique du rapport $\frac{a_{n+1}}{a_n}$ sera la fraction

$$\frac{n+1}{n} = 1 + \frac{1}{n},$$

qui, pour des valeurs croissantes de n, s'approche indéfiniment de la limite 1. Ajoutons que la série (21) sera encore convergente pour $x = 1$, et qu'on aura par suite

$$(22)\qquad \mathrm{l}(2) = 1 - \frac{1}{2} + \frac{1}{3} - \frac{1}{4} + \ldots,$$

mais qu'elle deviendra divergente pour $x = -1$, ce qu'il était facile de prévoir, puisqu'on a

$$(23)\qquad \mathrm{l}(0) = -\infty.$$

Enfin, si dans la formule (20) on remplace x par $-x$, on en tirera

$$(24)\qquad -\mathrm{l}(1-x) = \mathrm{l}\left(\frac{1}{1-x}\right) = x + \frac{x^2}{2} + \frac{x^3}{3} + \frac{x^4}{4} + \ldots.$$

Lorsque, à l'aide des formules (13), (14) ou (20), on aura calculé la valeur exacte ou approchée de $\mathrm{l}(1+x)$, pour en déduire celle de

$L(1+x)$, la lettre L indiquant un logarithme pris dans le système dont la base serait, non plus le nombre e, mais un autre nombre quelconque A, il suffira de recourir à l'équation

$$\frac{L(1+x)}{l(1+x)}=\frac{Le}{le}=\frac{LA}{lA}=Le=\frac{1}{lA},$$

de laquelle on tire

$$(25)\qquad L(1+x)=Le\,l(1+x) \quad \text{ou} \quad L(1+x)=\frac{l(1+x)}{lA}.$$

Si dans les formules (20) et (25) on remplace x par $\frac{x}{a}$, elles donneront, pour des valeurs numériques de x inférieures à celles de a,

$$(26)\qquad l(a+x)=la+\frac{x}{a}-\frac{x^2}{2a^2}+\frac{x^3}{3a^3}-\frac{x^4}{4a^4}+\ldots$$

et

$$(27)\qquad L(a+x)=La+\left(\frac{x}{a}-\frac{x^2}{2a^2}+\frac{x^3}{3a^3}-\frac{x^4}{4a^4}+\ldots\right)Le.$$

§ XI. — *Développement d'une puissance quelconque d'un binôme.*

Comme on a identiquement

$$(1)\qquad 1+x=e^{l(1+x)},$$

on en conclura, en ayant égard à la formule (20) du § X, et supposant la valeur numérique de x inférieure à l'unité,

$$(2)\qquad 1+x=e^{x-\frac{x^2}{2}+\frac{x^3}{3}-\frac{x^4}{4}+\ldots}.$$

On aura donc alors, quelle que soit la valeur positive ou négative de l'exposant μ,

$$(3)\qquad (1+x)^\mu=e^{\mu\left(x-\frac{x^2}{2}+\frac{x^3}{3}-\frac{x^4}{4}+\ldots\right)}$$

et, par suite,

$$(4)\quad (1+x)^\mu=1+\mu x\left(1-\frac{x}{2}+\frac{x^2}{3}-\ldots\right)+\frac{\mu^2x^2}{1.2}\left(1-\frac{x}{2}+\frac{x^2}{3}+\ldots\right)^2+\ldots$$

ou, ce qui revient au même,

$$(5)\quad \left\{\begin{aligned}(1+x)^\mu = 1 &+ \mu\left(x - \frac{x^2}{2} + \frac{x^3}{3} - \frac{x^4}{4} + \ldots\right)\\ &+ \mu^2\left(\frac{x^2}{2} - \frac{x^3}{2} + \frac{11x^4}{24} - \ldots\right)\\ &+ \mu^3\left(\frac{x^3}{6} - \frac{x^4}{4} + \ldots\right) + \mu^4\left(\frac{x^4}{24} + \ldots\right) + \ldots.\end{aligned}\right.$$

Or, dans l'hypothèse admise, la somme

$$x - \frac{x^2}{2} + \frac{x^3}{3} - \ldots$$

conservera une valeur finie et déterminée quand on remplacera les différents termes dont cette somme se compose par leurs valeurs numériques, et l'on pourra en dire autant des sommes que renferment les seconds membres des formules (4) et (5). Donc alors la formule (5) entraînera la suivante

$$(6)\quad \left\{\begin{aligned}(1+x)^\mu = 1 + \mu x &+ \left(\frac{\mu^2}{2} - \frac{\mu}{2}\right)x^2 + \left(\frac{\mu^3}{6} - \frac{\mu^2}{2} + \frac{\mu}{3}\right)x^3\\ &+ \left(\frac{\mu^4}{24} - \frac{\mu^3}{4} + \frac{11\mu^2}{24} - \frac{\mu}{4}\right)x^4 + \ldots,\end{aligned}\right.$$

qui se réduit à

$$(7)\quad \left\{\begin{aligned}(1+x)^\mu = 1 + \mu x &+ \frac{\mu(\mu-1)}{1.2}x^2 + \frac{\mu(\mu-1)(\mu-2)}{1.2.3}x^3\\ &+ \frac{\mu(\mu-1)(\mu-2)(\mu-3)}{1.2.3.4}x^4 + \ldots.\end{aligned}\right.$$

Pour déterminer immédiatement le coefficient de x^n dans le second membre de l'équation (7), il suffit d'observer qu'en vertu de la formule (4) ce coefficient sera une fonction entière de μ du degré n, et que le même coefficient, devant se réduire évidemment à zéro pour les valeurs 0, 1, 2, 3, ..., $n-1$ de l'exposant μ, puis à l'unité pour $\mu = n$, se confondra nécessairement avec le rapport

$$\frac{\mu(\mu-1)\ldots(\mu-n+1)}{1.2\ldots n},$$

c'est-à-dire avec la valeur de u que fournit l'équation (3) du § V, quand on y substitue la lettre μ à la lettre x.

Si dans l'équation (7) on remplace x par $-x$ et μ par $-\mu$, on obtiendra la suivante

$$(8)\qquad (1-x)^{-\mu} = 1 + \mu x + \frac{\mu(\mu+1)}{1.2}x^2 + \frac{\mu(\mu+1)(\mu+2)}{1.2.3}x^3 + \ldots.$$

Cette dernière formule subsiste, comme l'équation (7), pour des valeurs numériques de x comprises entre les limites

$$x = -1, \qquad x = 1.$$

Si l'on considère, en particulier, le cas où l'on a

$$\mu = \frac{1}{2},$$

les formules (7) et (8) donneront

$$(9)\qquad (1+x)^{\frac{1}{2}} = 1 + \frac{1}{2}x - \frac{1}{2.4}x^2 + \frac{1.3}{2.4.6}x^3 - \frac{1.3.5}{2.4.6.8}x^4 + \ldots$$

et

$$(10)\qquad (1-x)^{-\frac{1}{2}} = 1 + \frac{1}{2}x + \frac{1.3}{2.4}x^2 + \frac{1.3.5}{2.4.6}x^3 + \frac{1.3.5.7}{2.4.6.8}x^4 + \ldots.$$

L'équation (9) fournit le développement en série de la racine carrée du binôme $1+x$, quand la valeur numérique de x est inférieure à l'unité. De même, en posant successivement $\mu = \frac{1}{3}$, $\mu = \frac{1}{4}$, ..., on déduirait de l'équation (7) les développements en séries de la racine cubique, de la racine quatrième, ... de ce même binôme.

Concevons à présent que l'on généralise les notations employées dans le § I, et que l'on désigne par

$$(\mu)_n \quad \text{et} \quad [\mu]_n$$

les coefficients de x^n dans les développements des binômes

$$(1+x)^\mu \quad \text{et} \quad (1-x)^{-\mu}$$

suivant les puissances ascendantes et entières de x, μ représentant une quantité quelconque et n une quantité entière, positive, nulle ou négative. Alors on aura, pour $n > 0$,

$$(11)\quad \begin{cases} (\mu)_n = \dfrac{\mu(\mu-1)\ldots(\mu-n+1)}{1.2\ldots n}, \\ [\mu]_n = \dfrac{\mu(\mu+1)\ldots(\mu+n-1)}{1.2\ldots n} = (\mu+n-1)_n, \end{cases}$$

pour $n = 0$, lors même que μ deviendrait nul,

$$(12)\quad (\mu)_0 = [\mu]_0 = 1,$$

enfin, pour $n < 0$,

$$(13)\quad (\mu)_n = [\mu]_n = 0;$$

et les formules (7), (8) pourront s'écrire comme il suit

$$(14)\quad (1+x)^\mu = 1 + (\mu)_1 x + (\mu)_2 x^2 + \ldots,$$

$$(15)\quad (1-x)^{-\mu} = 1 + [\mu]_1 x + [\mu]_2 x^2 + \ldots.$$

Si dans l'équation (7) on remplace x par $\frac{x}{a}$, on obtiendra la suivante

$$(16)\quad (a+x)^\mu = a^\mu + \mu a^{\mu-1} x + \frac{\mu(\mu-1)}{1.2} a^{\mu-2} x^2 + \ldots.$$

Cette dernière, qui subsiste pour des valeurs numériques de x inférieures à celles de a, est précisément ce que devient la formule (2) du § II quand on y remplace m par μ.

§ XII. — *Trigonométrie.*

Une longueur, comptée sur une ligne droite ou courbe, peut, comme toute espèce de grandeurs, être représentée soit par un nombre, soit par une quantité positive ou négative, savoir par un nombre lorsqu'on a simplement égard à la mesure de cette longueur, et par une quantité, c'est-à-dire par un nombre précédé du signe + ou —, lorsque l'on considère la longueur dont il s'agit comme portée à partir d'un point fixe, sur la ligne donnée, dans un sens ou dans un autre, pour servir soit à l'augmentation soit à la diminution d'une autre longueur constante aboutissant à ce point fixe. Le point fixe dont il est ici question, et à partir duquel on doit porter les longueurs variables désignées par des quantités, est ce qu'on appelle *l'origine* de ces mêmes longueurs. On peut choisir à volonté le sens dans lequel on doit compter les longueurs désignées par des quantités positives; mais, ce choix une fois fait, il faudra nécessairement compter dans le sens opposé les longueurs qui seront désignées par des quantités négatives.

Dans un cercle dont le plan est supposé vertical, on prend ordinairement pour origine des arcs l'extrémité O du rayon tiré horizontalement de gauche à droite, et c'est en s'élevant au-dessus de ce point que l'on compte les arcs positifs, c'est-à-dire ceux que l'on désigne par des quantités positives. Dans le même cercle, lorsque le rayon se réduit à l'unité, la quantité positive ou négative s qui représente un arc sert en même temps à représenter l'angle au centre compris entre les rayons menés à l'origine et à l'extrémité de cet arc. Alors, pour obtenir ce qu'on nomme le *sinus* ou le *cosinus* de l'arc ou de l'angle s, il suffit de projeter orthogonalement le rayon mené à l'extrémité de l'arc : 1° sur le diamètre vertical; 2° sur le diamètre horizontal. Si l'on prolonge ce même rayon jusqu'à la rencontre des tangentes menées à la circonférence par le point O, origine des arcs, et par l'extrémité supérieure P du diamètre vertical, les parties de ces tangentes interceptées entre la circonférence et les points de rencontre seront ce qu'on appelle la *tangente* et la *cotangente* trigonométrique de l'arc s. Enfin les longueurs comptées sur le rayon prolongé entre le centre du cercle et les points de rencontre seront la *sécante* et la *cosécante* du même arc. Les sinus et cosinus, tangente et cotangente, sécante et cosécante d'un arc ou d'un angle s sont ce qu'on nomme ses *lignes trigonométriques*. On désigne encore quelquefois sous ce nom deux longueurs appelées *sinus verse* et *cosinus verse*, dont la première est comprise entre l'origine de l'arc s et la projection de l'extrémité de cet arc sur le diamètre horizontal, tandis que la seconde est comprise entre l'extrémité supérieure du diamètre vertical et la projection de l'extrémité de l'arc sur le même diamètre.

Si l'on représente suivant l'usage par

$$\pi = 3,1415926\ldots$$

le rapport de la circonférence au diamètre, la circonférence entière, dans le cercle qui a pour rayon l'unité, sera exprimée par 2π, la moitié de la circonférence par π, et le quart par $\frac{\pi}{2}$. Cela posé, il est clair que, pour obtenir l'extrémité de l'arc

$$s + 2n\pi \quad \text{ou} \quad s - 2n\pi$$

(n étant un nombre entier), il faudra porter sur la circonférence, à partir de l'extrémité de l'arc s, dans le sens des arcs positifs, ou dans le sens des arcs négatifs, une longueur égale à $2n\pi$, c'est-à-dire parcourir n fois la circonférence entière dans un sens ou dans l'autre, ce qui ramènera nécessairement au point d'où l'on était parti. Il en résulte que l'extrémité de l'arc

$$s \pm 2n\pi$$

coïncide toujours avec celle de l'arc s, et que ces deux arcs ont précisément les mêmes lignes trigonométriques.

D'après ce qui a été dit ci-dessus, le sinus et le cosinus verse d'un arc se mesurent sur le diamètre vertical, le cosinus et le sinus verse sur le diamètre horizontal, la tangente trigonométrique et la cotangente sur les tangentes menées à la circonférence par l'origine des arcs et par l'extrémité supérieure du diamètre vertical, enfin la sécante et la cosécante sur le diamètre mobile qui passe par l'extrémité de l'arc. De plus le sinus, le cosinus, la sécante et la cosécante ont pour origine commune le centre C du cercle, tandis que l'origine O des tangentes et des sinus verses se confond avec l'origine des arcs, l'origine P des cotangentes et des cosinus verses étant l'extrémité supérieure du diamètre vertical. Enfin on est généralement convenu de représenter par des quantités positives les lignes trigonométriques de l'arc s

dans le cas où cet arc est positif et moindre qu'un quart de circonférence; d'où il suit que l'on doit compter positivement le sinus et la tangente de bas en haut, le cosinus verse de haut en bas, le cosinus et la cotangente de gauche à droite, le sinus verse de droite à gauche, enfin la sécante et la cosécante dans le sens du rayon mené à l'extrémité de l'arc s.

En partant des principes que nous venons d'adopter, on reconnaîtra immédiatement que le sinus verse et le cosinus verse sont toujours positifs, et de plus on déterminera sans peine les signes qui doivent affecter les autres lignes trigonométriques d'un arc dont l'extrémité est donnée. Pour rendre cette détermination plus facile, on conçoit le cercle divisé en quatre parties égales par les diamètres horizontal et vertical, et ces quatre parties sont respectivement désignées sous le nom de premier, deuxième, troisième et quatrième quart du cercle. Les deux premiers quarts de cercle sont situés au-dessus du diamètre horizontal, savoir le premier à droite et le deuxième à gauche. Les deux derniers sont situés au-dessous du même diamètre, savoir le troisième à gauche et le quatrième à droite. Cela posé, si l'on cherche les signes qui doivent être attribués aux diverses lignes trigonométriques d'un arc autres que le sinus verse et le cosinus verse, suivant que l'extrémité de cet arc tombe dans un quart de cercle ou dans un autre, on trouvera que ces signes sont respectivement

	Dans le 1er quart de cercle.	Dans le 2e	Dans le 3e.	Dans le 4e.
Pour le sinus et la cosécante	+	+	—	—
Pour le cosinus et la sécante	+	—	—	+
Pour la tangente et la cotangente....	+	—	+	—

On peut remarquer à ce sujet que le signe de la tangente et de la cotangente est toujours le produit du signe du sinus par le signe de cosinus.

Deux arcs représentés par deux quantités s, t sont appelés *suppléments* l'un de l'autre, lorsqu'on a

$$(1) \qquad s + t = \pi.$$

Ils seront *compléments* l'un de l'autre si l'on a

$$(2) \qquad s + t = \frac{\pi}{2}.$$

Alors on se trouvera évidemment ramené à l'extrémité de l'arc

$$(3) \qquad s = \frac{\pi}{2} - t,$$

si l'on porte son complément t, dans le sens où l'on comptait primitivement les arcs négatifs, non plus à partir de l'origine commune O des arcs et des tangentes, mais à partir de l'origine P des cotangentes qui coïncide avec l'extrémité de l'arc $\frac{\pi}{2}$. Donc à la place d'un arc s on obtiendra son complément t, si, l'extrémité de l'arc restant la même, on transporte l'origine de cet arc de O en P, et si l'on convient en même temps de compter les arcs positifs, non plus dans le sens OP, mais dans le sens PO. D'ailleurs, en opérant ainsi, on échangera évidemment le rayon CO mené à l'origine des tangentes, et sur lequel se mesuraient les cosinus positifs, contre le rayon CO mené à l'origine des cotangentes, et sur lequel se mesuraient les sinus positifs. Donc le cosinus, la tangente et la cosécante de l'arc s se confondront avec le sinus, la tangente et la sécante de son complément t, en sorte qu'on aura généralement

$$(4) \qquad \cos s = \sin\left(\frac{\pi}{2} - s\right), \qquad \cot s = \operatorname{tang}\left(\frac{\pi}{2} - s\right), \qquad \operatorname{coséc} s = \operatorname{séc}\left(\frac{\pi}{2} - s\right).$$

Comme, dans le triangle rectangle qui a pour hypoténuse le rayon, et pour deuxième côté le cosinus ou le sinus, le troisième côté est évidemment égal au sinus ou au cosinus, on peut affirmer que le sinus et le cosinus d'un même arc s sont liés entre eux par l'équation

$$(5) \qquad \sin^2 s + \cos^2 s = 1.$$

De même, en considérant le triangle rectangle qui a pour côtés la sécante, la tangente et le rayon mené au point O, ou la cosécante, la cotangente et le rayon mené au point P, on trouvera

$$(6)\qquad \text{séc}^2 s = 1 + \tang^2 s$$

ou

$$(7)\qquad \text{coséc}^2 s = 1 + \cot^2 s.$$

Ajoutons que, ces triangles rectangles étant semblables entre eux, les côtés du premier ou les valeurs numériques de

$$\cos s,\quad \sin s,\quad 1$$

seront proportionnels aux côtés du second, c'est-à-dire aux valeurs numériques de

$$1,\quad \tang s,\quad \text{séc}\, s,$$

et aux côtés du troisième, c'est-à-dire aux valeurs numériques de

$$\cot s,\quad 1,\quad \text{coséc}\, s.$$

Donc les valeurs numériques des lignes trigonométriques

$$\tang s,\quad \text{séc}\, s,\quad \cot s,\quad \text{coséc}\, s$$

seront respectivement égales aux valeurs numériques des rapports

$$\frac{\sin s}{\cos s},\quad \frac{1}{\cos s},\quad \frac{\cos s}{\sin s},\quad \frac{1}{\sin s};$$

et, comme elles seront positives ou négatives en même temps que ces rapports (*voir* ci-dessus le Tableau relatif aux signes), on aura nécessairement

$$(8)\qquad \tang s = \frac{\sin s}{\cos s},\qquad \text{séc}\, s = \frac{1}{\cos s},\qquad \cot s = \frac{\cos s}{\sin s},\qquad \text{coséc}\, s = \frac{1}{\sin s}.$$

Enfin $\text{siv}\, s$ et $\text{cosiv}\, s$, c'est-à-dire le sinus verse et le cosinus verse de l'arc s, seront évidemment déterminés par les formules

$$(9)\qquad \text{siv}\, s = 1 - \cos s,\qquad \text{cosiv}\, s = 1 - \sin s.$$

Donc toutes les lignes trigonométriques d'un arc a peuvent être facilement exprimées à l'aide du sinus et du cosinus de cet arc.

Les extrémités du cosinus et du sinus d'un arc étant précisément les projections de l'extrémité de l'arc : 1° sur le diamètre horizontal, 2° sur le diamètre vertical, il est aisé de voir que les arcs

$$s \quad \text{et} \quad -s$$

ont le même cosinus, mais des sinus égaux et des signes contraires. Donc

$$(10) \qquad \cos(-s) = \cos s, \qquad \sin(-s) = -\sin s.$$

On trouvera de même

$$(11) \qquad \cos(\pi + s) = -\cos s, \qquad \sin(\pi + s) = -\sin s$$

et généralement, en désignant par $2k+1$ un nombre impair quelconque,

$$(12) \quad \cos[s \pm (2k+1)\pi] = -\cos s, \qquad \sin[s \pm (2k+1)\pi] = -\sin s.$$

On aurait, au contraire, en désignant par $2k$ un nombre pair,

$$(13) \qquad \cos(s \pm 2k\pi) = \cos s, \qquad \sin(s \pm 2k\pi) = \sin s.$$

Enfin, si l'on remplace s par $-s$ dans les formules (11) et dans les suivantes

$$(14) \qquad \cos\left(\frac{\pi}{2} - s\right) = \sin s, \qquad \sin\left(\frac{\pi}{2} - s\right) = \cos s,$$

on en tirera

$$(15) \qquad \cos(\pi - s) = -\cos s, \qquad \sin(\pi - s) = \sin s$$

et

$$(16) \qquad \cos\left(\frac{\pi}{2} + s\right) = -\sin s, \qquad \sin\left(\frac{\pi}{2} + s\right) = \cos s.$$

On pourra donc exprimer en fonction de $\sin s$ et de $\cos s$ les sinus et cosinus des arcs

$$-s, \quad \frac{\pi}{2} \pm s, \quad \pi \pm s, \quad s \pm 2k\pi, \quad s \pm (2k+1)\pi,$$

et même leurs autres lignes trigonométriques, dont les valeurs se déduiront aisément des formules (8), (9), combinées avec les équations (10), (11), (12), (13), (14), (15), (16).

Observons encore que, s étant un arc quelconque, le rapport $\frac{s}{\pi}$ sera nécessairement compris entre deux termes consécutifs de la progression arithmétique

$$\ldots,\quad -3,\quad -2,\quad -1,\quad 0,\quad 1,\quad 2,\quad 3,\quad \ldots,$$

indéfiniment prolongée dans les deux sens. Soit m le terme le plus voisin du rapport $\frac{s}{\pi}$, m désignant une quantité entière positive ou négative. On aura

$$\frac{s}{\pi} = m \pm \theta, \tag{17}$$

θ représentant un nombre inférieur ou tout au plus égal à $\frac{1}{2}$; puis, en posant, pour abréger,

$$\pm\theta\pi = \alpha,$$

on tirera de l'équation (17)

$$s = m\pi + \alpha, \tag{18}$$

α désignant un arc positif ou négatif, mais renfermé entre les limites $-\frac{\pi}{2}$, $+\frac{\pi}{2}$. Cela posé, les formules (12) et (13) donneront

$$\cos s = \cos\alpha, \qquad \sin s = \sin\alpha, \tag{19}$$

si la valeur numérique de m est paire, et

$$\cos s = -\cos\alpha, \qquad \sin s = -\sin\alpha, \tag{20}$$

si la valeur numérique de m est impaire.

Concevons maintenant que α, β représentent les deux angles aigus d'un triangle rectangle. Ces angles étant compléments l'un de l'autre, α, β seront deux quantités positives inférieures à $\frac{\pi}{2}$ et liées entre elles par l'équation

$$\alpha + \beta = \frac{\pi}{2}. \tag{21}$$

Soient d'ailleurs a le côté opposé à l'angle α, b le côté opposé à l'angle β, et c l'hypoténuse. Le triangle dont il s'agit sera semblable à tous ceux qui offriront les mêmes angles, par conséquent à celui qui, dans le cercle décrit avec un rayon équivalent à l'unité, aurait pour premier côté le cosinus de l'arc α, et pour hypoténuse le rayon mené à l'extrémité de cet arc, le second côté étant alors égal à $\sin\alpha$. Donc les côtés

$$a, \quad b, \quad c$$

du premier triangle seront proportionnels aux côtés homologues du second, c'est-à-dire aux trois quantités

$$\sin\alpha = \cos\beta, \qquad \cos\alpha = \sin\beta, \qquad 1,$$

en sorte qu'on aura

$$\frac{a}{\sin\alpha} = \frac{b}{\cos\alpha} = c. \tag{22}$$

Lorsque des cinq quantités

$$\alpha, \quad \beta, \quad a, \quad b, \quad c$$

deux sont données, on peut aisément, à l'aide des formules (21), (22), déterminer les trois autres, pourvu que les quantités données ne soient pas les deux angles α, β. En effet, si l'on donne un des angles α, β, l'autre se déduira immédiatement de l'équation (21). Donc alors l'angle α sera connu, et, si l'on donne en outre une des trois longueurs a, b, c, la formule (22) fournira les valeurs des deux autres.

On trouvera, en particulier, si a est connu,

$$b = a\cot\alpha, \qquad c = a\,\text{coséc}\,\alpha; \tag{23}$$

si b est connu,

$$a = b\,\text{tang}\,\alpha, \qquad c = b\,\text{séc}\,\alpha, \tag{24}$$

et, si c est connu,

$$a = c\sin\alpha, \qquad b = c\cos\alpha. \tag{25}$$

Si l'on donnait deux des trois longueurs a, b, c, on déterminerait immédiatement l'angle α par l'une des trois équations

$$(26) \qquad \sin\alpha = \frac{a}{c}, \qquad \cos\alpha = \frac{b}{c}, \qquad \operatorname{tang}\alpha = \frac{a}{b},$$

puis on obtiendrait la troisième longueur en opérant comme dans la première hypothèse.

Deux droites tracées arbitrairement dans l'espace sont censées former entre elles les mêmes angles que formeraient deux autres droites parallèles aux premières et passant par un même point. Cela posé, étant données deux droites, situées ou non dans un même plan, qui comprennent entre elles l'angle aigu α, et une longueur c mesurée sur la première droite, si l'on projette orthogonalement cette longueur : 1° sur la seconde droite, 2° sur une droite qui soit perpendiculaire à la seconde dans un plan mené par celle-ci parallèlement à la première, les deux projections se réduiront évidemment aux deux côtés a, b d'un triangle rectangle dans lequel l'hypoténuse égale à c formerait avec le côté b l'angle α. Par suite, on déduira de la seconde des équations (24), jointe à la seconde des équations (25), le théorème que je vais énoncer.

Théorème I. — *Une longueur c mesurée sur une droite est équivalente à sa projection sur un axe quelconque multipliée par la sécante de l'angle aigu α que cette droite forme avec l'axe. La projection elle-même équivaut à la longueur c multipliée par le cosinus de l'angle α.*

Considérons à présent, dans un cercle dont le rayon serait R et le diamètre

$$D = 2R,$$

l'arc compris entre deux rayons qui formeraient entre eux un angle double de l'angle aigu α. Cet arc sera représenté par 2α si R se réduit à l'unité, par $2R\alpha$ dans le cas contraire; et, si l'on nomme a la corde de ce même arc, $\frac{1}{2}a$ sera le côté opposé à l'angle α dans le triangle rectangle qui aura pour hypoténuse l'un des rayons ci-dessus mentionnés. Cela posé, on tirera de la première des formules (25), en y remplaçant a par $\frac{1}{2}a$ et c par R,

$$(27) \qquad \tfrac{1}{2}a = \mathrm{R}\sin\alpha, \qquad a = 2\mathrm{R}\sin\alpha = \mathrm{D}\sin\alpha,$$

par conséquent

$$\frac{a}{\sin\alpha} = \mathrm{D}.$$

D'ailleurs, les deux portions de la circonférence situées de part et d'autre de la corde a seront évidemment des segments capables des angles α, $\pi - a$, qui offrent le même sinus. On peut donc énoncer la proposition suivante :

Théorème II. — *Dans un cercle quelconque, le rapport qui existe entre la corde d'un arc et le sinus de tout angle inscrit dont les côtés comprennent entre eux ce même arc équivaut au diamètre.*

Soient maintenant a, b, c les trois côtés d'un triangle quelconque, et α, β, γ les angles opposés à ces côtés. Les quantités α, β, γ, toutes trois positives et inférieures à π, seront liées entre elles par l'équation

$$(28) \qquad \alpha + \beta + \gamma = \pi.$$

De plus, si l'on nomme D le diamètre du cercle circonscrit au triangle, on aura, en vertu du théorème II,

$$(29) \qquad \frac{a}{\sin\alpha} = \frac{b}{\sin\beta} = \frac{c}{\sin\gamma} = \mathrm{D}.$$

Enfin, si, en prenant le côté c pour base du triangle, on nomme h sa hauteur, a, b deviendront les hypoténuses de deux triangles rectangles qui auront pour côté commun la hauteur h, les angles opposés à ce côté commun étant respectivement l'angle β ou son supplément $\pi - \beta$ et l'angle α ou son supplément $\pi - \alpha$. Donc, en ayant égard aux formules

$$\sin(\pi - \alpha) = \sin\alpha, \qquad \sin(\pi - \beta) = \sin\beta,$$

on trouvera, dans tous les cas,

$$h = a \sin\beta = b \sin\alpha. \tag{30}$$

Ajoutons que la base c du triangle donné sera évidemment égale à la somme des côtés non communs des triangles rectangles, si les deux angles α, β sont aigus, et à la différence des mêmes côtés, si l'un de ces angles, α par exemple, devient obtus; d'où il suit qu'on aura, dans le premier cas,

$$c = a \cos\beta + b \cos\alpha \tag{31}$$

et, dans le second cas,

$$c = a \cos\beta - b \cos(\pi - \alpha).$$

Or, en combinant la dernière formule avec l'équation

$$\cos(\pi - \alpha) = -\cos\alpha,$$

on retrouve précisément la formule (31), qui est ainsi démontrée, lors même qu'un des angles α, β cesse d'être aigu.

Lorsqu'on pose $\gamma = \frac{\pi}{2}$, les formules (28) et (29) se réduisent, comme on devait s'y attendre, aux formules (21) et (22). Observons encore que la formule (30) entraîne évidemment l'égalité des rapports

$$\frac{a}{\sin\alpha}, \quad \frac{b}{\sin\beta},$$

et s'accorde ainsi avec la formule (29).

Lorsque dans un triangle on donne trois des six éléments

$$a, \quad b, \quad c, \quad \alpha, \quad \beta, \quad \gamma,$$

on peut aisément déterminer les trois autres à l'aide des formules (28), (29), (30), (31), pourvu que les éléments donnés ne soient pas les trois angles α, β, γ. Dans cette dernière hypothèse, on ne pourrait évidemment déterminer que les rapports existants entre les côtés. Mais, si l'on donne un côté a avec deux angles, après avoir calculé le troisième angle à l'aide de la formule (28), on connaîtra certainement

a et α, par conséquent

$$(32)\qquad \mathrm{D} = \frac{a}{\sin\alpha},$$

par le moyen de la formule (29), de laquelle on tirera

$$(33)\qquad b = \mathrm{D}\sin\beta, \qquad c = \mathrm{D}\sin\gamma.$$

Si l'on donne deux côtés b, c, avec l'angle β opposé à l'un d'eux, on connaîtra encore

$$(34)\qquad \mathrm{D} = \frac{b}{\sin\beta},$$

puis, on obtiendra successivement γ, α et a par le moyen des formules (29) et (28), desquelles on tirera

$$(35)\qquad \sin\gamma = \frac{c}{\mathrm{D}}, \qquad \alpha = \pi - (\beta + \gamma), \qquad a = \mathrm{D}\sin\alpha.$$

Si l'on donne deux côtés b et c avec l'angle compris α, alors, pour déterminer a et β, on aura les formules (30) et (31) ou

$$(36)\qquad \begin{cases} a\sin\beta = b\sin\alpha, \\ a\cos\beta = c - b\cos\alpha, \end{cases}$$

avec la suivante

$$(37)\qquad \cos^2\beta + \sin^2\beta = 1,$$

et l'on en conclura : 1° en éliminant a

$$(38)\qquad \cot\beta = \frac{c}{b}\cot\alpha - 1;$$

2° en éliminant β

$$(39)\qquad a^2 = b^2 + c^2 - 2bc\cos\alpha.$$

D'ailleurs, β étant connu, on pourra calculer γ et a comme dans le cas précédent. Enfin, si l'on donne les trois côtés a, b, c, on déterminera l'angle α par le moyen de l'équation (39), de laquelle on tire

$$(40) \qquad \cos\alpha = \frac{b^2 + c^2 - a^2}{2bc},$$

puis D, β et γ par le moyen de la formule (32) jointe à celles-ci

$$(41) \qquad \sin\beta = \frac{b}{D}, \qquad \gamma = \pi - (\alpha + \beta).$$

Lorsque dans la formule (31) on substitue les valeurs de a, b, c tirées de la formule (29), savoir

$$a = D\sin\alpha, \qquad b = D\sin\beta, \qquad c = D\sin\gamma,$$

on en conclut

$$\sin\gamma = \sin\alpha\cos\beta + \sin\beta\cos\alpha.$$

En combinant cette dernière avec la formule (28), de laquelle on tire

$$\sin\gamma = \sin(\pi - \alpha - \beta) = \sin(\alpha + \beta),$$

on trouvera

$$(42) \qquad \sin(\alpha + \beta) = \sin\alpha\cos\beta + \sin\beta\cos\alpha.$$

La formule (42) se trouve ainsi démontrée dans le cas où α, β sont deux quantités positives propres à représenter deux angles d'un triangle quelconque, c'est-à-dire deux quantités positives dont la somme ne surpasse pas le nombre π. Elle subsistera donc, si α et β sont deux angles aigus; et de plus, si, α, β étant deux angles aigus, on remplace dans l'équation (42) α par $\pi - \alpha$, la formule ainsi obtenue, savoir

$$\sin(\pi - \alpha + \beta) = \sin(\pi - \alpha)\cos\beta + \sin\beta\cos(\pi - \alpha),$$

ou

$$(43) \qquad \sin(\alpha - \beta) = \sin\alpha\cos\beta - \sin\beta\cos\alpha,$$

subsistera certainement dans le cas où $\pi - \alpha + \beta$ sera inférieur à π, c'est-à-dire dans le cas où l'on aura

$$\alpha > \beta.$$

D'ailleurs, en ayant égard aux équations

$$\sin(-\alpha) = -\sin\alpha, \qquad \cos(-\alpha) = \cos\alpha,$$
$$\sin(-\beta) = -\sin\beta, \qquad \cos(-\beta) = \cos\beta,$$
$$\sin(-\alpha-\beta) = -\sin(\alpha+\beta),$$
$$\sin(-\alpha+\beta) = -\sin(\alpha-\beta),$$

on reconnaîtra sans peine : 1° que, pour obtenir l'équation (43), il suffit de remplacer dans l'équation (42) β par $-\beta$; 2° qu'on n'altère point les formules (42) et (43) quand on y remplace simultanément α par $-\alpha$ et β par $-\beta$. Donc la formule (42) subsiste pour toutes les valeurs positives ou négatives de α et de β renfermées entre les limites $-\frac{\pi}{2}$, $+\frac{\pi}{2}$.

Soient maintenant x, y deux arcs quelconques positifs ou négatifs. D'après ce qui a été dit plus haut, on aura

$$(44) \qquad x = m\pi + \alpha, \qquad y = n\pi + \beta,$$

m, n désignant deux quantités entières positives ou négatives, et α, β deux quantités comprises entre les limites $-\pi$, $+\pi$. Cela posé, pour passer de l'équation (42) à la suivante

$$(45) \qquad \sin(x+\beta) = \sin x \cos\beta + \sin\beta \cos x,$$

il suffira d'observer que l'on a

$$\sin(m\pi+\alpha+\beta) = \sin(\alpha+\beta),$$
$$\sin(m\pi+\alpha) = \sin\alpha,$$
$$\cos(m\pi+\alpha) = \cos\alpha,$$

quand m est pair, et

$$\sin(m\pi+\alpha+\beta) = -\sin(\alpha+\beta),$$
$$\sin(m\pi+\alpha) = -\sin\alpha,$$
$$\cos(m\pi+\alpha) = -\cos\alpha,$$

quand m est impair. Par la même raison, de la formule (45) on déduira immédiatement celle-ci

$$(46) \qquad \sin(x+y) = \sin x \cos y + \sin y \cos x.$$

Si dans cette dernière on remplace y par $-y$, elle donnera

$$(47) \qquad \sin(x-y) = \sin x \cos y - \sin y \cos x.$$

Enfin, si dans les formules (46) et (47) on remplace x par $\frac{\pi}{2} - x$, on en tirera

$$(48) \qquad \cos(x-y) = \cos x \cos y + \sin x \sin y,$$

$$(49) \qquad \cos(x+y) = \cos x \cos y - \sin x \sin y.$$

Les formules (47), (48), (49) subsistent, comme la formule (46), pour des valeurs quelconques positives ou négatives des arcs x et y.

Les formules (46), (49) pouvant s'écrire comme il suit

$$\sin(x+y) = (\operatorname{tang} x + \operatorname{tang} y) \cos x \cos y,$$
$$\cos(x+y) = (1 - \operatorname{tang} x \operatorname{tang} y) \cos x \cos y,$$

on en conclut, en divisant la première par la seconde,

$$(50) \qquad \operatorname{tang}(x+y) = \frac{\operatorname{tang} x + \operatorname{tang} y}{1 - \operatorname{tang} x \operatorname{tang} y},$$

puis, en remplaçant y par $-y$,

$$(51) \qquad \operatorname{tang}(x-y) = \frac{\operatorname{tang} x - \operatorname{tang} y}{1 + \operatorname{tang} x \operatorname{tang} y}.$$

De plus, si dans les formules (46), (49), (50) on pose $y = x$, elles donneront

$$(52) \qquad \sin 2x = 2 \sin x \cos x,$$

$$(53) \qquad \cos 2x = \cos^2 x - \sin^2 x = 2\cos^2 x - 1 = 1 - 2\sin^2 x,$$

$$(54) \qquad \operatorname{tang} 2x = \frac{2 \operatorname{tang} x}{1 - \operatorname{tang}^2 x}.$$

On tire encore des formules (46), (47), (48), (49)

$$(55) \qquad \left\{ \begin{aligned} \sin(x+y) + \sin(x-y) &= 2 \sin x \cos y, \\ \sin(x+y) - \sin(x-y) &= 2 \sin y \cos x, \\ \cos(x-y) + \cos(x+y) &= 2 \cos x \cos y, \\ \cos(x-y) - \cos(x+y) &= 2 \sin x \sin y; \end{aligned} \right.$$

puis, en posant

$$x+y=p, \qquad x-y=q$$

ou, ce qui revient au même,

$$x=\frac{p+q}{2}, \qquad y=\frac{p-q}{2},$$

on en conclut

$$(56)\quad \left\{\begin{aligned} &\frac{\sin p-\sin q}{\sin p+\sin q}=\frac{\operatorname{tang}\frac{1}{2}(p-q)}{\operatorname{tang}\frac{1}{2}(p+q)},\\ &\frac{\cos q-\cos p}{\cos q+\cos p}=\operatorname{tang}\tfrac{1}{2}(p-q)\operatorname{tang}\tfrac{1}{2}(p+q),\\ &\ldots\ldots\ldots\ldots\ldots\ldots\ldots\ldots\ldots\ldots\ldots\ldots \end{aligned}\right.$$

En combinant la première des équations (56) avec la formule (29), on trouvera

$$(57)\quad \frac{\operatorname{tang}\frac{1}{2}(\beta-\gamma)}{\operatorname{tang}\frac{1}{2}(\beta+\gamma)}=\frac{\sin\beta-\sin\gamma}{\sin\beta+\sin\gamma}=\frac{b-c}{b+c}.$$

Or, de cette dernière, jointe à l'équation (28), on déduira les suivantes

$$(58)\quad \left\{\begin{aligned} &\beta+\gamma=\pi-\alpha,\\ &\operatorname{tang}\frac{\beta-\gamma}{2}=\frac{b-c}{b+c}\cot\frac{\alpha}{2}, \end{aligned}\right.$$

à l'aide desquelles on peut dans un triangle déterminer immédiatement les angles β et γ, quand on connaît l'angle α et les côtés qui le comprennent.

Les formules (52) et (53) donnent

$$(59)\quad \sin\alpha=2\sin\frac{\alpha}{2}\cos\frac{\alpha}{2},$$

$$(60)\quad \cos\alpha=2\cos^2\frac{\alpha}{2}-1=1-2\sin^2\frac{\alpha}{2}.$$

En combinant la formule (60) avec l'équation (39), on trouve

$$(61)\quad a^2=(b+c)^2-2bc\cos^2\frac{\alpha}{2}=(b-c)^2+2bc\sin^2\frac{\alpha}{2};$$

puis, en observant que, dans un triangle quelconque, on a

$$0 < \alpha < \pi, \qquad 0 < \frac{\alpha}{2} < \frac{\pi}{2},$$

et que, en conséquence,

$$\sin\frac{\alpha}{2}, \quad \cos\frac{\alpha}{2}$$

doivent être positifs, on tire des formules (61) et (59)

$$(62) \qquad \cos\frac{\alpha}{2} = \frac{1}{2}\left[\frac{(a+b+c)(b+c-a)}{bc}\right]^{\frac{1}{2}},$$

$$(63) \qquad \sin\frac{\alpha}{2} = \frac{1}{2}\left[\frac{(a+b-c)(a-b+c)}{bc}\right]^{\frac{1}{2}},$$

$$(64) \qquad \sin\alpha = \frac{[(a+b+c)(b+c-a)(c+a-b)(a+b-c)]^{\frac{1}{2}}}{2bc}.$$

Chacune des formules (62), (63), (64) peut être substituée avec avantage à la formule (40), quand il s'agit de déterminer les angles d'un triangle dont on connaît les trois côtés a, b, c. Si d'ailleurs on nomme h la hauteur du triangle, le côté c étant pris pour base, la surface $\frac{1}{2}ch$ sera, en vertu de la formule (30), égale à

$$\frac{1}{2}bc\sin\alpha,$$

et, en vertu de la formule (64), à

$$\sqrt{s(s-a)(s-b)(s-c)},$$

s représentant le demi-périmètre $\dfrac{a+b+c}{2}$.

Tant que l'arc α reste positif et inférieur à π, alors, $\cos\frac{\alpha}{2}$ et $\sin\frac{\alpha}{2}$ étant nécessairement positifs, on tire de la formule (60)

$$(65) \qquad \cos\frac{\alpha}{2} = \sqrt{\frac{1+\cos\alpha}{2}}, \qquad \sin\frac{\alpha}{2} = \sqrt{\frac{1-\cos\alpha}{2}}.$$

A l'aide de ces dernières équations réunies à la formule $\cos\pi = -1$, on déterminera sans peine les sinus et cosinus des arcs représentés par le troisième, le quatrième, ... terme de la progression géométrique

$$(66)\qquad 2\pi,\quad \pi,\quad \frac{\pi}{2},\quad \frac{\pi}{4},\quad \frac{\pi}{8},\quad \dots.$$

En y joignant les sinus et cosinus des arcs π et 2π, on trouvera

$$(67)\quad \begin{cases} \cos 2\pi = 1, & \cos\pi = -1, & \cos\frac{\pi}{2} = 0, & \cos\frac{\pi}{4} = \frac{1}{\sqrt{2}}, & \cos\frac{\pi}{8} = \frac{\sqrt{2+\sqrt{2}}}{2}, & \dots, \\ \sin 2\pi = 0, & \sin\pi = 0, & \sin\frac{\pi}{2} = 1, & \sin\frac{\pi}{4} = \frac{1}{\sqrt{2}}, & \sin\frac{\pi}{8} = \frac{\sqrt{2-\sqrt{2}}}{2}, & \dots. \end{cases}$$

On aura par suite

$$(68)\quad \operatorname{tang}2\pi = 0,\quad \operatorname{tang}\pi = 0,\quad \operatorname{tang}\frac{\pi}{2} = \frac{1}{0},\quad \operatorname{tang}\frac{\pi}{4} = 1,\quad \operatorname{tang}\frac{\pi}{8} = \left(\frac{2-\sqrt{2}}{2+\sqrt{2}}\right)^{\frac{1}{2}},\quad \dots,$$

$$(69)\quad \operatorname{séc}2\pi = 1,\quad \operatorname{séc}\pi = -1,\quad \operatorname{séc}\frac{\pi}{2} = \frac{1}{0},\quad \operatorname{séc}\frac{\pi}{4} = \sqrt{2},\quad \operatorname{séc}\frac{\pi}{8} = \frac{2}{\sqrt{2+\sqrt{2}}},\quad \dots.$$

On peut encore déterminer facilement les sinus et les cosinus des arcs compris dans la progression géométrique

$$(70)\qquad \frac{2\pi}{3},\quad \frac{\pi}{3},\quad \frac{\pi}{6},\quad \frac{\pi}{12},\quad \dots;$$

et d'abord, comme dans un triangle l'égalité des trois côtés a, b, c entraîne l'égalité des trois angles α, β, γ, on conclura de la formule (28) que $\frac{\pi}{3}$ représente un quelconque des angles d'un triangle équilatéral. Cela posé, on tirera des formules (40), (64), en y faisant $a = b = c$,

$$\cos\frac{\pi}{3} = \frac{1}{2},\qquad \sin\frac{\pi}{3} = \frac{\sqrt{3}}{2},$$

et de ces dernières, réunies aux équations (52), (53), (65), on déduira le système des formules

$$(71)\quad \begin{cases} \cos\frac{2\pi}{3} = -\frac{1}{2}, & \cos\frac{\pi}{3} = \frac{1}{2}, & \cos\frac{\pi}{6} = \frac{\sqrt{3}}{2}, & \cos\frac{\pi}{12} = \frac{\sqrt{2+\sqrt{3}}}{2}, & \dots, \\ \sin\frac{2\pi}{3} = \frac{\sqrt{3}}{2}, & \sin\frac{\pi}{3} = \frac{\sqrt{3}}{2}, & \sin\frac{\pi}{6} = \frac{1}{2}, & \sin\frac{\pi}{12} = \frac{\sqrt{2-\sqrt{3}}}{2}, & \dots. \end{cases}$$

On aura par suite

(72) $\operatorname{tang}\frac{2\pi}{3} = -\sqrt{3}$, $\quad\operatorname{tang}\frac{\pi}{3} = \sqrt{3}$, $\quad\operatorname{tang}\frac{\pi}{6} = \frac{1}{\sqrt{3}}$, $\quad\operatorname{tang}\frac{\pi}{12} = \frac{\sqrt{2-\sqrt{3}}}{\sqrt{2+\sqrt{3}}}$, $\quad\ldots$,

(73) $\operatorname{séc}\frac{2\pi}{3} = -2$, $\quad\operatorname{séc}\frac{\pi}{3} = 2$, $\quad\operatorname{séc}\frac{\pi}{6} = \frac{2}{\sqrt{3}}$, $\quad\operatorname{séc}\frac{\pi}{12} = \frac{2}{\sqrt{2+\sqrt{3}}}$, $\quad\ldots$.

Au reste, on peut établir directement la formule

$$\sin\frac{\pi}{6} = \cos\frac{\pi}{3} = -\cos\frac{2\pi}{3} = \frac{1}{2},$$

en observant que l'arc $\frac{\pi}{3}$ a pour complément $\frac{\pi}{6}$, pour supplément $\frac{2\pi}{3}$, et que $2\sin\frac{\pi}{6}$ représente le côté de l'hexagone inscrit au cercle dont le rayon est l'unité.

Observons encore que, si l'arc 2α est renfermé entre les limites 0, π, cet arc, dans le cercle qui a pour rayon l'unité, sera nécessairement plus grand que sa corde $2\sin\alpha$ et plus petit que la somme $2\operatorname{tang}\alpha$ des deux tangentes menées par ses extrémités et prolongées jusqu'à leur rencontre mutuelle. On aura donc alors

$$2\sin\alpha < 2\alpha < 2\operatorname{tang}\alpha = 2\frac{\sin\alpha}{\cos\alpha},$$

puis on en conclura

$$1 < \frac{\alpha}{\sin\alpha} < \frac{1}{\cos\alpha},$$

ou, ce qui revient au même,

(74) $$1 > \frac{\sin\alpha}{\alpha} > \cos\alpha.$$

Cette dernière formule, n'étant point altérée quand on y remplace α par $-\alpha$, subsistera certainement pour toutes les valeurs de α comprises entre les limites $-\frac{\pi}{2}$, $\frac{\pi}{2}$. Il est d'ailleurs facile de s'assurer qu'elle s'étend à toutes les valeurs de α renfermées entre les limites $-\pi$, $+\pi$.

Si maintenant on suppose que la valeur numérique de α diminue et s'approche indéfiniment de la limite zéro, on aura

$$\lim \cos\alpha = 1. \tag{75}$$

Par suite, la formule (74) donnera

$$\lim \frac{\sin\alpha}{\alpha} = 1, \tag{76}$$

et de cette dernière, combinée avec l'équation (75), on tirera encore

$$\lim \frac{\sin\alpha}{\alpha\cos\alpha} = 1,$$

ou, ce qui revient au même,

$$\lim \frac{\operatorname{tang}\alpha}{\alpha} = 1. \tag{77}$$

§ XIII. — *Des expressions imaginaires et de leurs modules.*

En Analyse, on appelle *expression symbolique* ou *symbole* toute combinaison de signes algébriques qui ne signifie rien par elle-même, ou à laquelle on attribue une valeur différente de celle qu'elle doit naturellement avoir. On nomme de même *équations symboliques* toutes celles qui, prises à la lettre et interprétées d'après les conventions généralement établies sont inexactes, ou n'ont pas de sens, mais desquelles on peut déduire des résultats exacts, en modifiant et altérant selon des règles fixes ou ces équations elles-mêmes ou les symboles qu'elles renferment. L'emploi des expressions ou équations symboliques est souvent un moyen de simplifier les calculs et d'écrire sous une forme abrégée des résultats assez compliqués en apparence. C'est ce qu'on a déjà vu dans le § IV, où la formule (41) fournit une valeur symbolique très simple de l'inconnue x assujettie à vérifier les équations (39). Parmi les expressions ou équations symboliques dont la considération est de quelque importance en Analyse, on doit surtout distinguer celles que l'on a nommées *imaginaires*. Nous allons montrer comment l'on peut être conduit à en faire usage.

D'après ce qu'on a vu dans le paragraphe précédent, le sinus et le cosinus de l'arc $x+y$ sont donnés en fonction des sinus et cosinus des arcs x et y par le moyen des formules

$$(1)\quad \begin{cases} \cos(x+y) = \cos x \cos y - \sin x \sin y, \\ \sin(x+y) = \sin x \cos y + \sin y \cos x. \end{cases}$$

Or, sans prendre la peine de retenir ces formules, on a un moyen fort simple de les retrouver à volonté. Il suffit, en effet, d'avoir égard à la remarque suivante :

Supposons que l'on multiplie l'une par l'autre les deux expressions symboliques

$$\cos x + \sqrt{-1}\sin x,$$
$$\cos y + \sqrt{-1}\sin y,$$

en opérant d'après les règles connues de la multiplication algébrique, comme si $\sqrt{-1}$ était une quantité réelle dont le carré fût égal à -1. Le produit obtenu se composera de deux parties : l'une toute réelle, l'autre ayant pour facteur $\sqrt{-1}$; et la partie réelle fournira la valeur de $\cos(x+y)$, tandis que le coefficient de $\sqrt{-1}$ fournira la valeur de $\sin(x+y)$. Pour constater cette remarque, on écrit la formule

$$(2)\quad \begin{cases} \cos(x+y) + \sqrt{-1}\sin(x+y) \\ \qquad = (\cos x + \sqrt{-1}\sin x)(\cos y + \sqrt{-1}\sin y). \end{cases}$$

Les trois expressions que renferme l'équation précédente, savoir

$$\cos x + \sqrt{-1}\sin x, \quad \cos y + \sqrt{-1}\sin y, \quad \cos(x+y) + \sqrt{-1}\sin(x+y),$$

sont trois expressions symboliques qui ne peuvent s'interpréter d'après les conventions généralement établies, et ne représentent rien de réel. On les a nommées pour cette raison *expressions imaginaires*. L'équation (2) elle-même, prise à la lettre, se trouve inexacte et n'a pas de sens. Pour en tirer des résultats exacts, il faut, en premier lieu, développer son second membre par la multiplication algébrique, ce qui réduit cette équation à

$$(3)\quad \begin{cases} \cos(x+y)+\sqrt{-1}\sin(x+y) \\ \quad =\cos x\cos y-\sin x\sin y+(\sin x\cos y+\sin y\cos x)\sqrt{-1}. \end{cases}$$

Il faut, en second lieu, dans l'équation (3), égaler la partie réelle du premier membre à la partie réelle du second, puis le coefficient de $\sqrt{-1}$ dans le premier membre au coefficient de $\sqrt{-1}$ dans le second. On est ainsi ramené aux équations (1), que l'on doit considérer comme implicitement renfermées l'une et l'autre dans la formule (2).

En général, on appelle *expression imaginaire* toute expression symbolique de la forme

$$a+b\sqrt{-1},$$

a, b désignant deux quantités réelles, et l'on dit que deux expressions imaginaires

$$a+b\sqrt{-1},\quad c+d\sqrt{-1}$$

sont égales entre elles lorsqu'il y a égalité de part et d'autre : 1° entre les parties réelles a et c; 2° entre les coefficients de $\sqrt{-1}$, savoir b et d. L'égalité de deux expressions imaginaires s'indique, comme celle de deux quantités réelles, par le signe $=$, et il en résulte ce qu'on appelle une *équation imaginaire*. Cela posé, toute équation imaginaire n'est que la représentation symbolique de deux équations entre quantités réelles. Par exemple, l'équation symbolique

$$a+b\sqrt{-1}=c+d\sqrt{-1}$$

équivaut seule aux deux équations réelles

$$a=c,\qquad b=d.$$

Lorsque dans l'expression imaginaire

$$a+b\sqrt{-1}$$

le coefficient b de $\sqrt{-1}$ s'évanouit, le terme $b\sqrt{-1}$ est censé réduit à zéro, et l'expression elle-même à la quantité réelle a. En vertu de cette convention, les expressions imaginaires comprennent, comme cas particuliers, les quantités réelles.

Les expressions imaginaires peuvent être soumises aussi bien que les quantités réelles aux diverses opérations de l'Algèbre. Si l'on effectue en particulier l'addition, la soustraction ou la multiplication d'une ou de plusieurs expressions imaginaires, en opérant d'après les règles établies pour les quantités réelles, on obtiendra pour résultat une nouvelle expression imaginaire qui sera ce qu'on appelle la *somme*, la *différence* ou le *produit* des expressions données. Par exemple, si l'on donne seulement deux expressions imaginaires $a+b\sqrt{-1}$, $c+d\sqrt{-1}$, on trouvera

$$(4)\qquad (a+b\sqrt{-1})+(c+d\sqrt{-1})=a+c+(b+d)\sqrt{-1},$$

$$(5)\qquad (a+b\sqrt{-1})-(c+d\sqrt{-1})=a-c+(b-d)\sqrt{-1},$$

$$(6)\qquad (a+b\sqrt{-1})\times(c+d\sqrt{-1})=ac-bd+(ad+bc)\sqrt{-1}.$$

Il est bon de remarquer que le produit de deux ou plusieurs expressions imaginaires, comme celui de deux ou plusieurs binômes réels, restera le même, dans quelque ordre qu'on multiplie ses différents facteurs.

Diviser une première expression imaginaire par une seconde, c'est trouver une troisième expression imaginaire qui, multipliée par la seconde, reproduise la première. Le résultat de cette opération est le quotient des deux expressions données. On se sert pour l'indiquer du signe ordinaire de la division. Ainsi, par exemple,

$$\frac{a+b\sqrt{-1}}{c+d\sqrt{-1}}$$

représente le quotient des deux expressions imaginaires $a+b\sqrt{-1}$, $c+d\sqrt{-1}$.

Élever une expression imaginaire à la puissance du degré m, m désignant un nombre entier, c'est former le produit de m facteurs égaux à cette expression. On indique la puissance $m^{\text{ième}}$ de $a+b\sqrt{-1}$

par la notation

$$(a+b\sqrt{-1})^m.$$

On dit que deux expressions imaginaires sont *conjuguées* l'une à l'autre, lorsque ces deux expressions ne diffèrent entre elles que par le signe du coefficient de $\sqrt{-1}$. La somme de deux semblables expressions est toujours réelle ainsi que leur produit. En effet, les deux expressions imaginaires conjuguées

$$a+b\sqrt{-1}, \quad a-b\sqrt{-1}$$

donnent pour somme $2a$ et pour produit a^2+b^2. La dernière partie de cette observation conduit à un théorème relatif aux nombres et dont voici l'énoncé :

Théorème I. — *Si l'on multiplie l'un par l'autre deux nombres entiers dont chacun soit la somme de deux carrés, le produit sera encore une somme de deux carrés.*

Démonstration. — Soient

$$a^2+b^2, \quad c^2+d^2$$

les deux nombres entiers dont il s'agit, a^2, b^2, c^2, d^2 désignant des carrés parfaits. On aura évidemment les deux équations

$$(7)\quad \begin{cases} (a+b\sqrt{-1})(c+d\sqrt{-1}) = ac-bd+(ad+bc)\sqrt{-1}, \\ (a-b\sqrt{-1})(c-d\sqrt{-1}) = ac-bd-(ad+bc)\sqrt{-1}, \end{cases}$$

et, en multipliant celles-ci membre à membre, on obtiendra la suivante

$$(8)\quad (a^2+b^2)(c^2+d^2) = (ac-bd)^2+(ad+bc)^2.$$

Si l'on échange entre elles dans cette dernière les lettres a et b, on trouvera

$$(9)\quad (a^2+b^2)(c^2+d^2) = (ac+bd)^2+(ad-bc)^2.$$

Il y a donc, en général, deux manières de décomposer en deux carrés le produit de deux nombres entiers dont chacun est la somme de deux carrés. Ainsi, par exemple, on tire des équations (8) et (9)

$$(2^2+1^2)(3^2+2^2)=4^2+7^2=1^2+8^2.$$

On voit par ces considérations que l'emploi des expressions imaginaires peut être d'une grande utilité, non seulement dans l'Algèbre ordinaire, mais encore dans la théorie des nombres.

Quelquefois on représente une expression imaginaire par une seule lettre. C'est un artifice qui augmente les ressources de l'Analyse et dont nous ferons souvent usage.

Une propriété remarquable de toute expression imaginaire $a+b\sqrt{-1}$, c'est de pouvoir se mettre sous la forme

$$\rho(\cos\theta+\sqrt{-1}\sin\theta),$$

ρ désignant une quantité positive et θ un arc réel. En effet, si l'on pose l'équation symbolique

$$(10)\qquad a+b\sqrt{-1}=\rho(\cos\theta+\sqrt{-1}\sin\theta)$$

ou, ce qui revient au même, les deux équations réelles

$$(11)\qquad a=\rho\cos\theta,\qquad b=\rho\sin\theta,$$

on tirera

$$a^2+b^2=\rho^2(\cos^2\theta+\sin^2\theta)=\rho^2,$$

$$(12)\qquad \rho=\sqrt{a^2+b^2},$$

et, après avoir ainsi déterminé la valeur du nombre ρ, il ne restera, pour vérifier complètement les équations (10), qu'à trouver un arc θ dont le cosinus et le sinus soient respectivement

$$(13)\qquad \cos\theta=\frac{a}{\sqrt{a^2+b^2}},\qquad \sin\theta=\frac{b}{\sqrt{a^2+b^2}}.$$

Or on tire des formules (13)

$$(14)\qquad \operatorname{tang}\theta=\frac{\sin\theta}{\cos\theta}=\frac{b}{a}.$$

D'ailleurs si l'on désigne généralement par la notation

$$\operatorname{arc\,tang} x$$

l'arc qui, ayant x pour tangente, offre la plus petite valeur numérique possible et se trouve en conséquence renfermé entre les limites

$$-\frac{\pi}{2}, \quad +\frac{\pi}{2},$$

on vérifiera la formule (14) en posant

$$\theta = n\pi + \operatorname{arc\,tang}\frac{b}{a}, \tag{15}$$

n représentant une quantité entière positive ou négative. Enfin, comme tout arc renfermé dans les limites $-\frac{\pi}{2}$, $+\frac{\pi}{2}$ a un cosinus positif, on peut affirmer que l'arc θ déterminé par la formule (15) offrira un cosinus positif si n est pair, c'est-à-dire si l'on a

$$\theta = \pm 2k\pi + \operatorname{arc\,tang}\frac{b}{a}, \tag{16}$$

k étant un nombre entier quelconque, et un cosinus négatif si n est impair, c'est-à-dire si l'on a

$$\theta = \pm(2k+1)\pi + \operatorname{arc\,tang}\frac{b}{a}. \tag{17}$$

Cela posé, de l'équation (14), présentée sous la forme

$$\frac{\cos\theta}{a} = \frac{\sin\theta}{b},$$

on déduira immédiatement la formule

$$\frac{\cos\theta}{a} = \frac{\sin\theta}{b} = \frac{1}{\sqrt{a^2+b^2}} \quad [1]$$

et, par conséquent, les équations (13), pourvu que l'on détermine θ

[1] En général, de la formule

$$\frac{\alpha}{a} = \frac{\beta}{b} = \frac{\gamma}{c} = \ldots,$$

par la formule (16) quand a sera positif, et par la formule (17) quand a sera négatif. Dans l'une et l'autre hypothèse, le nombre entier k pouvant recevoir une infinité de valeurs, on obtiendra aussi une infinité de valeurs de θ propres à vérifier les formules (11) ou, ce qui revient au même, les formules (10).

En résumé, si l'on pose

$$(18)\qquad \rho=\sqrt{a^2+b^2},\qquad \zeta=\operatorname{arc\,tang}\frac{b}{a},$$

et si l'on désigne par k un nombre entier quelconque, on aura, dans le cas où a sera positif,

$$(19)\qquad a+b\sqrt{-1}=\rho\left[\cos(\zeta\pm 2k\pi)+\sqrt{-1}\sin(\zeta\pm 2k\pi)\right],$$

par conséquent

$$(20)\qquad a+b\sqrt{-1}=\rho(\cos\zeta+\sqrt{-1}\sin\zeta)(\cos 2k\pi\pm\sqrt{-1}\sin 2k\pi),$$

et, dans le cas où a deviendra négatif,

$$(21)\qquad a+b\sqrt{-1}=\rho\left\{\cos[\zeta\pm(2k+1)\pi]+\sqrt{-1}\sin[\zeta\pm(2k+1)\pi]\right\},$$

par conséquent

$$(22)\qquad a+b\sqrt{-1}=\rho(\cos\zeta+\sqrt{-1}\sin\zeta)\left[\cos(2k+1)\pi\pm\sqrt{-1}\sin(2k+1)\pi\right].$$

Comme on a d'ailleurs

$$(23)\qquad \cos 2k\pi+\sqrt{-1}\sin 2k\pi=1,$$

$$(24)\qquad \cos(2k+1)\pi\pm\sqrt{-1}\sin(2k+1)\pi=-1,$$

dans laquelle α, β, γ, ..., a, b, c, ... représentent des quantités quelconques, on tire

$$\frac{\alpha^2}{a^2}=\frac{\beta^2}{b^2}=\frac{\gamma^2}{c^2}=\ldots=+\frac{\alpha^2+\beta^2+\gamma^2+\ldots}{a^2+b^2+c^2+\ldots},$$

et, par suite,

$$\frac{\alpha}{a}=\frac{\beta}{b}=\frac{\gamma}{c}=\ldots=\pm\frac{\sqrt{\alpha^2+\beta^2+\gamma^2+\ldots}}{\sqrt{a^2+b^2+c^2+\ldots}},$$

le double signe $\pm$ devant être réduit au signe $+$ quand la fraction $\frac{\alpha}{a}$ est positive, et au signe $-$ dans le cas contraire.

les formules (20), (22) donneront, si a est positif,

$$a + b\sqrt{-1} = \rho(\cos\zeta + \sqrt{-1}\sin\zeta) \tag{25}$$

et, si a est négatif,

$$a + b\sqrt{-1} = -\rho(\cos\zeta + \sqrt{-1}\sin\zeta). \tag{26}$$

Au reste, il est facile de voir que la formule (19) coïncide avec l'équation (25), et la formule (21) avec l'équation (26).

Lorsque l'expression imaginaire $a + b\sqrt{-1}$ se trouve ramenée à la forme

$$\rho(\cos\theta + \sqrt{-1}\sin\theta),$$

la quantité positive ρ est ce qu'on appelle le *module* de cette expression imaginaire. Comme des quantités a, b supposées connues on ne déduit pour le module ρ qu'une valeur unique déterminée par la formule (12), on peut évidemment énoncer la proposition suivante :

Théorème II. — *L'égalité de deux expressions imaginaires entraîne toujours l'égalité de leurs modules.*

Il suit encore de la formule (12) que deux expressions imaginaires conjuguées

$$a + b\sqrt{-1}, \qquad a - b\sqrt{-1}$$

ont pour module commun la racine carrée de leur produit.

Lorsque, b étant nul, l'expression imaginaire $a + b\sqrt{-1}$ se réduit à la quantité réelle a, la formule (12) donne simplement

$$\rho = \sqrt{a^2}.$$

Ainsi le module d'une quantité réelle a se réduit à sa valeur numérique $\sqrt{a^2}$.

Toute expression imaginaire qui a zéro pour module se réduit elle-même à zéro, et réciproquement, comme le sinus et le cosinus d'un arc ne deviennent jamais nuls en même temps, il en résulte qu'une expression imaginaire ne peut se réduire à zéro qu'autant que son module s'évanouit.

Observons enfin que les définitions données dans le § III des variables infiniment petites et infiniment grandes, des fonctions continues ou discontinues, explicites ou implicites, entières ou fractionnaires, etc., doivent être étendues au cas même où les variables et les fonctions dont il s'agit deviennent imaginaires.

Toute expression imaginaire dont le module se réduit à l'unité, étant de la forme

$$\cos x + \sqrt{-1}\sin x,$$

on effectuera sans peine la multiplication, la division ou l'élévation à des puissances entières d'une ou plusieurs expressions imaginaires qui auraient l'unité pour module. En effet de la formule (2) on déduit immédiatement la suivante

$$(27)\quad \left\{\begin{aligned}&(\cos x + \sqrt{-1}\sin x)(\cos y + \sqrt{-1}\sin y)(\cos z + \sqrt{-1}\sin z)\ldots\\ &\quad = \cos(x+y+z+\ldots) + \sqrt{-1}\sin(x+y+z+\ldots),\end{aligned}\right.$$

quel que soit le nombre m des variables x, y, z, ... De plus on tirera de la formule (2), en y remplaçant x par $x - y$,

$$[\cos(x-y) + \sqrt{-1}\sin(x-y)](\cos y + \sqrt{-1}\sin y) = \cos x + \sqrt{-1}\sin x,$$

ou, ce qui revient au même,

$$(28)\qquad \frac{\cos x + \sqrt{-1}\sin x}{\cos y + \sqrt{-1}\sin y} = \cos(x-y) + \sqrt{-1}\sin(x-y);$$

et, de la formule (27), en posant $x = y = z = \ldots$,

$$(29)\qquad (\cos x + \sqrt{-1}\sin x)^m = \cos mx + \sqrt{-1}\sin mx.$$

Cela posé, il deviendra facile d'effectuer la multiplication, la division ou l'élévation à des puissances entières d'une ou de plusieurs expressions imaginaires dont les modules ne se réduiraient pas à l'unité. Car, si l'on pose

$$\begin{aligned}a + b\sqrt{-1} &= \rho(\cos\theta + \sqrt{-1}\sin\theta),\\ a' + b'\sqrt{-1} &= \rho'(\cos\theta' + \sqrt{-1}\sin\theta'),\\ a'' + b''\sqrt{-1} &= \rho''(\cos\theta'' + \sqrt{-1}\sin\theta''),\\ &\ldots\ldots\ldots\ldots\ldots\ldots,\end{aligned}$$

$\rho, \rho', \rho'', \ldots$ étant des quantités positives, et $\theta, \theta', \theta'', \ldots$ des arcs réels, on aura évidemment

$$\begin{aligned}&(a+b\sqrt{-1})(a'+b'\sqrt{-1})(a''+b''\sqrt{-1})\ldots\\&\quad=\rho\rho'\rho''\ldots(\cos\theta+\sqrt{-1}\sin\theta)(\cos\theta'+\sqrt{-1}\sin\theta')(\cos\theta''+\sqrt{-1}\sin\theta'')\ldots,\end{aligned}$$

$$\frac{a+b\sqrt{-1}}{a'+b'\sqrt{-1}}=\frac{\rho}{\rho'}\,\frac{\cos\theta+\sqrt{-1}\sin\theta}{\cos\theta'+\sqrt{-1}\sin\theta'},$$

$$(a+b\sqrt{-1})^m=\rho^m(\cos\theta+\sqrt{-1}\sin\theta)^m,$$

puis on en conclura, en ayant égard aux formules (27), (28), (29),

$$(30)\quad \left\{\begin{aligned}&(a+b\sqrt{-1})(a'+b'\sqrt{-1})(a''+b''\sqrt{-1})\ldots\\&\quad=\rho\rho'\rho''\ldots\left[\cos(\theta+\theta'+\theta''+\ldots)+\sqrt{-1}\sin(\theta+\theta'+\theta''+\ldots)\right],\end{aligned}\right.$$

$$(31)\quad \frac{a+b\sqrt{-1}}{a'+b'\sqrt{-1}}=\frac{\rho}{\rho'}\left[\cos(\theta-\theta')+\sqrt{-1}\sin(\theta-\theta')\right],$$

$$(32)\quad (a+b\sqrt{-1})^m=\rho^m(\cos m\theta+\sqrt{-1}\sin m\theta).$$

De ces dernières équations on déduit immédiatement la proposition suivante :

Théorème III. — *Le produit, le quotient et les diverses puissances entières d'une ou de plusieurs expressions imaginaires ont pour modules le produit, le quotient et les diverses puissances de leurs modules.*

On peut encore démontrer facilement cet autre théorème :

Théorème IV. — *La somme de deux expressions imaginaires offre, ainsi que leur différence, un module compris entre la somme et la différence de leurs modules.*

Démonstration. — En effet, soient

$$a+b\sqrt{-1}=\rho(\cos\theta+\sqrt{-1}\sin\theta),\qquad a'+b'\sqrt{-1}=(\rho'\cos\theta'+\sqrt{-1}\sin\theta')$$

deux expressions imaginaires qui aient pour modules ρ et ρ', la somme et la différence de ces deux expressions, savoir

$$(\rho\cos\theta+\rho'\cos\theta')+(\rho\sin\theta+\rho'\sin\theta')\sqrt{-1}$$

et

$$(\rho\cos\theta-\rho'\cos\theta')+(\rho\sin\theta-\rho'\sin\theta')\sqrt{-1},$$

auront pour modules deux quantités positives dont les carrés seront respectivement

$$(33)\quad (\rho\cos\theta+\rho'\cos\theta')^2+(\rho\sin\theta+\rho'\sin\theta')^2=\rho^2+2\rho\rho'\cos(\theta-\theta')+\rho'^2$$

et

$$(34)\quad (\rho\cos\theta-\rho'\cos\theta')^2+(\rho\sin\theta-\rho'\sin\theta')^2=\rho^2-2\rho\rho'\cos(\theta-\theta')+\rho'^2.$$

D'ailleurs, $\cos(\theta-\theta')$ étant renfermé entre les limites -1, $+1$, chacune des quantités (33), (34) sera comprise entre les limites

$$\rho^2+2\rho\rho'+\rho'^2=(\rho+\rho')^2,$$
$$\rho^2-2\rho\rho'+\rho'^2=(\rho-\rho')^2=(\rho'-\rho)^2,$$

et sa racine carrée entre la somme $\rho+\rho'$ et la valeur numérique de la différence $\rho-\rho'$, ce qui suffit pour la démonstration du théorème IV.

Corollaire. — La somme de plusieurs expressions imaginaires offre un module inférieur à la somme de leurs modules.

§ XIV. — *Des séries imaginaires.*

Soient respectivement

$$(1)\qquad v_0,\quad v_1,\quad v_2,\quad \ldots,\quad v_n,\quad \ldots,$$
$$(2)\qquad w_0,\quad w_1,\quad w_2,\quad \ldots,\quad w_n,\quad \ldots$$

deux séries réelles, et posons

$$u_0=v_0+w_0\sqrt{-1},\qquad u_1=v_1+w_1\sqrt{-1},\qquad u_2=v_2+w_2\sqrt{-1},\qquad \ldots,$$

en sorte qu'on ait généralement

$$u_n=v_n+w_n\sqrt{-1}.$$

La suite des expressions imaginaires

$$(3)\qquad u_0,\quad u_1,\quad u_2,\quad \ldots,\quad u_n,\quad \ldots$$

formera ce qu'on appelle une *série imaginaire*. Soit

$$(4)\quad s_n=u_0+u_1+\ldots+u_{n-1}=v_0+v_1+\ldots+v_{n-1}+(w_0+w_1+\ldots+w_{n-1})\sqrt{-1}$$

la somme des n premiers termes de cette série. Selon que, pour des valeurs croissantes de n, s_n convergera ou non vers une limite fixe s, on dira que la série (3) est convergente et qu'elle a pour somme cette limite, ou bien qu'elle est divergente et n'a pas de somme. Le premier cas aura évidemment lieu si les deux sommes réelles

$$v_0 + v_1 + \ldots + v_{n-1},$$
$$w_0 + w_1 + \ldots + w_{n-1}$$

convergent elles-mêmes, pour des valeurs croissantes de n, vers des limites fixes, et le second cas, dans la supposition contraire. En d'autres termes, la série (3) sera toujours convergente en même temps que les séries réelles (1) et (2). Si ces dernières, ou l'une d'elles seulement, deviennent divergentes, la série (3) le sera pareillement.

Si, dans le cas où la série est convergente, on pose

$$s = s_n + r_n, \tag{5}$$

r_n sera ce qu'on appelle le reste de la série prolongée jusqu'au $n^{\text{ième}}$. Dans tous les cas possibles, le terme de la série qui correspond à l'indice n, savoir

$$u_n = v_n + w_n\sqrt{-1},$$

est ce qu'on nomme son terme général. Soit ρ_n le module de ce terme, en sorte qu'on ait

$$v_n + w_n\sqrt{-1} = \rho_n(\cos\theta_n + \sqrt{-1}\sin\theta_n), \tag{6}$$

ρ_n désignant une quantité positive et θ_n un arc réel. Les séries (1), (2), (3) deviendront respectivement

$$\rho_0\cos\theta_0,\quad \rho_1\cos\theta_1,\quad \rho_2\cos\theta_2,\quad \ldots, \tag{7}$$

$$\rho_0\sin\theta_0,\quad \rho_1\sin\theta_1,\quad \rho_2\sin\theta_2,\quad \ldots, \tag{8}$$

$$\left\{\begin{array}{l} \rho_0(\cos\theta_0 + \sqrt{-1}\sin\theta_0), \\ \rho_1(\cos\theta_1 + \sqrt{-1}\sin\theta_1), \\ \rho_2(\cos\theta_2 + \sqrt{-1}\sin\theta_2), \\ \ldots\ldots\ldots\ldots\ldots\ldots\ldots, \end{array}\right. \tag{9}$$

et, comme la valeur numérique du sinus ou du cosinus d'un arc réel ne saurait surpasser l'unité, il est clair que, si les modules

$$(10) \qquad \rho_0, \quad \rho_1, \quad \rho_2, \quad \ldots$$

forment une série convergente, les séries (7), (8), par conséquent la série (9), seront elles-mêmes convergentes. On peut donc énoncer ce théorème :

THÉORÈME I. — *Pour qu'une série imaginaire soit convergente, il suffit que les modules de ses différents termes forment une série réelle convergente.*

On prouvera encore facilement que, pour étendre les théorèmes I, II, IV, V, VI, VII du § VI au cas où la série

$$u_0, \quad u_1, \quad u_2, \quad \ldots, \quad u_n, \quad \ldots$$

devient imaginaire, il suffit de substituer dans ces théorèmes les modules des termes à leurs valeurs numériques. Ainsi, en particulier, on établira sans peine la proposition suivante :

THÉORÈME II. — *Soit Ω la limite ou la plus grande des limites vers lesquelles converge, tandis que n croît indéfiniment, la racine $n^{ième}$ du module ρ_n de u_n, ou bien encore une limite fixe vers laquelle converge, pour des valeurs croissantes de n, le rapport*

$$\frac{\rho_{n+1}}{\rho_n}.$$

La série (3) *sera convergente si l'on a $\Omega < 1$, et divergente si l'on a $\Omega > 1$.*

Démonstration. — En effet, si l'on a $\Omega < 1$, la série (10) étant convergente, la série (3) le sera elle-même, en vertu du théorème I; et si l'on a $\Omega > 1$, les plus grandes valeurs du module

$$(11) \qquad \rho_n = (v_n^2 + w_n^2)^{\frac{1}{2}}$$

croîtront avec n au delà de toute limite, ce qui ne peut arriver qu'autant que les plus grandes valeurs numériques des deux quantités

$$v'_n, \quad w'_n,$$

ou au moins de l'une d'entre elles, croissent de même indéfiniment. Donc, si l'on a $\Omega > 1$, l'une au moins des séries (1), (2) sera divergente, ce qui entraînera la divergence de la série (3).

Considérons à présent une série ordonnée suivant les puissances entières et positives de la variable x, savoir

$$(12) \qquad a_0, \quad a_1 x, \quad a_2 x^2, \quad \ldots.$$

Pour étendre les théorèmes VIII, IX, X du § VI au cas où, les coefficients a_0, a_1, a_2, ... étant imaginaires, la variable x est elle-même imaginaire ou de la forme

$$(13) \qquad x = r(\cos t + \sqrt{-1}\sin t),$$

r désignant une quantité positive et t un arc réel, il suffira évidemment de substituer dans ces théorèmes les modules de x, de a_n, de a_{n+1}, ... à leurs valeurs numériques. Ainsi, en particulier, on déduira immédiatement du théorème II la proposition suivante :

Théorème III. — *Si, ρ_n étant le module de a_n, ω désigne la limite ou la plus grande des limites de $(\rho_n)^{\frac{1}{n}}$, ou bien encore une limite fixe vers laquelle converge, tandis que n croît indéfiniment, le rapport*

$$\frac{\rho_{n+1}}{\rho_n},$$

la série (12) restera convergente, tant que le module r de x sera inférieur à $\frac{1}{\omega}$, et deviendra divergente lorsqu'on aura $r > \frac{1}{\omega}$.

L'une des séries imaginaires les plus simples est celle qu'on obtient en supposant que, dans la progression géométrique

$$(14) \qquad 1, \quad x, \quad x^2, \quad \ldots, \quad x^n, \quad \ldots,$$

la variable x soit imaginaire et déterminée par l'équation (13). Si l'on nomme s_n la somme des n premiers termes de cette progression, on trouvera, comme dans le § VI,

$$s_n = \frac{1}{1-x} - \frac{x^n}{1-x}. \tag{15}$$

D'ailleurs le module de x^n étant la $n^{\text{ième}}$ puissance du module r de x, ce module et, par suite, celui du rapport

$$\frac{x^n}{1-x}$$

deviendront infiniment petits ou infiniment grands pour des valeurs infiniment grandes de n, suivant que l'on aura $r < 1$ ou $r > 1$. Donc, si l'on a $r < 1$, s_n s'approchera indéfiniment, pour des valeurs croissantes de n, de la limite s déterminée par l'équation

$$s = \frac{1}{1-x},$$

et la progression (14) étant convergente offrira pour somme $\frac{1}{1-x}$, en sorte qu'on aura

$$1 + x + x^2 + \ldots = \frac{1}{1-x}. \tag{16}$$

Mais, si le module r de x devient supérieur à l'unité, la série (14) sera divergente et n'aura plus de somme. Il résulte effectivement du théorème III que la série (14) sera convergente quand on aura $r < 1$, et divergente quand on aura $r > 1$.

Si l'on posait

$$x = z(\cos t + \sqrt{-1}\sin t), \tag{17}$$

z désignant une quantité positive ou négative et t un arc réel, le module de x ne serait autre chose que la valeur numérique de z, et l'équation (16) donnerait, pour des valeurs numériques de z inférieures à l'unité,

$$\left\{\begin{aligned} &1 + z(\cos t + \sqrt{-1}\sin t) + z^2(\cos 2t + \sqrt{-1}\sin 2t) + \ldots \\ &\quad = \frac{1}{1 - z\cos t - z\sin t\sqrt{-1}}. \end{aligned}\right. \tag{18}$$

Comme on a d'ailleurs

$$\begin{aligned}(1 - z\cos t - z\sin t\sqrt{-1})&(1 - z\cos t + z\sin t\sqrt{-1})\\ &= (1 - z\cos t)^2 + (z\sin t)^2 = 1 - 2z\cos t + z^2\end{aligned}$$

et, par suite,

$$\frac{1}{1 - z\cos t - z\sin t\sqrt{-1}} = \frac{1 - z\cos t + z\sin t\sqrt{-1}}{1 - 2z\cos t + z^2},$$

la formule (18) pourra s'écrire comme il suit

$$(19)\quad \left\{\begin{aligned}&1 + z\cos t + z^2\cos 2t + \ldots + (z\sin t + z^2\sin 2t + \ldots)\sqrt{-1}\\ &= \frac{1 - z\cos t}{1 - 2z\cos t + z^2} + \frac{z\sin t}{1 - 2z\cos t + z^2}\sqrt{-1},\end{aligned}\right.$$

et comprendra les deux équations réelles

$$(20)\quad \left\{\begin{aligned}1 + z\cos t + z^2\cos 2t + \ldots &= \frac{1 - z\cos t}{1 - 2z\cos t + z^2},\\ z\sin t + z^2\sin 2t + \ldots &= \frac{z\sin t}{1 - 2z\cos t + z^2},\end{aligned}\right.$$

qui subsisteront, ainsi qu'elle, pour des valeurs de z comprises entre les limites

$$(21)\qquad z = -1, \qquad z = 1.$$

En appliquant le théorème III aux deux séries

$$(22)\qquad x,\quad -\frac{x^2}{2},\quad \frac{x^3}{3},\quad \ldots,$$

$$(23)\qquad 1,\quad \mu x,\quad \frac{\mu(\mu-1)}{1.2}x^2,\quad \frac{\mu(\mu-1)(\mu-2)}{1.2.3}x^3,\quad \ldots,$$

qui, pour des valeurs réelles de x renfermées entre les limites -1, $+1$, représentent les développements des fonctions $l(1+x)$, $(1+x)^\mu$, et, supposant μ réel, on prouverait encore que, pour des valeurs de x imaginaires et déterminées par l'équation (17), ces deux séries sont convergentes comme la série (14), tant que z demeure compris entre les limites (21).

Quant à la série

$$(24)\qquad 1,\quad x,\quad \frac{x^2}{1.2},\quad \frac{x^3}{1.2.3},\quad \ldots,$$

qui, pour des valeurs réelles de x, représente le développement de e^x, on la trouvera convergente pour toute valeur imaginaire, mais finie, de la variable x.

§ XV. — *Des exponentielles imaginaires. Développements des fonctions* $\cos x$, $\sin x$.

Désignons à l'ordinaire par e la base des logarithmes népériens, et par A un nombre quelconque. Si la variable x est réelle, les deux fonctions

$$e^x,\quad A^x$$

seront toujours développables par les formules (12) et (20) du § VII en séries convergentes, ordonnées suivant les puissances entières et positives de x, en sorte qu'on aura

$$(1)\qquad e^x = 1 + x + \frac{x^2}{1.2} + \frac{x^3}{1.2.3} + \ldots,$$

$$(2)\qquad A^x = 1 + x\,lA + \frac{x^2(lA)^2}{1.2} + \frac{x^3(lA)^3}{1.2.3} + \ldots.$$

D'autre part, comme, en posant

$$a_n = \frac{1}{1.2\ldots n} \quad \text{ou} \quad a_n = \frac{(lA)^n}{1.2\ldots n},$$

on en conclut

$$\frac{a_{n+1}}{a_n} = \frac{1}{n+1} \quad \text{ou} \quad \frac{a_{n+1}}{a_n} = \frac{lA}{n+1},$$

puis, en faisant croître indéfiniment le nombre n,

$$\omega = \lim \frac{a_{n+1}}{a_n} = 0,$$

il suit du théorème III du paragraphe précédent que les séries

$$(3)\qquad 1,\quad x,\quad \frac{x^2}{1.2},\quad \frac{x^3}{1.2.3},\quad \ldots,$$

$$(4)\qquad 1,\quad x\,\mathrm{l}A,\quad \frac{x^2(\mathrm{l}A)^2}{1.2},\quad \frac{x^3(\mathrm{l}A)^3}{1.2.3},\quad \ldots$$

resteront convergentes si la variable x devient imaginaire, sans que son module se réduise à $\pm\infty$, c'est-à-dire pour toute valeur imaginaire et finie de x. Cela posé, après avoir démontré l'équation (2) dans le cas où la variable x est réelle, concevons qu'on étende cette équation au cas même où la variable x devient imaginaire, et qu'on s'en serve alors pour fixer le sens de la notation A^x, c'est-à-dire pour définir une exponentielle imaginaire. En prenant

$$A = e,$$

on réduira la formule (2) à la formule (1), par laquelle se trouvera définie l'exponentielle imaginaire e^x; et, comme, en remplaçant x par $x\,\mathrm{l}A$ dans l'équation (1), on fera coïncider son second membre avec celui de l'équation (2), il est clair qu'on pourra fixer encore le sens des notations

$$A^x,\quad e^x$$

à l'aide de la formule (1) jointe à la suivante :

$$(5)\qquad A^x = e^{x\,\mathrm{l}A}.$$

Observons maintenant que l'équation (1) du § VII pouvant être étendue au cas où α et x deviennent des expressions imaginaires, on en tirera, comme dans le § VII,

$$(6)\qquad \lim(1+\alpha)^m = 1 + x + \frac{x^2}{1.2} + \frac{x^3}{1.2\ldots3} + \ldots,$$

pourvu que, le nombre entier m venant à croître indéfiniment, l'expression imaginaire α s'approche indéfiniment de la limite zéro, mais de manière à vérifier la condition

$$(7)\qquad \lim(m\alpha) = x.$$

On aura donc, sous cette condition,

$$\lim(1+\alpha)^m = e^x, \tag{8}$$

quelle que soit la valeur réelle ou imaginaire de x. Ainsi, en particulier, comme on vérifiera la condition (7), en posant

$$\alpha = \frac{x}{m},$$

la formule (8) donnera généralement

$$e^x = \lim\left(1+\frac{x}{m}\right)^m. \tag{9}$$

Si dans la formule (9) on remplace x par y, on obtiendra la formule semblable

$$e^y = \lim\left(1+\frac{y}{m}\right)^m,$$

et de cette dernière, jointe à la formule (9), on tirera

$$e^x e^y = \lim\left[1+\frac{1}{m}\left(x+y+\frac{xy}{m}\right)\right]^m. \tag{10}$$

D'ailleurs, si l'on pose

$$\alpha = \frac{1}{m}\left(x+y+\frac{xy}{m}\right),$$

on en conclura

$$\lim m\alpha = \lim\left(x+y+\frac{xy}{m}\right) = x+y,$$

par conséquent

$$\lim(1+\alpha)^m = e^{x+y}.$$

Donc la formule (10) pourra être réduite à

$$e^x e^y = e^{x+y}. \tag{11}$$

Si dans cette dernière on remplace x et y par $x\,\mathrm{l}\mathrm{A}$ et $y\,\mathrm{l}\mathrm{A}$, on trouvera, en ayant égard à l'équation (5),

$$\mathrm{A}^x\mathrm{A}^y = \mathrm{A}^{x+y}. \tag{12}$$

Ainsi les formules (11), (12), qui expriment une propriété fondamentale des exponentielles dont les exposants sont réels, s'étendent au cas même où les exposants deviendront imaginaires. Ajoutons que de ces formules on déduit immédiatement les suivantes

$$(13) \qquad e^{x+y+z+\dots} = e^x\, e^y\, e^z \dots,$$

$$(14) \qquad A^{x+y+z+\dots} = A^x\, A^y\, A^z \dots,$$

quel que soit le nombre m des variables $x, y, z, \dots$; puis, en posant $x = y = z = \dots,$

$$(15) \qquad e^{mx} = (e^x)^m,$$

$$(16) \qquad A^{mx} = (A^x)^m.$$

Enfin, si dans les formules (11) et (12) on remplace x par $x - y$, on en déduira immédiatement les deux suivantes :

$$(17) \qquad e^{x-y} = \frac{e^x}{e^y},$$

$$(18) \qquad A^{x-y} = \frac{A^x}{A^y}.$$

Concevons à présent que dans l'équation (9) on écrive $x\sqrt{-1}$ au lieu de x, et que dans la formule ainsi obtenue, savoir

$$(19) \qquad e^{x\sqrt{-1}} = \lim\left(1 + \frac{x}{m}\sqrt{-1}\right)^m,$$

on attribue à x une valeur réelle. Si l'on pose

$$(20) \qquad r = \left(1 + \frac{x^2}{m^2}\right)^{\frac{1}{2}}, \qquad t = \text{arc tang}\,\frac{x}{m},$$

on aura

$$(21) \qquad 1 + \frac{x}{m}\sqrt{-1} = r(\cos t + \sqrt{-1}\sin t),$$

$$(22) \qquad \left(1 + \frac{x}{m}\sqrt{-1}\right)^m = r^m(\cos mt + \sqrt{-1}\sin mt).$$

De plus, comme, en vertu de la seconde des formules (20), l'arc t aura pour limite zéro, l'équation (77) du § XII donnera

$$\lim \frac{\operatorname{tang} t}{t} = \lim \frac{x}{mt} = 1$$

ou, ce qui revient au même,

$$\lim mt = x.$$

Enfin, puisque la première des équations (6), (7) (§ VII) entraîne toujours la seconde, et qu'on a évidemment

$$\lim \frac{m}{2} \frac{x^2}{m^2} = \lim \frac{x^2}{2m} = 0,$$

on trouvera encore

$$\lim r^m = \lim \left(1 + \frac{x^2}{m^2}\right)^{\frac{m}{2}} = e^0 = 1.$$

Donc on tirera de l'équation (20)

(23) $$\lim \left(1 + \frac{x}{m}\sqrt{-1}\right)^m = \cos x + \sqrt{-1} \sin x,$$

et la formule (19) donnera

(24) $$e^{x\sqrt{-1}} = \cos x + \sqrt{-1} \sin x.$$

Ainsi toute expression imaginaire qui a l'unité pour module et peut en conséquence s'écrire comme il suit

$$\cos x + \sqrt{-1} \sin x,$$

x désignant un arc réel, se confond avec une exponentielle imaginaire et de la forme

$$e^{x\sqrt{-1}}.$$

Si l'on attribuait à x une valeur en partie réelle, en partie imaginaire, si, par exemple, on supposait

$$x = y + z\sqrt{-1},$$

y, z désignant des quantités réelles, on tirerait de la formule (11), jointe à la formule (24),

$$(25)\qquad e^{y+z\sqrt{-1}} = e^{y}(\cos z + \sqrt{-1}\sin z).$$

Si dans cette dernière équation on remplace y et z par $y\,\mathrm{l}A$ et $z\,\mathrm{l}A$, on en conclura, eu égard à la formule (5),

$$(26)\qquad A^{y+z\sqrt{-1}} = A^{y}[\cos(z\,\mathrm{l}A) + \sqrt{-1}\sin(z\,\mathrm{l}A)].$$

Les formules (26), (27) fournissent immédiatement les valeurs des exponentielles

$$e^{x},\quad A^{x},$$

correspondantes à une valeur imaginaire quelconque de la variable x.

Lorsque dans la formule (24) on remplace x par $-x$, on obtient la suivante

$$(27)\qquad e^{-x\sqrt{-1}} = \cos x - \sqrt{-1}\sin x,$$

de laquelle on tire, en la combinant avec la formule (24),

$$(28)\qquad 2\cos x = e^{x\sqrt{-1}} + e^{-x\sqrt{-1}},\qquad 2\sin x\sqrt{-1} = e^{x\sqrt{-1}} - e^{-x\sqrt{-1}}$$

ou, ce qui revient au même,

$$(29)\qquad \cos x = \frac{e^{x\sqrt{-1}} + e^{-x\sqrt{-1}}}{2},\qquad \sin x = \frac{e^{x\sqrt{-1}} - e^{-x\sqrt{-1}}}{2\sqrt{-1}}.$$

Ces dernières formules subsistent, comme les équations (24) et (27), pour une valeur réelle quelconque de la variable x. En les étendant au cas même où x devient imaginaire, on pourra s'en servir pour fixer dans ce dernier cas le sens des notations

$$\cos x,\quad \sin x.$$

Si à l'aide de l'équation (1) on développe, suivant les puissances entières et positives, le premier membre de la formule (24), on trouvera

$$(30)\qquad \cos x + \sqrt{-1}\sin x = 1 + x\sqrt{-1} - \frac{x^2}{1.2} - \frac{x^3}{1.2.3}\sqrt{-1} + \frac{x^4}{1.2.3.4} + \ldots,$$

par conséquent

$$(31)\quad \begin{cases} \cos x = 1 - \dfrac{x^2}{1.2} + \dfrac{x^4}{1.2.3.4} - \ldots, \\ \sin x = x - \dfrac{x^3}{1.2.3} + \dfrac{x^5}{1.2.3.4.5} - \ldots. \end{cases}$$

Les formules (31), qu'on peut aussi déduire des équations (29), subsistent pour des valeurs finies quelconques, réelles ou imaginaires de la variable x.

De la formule (24), jointe aux formules (20), (22), (25), (26) du § XIII, il résulte que, si a, b désignant deux quantités réelles quelconques, on pose

$$(32)\qquad \rho = \sqrt{a^2 + b^2}, \qquad \zeta = \text{arc tang}\frac{b}{a},$$

on aura, pour des valeurs positives de a, non seulement

$$(33)\qquad a + b\sqrt{-1} = \rho e^{\zeta\sqrt{-1}},$$

mais encore

$$(34)\qquad a + b\sqrt{-1} = \rho e^{\zeta\sqrt{-1}} e^{\pm 2k\pi\sqrt{-1}},$$

k désignant un nombre entier quelconque, et pour des valeurs négatives de a, non seulement

$$(35)\qquad a + b\sqrt{-1} = -\rho e^{\zeta\sqrt{-1}},$$

mais encore

$$(36)\qquad a + b\sqrt{-1} = \rho e^{\zeta\sqrt{-1}} e^{\pm(2k+1)\pi\sqrt{-1}}.$$

En résumé, on aura

$$(37)\qquad a + b\sqrt{-1} = \rho e^{\theta\sqrt{-1}},$$

la valeur de θ devant être déterminée par la première ou la seconde des deux formules

$$(38)\qquad \theta = \zeta \pm 2k\pi,$$

$$(39)\qquad \theta = \zeta \pm (2k+1)\pi,$$

suivant que la quantité réelle a sera positive ou négative. On peut donc énoncer la proposition suivante :

Théorème I. — *Toute expression imaginaire*

$$a + b\sqrt{-1}$$

est le produit d'un module réel

$$\rho = \sqrt{a^2 + b^2}$$

par une exponentielle imaginaire de la forme

$$e^{\theta\sqrt{-1}},$$

et dans laquelle θ *désigne un arc réel déterminé par l'une des équations* (38), (39).

A l'aide du théorème I, joint aux formules (13), (15), (17), il sera très facile d'effectuer la multiplication, la division ou l'élévation à des puissances entières d'une ou de plusieurs expressions imaginaires dont les modules ne se réduiraient pas à l'unité. Car, si l'on pose

$$a + b\sqrt{-1} = \rho e^{\theta\sqrt{-1}}, \quad a' + b'\sqrt{-1} = \rho' e^{\theta'\sqrt{-1}}, \quad a'' + b''\sqrt{-1} = \rho'' e^{\theta''\sqrt{-1}}, \quad \ldots,$$

ρ, ρ', ρ'', ... étant des quantités positives, et θ, θ', θ'', ... des arcs réels, on trouvera

$$(40) \quad (a + b\sqrt{-1})(a' + b'\sqrt{-1})(a'' + b''\sqrt{-1})\ldots = \rho\rho'\rho''\ldots e^{(\theta+\theta'+\theta''\ldots)\sqrt{-1}},$$

$$(41) \quad \frac{a + b\sqrt{-1}}{a' + b'\sqrt{-1}} = \frac{\rho}{\rho'} e^{(\theta-\theta')\sqrt{-1}},$$

$$(42) \quad (a + b\sqrt{-1})^m = \rho^m e^{m\theta\sqrt{-1}}.$$

Il est aisé de s'assurer que la formule (34) s'accorde avec la formule (33), et la formule (36) avec la formule (35), attendu qu'on a généralement

$$(43) \quad e^{\pm 2k\pi\sqrt{-1}} = \cos 2k\pi \pm \sqrt{-1}\sin 2k\pi = 1,$$

$$(44) \quad e^{\pm(2k+1)\pi\sqrt{-1}} = \cos(2k+1)\pi \pm \sqrt{-1}\sin(2k+1)\pi = -1.$$

Il y a plus : si t désigne un arc réel, on ne pourra évidemment satisfaire à l'équation imaginaire

$$(45)\qquad e^{t\sqrt{-1}} = 1$$

ou, ce qui revient au même, aux deux équations réelles

$$(46)\qquad \cos t = 1, \qquad \sin t = 0$$

qu'en posant

$$(47)\qquad t = \pm 2k\pi,$$

et attribuant au nombre k une valeur entière. Pareillement on ne pourra satisfaire à l'équation imaginaire

$$(48)\qquad e^{t\sqrt{-1}} = -1$$

ou, ce qui revient au même, aux deux équations réelles

$$(49)\qquad \cos t = -1, \qquad \sin t = 0$$

qu'en posant

$$(50)\qquad t = \pm(2k+1)\pi.$$

§ XVI. — *Relations qui existent entre les sinus ou cosinus des multiples d'un arc et les puissances entières des sinus et cosinus du même arc.*

Si dans la formule (15) du paragraphe précédent on remplace x par $x\sqrt{-1}$, elle donnera

$$e^{mx\sqrt{-1}} = \left(e^{x\sqrt{-1}}\right)^m$$

ou, ce qui revient au même,

$$\begin{aligned}\cos mx + \sqrt{-1}\sin mx &= (\cos x + \sqrt{-1}\sin x)^m \\ &= \cos x + m\cos^{m-1}x\sin x\sqrt{-1} - (m)_2\cos^{m-2}x\sin^2 x \\ &\quad - (m)_3\cos^{m-3}x\sin^3 x\sqrt{-1} + \ldots.\end{aligned}$$

On aura donc

$$(1)\quad \begin{cases} \cos mx = \cos^m x - (m)_2 \cos^{m-2} x \sin^2 x + (m)_4 \cos^{m-4} x \sin^4 x - \ldots, \\ \sin mx = m \cos^{m-1} x \sin x - (m)_3 \cos^{m-3} x \sin^3 x + \ldots \end{cases}$$

ou, ce qui revient au même,

$$(2)\quad \begin{cases} \cos mx = [1 - (m)_2 \operatorname{tang}^2 x + (m)_4 \operatorname{tang}^4 x - \ldots] \cos^m x, \\ \sin mx = [m \operatorname{tang} x - (m)_3 \operatorname{tang}^3 x + \ldots] \cos^m x, \end{cases}$$

puis on en conclura

$$(3)\quad \operatorname{tang} mx = \frac{m \operatorname{tang} x - (m)_3 \operatorname{tang}^3 x + \ldots}{1 - (m)_2 \operatorname{tang}^2 x + (m)_4 \operatorname{tang}^4 x - \ldots}.$$

Si, pour fixer les idées, on pose successivement $m = 2$, $m = 3$, $m = 4$, ..., les formules (1) et (3) donneront

$$(4)\quad \begin{cases} \cos 2x = \cos^2 x - \sin^2 x, \\ \sin 2x = 2 \sin x \cos x, \end{cases}$$

$$(5)\quad \operatorname{tang} 2x = \frac{2 \operatorname{tang} x}{1 - \operatorname{tang}^2 x},$$

$$(6)\quad \begin{cases} \cos 3x = \cos^3 x - 3 \cos x \sin^2 x, \\ \sin 3x = 3 \cos^2 x \sin x - \sin^3 x, \end{cases}$$

$$(7)\quad \operatorname{tang} 3x = \frac{3 \operatorname{tang} x - \operatorname{tang}^3 x}{1 - 3 \operatorname{tang}^2 x},$$

$$(8)\quad \begin{cases} \cos 4x = \cos^4 x - 6 \cos^2 x \sin^2 x + \sin^4 x, \\ \sin 4x = 4 \cos^3 x \sin x - 4 \cos x \sin^3 x, \end{cases}$$

$$(9)\quad \operatorname{tang} 4x = \frac{4(\operatorname{tang} x - \operatorname{tang}^3 x)}{1 - 6 \operatorname{tang}^2 x + \operatorname{tang}^4 x},$$

$$\cdots\cdots\cdots\cdots\cdots\cdots$$

Les formules (1), dont les seconds membres entraînent toujours un nombre fini de termes, peuvent servir à déterminer $\cos mx$ et $\sin mx$ en fonction de $\sin x$ et de $\cos x$.

On peut aussi exprimer les puissances de $\sin x$ et de $\cos x$ en fonction des sinus et cosinus des arcs multiples de x. En effet, on tire des formules (28) du paragraphe précédent

$$(10)\quad \left\{\begin{aligned} 2^m \cos^m x &= e^{mx\sqrt{-1}} + m e^{(m-2)x\sqrt{-1}} + \ldots + m e^{-(m-2)x\sqrt{-1}} + e^{-mx\sqrt{-1}},\\ 2^m(\sqrt{-1})^m \sin^m x &= e^{mx\sqrt{-1}} - m e^{(m-2)x\sqrt{-1}} + \ldots \mp m e^{-(m-2)x\sqrt{-1}} \pm e^{mx\sqrt{-1}};\end{aligned}\right.$$

puis on en conclut : 1° en supposant m impair

$$(11)\quad \left\{\begin{aligned} \cos^m x &= \frac{1}{2^{m-1}}\left[\cos mx + m\cos(m-2)x + \ldots + (m)_{\frac{m-1}{2}}\cos x\right],\\ \sin^m x &= \frac{(-1)^{\frac{m-1}{2}}}{2^{m-1}}\left[\sin mx - m\sin(m-2)x + \ldots \pm (m)_{\frac{m-1}{2}}\sin x\right];\end{aligned}\right.$$

2° en supposant m pair

$$(12)\quad \left\{\begin{aligned} \cos^m x &= \frac{1}{2^{m-1}}\left[\cos mx + m\cos(m-2)x + \ldots + (m)_{\frac{m}{2}-1}\cos 2x + \tfrac{1}{2}(m)_{\frac{m}{2}}\right],\\ \sin^m x &= \frac{1}{2^{m-1}}\left[\cos mx - m\cos(m-2)x + \ldots \mp (m)_{\frac{m}{2}-1}\cos 2x \pm \tfrac{1}{2}(m)_{\frac{m}{2}}\right].\end{aligned}\right.$$

Si, pour fixer les idées, on pose successivement $m=2$, $m=3$, $m=4$, ..., on tirera des formules (11) et (12)

$$(13)\quad \left\{\begin{aligned} \cos^2 x &= \tfrac{1}{2}(\cos 2x + 1),\\ \sin^2 x &= \tfrac{1}{2}(-\cos 2x + 1),\end{aligned}\right.$$

$$(14)\quad \left\{\begin{aligned} \cos^3 x &= \tfrac{1}{4}(\cos 3x + 3\cos x),\\ \sin^3 x &= \tfrac{1}{4}(\sin 3x - 3\sin x),\end{aligned}\right.$$

$$(15)\quad \left\{\begin{aligned} \cos^4 x &= \tfrac{1}{8}(\cos 4x + 4\cos 2x + 3),\\ \sin^4 x &= \tfrac{1}{8}(\cos 4x - 4\cos 2x + 3),\\ &\ldots\ldots\ldots\ldots\ldots\ldots\end{aligned}\right.$$

§ XVII. — *Sommation des sinus ou cosinus d'une suite d'arcs représentée par les différents termes d'une progression arithmétique.*

Considérons une suite d'arcs en progression arithmétique ou de la forme

$$(1)\quad \theta,\quad \theta+t,\quad \theta+2t,\quad \ldots,\quad \theta+(n-1)t.$$

θ, t désignant deux quantités réelles et n un nombre entier quelconque.

On aura

$$(2)\quad \left\{\begin{aligned}&\cos\theta+\cos(\theta+t)+\cos(\theta+2t)+\ldots+\cos[\theta+(n-1)t]\\&+\{\sin\theta+\sin(\theta+t)+\sin(\theta+2t)+\ldots+\sin[\theta+(n-1)t]\}\sqrt{-1}\\&=e^{\theta\sqrt{-1}}+e^{(\theta+t)\sqrt{-1}}+e^{(\theta+2t)\sqrt{-1}}+\ldots+e^{[\theta+(n-1)t]\sqrt{-1}}.\end{aligned}\right.$$

D'autre part, si dans la formule (15) du § XIV, savoir

$$(3)\qquad 1+x+x^2+\ldots+x^{n-1}=\frac{1-x^n}{1-x}=\frac{x^n-1}{x-1},$$

on pose

$$x=e^{t\sqrt{-1}},$$

on trouvera

$$1+e^{t\sqrt{-1}}+e^{2t\sqrt{-1}}+\ldots+e^{(n-1)t\sqrt{-1}}=\frac{e^{nt\sqrt{-1}}-1}{e^{t\sqrt{-1}}-1}=\frac{e^{\left(n-\frac{1}{2}\right)t\sqrt{-1}}-e^{-\frac{1}{2}t\sqrt{-1}}}{e^{\frac{1}{2}t\sqrt{-1}}-e^{-\frac{1}{2}t\sqrt{-1}}}$$

ou, ce qui revient au même,

$$1+e^{t\sqrt{-1}}+e^{2t\sqrt{-1}}+\ldots+e^{(n-1)t\sqrt{-1}}=\frac{e^{\left(n-\frac{1}{2}\right)t\sqrt{-1}}-e^{-\frac{1}{2}t\sqrt{-1}}}{2\sin\frac{t}{2}\sqrt{-1}}.$$

On aura donc par suite

$$(4)\quad \left\{\begin{aligned}&e^{\theta\sqrt{-1}}+e^{(\theta+t)\sqrt{-1}}+e^{(\theta+2t)\sqrt{-1}}+\ldots+e^{[\theta+(n-1)t]\sqrt{-1}}\\&=\frac{e^{\left(\theta-\frac{1}{2}t\right)\sqrt{-1}}-e^{\left(\theta-\frac{1}{2}t+nt\right)\sqrt{-1}}}{2\sin\frac{t}{2}}\sqrt{-1}\\&=\frac{\sin\left(\theta-\frac{1}{2}t+nt\right)-\sin\left(\theta-\frac{1}{2}t\right)}{2\sin\frac{t}{2}}+\frac{\cos\left(\theta-\frac{1}{2}t\right)-\cos\left(\theta-\frac{1}{2}t+nt\right)}{2\sin\frac{t}{2}}\sqrt{-1},\end{aligned}\right.$$

et la formule (2) fournira les deux équations réelles

$$(5)\quad \left\{\begin{aligned}&\cos\theta+\cos(\theta+t)+\cos(\theta+2t)+\ldots+\cos[\theta+(n-1)t]=\frac{\sin\left(\theta-\frac{1}{2}t+nt\right)-\sin\left(\theta-\frac{1}{2}t\right)}{2\sin\frac{t}{2}},\\&\sin\theta+\sin(\theta+t)+\sin(\theta+2t)+\ldots+\sin[\theta+(n-1)t]=\frac{\cos\left(\theta-\frac{1}{2}t\right)-\cos\left(\theta-\frac{1}{2}t+nt\right)}{2\sin\frac{t}{2}}.\end{aligned}\right.$$

Si dans les équations (5) l'arc θ se réduit à zéro, elles donneront

$$(6)\quad \begin{cases} 1 + \cos t + \cos 2t + \ldots + \cos(n-1)t = \dfrac{1}{2} + \dfrac{1}{2}\dfrac{\sin(n-\frac{1}{2})t}{\sin\dfrac{t}{2}}, \\ \sin t + \sin 2t + \ldots + \sin(n-1)t = \dfrac{1}{2}\cot\dfrac{t}{2} - \dfrac{1}{2}\dfrac{\cos(n-\frac{1}{2})t}{\sin\dfrac{t}{2}}. \end{cases}$$

Si dans les mêmes équations on pose $nt = 2\pi$ ou $t = \dfrac{2\pi}{n}$, leurs seconds membres s'évanouiront. Enfin, si l'on pose $nt = \pi$ ou $t = \dfrac{\pi}{n}$, on trouvera

$$(7)\quad \begin{cases} \cos\theta + \cos\left(\theta + \dfrac{\pi}{n}\right) + \cos\left(\theta + \dfrac{2\pi}{n}\right) + \ldots + \cos\left(\theta + \dfrac{n-1}{n}\pi\right) = \dfrac{\sin\left(\dfrac{\pi}{2n} - \theta\right)}{\sin\dfrac{\pi}{2n}}, \\ \sin\theta + \sin\left(\theta + \dfrac{\pi}{n}\right) + \sin\left(\theta + \dfrac{2\pi}{n}\right) + \ldots + \sin\left(\theta + \dfrac{n-1}{n}\pi\right) = \dfrac{\cos\left(\dfrac{\pi}{2n} - \theta\right)}{\sin\dfrac{\pi}{2n}}. \end{cases}$$

Soit maintenant s une longueur comptée sur une droite AB que renferme un certain plan OO′O″; que dans le même plan on mène par le point O : 1° une perpendiculaire MN à la droite AB; 2° n autres droites qui comprennent entre elles des angles égaux dont chacun aura évidemment pour mesure le rapport

$$\frac{2\pi}{2n} = \frac{\pi}{n}.$$

Le système de ces dernières droites offrira une espèce de *rose des vents;* et, si l'on nomme θ le plus petit des angles qu'elles forment avec la droite MN, θ sera compris entre les limites 0, $\dfrac{\pi}{2n}$. Ajoutons que les diverses droites dont sera composée la rose des vents formeront avec MN des angles respectivement égaux aux différents termes de la progression arithmétique

$$\theta,\quad \theta + \frac{\pi}{n},\quad \theta + \frac{2\pi}{n},\quad \ldots,\quad \theta + \frac{(n-1)\pi}{n}.$$

Cela posé, soient

$$a_0,\quad a_1,\quad a_2,\quad \ldots,\quad a_{n-1}$$

les projections orthogonales de la longueur s sur les droites dont il s'agit. En vertu du théorème I du § XII, a_m sera le produit de s par le cosinus de l'angle aigu compris entre une de ces droites et AB ou, en d'autres termes, par le sinus de l'un des deux angles que forme la même droite avec MN perpendiculaire à AB. On aura donc

$$a_m = s\sin\left(\theta + \frac{m\pi}{n}\right)$$

et, par suite,

$$(8)\quad a_0 + a_1 + \ldots + a_{n-1} = s\left[\sin\theta + \sin\left(\theta + \frac{\pi}{n}\right) + \sin\left(\theta + \frac{2\pi}{n}\right) + \ldots + \sin\left(\theta + \frac{n-1}{n}\pi\right)\right].$$

Soit d'ailleurs μ la moyenne arithmétique entre les projections a_0, a_1, ..., a_{n-1} de longueur s, en sorte qu'on ait

$$(9)\qquad \mu = \frac{a_0 + a_1 + \ldots + a_{n-1}}{n}.$$

On tirera des formules (8) et (9), jointes à la seconde des équations (7),

$$n\mu = s\,\frac{\cos\left(\frac{\pi}{2n} - \theta\right)}{\sin\frac{\pi}{2n}},$$

par conséquent

$$(10)\qquad s = n\mu\,\frac{\sin\frac{\pi}{2n}}{\cos\left(\frac{\pi}{2n} - \theta\right)}.$$

Donc, puisque θ est compris entre les limites 0, $\frac{\pi}{2n}$, on conclura de l'équation (10) que la longueur s est renfermée entre les limites

$$n\mu\tang\frac{\pi}{2n},\qquad n\mu\sin\frac{\pi}{2n},$$

ou, si l'on fait, pour abréger,

$$(11)\qquad \frac{\pi}{2n} = \alpha,$$

entre les limites

$$(12)\qquad \tfrac{1}{2}\pi\mu\frac{\tang\alpha}{\alpha},\quad \tfrac{1}{2}\pi\mu\frac{\sin\alpha}{\alpha}.$$

Concevons à présent que le nombre n croisse indéfiniment. L'arc

$$\alpha = \frac{\pi}{2n}$$

s'approchera indéfiniment de la limite zéro, et les rapports

$$\frac{\tang\alpha}{\alpha},\quad \frac{\sin\alpha}{\alpha}$$

de la limite 1 (*voir* le § XII). Donc, pour des valeurs infinies de n, les expressions (12) deviendront égales entre elles et à $\frac{1}{2}\pi\mu$, et l'on pourra en dire autant de la longueur s. Ainsi se trouve démontrée la proposition suivante :

Théorème I. — *Si l'on nomme n le nombre des droites dont se compose une rose des vents tracée dans un plan quelconque et μ la moyenne arithmétique entre les projections sur ces droites d'une longueur rectiligne s mesurée dans le même plan, cette longueur sera précisément équivalente à la limite vers laquelle converge le produit*

$$(13)\qquad \tfrac{1}{2}\pi\mu$$

pour des valeurs croissantes de n.

Si, en attribuant au nombre n une valeur considérable, on prend $\frac{1}{2}\pi\mu$ pour valeur approchée de s, l'erreur commise sera représentée par la valeur numérique de la différence

$$s - \tfrac{1}{2}\pi\mu,$$

et, puisque la longueur s est renfermée entre les quantités (12), nous pouvons conclure que l'erreur commise sera équivalente au produit de $\frac{1}{2}\pi\mu$ par une quantité renfermée entre les limites

$$(14)\qquad \frac{\operatorname{tang}\alpha}{\alpha}-1,\quad 1-\frac{\sin\alpha}{\alpha}.$$

D'ailleurs, en vertu des formules (31) du § XV, les différences

$$1-\frac{\sin\alpha}{\alpha}=\frac{\alpha^2}{1.2.3}-\frac{\alpha^4}{1.2.3.4.5}+\ldots,$$

$$\frac{\sin\alpha}{\alpha}-\cos\alpha=\frac{\alpha^2}{1.2}\left(1-\frac{1}{3}\right)-\frac{\alpha^4}{1.2.3.4}\left(1-\frac{1}{5}\right)+\ldots=\frac{1}{1}\frac{\alpha^2}{3}-\frac{1}{1.2.3}\frac{\alpha^4}{5}+\ldots$$

seront développables en séries convergentes dont les termes alternativement positifs et négatifs offriront des valeurs numériques de plus en plus petites, lorsqu'on supposera

$$n \overline{\geq} 2$$

et, par suite,

$$\alpha=\frac{\pi}{2n}\overline{\leq}\frac{\pi}{4}<1.$$

Donc alors, en vertu du théorème III du § VI, on aura

$$(15)\qquad 1-\frac{\sin\alpha}{\alpha}<\frac{\alpha^2}{6}=\frac{\pi^2}{24}\frac{1}{n^2}$$

et

$$\frac{\sin\alpha}{\alpha}-\cos\alpha<\frac{\alpha^2}{3}=\frac{\pi^2}{12}\frac{1}{n^2},$$

par conséquent

$$(16)\qquad \frac{\operatorname{tang}\alpha}{\alpha}-1<\frac{\pi^2\operatorname{séc}\alpha}{12}\frac{1}{n^2};$$

puis, en supposant

$$n \overline{\geq} 3,$$

par suite

$$\alpha \overline{\leq} \frac{\pi}{6},\qquad \operatorname{séc}\alpha \overline{\leq} \frac{2}{\sqrt{3}},$$

et ayant égard aux conditions

$$\pi^2=(3,1415\ldots)^2=9,869\ldots<10,\qquad \frac{\pi^2}{24}<\frac{10}{24}<1,\qquad \frac{\pi^2}{6\sqrt{3}}<\frac{10}{\sqrt{108}}<1,$$

on tirera des formules (15), (16)

$$(17) \qquad 1 - \frac{\sin\alpha}{\alpha} < \frac{1}{n^2}, \qquad \frac{\tang\alpha}{\alpha} - 1 < \frac{1}{n^2}.$$

On peut donc énoncer la proposition suivante :

Théorème II. — *Les mêmes choses étant posées que dans le théorème I, si l'on prend pour valeur approchée de s la quantité*

$$\tfrac{1}{2}\pi\mu,$$

l'erreur commise ne surpassera pas le produit de cette valeur approchée par $\frac{1}{n^2}$, *pourvu que le nombre entier n ne soit pas inférieur à 3.*

§ XVIII. — *Relations qui existent entre le périmètre d'un polygone plan et les sommes des projections des éléments de ce périmètre sur diverses droites. Rectification des courbes planes.*

Théorème I. — *Un polygone étant tracé dans un plan quelconque, si l'on nomme n le nombre des droites dont se compose une rose des vents construite dans le même plan, A la somme des projections absolues des divers côtés du polygone sur l'une de ces droites, M la moyenne arithmétique entre les valeurs de A correspondantes aux diverses droites et S le périmètre du polygone, on aura sensiblement, pour des valeurs considérables de n,*

$$(1) \qquad S = \tfrac{1}{2}\pi M.$$

De plus, si le nombre entier n surpasse 2, l'erreur que l'on commettra en prenant $\frac{1}{2}\pi M$ *pour valeur approchée de S sera inférieure au produit de cette valeur approchée par* $\frac{1}{n^2}$.

Démonstration. — Soient

$$s, \quad s', \quad s'', \quad \ldots$$

les longueurs des divers côtés du polygone, et

$$\mu, \quad \mu', \quad \mu'', \quad \ldots$$

les moyennes arithmétiques entre les projections de s, ou de s', ou de s'', ... sur les diverses droites dont se compose la rose des vents. On aura évidemment

$$S = s + s' + s'' + \ldots,$$
$$M = \mu + \mu' + \mu'' + \ldots$$

et, par suite,

$$\tfrac{1}{2}\pi M = \tfrac{1}{2}\pi\mu + \tfrac{1}{2}\pi\mu' + \tfrac{1}{2}\pi\mu'' + \ldots.$$

D'autre part, si l'on prend pour valeurs approchées de

$$s, \quad s', \quad s'', \quad \ldots$$

les quantités

$$\tfrac{1}{2}\pi\mu, \quad \tfrac{1}{2}\pi\mu', \quad \tfrac{1}{2}\pi\mu'', \quad \ldots,$$

les erreurs commises, en vertu des théorèmes I et II du paragraphe précédent, seront respectivement inférieures aux produits de ces quantités par $\frac{1}{n^2}$. Donc l'erreur commise sur la somme

$$s + s' + s'' + \ldots = S$$

sera inférieure au produit de $\frac{1}{n^2}$ par la somme

$$\tfrac{1}{2}\pi\mu + \tfrac{1}{2}\pi\mu' + \tfrac{1}{2}\pi\mu'' + \ldots = \tfrac{1}{2}\pi M.$$

Cette erreur commise étant très petite pour des valeurs considérables de n, on aura sensiblement alors

$$S = \tfrac{1}{2}\pi M.$$

Corollaire I. — Il est clair que la démonstration précédente est applicable, non seulement à un polygone fermé, mais aussi à un polygone ouvert, c'est-à-dire à une portion de polygone et même à un système de polygones ou de portions de polygones, quel que soit d'ailleurs le nombre de leurs côtés.

Corollaire II. — Dans le cas particulier où l'on considère un polygone convexe et fermé, la somme A des projections des côtés du polygone sur une droite est évidemment double de ce qu'on pourrait appeler *la projection du polygone*, c'est-à-dire double de la longueur $\mathfrak{A}$ qui renferme tous les points de cette droite avec lesquels peuvent coïncider les projections de points pris au hasard sur le périmètre du polygone. Par suite, la moyenne arithmétique M entre les diverses valeurs de A correspondantes aux diverses droites dont se compose la rose des vents sera double de la moyenne arithmétique $\mathfrak{M}$ entre les diverses valeurs de $\mathfrak{A}$ qui représenteront les projections du polygone sur ces diverses droites ou, si l'on veut, les dimensions du polygone mesurées parallèlement à ces mêmes droites. On peut donc encore énoncer la proposition suivante :

Théorème II. — *Étant donné dans un plan quelconque un polygone convexe et fermé, si l'on nomme n le nombre des droites dont se compose une rose des vents construite dans le même plan,* M *la moyenne arithmétique entre les projections du polygone sur ces diverses droites et* S *le périmètre du polygone, on aura sensiblement, pour des valeurs considérables de n,*

$$S = \pi \mathfrak{M}. \tag{2}$$

De plus, si le nombre entier n surpasse 2, l'erreur que l'on commettra en prenant $\pi\mathfrak{M}$ *pour valeur approchée de* S *sera inférieure au produit de cette valeur approchée par* $\frac{1}{n^2}$.

Concevons maintenant que les polygones dont il est question dans les théorèmes I et II soient inscrits à des courbes données. Si les côtés de ces polygones deviennent infiniment petits et le nombre de ces côtés infiniment grand, le périmètre de chaque polygone aura pour limite la longueur ou le contour de la courbe circonscrite. Par suite, on déduira immédiatement des théorèmes I et II ceux que nous allons énoncer :

Théorème III. — *Étant donné dans un plan un contour quelconque* S, *si l'on nomme n le nombre des droites dont se compose une rose des vents construite dans le même plan,* A *la somme des projections absolues des diverses parties du contour sur une des droites et* M *la moyenne arithmétique entre les valeurs de* A *correspondantes aux diverses droites, on* *aura sensiblement, pour des valeurs considérables de n,*

(1) $$S = \tfrac{1}{2}\pi M.$$

De plus, si le nombre entier n surpasse 2, l'erreur que l'on commettra en prenant $\frac{1}{2}\pi M$ pour valeur approchée de S sera inférieure au produit de cette valeur approchée par $\frac{1}{n^2}$.

Corollaire I. — Ce théorème subsisterait encore si l'on représentait par S le système d'une ou de plusieurs longueurs, mesurées sur une ou plusieurs lignes droites ou courbes fermées ou non fermées.

Corollaire II. — La valeur approchée de S étant calculée à l'aide de la formule (1), l'erreur commise ne dépassera pas la neuvième partie de cette valeur, si l'on prend $n = 3$, la vingt-cinquième partie si l'on prend $n = 5$, et la centième partie si l'on prend $n = 10$. Dans le premier et le second cas, M sera la moyenne arithmétique entre les sommes des projections absolues des éléments de S sur trois ou cinq droites respectivement parallèles aux côtés d'un hexagone ou d'un décagone régulier.

Corollaire III. — Si S représente le système de plusieurs courbes fermées et tracées dans l'intérieur d'un cercle décrit avec le rayon R, si d'ailleurs on suppose que le système de ces courbes ne puisse être traversé par une droite en plus de $2m$ points, on aura évidemment

$$A < 2m.2R$$

et, par suite,

(3) $$M < 2m.2R;$$

puis, en observant que la formule (2) devient rigoureusement exacte pour des valeurs infinies de n, on tirera de cette formule, jointe à la condition (3),

(4) $$S < m.2\pi R.$$

Théorème IV. — *Étant donnée dans un plan quelconque une courbe convexe et fermée, si l'on nomme n le nombre des droites dont se compose* *une rose des vents construite dans le même plan,* M *la moyenne arithmétique entre les projections de la courbe sur ces diverses droites et* S *le périmètre de la courbe, on aura sensiblement, pour des valeurs considérables de* n,

$$S = \pi \mathfrak{M}. \tag{2}$$

De plus, si le nombre entier n *surpasse* 2, *l'erreur que l'on commettra en prenant* $\pi\mathfrak{M}$ *pour valeur approchée de* S *sera inférieure au produit de cette valeur approchée par* $\frac{1}{n^2}$.

Corollaire I. — Une courbe convexe est, comme l'on sait, celle qu'une droite ne peut traverser en plus de deux points. Cela posé, concevons que S représente le périmètre d'une courbe fermée et convexe, tracée dans l'intérieur d'un cercle dont le rayon soit R. On tirera de la formule (4), en y posant $m = 1$,

$$S < 2\pi R.$$

Corollaire II. — Si S représente la circonférence d'un cercle décrit avec le rayon R, la projection de S sur une droite quelconque, et par suite la quantité M elle-même, se réduiront évidemment au diamètre 2R. Donc alors la formule (2) donnera, comme on devait s'y attendre,

$$S = 2\pi R. \tag{5}$$

§ XIX. — *Sur les puissances fractionnaires, ou irrationnelles, ou négatives d'une expression imaginaire. Résolution des équations binômes et de quelques équations trinômes.*

Pour rendre plus clair ce que nous avons à dire sur les puissances fractionnaires, ou irrationnelles, ou négatives des expressions imaginaires, il sera utile de rappeler d'abord les définitions relatives aux puissances des nombres.

Élever A à la *puissance* du *degré* x (x étant positif), c'est chercher un autre nombre qui soit formé de A par la multiplication, comme x est formé de l'unité par l'addition. Pour bien comprendre la définition précédente, il faut distinguer trois cas, suivant que x est entier, fractionnaire ou irrationnel.

Lorsque x désigne un nombre entier, ce nombre est la somme de plusieurs unités. La puissance de A du degré x doit donc alors être le produit d'autant de facteurs égaux à A qu'il y a d'unités dans x. Ainsi, par exemple, si l'on prend

$$x = 3 = 1 + 1 + 1,$$

on aura

$$A^3 = AAA.$$

Lorsque x représente une fraction $\frac{m}{n}$ (m et n étant deux nombres entiers), il faut, pour obtenir cette fraction : 1° chercher un nombre qui répété n fois reproduise l'unité; 2° répéter m fois le nombre dont il s'agit. Il faudra donc alors, pour obtenir la puissance de A du degré $\frac{m}{n}$: 1° chercher un nombre B tel que la multiplication de n facteurs égaux à ce nombre reproduise A; 2° former un produit de m facteurs égaux au nombre B. Quand on suppose en particulier $m = 1$, la puissance de A que l'on considère se réduit à celle dont le degré est $\frac{1}{n}$, et se trouve déterminée par la seule condition que le nombre A soit équivalent au produit de n facteurs égaux à cette même puissance. Si, pour fixer les idées, on suppose $x = \frac{2}{3}$, alors aux équations

$$\frac{1}{3} + \frac{1}{3} + \frac{1}{3} = 1, \qquad \frac{2}{3} = \frac{1}{3} + \frac{1}{3}$$

correspondront les deux suivantes :

$$A^{\frac{1}{3}} A^{\frac{1}{3}} A^{\frac{1}{3}} = A, \qquad A^{\frac{2}{3}} = A^{\frac{1}{3}} A^{\frac{1}{3}}.$$

Lorsque x est un nombre irrationnel, on peut en obtenir en nombres rationnels des valeurs de plus en plus approchées. On prouve facilement que, dans la même hypothèse, les puissances de A marquées par les nombres rationnels dont il s'agit s'approchent de plus en plus d'une certaine limite. Cette limite est la puissance de A du degré x.

D'après les définitions qui précèdent, la première puissance d'un nombre n'est autre chose que ce nombre lui-même. Sa seconde puissance, ou son *carré*, et sa troisième puissance, ou son *cube*, sont les produits de deux ou trois facteurs égaux à ce même nombre. Quant à la puissance du degré zéro, elle sera la limite vers laquelle converge la puissance du degré x, tandis que le nombre x décroît indéfiniment. Il est aisé de faire voir que cette limite se réduit à l'unité, d'où il résulte qu'on a, en général,

$$A^0 = 1. \tag{1}$$

Ajoutons que, si l'on désigne par x, y, z des nombres quelconques, on établira facilement les formules

$$A^x A^y = A^{x+y}, \tag{2}$$

$$A^x A^y A^z \ldots = A^{x+y+z+\ldots}, \tag{3}$$

$$(A^x)^y = A^{xy} = (A^y)^x, \tag{4}$$

et que, si dans l'équation (2) on pose $x+y=s$, on en tirera, pour des valeurs de x inférieures à s,

$$A^{s-x} = \frac{A^s}{A^x}. \tag{5}$$

La formule (5), étendue au cas où x devient supérieur à s, par exemple au cas où s s'évanouit, sert alors à définir les puissances négatives de A. C'est donc uniquement comme définition d'une puissance négative du degré $-x$ que l'on pose l'équation

$$A^{-x} = \frac{1}{A^x}. \tag{6}$$

En partant de cette dernière formule, on prouvera sans peine que les équations (2), (3), (4), (5) subsistent lors même que les nombres x, y, z, ..., s, ou quelques-uns d'entre eux, se changent en des quantités négatives.

Dans l'élévation du nombre A à la puissance dont le degré est x, le nombre A s'appelle *racine*, et la quantité x, qui marque le degré de la puissance, se nomme *exposant*. Extraire du nombre A la racine du degré x, c'est chercher un nouveau nombre B qui, élevé à la puissance du degré x, reproduise A; ce nouveau nombre sera évidemment la puissance de A du degré $\frac{1}{x}$, puisque, en vertu de la formule (4), on aura

$$\left(A^{\frac{1}{x}}\right)^x = A.$$

Soit maintenant $a + b\sqrt{-1}$ une expression imaginaire quelconque, a, b désignant deux quantités réelles. En généralisant les notions que nous venons de rappeler, on obtiendra les définitions suivantes relatives aux puissances fractionnaires ou négatives de $a + b\sqrt{-1}$.

Extraire la racine $n^{\text{ième}}$ de l'expression imaginaire $a + b\sqrt{-1}$, ou, en d'autres termes, élever cette expression à la puissance du degré $\frac{1}{n}$ (n désignant un nombre entier quelconque), c'est former une nouvelle expression imaginaire dont la puissance $n^{\text{ième}}$ reproduise $a + b\sqrt{-1}$. Ce problème admettant plusieurs solutions, comme on le verra tout à l'heure, il en résulte que l'expression imaginaire $a + b\sqrt{-1}$ a plusieurs racines du degré n.

Pour élever l'expression imaginaire $a + b\sqrt{-1}$ à la puissance fractionnaire du degré $\frac{m}{n}$, il faut, en supposant la fraction $\frac{m}{n}$ réduite à sa plus simple expression : 1° extraire la racine $n^{\text{ième}}$ de l'expression donnée; 2° élever cette racine à la puissance entière du degré m.

Enfin élever l'expression imaginaire $a + b\sqrt{-1}$ à la puissance négative du degré $-m$ ou $-\frac{1}{n}$ ou $-\frac{m}{n}$, c'est diviser l'unité par la puissance du degré m, ou $\frac{1}{n}$, ou $\frac{m}{n}$.

En vertu des définitions précédentes, extraire la racine $n^{\text{ième}}$ de l'expression imaginaire $a + b\sqrt{-1}$, c'est déterminer les valeurs imaginaires de x qui vérifient l'équation binôme

$$x^n = a + b\sqrt{-1}, \tag{7}$$

que l'on peut aussi présenter sous la forme

$$x^n = \rho e^{\theta\sqrt{-1}}, \tag{8}$$

pourvu que, les valeurs de ρ et ζ étant

$$\rho = \sqrt{a^2 + b^2}, \quad \zeta = \operatorname{arc\,tang}\frac{b}{a} \tag{9}$$

et k désignant un nombre entier quelconque, l'on prenne

$$\theta = \zeta \pm 2k\pi \tag{10}$$

si la quantité a est positive, et

$$\theta = \zeta \pm (2k+1)\pi \tag{11}$$

si la quantité a est négative. Or il est clair qu'on vérifiera l'équation

$$x^n = \rho e^{\zeta\sqrt{-1}} e^{\pm 2k\pi\sqrt{-1}} \tag{12}$$

en prenant

$$x = \rho^{\frac{1}{n}} e^{\frac{\zeta}{n}\sqrt{-1}} e^{\pm\frac{2k\pi}{n}\sqrt{-1}} \tag{13}$$

et l'équation

$$x^n = \rho e^{\zeta\sqrt{-1}} e^{\pm(2k+1)\pi\sqrt{-1}} \tag{14}$$

en prenant

$$x = \rho^{\frac{1}{n}} e^{\frac{\zeta}{n}\sqrt{-1}} e^{\pm\frac{(2k+1)\pi}{n}\sqrt{-1}} \tag{15}$$

Il y a plus : on peut aisément s'assurer que toutes les racines de l'équation (8) sont comprises dans la formule (13) lorsque a est positif, et dans la formule (15) lorsque a est négatif. Effectivement représentons par

$$r e^{t\sqrt{-1}}$$

une quelconque des valeurs de x propres à vérifier l'équation (8), r étant un module positif et t un arc réel. En vertu du théorème III du § XIII, on aura

$$r^n = \rho, \qquad r = \rho^{\frac{1}{n}};$$

et, comme l'équation (8) donnera

$$r^n e^{nt\sqrt{-1}} = \rho e^{\theta\sqrt{-1}},$$

on en conclura : 1° si a est positif,

$$e^{nt\sqrt{-1}} = e^{\theta\sqrt{-1}} = e^{\zeta\sqrt{-1}},$$

puis, en multipliant de part et d'autre par l'exponentielle $e^{-\zeta\sqrt{-1}}$,

$$e^{(nt-\zeta)\sqrt{-1}} = 1,$$

par conséquent [*voir* les formules (45), (47), (48) et (50) du § XV]

$$nt - \zeta = \pm 2k\pi, \qquad t = \frac{\zeta}{n} \pm \frac{2k\pi}{n};$$

2° si a est négatif,

$$e^{nt\sqrt{-1}} = e^{\theta\sqrt{-1}} = e^{(\zeta\pm\pi)\sqrt{-1}},$$

par conséquent

$$nt - (\zeta \pm \pi) = \pm 2k\pi, \qquad t = \frac{\zeta}{n} \pm \frac{(2k+1)\pi}{n}.$$

Si l'on suppose en particulier

$$a = 1, \qquad b = 0,$$

on trouvera

$$\rho = 1, \qquad \zeta = 0,$$

et l'équation (7) ou (8), réduite à

$$x^n = 1, \tag{16}$$

aura pour racines les diverses valeurs de x que l'on peut déduire de la formule

$$x = e^{\pm\frac{2k\pi}{n}\sqrt{-1}}, \tag{17}$$

en prenant pour k des nombres entiers. J'ajoute que, pour obtenir toutes les racines de l'équation (16), il suffira d'employer les valeurs entières de k comprises entre les limites 0, $\frac{n}{2}$. En effet, considérons une valeur de k située hors de ces mêmes limites, et soit alors h le nombre entier le plus voisin du rapport $\frac{k}{n}$. La différence entre les deux nombres h, $\frac{k}{n}$ sera tout au plus $= \frac{1}{2}$, de sorte qu'on aura

$$(18) \qquad \frac{k}{n} = h \pm \frac{k'}{n},$$

$\frac{k'}{n}$ étant une fraction égale ou inférieure à $\frac{1}{2}$, et par suite k' un nombre entier inférieur ou tout au plus égal à $\frac{n}{2}$. Or, comme on tirera successivement de la formule (18)

$$\frac{2k\pi}{n} = 2h\pi \pm \frac{2k'\pi}{n},$$

$$e^{\pm\frac{2k\pi}{n}\sqrt{-1}} = e^{\pm\frac{2k'\pi}{n}\sqrt{-1}},$$

il en résulte que, sans altérer les valeurs de x fournies par la formule (17), on peut y remplacer le nombre entier k, lorsqu'il est situé hors des limites 0, $\frac{n}{2}$, par un autre nombre entier compris entre les mêmes limites.

Si l'on réduit le nombre k : 1° à sa limite inférieure, c'est-à-dire à zéro; 2° en supposant que n soit pair, à la limite supérieure $\frac{n}{2}$, on obtiendra les seules racines réelles que puisse admettre l'équation (16), savoir

$$(19) \qquad x = 1 \quad \text{et} \quad x = -1,$$

la seconde disparaissant toujours lorsque n est impair; les autres racines, correspondantes aux valeurs

$$1, \quad 2, \quad 3, \quad \ldots, \quad \frac{n-1}{2}$$

du nombre k, si n est impair, et aux valeurs

$$1, \quad 2, \quad 3, \quad \ldots, \quad \frac{n-2}{2}$$

du même nombre k, si n est pair, seront imaginaires et conjuguées deux à deux. Donc l'équation (16) offrira, si n est impair, une racine réelle et $n-1$ racines imaginaires; si n est pair, deux racines réelles et $n-2$ racines imaginaires. Le nombre total des racines distinctes sera dans tous les cas égal au degré n de l'équation (16).

En combinant la formule

$$x = e^{\pm\frac{2k\pi}{n}\sqrt{-1}} = \cos\frac{2k\pi}{n} \pm \sqrt{-1}\sin\frac{2k\pi}{n}$$

avec les formules (67), (71) du § XII et posant successivement

$$n=3, \qquad n=4, \qquad \ldots,$$

on trouvera, pour les racines imaginaires de l'équation $x^3=1$,

$$x = e^{\pm\frac{2\pi}{3}\sqrt{-1}} = -\frac{1}{2} \pm \frac{3^{\frac{1}{2}}}{2}\sqrt{-1};$$

pour les racines imaginaires de l'équation $x^4=1$,

$$x = e^{\pm\frac{\pi}{2}\sqrt{-1}} = \pm\sqrt{-1},$$

....

Si l'on suppose dans l'équation (7)

$$a=-1, \qquad b=0,$$

on trouvera encore

$$\rho=1, \qquad \zeta=0,$$

et l'équation (7) ou (8), réduite à

$$x^n = -1, \tag{20}$$

aura pour racines les diverses valeurs de x que l'on peut déduire de la formule

$$x = e^{\pm\frac{(2k+1)\pi}{n}\sqrt{-1}}, \tag{21}$$

en prenant pour k des nombres entiers. De plus, comme la différence entre le rapport

$$\frac{2k+1}{2n}$$

et le nombre entier h le plus voisin de ce rapport sera évidemment une fraction de numérateur impair, inférieure ou tout au plus égale à $\frac{1}{2}$; par conséquent une fraction de la forme

$$\frac{2k'+1}{2n},$$

$2k'+1$ étant un nombre impair égal ou inférieur à n; comme d'ailleurs la formule

$$\frac{2k+1}{2n} = h \pm \frac{2k'+1}{2n}$$

entraînera les suivantes

$$\frac{2k+1}{n}\pi = 2h\pi \pm \frac{2k'+1}{n}\pi,$$

$$e^{\frac{2k+1}{n}\pi\sqrt{-1}} = e^{\pm\frac{2k'+1}{n}\pi\sqrt{-1}}$$

il est clair qu'on obtiendra toutes les racines distinctes de l'équation (20), en attribuant successivement au nombre k toutes les valeurs entières comprises entre les limites 0, $\frac{n-1}{2}$. Au reste, k ne peut atteindre la seconde de ces limites et devenir égal à $\frac{n-1}{2}$ qu'autant que n est impair, et c'est alors seulement que l'équation (20) admet une racine réelle, savoir

$$x = -1. \tag{22}$$

Les autres racines correspondantes aux valeurs

$$0,\quad 1,\quad 2,\quad \ldots,\quad \frac{n-3}{2}$$

du nombre k, si n est impair, et aux valeurs

$$0,\quad 1,\quad 2,\quad \ldots,\quad \frac{n-2}{2}$$

du même nombre k, si n est pair, seront évidemment toutes imaginaires et conjuguées deux à deux. Donc l'équation (20) offrira, si n est impair, une racine réelle et $n-1$ racines imaginaires, si n est pair, n racines imaginaires. Le nombre des racines distinctes sera donc toujours égal au degré n de cette même équation.

En combinant la formule

$$x = e^{\pm\frac{(2k+1)\pi}{n}\sqrt{-1}} = \cos\frac{(2k+1)\pi}{n} \pm \sqrt{-1}\sin\frac{(2k+1)\pi}{n}$$

avec les formules (67), (71) du § XII, et posant successivement

$$n = 2, \qquad n = 3, \qquad n = 4, \qquad \ldots,$$

on trouvera, pour les racines imaginaires de l'équation $x^2 = -1$,

$$x = e^{\pm\frac{\pi}{2}\sqrt{-1}} = \pm\sqrt{-1};$$

pour les racines imaginaires de l'équation $x^3 = -1$,

$$x = e^{\pm\frac{\pi}{3}\sqrt{-1}} = \frac{1}{2} \pm \frac{3^{\frac{1}{2}}}{2}\sqrt{-1};$$

pour les racines imaginaires de l'équation $x^4 = -1$,

$$x = e^{\pm\frac{\pi}{4}\sqrt{-1}} = \frac{1 \pm \sqrt{-1}}{\sqrt{2}}, \qquad x = e^{\pm\frac{3\pi}{4}\sqrt{-1}} = \frac{-1 \pm \sqrt{-1}}{\sqrt{2}},$$

ou plus simplement

$$x = \frac{\pm 1 \pm \sqrt{-1}}{\sqrt{2}},$$

etc.

D'après ce qu'on vient de voir, les racines $n^{\text{ièmes}}$ réelles ou imaginaires de chacune des quantités -1, $+1$ sont en nombre égal à n. D'ailleurs, pour obtenir toutes les valeurs de x que donne la formule (13) ou (15), il suffit de multiplier successivement l'une de ces valeurs, par exemple

$$\rho^{\frac{1}{n}} e^{\frac{\zeta}{n}\sqrt{-1}} \quad \text{ou} \quad \rho^{\frac{1}{n}} e^{(\zeta\pm\pi)\sqrt{-1}},$$

par les diverses racines de l'unité du degré n, ou bien encore de multiplier la seule expression

$$\rho^{\frac{1}{n}} e^{\frac{\zeta}{n}\sqrt{-1}} \tag{23}$$

par les racines $n^{\text{ièmes}}$ de l'unité, si a est positif, et par les racines $n^{\text{ièmes}}$ de -1, si a est négatif. Ajoutons que, dans le premier cas, l'expression (23) sera précisément une des racines $n^{\text{ièmes}}$ de $a+b\sqrt{-1}$, c'est-à-dire une valeur particulière de x propre à vérifier l'équation (7). Cette valeur particulière est celle que nous désignerons par la notation

$$(24)\qquad (a+b\sqrt{-1})^{\frac{1}{n}},$$

dont nous ne ferons usage qu'autant que la partie réelle de l'expression imaginaire renfermée entre les parenthèses sera positive. Cela posé, en admettant que ρ et ζ soient déterminés par les formules (9), on aura, pour des valeurs positives de a,

$$(25)\qquad \rho^{\frac{1}{n}} e^{\frac{\zeta}{n}\sqrt{-1}} = (a+b\sqrt{-1})^{\frac{1}{n}},$$

et, pour des valeurs négatives de a,

$$(26)\qquad \rho^{\frac{1}{n}} e^{\frac{\zeta}{n}\sqrt{-1}} = (-a-b\sqrt{-1})^{\frac{1}{n}}$$

Par suite, on tirera des formules (13), (15) : 1° pour des valeurs positives de a,

$$(27)\qquad x = (a+b\sqrt{-1})^{\frac{1}{n}} e^{\pm\frac{2k\pi}{n}\sqrt{-1}};$$

2° pour des valeurs négatives de a,

$$(28)\qquad x = (-a-b\sqrt{-1})^{\frac{1}{n}} e^{\pm\frac{(2k+1)\pi}{n}\sqrt{-1}}$$

et l'on pourra énoncer la proposition suivante :

Théorème I. — *Le nombre des racines distinctes de l'équation binôme*

$$x^n = a+b\sqrt{-1}$$

est égal au degré n de cette équation. Ces racines ont un module commun équivalent à la puissance $\frac{1}{n}$ du module de $a+b\sqrt{-1}$. Elles sont représentées, pour des valeurs positives de a, par les seconds membres des for-

mules (13) *ou* (27); *pour des valeurs négatives de a, par les seconds membres des formules* (15) *ou* (28); *et, pour les obtenir toutes, il suffit de multiplier successivement l'une d'entre elles par les diverses racines $n^{\text{ièmes}}$ de l'unité, c'est-à-dire par les diverses valeurs de l'expression*

$$e^{\pm\frac{2k\pi}{n}\sqrt{-1}} \tag{29}$$

Les racines $n^{\text{ièmes}}$ de $a+b\sqrt{-1}$ étant représentées par les seconds membres des équations (13) ou (15), les puissances $m^{\text{ièmes}}$ de ces racines (m étant un nombre entier premier à n), ou, en d'autres termes, les diverses valeurs de la puissance de $a+b\sqrt{-1}$ du degré $\frac{m}{n}$, seront évidemment comprises, si a est positif, dans la formule

$$\rho^{\frac{m}{n}} e^{\frac{m}{n}\zeta\sqrt{-1}} e^{\pm\frac{2km\pi}{n}\sqrt{-1}} \tag{30}$$

et, si a est négatif, dans la formule

$$\rho^{\frac{m}{n}} e^{\frac{m}{n}\zeta\sqrt{-1}} e^{\pm\frac{(2k+1)m\pi}{n}\sqrt{-1}} \tag{31}$$

Dans le premier cas seulement, l'une de ces valeurs sera de la forme

$$\rho^{\frac{m}{n}} e^{\frac{m}{n}\zeta\sqrt{-1}}$$

Cette valeur, qu'on obtiendra en posant dans la formule (30) $k=0$, est celle que nous désignerons par la notation

$$(a+b\sqrt{-1})^{\frac{m}{n}} \tag{32}$$

de sorte que, en supposant les quantités ρ, ζ déterminées par les équations (9), on aura, pour des valeurs positives de a,

$$\rho^{\frac{m}{n}} e^{\frac{m}{n}\zeta\sqrt{-1}} = (a+b\sqrt{-1})^{\frac{m}{n}}, \tag{33}$$

et, pour des valeurs négatives de a,

$$\rho^{\frac{m}{n}} e^{\frac{m}{n}\zeta\sqrt{-1}} = (-a-b\sqrt{-1})^{\frac{m}{n}}. \tag{34}$$

Par suite, les diverses valeurs de la puissance de $a+b\sqrt{-1}$ du degré $\frac{m}{n}$ peuvent se déduire, pour des valeurs positives de a, de la formule

$$(35)\qquad (a+b\sqrt{-1})^{\frac{m}{n}}\, e^{\pm\frac{2km\pi}{n}\sqrt{-1}},$$

et, pour des valeurs négatives de a, de la formule

$$(36)\qquad (-a-b\sqrt{-1})^{\frac{m}{n}}\, e^{\pm\frac{(2k+1)m\pi}{2n}\sqrt{-1}}.$$

Il est bon d'observer que chacun des facteurs

$$(37)\qquad e^{\pm\frac{2km\pi}{n}\sqrt{-1}},$$

$$(38)\qquad e^{\pm\frac{(2k+1)m\pi}{n}\sqrt{-1}},$$

compris dans les formules (30) et (31), ou (35) et (36), se réduit à l'une des racines $n^{\text{ièmes}}$ de la quantité $+1$ ou -1. Il est d'ailleurs facile de s'assurer qu'on obtiendra successivement toutes les racines, en attribuant successivement au nombre k, dans la formule (37), les valeurs entières comprises entre les limites 0, $\frac{n}{2}$, et, dans la formule (38), les valeurs entières comprises entre les limites 0, $\frac{n-1}{2}$, pourvu que, suivant l'hypothèse admise, le nombre m soit premier à n.

Observons encore que, en vertu des formules (25) et (32), on aura généralement, pour des valeurs positives de a,

$$(39)\qquad (a+b\sqrt{-1})^{\frac{m}{n}} = \left[(a+b\sqrt{-1})^{\frac{1}{n}}\right]^{m}.$$

Si l'on divise l'unité par la puissance de $a+b\sqrt{-1}$ du degré $\frac{m}{n}$, c'est-à-dire par le produit (30) ou (31), on obtiendra la puissance de $a+b\sqrt{-1}$ du degré $-\frac{m}{n}$. Les diverses valeurs de cette puissance seront comprises, si a est positif, dans la formule

$$(40)\qquad \rho^{-\frac{m}{n}}\, e^{-\frac{m}{n}\zeta\sqrt{-1}}\, e^{\mp\frac{2km\pi}{n}\sqrt{-1}},$$

et, si a est négatif, dans la formule

$$(41)\qquad \rho^{-\frac{m}{n}} e^{-\frac{m}{n}\sqrt{-1}} e^{\mp\frac{(2k+1)m\pi}{n}\sqrt{-1}}.$$

Dans le premier cas seulement, l'une de ces valeurs sera de la forme

$$(42)\qquad \rho^{-\frac{m}{n}} e^{-\frac{m}{n}\zeta\sqrt{-1}}.$$

Cette valeur, qu'on obtiendra en posant dans la formule (40) $k = 0$, est celle que nous désignerons par la notation

$$(43)\qquad (a + b\sqrt{-1})^{-\frac{m}{n}},$$

de sorte que, en supposant les quantités ρ et ζ déterminées par les équations (9), on aura, pour des valeurs positives de a,

$$(44)\qquad \rho^{-\frac{m}{n}} e^{-\frac{m}{n}\zeta\sqrt{-1}} = (a + b\sqrt{-1})^{-\frac{m}{n}},$$

et, pour des valeurs négatives de a,

$$(45)\qquad \rho^{-\frac{m}{n}} e^{-\frac{m}{n}\zeta\sqrt{-1}} = (-a - b\sqrt{-1})^{-\frac{m}{n}}.$$

En général, m et n étant des nombres entiers quelconques, les deux notations

$$(46)\qquad (a + b\sqrt{-1})^{\frac{m}{n}}, \qquad (a + b\sqrt{-1})^{-\frac{m}{n}}$$

seront, comme la notation

$$(a + b\sqrt{-1})^{\frac{1}{n}},$$

uniquement employées dans le cas où l'expression imaginaire renfermée entre les parenthèses offrira une partie réelle positive, à moins que la fraction $\frac{m}{n}$ ne se réduise à un nombre entier.

Si la fraction $\frac{m}{n}$ se réduit à un nombre entier m, alors les notations (46) pourront être employées, quel que soit le signe de la quantité a, et de la formule

$$(47)\qquad a + b\sqrt{-1} = \rho e^{\theta\sqrt{-1}}$$

on déduira immédiatement les deux suivantes :

$$(48)\qquad (a+b\sqrt{-1})^m = \rho^m e^{m\theta\sqrt{-1}}, \qquad (a+b\sqrt{-1})^{-m} = \rho^{-m} e^{-m\theta\sqrt{-1}}.$$

Si, au contraire, $\frac{m}{n}$ ne se réduit pas à un nombre entier, alors, en posant, pour abréger,

$$\mu = \pm\frac{m}{n},$$

on tirera des formules (33) et (44), mais seulement pour des valeurs positives de a,

$$(49)\qquad (a+b\sqrt{-1})^\mu = \rho^\mu e^{\mu\zeta\sqrt{-1}}.$$

L'équation (49) subsistant pour toutes les valeurs entières ou fractionnaires de la quantité positive ou négative désignée par μ, l'analogie nous porte à l'étendre au cas même où la quantité μ devient irrationnelle. C'est ce que nous ferons désormais. En conséquence, si μ est irrationnel, la notation

$$(a+b\sqrt{-1})^\mu$$

sera employée pour désigner le produit

$$\rho^\mu e^{\mu\zeta\sqrt{-1}},$$

c'est-à-dire la limite vers laquelle converge l'expression

$$(a+b\sqrt{-1})^{\pm\frac{m}{n}} = \rho^{\pm\frac{m}{n}} e^{\pm\frac{m}{n}\zeta\sqrt{-1}},$$

tandis que l'on fait converger la quantité positive ou négative $\pm\frac{m}{n}$ vers une limite égale à μ.

La résolution de l'équation (7) entraîne celle d'une équation trinôme de la forme

$$(50)\qquad x^{2n} + px^n + q = 0.$$

En effet, cette dernière, pouvant s'écrire comme il suit

$$(51)\qquad \left(x^n + \frac{p}{2}\right)^2 = \frac{p^2}{4} - q,$$

pourra être remplacée, si $\frac{p^2}{4} - q$ est positif, par le système des deux équations binômes comprises dans la formule

$$(52) \qquad x^n = -\frac{p}{2} \pm \left(\frac{p^2}{4} - q\right)^{\frac{1}{2}},$$

et, si $\frac{p^2}{4} - q$ est négatif, par le système des deux équations binômes comprises dans la formule

$$(53) \qquad x^n = -\frac{p}{2} \pm \left(q - \frac{p^2}{4}\right)^{\frac{1}{2}} \sqrt{-1}.$$

Si n se réduit à l'unité, l'équation (50) sera réduite à l'équation du second degré

$$(54) \qquad x^2 + px + q = 0$$

et admettra deux racines réelles inégales et comprises dans la formule

$$(55) \qquad x = -\frac{p}{2} \pm \left(\frac{p^2}{4} - q\right)^{\frac{1}{2}},$$

si l'on a

$$(56) \qquad \frac{p^2}{4} > q;$$

deux racines imaginaires inégales comprises dans la formule

$$(57) \qquad x = -\frac{p}{2} \pm \left(q - \frac{p^2}{4}\right)^{\frac{1}{2}} \sqrt{-1},$$

si l'on a

$$(58) \qquad \frac{p^2}{4} < q;$$

enfin deux racines réelles égales et déterminées par la formule

$$(59) \qquad x = -\frac{p}{2},$$

si l'on a

$$\frac{p^2}{4} = q. \tag{60}$$

En terminant ce paragraphe, nous ferons, relativement aux racines $n^{\text{ièmes}}$ de l'unité représentées par les diverses valeurs de l'expression (29), une observation qui n'est pas sans importance.

Si l'on pose, pour abréger,

$$\lambda = e^{\frac{2\pi}{n}\sqrt{-1}} \tag{61}$$

et si l'on nomme l, l' deux quantités entières positives ou négatives, mais tellement choisies que $l' - l$ ne soit pas divisible par n, les expressions

$$\lambda^l = e^{\frac{2l\pi}{n}\sqrt{-1}}, \qquad \lambda^{l'} = e^{\frac{2l'\pi}{n}\sqrt{-1}} \tag{62}$$

seront deux racines $n^{\text{ièmes}}$ de l'unité distinctes l'une de l'autre, puisque la différence

$$e^{\frac{2l\pi}{n}\sqrt{-1}} - e^{\frac{2l'\pi}{n}\sqrt{-1}} = e^{\frac{2l\pi}{n}\sqrt{-1}}\left(1 - e^{\frac{2(l'-l)\pi}{n}\sqrt{-1}}\right)$$

ne peut s'évanouir qu'autant que

$$\frac{l' - l}{n}$$

est un nombre entier. Donc les expressions (62) seront deux racines $n^{\text{ièmes}}$ de l'unité distinctes l'une de l'autre, si la différence $l' - l$ est inférieure à n, d'où il résulte que, pour obtenir toutes les racines de l'unité du degré n, il suffit de prendre n termes consécutifs de la progression géométrique

$$\ldots,\quad \lambda^{-3},\quad \lambda^{-2},\quad \lambda^{-1},\quad 1,\quad \lambda^1,\quad \lambda^2,\quad \lambda^3,\quad \ldots, \tag{63}$$

indéfiniment prolongée dans les deux sens, par exemple les termes

$$1,\quad \lambda,\quad \lambda^2,\quad \ldots,\quad \lambda^{n-1}. \tag{64}$$

§ XX. — *Logarithmes des expressions imaginaires et logarithmes imaginaires des quantités réelles.*

Soit

$$a + b\sqrt{-1}$$

une expression imaginaire quelconque, a, b désignant deux quantités réelles. Ce qu'on appelle le *logarithme* de $a + b\sqrt{-1}$ dans le système dont la base est A, c'est une seconde expression imaginaire $\alpha + \beta\sqrt{-1}$, dans laquelle les quantités α, β sont tellement choisies que l'on ait

$$\text{(1)} \qquad A^{\alpha+\beta\sqrt{-1}} = a + b\sqrt{-1}$$

et, par conséquent, eu égard à la formule (5) du § XV,

$$\text{(2)} \qquad e^{(\alpha+\beta\sqrt{-1})\,\mathrm{l}A} = a + b\sqrt{-1}.$$

Ainsi, en particulier, un *logarithme nepérien* de $a + b\sqrt{-1}$ sera une expression imaginaire $\alpha + \beta\sqrt{-1}$ tellement choisie que l'on ait

$$\text{(3)} \qquad e^{\alpha+\beta\sqrt{-1}} = a + b\sqrt{-1}.$$

D'ailleurs, si l'on fait

$$\text{(4)} \qquad \rho = \sqrt{a^2 + b^2}, \qquad \zeta = \operatorname{arc\,tang}\frac{b}{a},$$

et si l'on désigne par k un nombre entier quelconque, on trouvera, pour des valeurs positives de a,

$$\text{(5)} \qquad a + b\sqrt{-1} = \rho\, e^{(\zeta \pm 2k\pi)\sqrt{-1}} = e^{\mathrm{l}\rho + (\zeta \pm 2k\pi)\sqrt{-1}},$$

et, pour des valeurs négatives de a,

$$\text{(6)} \qquad a + b\sqrt{-1} = \rho\, e^{[\zeta \pm (2k+1)\pi]\sqrt{-1}} = e^{\mathrm{l}\rho + [\zeta \pm (2k+1)\pi]\sqrt{-1}}.$$

Cela posé, il est clair qu'on vérifiera la formule (3), si a est positif, en prenant

$$\text{(7)} \qquad \alpha + \beta\sqrt{-1} = \mathrm{l}\rho + (\zeta \pm 2k\pi)\sqrt{-1},$$

et, si a devient négatif, en prenant

$$(8)\qquad \alpha+\beta\sqrt{-1}=\mathrm{l}\rho+[\zeta\pm(2k+1)\pi]\sqrt{-1}.$$

Il y a plus : on peut aisément s'assurer que la formule (7) ou (8) fournira tous les logarithmes népériens de l'expression imaginaire $a+b\sqrt{-1}$. Car, en vertu du théorème II du § XIII, le module e^α du premier membre de l'équation (3) devra se confondre avec le module ρ de l'expression $a+b\sqrt{-1}$. On aura donc

$$e^\alpha=\rho,\qquad \alpha=\mathrm{l}\rho.$$

D'autre part, si, en adoptant la valeur précédente de α, on réduit k à zéro dans la formule (5) ou (6), on tirera de cette formule, jointe à l'équation (3) : 1° pour des valeurs positives de a,

$$e^{\beta\sqrt{-1}}=e^{\zeta\sqrt{-1}},$$

par conséquent

$$e^{(\beta-\zeta)\sqrt{-1}}=1,\qquad \beta-\zeta=\pm 2k\pi,\qquad \beta=\zeta\pm 2k\pi;$$

2° pour des valeurs négatives de a,

$$e^{\beta\sqrt{-1}}=e^{(\zeta\pm\pi)\sqrt{-1}},$$

par conséquent

$$e^{[\beta-(\zeta\pm\pi)]\sqrt{-1}}=1,\qquad \beta-(\zeta\pm\pi)=\pm 2k\pi,\qquad \beta=\zeta\pm(2k+1)\pi.$$

On prouvera de même que les valeurs de $\alpha+\beta\sqrt{-1}$ propres à vérifier la formule (2), ou les logarithmes de $a+b\sqrt{-1}$ relatifs au système dont la base est A, sont tous compris, pour des valeurs positives de a, dans la formule

$$(9)\qquad \alpha+\beta\sqrt{-1}=\frac{\mathrm{l}\rho+(\zeta\pm 2k\pi)\sqrt{-1}}{\mathrm{lA}}=\mathrm{L}\rho+(\zeta\pm 2k\pi)\mathrm{L}e\sqrt{-1},$$

et, pour des valeurs négatives de a, dans la formule

$$(10)\qquad \alpha+\beta\sqrt{-1}=\frac{\mathrm{l}\rho+[\zeta\pm(2k+1)]\sqrt{-1}}{\mathrm{lA}}=\mathrm{L}\rho+(\zeta\pm 2k\pi)\mathrm{L}e\sqrt{-1}.$$

Si l'on suppose, en particulier, $a+b\sqrt{-1}=\pm 1$, par conséquent $\rho=0$, $\zeta=0$, les formules (7), (8), ou (9), (10) donneront pour les logarithmes népériens de $+1$, non seulement zéro, mais encore toutes les expressions imaginaires de la forme

$$(11)\qquad \pm 2k\pi\sqrt{-1} \quad \text{ou} \quad \pm 2k\pi \,\mathrm{L}e\sqrt{-1},$$

et, pour les logarithmes népériens de -1, toutes les expressions imaginaires de la forme

$$(12)\qquad \pm(2k+1)\pi\sqrt{-1} \quad \text{ou} \quad \pm(2k+1)\pi \,\mathrm{L}e\sqrt{-1}.$$

Généralement, si $a+b\sqrt{-1}$ se réduit à une quantité réelle a, on pourra, en vertu des formules (7), (8), ou (9), (10), considérer comme logarithmes de a : 1° si a est positif, toutes les expressions comprises dans la formule

$$(13)\qquad \mathrm{l}a \pm 2k\pi\sqrt{-1} \quad \text{ou} \quad \mathrm{L}a \pm 2k\pi \,\mathrm{L}e\sqrt{-1};$$

2° si a est négatif, toutes les expressions comprises dans la formule

$$(14)\qquad \mathrm{l}(-a)\pm(2k+1)\pi\sqrt{-1} \quad \text{ou} \quad \mathrm{L}(-a)\pm(2k\pi+1)\mathrm{L}e\sqrt{-1}.$$

Observons d'ailleurs qu'on peut obtenir toutes ces expressions en ajoutant à l'une quelconque d'entre elles, par exemple, lorsque a est positif, au logarithme réel $\mathrm{l}a$ ou $\mathrm{L}a$, les divers logarithmes imaginaires de l'unité.

Lorsque, b n'étant pas nul, a est positif, l'un des logarithmes de $a+b\sqrt{-1}$, savoir celui qui correspond à une valeur nulle de k, est précisément

$$(15)\qquad \mathrm{l}\rho+\zeta\sqrt{-1} \quad \text{ou} \quad \mathrm{L}\rho+\zeta\,\mathrm{L}e\sqrt{-1},$$

suivant que l'on prend pour base le nombre e ou le nombre A. C'est ce logarithme que nous désignerons par la notation

$$(16)\qquad \mathrm{l}(a+b\sqrt{-1}) \quad \text{ou} \quad \mathrm{L}(a+b\sqrt{-1}),$$

dont nous ne ferons usage qu'autant que la portion réelle de l'expression imaginaire renfermée entre les parenthèses sera positive. Cela posé, en admettant que ρ et ζ soient déterminés par les formules (4), on aura, pour des valeurs positives de a,

$$(17)\quad \begin{cases} \mathrm{l}\rho+\zeta\sqrt{-1}=\mathrm{l}(a+b\sqrt{-1}), \\ \mathrm{L}\rho+\zeta\,\mathrm{L}e\sqrt{-1}=\mathrm{L}(a+b\sqrt{-1}), \end{cases}$$

et, pour des valeurs négatives de a,

$$(18)\quad \begin{cases} \mathrm{l}\rho+\zeta\sqrt{-1}=\mathrm{l}(-a-b\sqrt{-1}), \\ \mathrm{L}\rho+\zeta\,\mathrm{L}e\sqrt{-1}=\mathrm{L}(-a-b\sqrt{-1}). \end{cases}$$

Par suite, les divers logarithmes de l'expression $a+b\sqrt{-1}$ se déduiront, pour des valeurs positives de a, de la formule

$$(19)\quad \mathrm{l}(a+b\sqrt{-1})\pm 2k\pi\sqrt{-1} \quad \text{ou} \quad \mathrm{L}(a+b\sqrt{-1})\pm 2k\pi\,\mathrm{L}e\sqrt{-1},$$

et, pour des valeurs négatives de a, de la formule

$$(20)\quad \mathrm{l}(-a-b\sqrt{-1})\pm(2k+1)\pi\sqrt{-1} \quad \text{ou} \quad \mathrm{L}(-a-b\sqrt{-1})\pm(2k+1)\pi\sqrt{-1}.$$

L'inspection de ces diverses formules conduit immédiatement à la proposition suivante :

Théorème I. — *Une quantité réelle ou une expression imaginaire quelconque a toujours une infinité de logarithmes imaginaires, dont l'un devient réel lorsque l'expression donnée se réduit à une quantité positive. De plus, pour obtenir tous ces logarithmes, il suffit d'ajouter à l'un d'entre eux les divers logarithmes de l'unité compris dans la formule*

$$\pm 2k\pi\sqrt{-1} \quad \text{ou} \quad \pm 2k\pi\,\mathrm{L}e\sqrt{-1}.$$

Ajoutons que, en vertu des formules (17) et de la formule (49) du § XIX, on aura toujours, en désignant par x une expression imaginaire dont la partie réelle soit positive,

$$(21)\quad \mathrm{L}x=\frac{\mathrm{l}x}{\mathrm{lA}}=\mathrm{l}x\,\mathrm{L}e$$

et

$$(22)\quad x^{\mu}=e^{\mu\,\mathrm{l}x}=\mathrm{A}^{\mu\,\mathrm{L}x}.$$

Soient maintenant

$$(23)\qquad x = a + b\sqrt{-1},\qquad y = a' + b'\sqrt{-1},\qquad z = a'' + b''\sqrt{-1},\qquad \ldots$$

plusieurs expressions imaginaires dont les parties réelles

$$a,\quad a',\quad a'',\quad \ldots$$

soient positives. Si, en désignant par

$$\rho,\quad \rho',\quad \rho'',\quad \ldots$$

leurs modules, on pose

$$\zeta = \operatorname{arc\,tang}\frac{b}{a},\qquad \zeta' = \operatorname{arc\,tang}\frac{b'}{a'},\qquad \zeta'' = \operatorname{arc\,tang}\frac{b''}{a''},\qquad \ldots,$$

on trouvera

$$(24)\qquad x = \rho\, e^{\zeta\sqrt{-1}},\qquad y = \rho' e^{\zeta'\sqrt{-1}},\qquad z = \rho'' e^{\zeta''\sqrt{-1}},\qquad \ldots$$

et, par suite,

$$(25)\qquad xyz\ldots = \rho\rho'\rho''\ldots e^{(\zeta+\zeta'+\zeta''+\ldots)\sqrt{-1}}.$$

Si d'ailleurs l'arc

$$\zeta + \zeta' + \zeta'' + \ldots$$

est compris entre les limites $-\frac{\pi}{2}$, $+\frac{\pi}{2}$, la partie réelle du produit $xyz\ldots$ sera positive, et l'équation (25) entraînera les suivantes

$$\begin{aligned} \mathrm{l}(xyz\ldots) &= \mathrm{l}(\rho\rho'\rho''\ldots) + (\zeta + \zeta' + \zeta'' + \ldots)\sqrt{-1},\\ \mathrm{L}(xyz\ldots) &= \mathrm{L}(\rho\rho'\rho''\ldots) + (\zeta + \zeta' + \zeta'' + \ldots)\mathrm{L}e\sqrt{-1}, \end{aligned}$$

qu'on pourra encore écrire comme il suit :

$$(26)\qquad \left\{\begin{aligned} \mathrm{l}(xyz\ldots) &= \mathrm{l}x + \mathrm{l}y + \mathrm{l}z + \ldots,\\ \mathrm{L}(xyz\ldots) &= \mathrm{L}x + \mathrm{L}y + \mathrm{L}z + \ldots. \end{aligned}\right.$$

Pareillement, si, a étant positif et μ désignant une quantité réelle quelconque, le produit $\mu\zeta$ reste compris entre les limites $-\frac{\pi}{2}$, $+\frac{\pi}{2}$, la première des équations (23) donnera, non seulement

$$(27) \qquad x^\mu = (a + b\sqrt{-1})^\mu = \rho^\mu e^{\mu\zeta\sqrt{-1}},$$

mais encore

$$\mathrm{l}(x^\mu) = \mathrm{l}(\rho^\mu) + \mu\zeta\sqrt{-1} = \mu[\mathrm{l}\rho + \zeta\sqrt{-1}],$$

$$\mathrm{L}(x^\mu) = \mathrm{L}(\rho^\mu) + \mu\zeta \mathrm{L}e\sqrt{-1} = \mu[\mathrm{L}\rho + \zeta\mathrm{L}e\sqrt{-1}],$$

ou, ce qui revient au même,

$$(28) \qquad \begin{cases} \mathrm{l}(x^\mu) = \mu\,\mathrm{l}x, \\ \mathrm{L}(x^\mu) = \mu\,\mathrm{L}x. \end{cases}$$

Ainsi les formules (26), (28), qui sont généralement vraies lorsque x, y, z désignent des quantités réelles positives, en vertu des propriétés fondamentales des logarithmes réels, ne peuvent pas être étendues, sans de notables restrictions, au cas où $x, y, z, \ldots$ deviennent imaginaires. Dans ce dernier cas, les formules (26) subsisteront si, les valeurs de $x, y, z, \ldots$ étant déterminées par les formules (23), et leurs parties réelles $a, a', a'', \ldots$ étant positives, la somme

$$(29) \qquad \text{arc tang}\frac{b}{a} + \text{arc tang}\frac{b'}{a'} + \text{arc tang}\frac{b''}{a''} + \ldots$$

reste comprise entre les limites $-\frac{\pi}{2}$, $+\frac{\pi}{2}$, et les formules (28) si, la quantité a étant positive, le produit

$$(30) \qquad \mu\,\text{arc tang}\frac{b}{a}$$

reste compris entre les mêmes limites.

§ XXI. — *Des séries imaginaires doubles ou multiples.*

Si l'on suppose que les quantités comprises dans le tableau (1) du § VIII se changent en autant d'expressions imaginaires, la série double, dont ces quantités étaient les différents termes, deviendra une série double imaginaire, dont le terme général sera représenté par

$$u_{m,m'},$$

m, m' étant deux nombres entiers quelconques. Pareillement on peut imaginer une série imaginaire triple dont le terme général

$$u_{m,m',m''}$$

serait une fonction imaginaire des trois indices entiers m, m', m'', et finalement une série imaginaire multiple dont le terme général serait une fonction imaginaire de m indices

$$m,\quad m',\quad m'',\quad m''',\quad \ldots,$$

chacun de ces indices pouvant recevoir successivement les valeurs entières

$$0,\quad 1,\quad 2,\quad 3,\quad 4,\quad \ldots.$$

Cela posé, nommons s_n la somme formée par l'addition d'un nombre fini ou même infini de termes de la série multiple, cette somme étant composée de manière qu'elle renferme au moins tous les termes dans lesquels la somme des indices est inférieure à n, et que jamais elle ne comprenne un terme correspondant à des indices donnés sans renfermer en même temps tous les termes qu'on en déduit en remplaçant ces mêmes indices ou quelques-uns d'entre eux par des indices moindres. Si, toutes les fois que les deux conditions précédentes sont remplies, la somme s_n converge pour des valeurs croissantes de n vers une limite fixe s, la série multiple sera dite *convergente*, et la limite en question s'appellera la *somme* de la série.

Dans le cas contraire, la série imaginaire multiple sera *divergente* et n'aura plus de somme. Si, dans le premier cas, on pose

$$s = s_n + r_n,$$

r_n sera le reste de la série imaginaire multiple, et ce reste, qui représentera ce qu'on peut nommer la somme de tous les termes non compris dans s_n, deviendra infiniment petit pour des valeurs infiniment grandes de n. En partant de ces définitions, on prouvera sans peine que, pour rendre les théorèmes I, II, III, IV, V du § VIII applicables aux séries imaginaires multiples, il suffit de substituer dans ces théorèmes les modules des différents termes à leurs valeurs numériques. Ainsi, en particulier, on pourra énoncer les propositions suivantes :

THÉORÈME I. — *Lorsque les modules des divers termes d'une série imaginaire multiple forment une série réelle convergente, la série imaginaire est elle-même convergente.*

THÉORÈME II. — *Supposons que, pour un module de la variable n inférieur à c, la fonction y de x soit développable en une première série convergente ordonnée suivant les puissances entières et positives de x, et que, pour un module de la variable y inférieur à c', la fonction z de y soit développable en une série convergente ordonnée suivant les puissances entières et positives de y; z sera développable en une nouvelle série convergente ordonnée suivant les puissances entières et positives de x, toutes les fois que le module de x, étant inférieur à c, produira pour les termes de la première série des modules dont la somme sera inférieure à c'.*

Pour montrer une application du théorème II, supposons que, la valeur de x étant imaginaire, on prenne

$$y = x - \frac{x^2}{2} + \frac{x^3}{3} - \ldots, \tag{1}$$

$$z = 1 + \frac{\mu y}{1} + \frac{\mu^2 y^2}{1.2} + \frac{\mu^3 y^3}{1.2.3} + \ldots. \tag{2}$$

Comme les séries comprises dans les seconds membres des formules (1) et (2) seront convergentes, la première pour tout module de la variable x inférieur à l'unité, la seconde pour toute valeur imaginaire et finie de la variable y, on tirera de ces formules, en attribuant à x un module $r < 1$,

$$z = 1 + \mu\left(x - \frac{x^2}{2} + \frac{x^3}{3} - \ldots\right) + \frac{\mu^2}{1.2}\left(x - \frac{x^2}{2} + \frac{x^3}{3} - \ldots\right)^2 + \ldots. \tag{3}$$

Or, en vertu du théorème II, le second membre de la formule (3) devra se réduire pour $\mu < 1$ à la somme d'une série convergente ordonnée suivant les puissances entières et positives de x. D'ailleurs, ce second membre, coïncidant pour des valeurs réelles de x avec le second membre de la formule (4) du § XI, se transformera, par cette réduction, en celui que présente la formule (7) du même paragraphe. On aura donc, pour $r < 1$,

$$z = e^{\mu y} = 1 + \mu x + \frac{\mu(\mu-1)}{1.2}x^2 + \frac{\mu(\mu-1)(\mu-2)}{1.2.3}x^3 + \ldots.$$

En d'autres termes, tant que le module de x restera inférieur à l'unité, la fonction y déterminée par la formule (1) vérifiera l'équation

$$(4)\qquad e^{\mu y} = 1 + \mu x + \frac{\mu(\mu-1)}{1.2}x^2 + \frac{\mu(\mu-1)(\mu-2)}{1.2.3}x^3 + \ldots.$$

Si l'on suppose, en particulier, $\mu = 1$, la formule (4) donnera simplement

$$(5)\qquad e^y = 1 + x.$$

§ XXII. — *Développements des fonctions* $l(1+x)$, $L(1+x)$, $(1+x)^\mu$ *dans le cas où la variable* x *devient imaginaire.*

Concevons que l'on attribue à la variable x une valeur imaginaire et de la forme

$$(1)\qquad x = re^{t\sqrt{-1}} = r(\cos t + \sqrt{-1}\sin t),$$

r désignant un module positif et t un arc réel. Si l'on fait, pour abréger,

$$(2)\qquad s = \text{arc tang}\frac{r\sin t}{1 + r\cos t},$$

et si l'on désigne par μ une quantité réelle, on trouvera, pour toutes les valeurs positives de $1 + r\cos t$, par conséquent pour toutes les valeurs du module ρ comprises entre les limites o, 1,

$$(3)\qquad 1+x=(1+2r\cos t+r^2)^{\frac{1}{2}}e^{s\sqrt{-1}},$$

$$(4)\qquad l(1+x)=\frac{1}{2}l(1+2r\cos t+r^2)+s\sqrt{-1},$$

$$(5)\qquad (1+x)^{\mu}=(1+2r\cos t+r^2)^{\frac{\mu}{2}}e^{\mu s\sqrt{-1}}=e^{\mu l(1+x)}.$$

D'autre part, en supposant la variable x réelle et comprise entre les limites -1, $+1$, nous avons trouvé

$$(6)\qquad l(1+x)=x-\frac{x^2}{2}+\frac{x^3}{3}-\ldots,$$

$$(7)\qquad (1+x)^{\mu}=1+\mu x+\frac{\mu(\mu-1)}{1.2}x^2+\frac{\mu(\mu-1)(\mu-2)}{1.2.3}x^3+\ldots.$$

J'ajoute maintenant que les formules (6), (7) subsistent encore, pour des valeurs imaginaires de x, lorsque le module r est inférieur à l'unité. C'est ce que l'on démontrera sans peine en opérant comme il suit.

Concevons que, la variable x étant imaginaire et son module inférieur à l'unité, on pose

$$(8)\qquad y=x-\frac{x^2}{2}+\frac{x^3}{3}-\ldots,$$

ce qui est permis, puisque alors la série comprise dans le second membre de la formule (8) est convergente. La formule (8) entraînera l'équation

$$(9)\qquad e^y=1+x$$

(*voir* le paragraphe précédent). Donc y sera l'un des logarithmes imaginaires et népériens de $1+x$. En d'autres termes, on aura

$$y=l(1+x)\pm 2k\pi\sqrt{-1},$$

$$(10)\qquad l(1+x)=y\mp 2k\pi\sqrt{-1}=x-\frac{x^2}{2}+\frac{x^3}{3}-\ldots\mp 2k\pi\sqrt{-1},$$

k désignant un nombre entier, par conséquent

$$(11)\qquad \frac{1}{2}\mathrm{l}(1+2r\cos t+r^2)=r\cos t-\frac{r^2}{2}\cos 2t+\frac{r^3}{3}\cos 3t-\ldots$$

et

$$(12)\qquad s=\operatorname{arc\,tang}\frac{r\sin t}{1+2r\cos t+r^2}=r\sin t-\frac{r^2}{2}\sin 2t+\frac{r^3}{3}\sin 3t-\ldots\mp 2k\pi.$$

On tire d'ailleurs de la formule (12)

$$(13)\qquad \pm k=\frac{1}{2\pi}\left[\left(r\sin t-\frac{r^2}{2}\sin 2t+\frac{r^3}{3}\sin 3t-\ldots\right)-\operatorname{arc\,tang}\frac{r\sin t}{1+2r\cos t+r^2}\right],$$

et, comme, en vertu du théorème VII (§ VI), la somme

$$r\sin t-\frac{r^2}{2}\sin 2t+\frac{r^3}{3}\sin 3t-\ldots$$

sera, pour des valeurs de r comprises entre 0 et 1, fonction continue de chacune des variables r et t, il est clair qu'on pourra en dire autant du second membre de l'équation (13). Donc ce second membre variera par degrés insensibles, avec r et t, entre les limites $r=0$, $r=1$, $t=-\infty$, $t=\infty$. Cette condition ne pourrait être remplie si, r et t venant à varier par degrés insensibles, la quantité entière $\pm k$ changeait brusquement de valeur. Donc, pour toutes les valeurs de r et t comprises entre les limites dont il s'agit, $\pm k$ conservera une valeur constante égale à celle que fournit l'équation (12) pour $r=0$, c'est-à-dire une valeur nulle, et les formules (10), (12) devront être réduites, la première à la formule (6), la seconde à la suivante :

$$(14)\qquad \operatorname{arc\,tang}\frac{r\sin t}{1+2r\cos t+r^2}=r\sin t-\frac{r^2}{2}\sin 2t+\frac{r^3}{3}\sin 3t-\ldots.$$

Si l'on suppose, en particulier, $t=\frac{\pi}{2}$, l'équation (14) donnera

$$(15)\qquad \operatorname{arc\,tang} r=r-\frac{r^3}{3}+\frac{r^5}{5}-\ldots;$$

et, comme cette dernière ne changera pas de forme quand on y remplacera r par $-r$, on en conclura, en écrivant x au lieu de $\pm r$, que l'équation

$$(16)\qquad \operatorname{arc\,tang} x = x - \frac{x^3}{3} + \frac{x^5}{5} - \ldots$$

subsiste pour toutes les valeurs réelles de x comprises entre les limites

$$x = -1, \qquad x = 1.$$

Si l'on prend $x = 1$, on aura $\operatorname{arc\,tang} 1 = \frac{\pi}{4}$, et, par conséquent,

$$(17)\qquad \pi = 4\left(1 - \frac{1}{3} + \frac{1}{5} - \frac{1}{7} + \ldots\right) = 3,14159265\ldots.$$

On trouvera encore, en attribuant à x une valeur imaginaire dont le module soit inférieur à l'unité,

$$(18)\qquad \mathrm{L}(1+x) = \mathrm{l}(1+x)\,\mathrm{L}e = \left(x - \frac{x^2}{2} + \frac{x^3}{3} - \ldots\right)\mathrm{L}e.$$

Observons maintenant que, la variable x étant toujours positive et son module inférieur à l'unité, la formule (8) entraîne, non seulement l'équation (9), mais encore celle-ci

$$(19)\qquad e^{\mu y} = 1 + \mu x + \frac{\mu(\mu-1)}{1.2}x^2 + \frac{\mu(\mu-1)(\mu-2)}{1.2.3}x^3 + \ldots$$

(μ désignant une quantité positive quelconque). On aura donc encore

$$e^{\mu \mathrm{l}(1+x)} = 1 + \mu x + \frac{\mu(\mu-1)}{1.2}x^2 + \frac{\mu(\mu-1)(\mu-2)}{1.2.3}x^3 + \ldots,$$

ou, ce qui revient au même,

$$(1+x)^\mu = 1 + \mu x + \frac{\mu(\mu-1)}{1.2}x^2 + \frac{\mu(\mu-1)(\mu-2)}{1.2.3}x^3 + \ldots$$

Donc la formule (6) continue de subsister dans le cas où x, étant imaginaire, offre un module $r < 1$. Alors, en égalant entre elles, dans les deux membres de la formule : 1° les parties réelles, 2° les quantités qui sont multipliées par $\sqrt{-1}$, on obtient les deux équations

$$(20)\quad \begin{cases} (1+2r\cos t+r^2)^{\frac{\mu}{2}}\cos\mu s = 1+\mu r\cos t+\dfrac{\mu(\mu-1)}{1.2}r^2\cos 2t-\ldots, \\ (1+2r\cos t+r^2)^{\frac{\mu}{2}}\sin\mu s = \mu r\sin t+\dfrac{\mu(\mu-1)}{1.2}r^2\sin 2t+\ldots. \end{cases}$$

Si dans ces dernières, jointes à la formule (2), on pose $t=\frac{\pi}{2}$, on trouvera

$$s=\operatorname{arc\,tang} r,\qquad r=\operatorname{tang} s,\qquad (1+2r\cos t+r^2)^{\frac{1}{2}}=(1+r^2)^{\frac{1}{2}}=\operatorname{séc} s=\frac{1}{\cos s},$$

et, par suite,

$$(21)\quad \begin{cases} \cos\mu s = \left[1-\dfrac{\mu(\mu-1)}{1.2}\operatorname{tang}^2 s+\dfrac{\mu(\mu-1)(\mu-2)(\mu-3)}{1.2.3.4}\operatorname{tang}^4 s-\ldots\right]\cos^{\mu} s, \\ \sin\mu s = \left[\mu\operatorname{tang} s-\dfrac{\mu(\mu-1)(\mu-2)}{1.2.3}\operatorname{tang}^3 s+\ldots\right]\cos^{\mu} s, \end{cases}$$

ou, ce qui revient au même,

$$(22)\quad \begin{cases} \cos\mu s = [1-(\mu)_2\operatorname{tang}^2 s+(\mu)_4\operatorname{tang}^4 s-\ldots]\cos^{\mu} s, \\ \sin\mu s = [\mu\operatorname{tang} s-(\mu)_3\operatorname{tang}^3 s+\ldots]\cos^{\mu} s; \end{cases}$$

puis on en conclura

$$(23)\qquad \operatorname{tang}\mu s = \frac{\mu\operatorname{tang} s-(\mu)_3\operatorname{tang}^3 s+\ldots}{1-(\mu)_2\operatorname{tang}^2 s+(\mu)_4\operatorname{tang}^4 s-\ldots}.$$

Comme d'ailleurs les équations (22), (23) ne changent pas de forme quand on y remplace s par $-s$, il est clair qu'elles subsistent, quelle que soit la quantité μ, pour toutes les valeurs de s comprises entre les limites

$$(24)\qquad s=-\operatorname{arc\,tang} 1=-\frac{\pi}{4},\qquad s=\operatorname{arc\,tang} 1=\frac{\pi}{4}.$$

Lorsque l'exposant μ se réduit à un nombre entier m, les équations (22), (23) se réduisent aux équations (2) et (3) du § XVI, et peuvent alors être étendues à des valeurs quelconques de l'arc s.

TABLE DES MATIÈRES

DES RÉSUMÉS ANALYTIQUES.

NOUVEAUX EXERCICES

DE

MATHÉMATIQUES

(EXERCICES DE PRAGUE).

DEUXIÈME ÉDITION

RÉIMPRIMÉE

D'APRÈS LA PREMIÈRE ÉDITION.

Ce travail a été l'objet de deux éditions distinctes, ou, plus exactement, il y a eu deux tirages séparés de la même édition.

Le premier, destiné aux savants français, a paru en France sous le titre suivant : *Nouveaux Exercices de Mathématiques,* avec une préface (*voir* page 189) expliquant comment ils faisaient suite aux anciens *Exercices de Mathématiques* composés pendant les années 1826 à 1830.

Le second a paru à Prague, sous le titre suivant : *Mémoire sur la dispersion de la lumière.* Il était précédé d'un *Avis au Lecteur,* qu'on trouvera plus loin (*voir* page 193), et qui fait connaître les motifs de cette édition spéciale.

NOUVEAUX EXERCICES

DE

MATHÉMATIQUES,

PAR

M. AUGUSTIN LOUIS CAUCHY,

MEMBRE DE L'ACADÉMIE DES SCIENCES DE PARIS, DE LA SOCIÉTÉ ROYALE DE LONDRES, ETC.

Prague.

1 8 3 5.

IMPRIMÉ CHEZ JEAN SPURNY.

NOUVEAUX EXERCICES

DE

MATHÉMATIQUES,

PAR

M. Augustin Louis Cauchy.

La bienveillance avec laquelle les géomètres, et les personnes adonnées à la culture des sciences, ont acceuilli les deux ouvrages que j'ai publiés, à Paris sous le titre d'Exercices de Mathématiques, à Turin sous le titre de Résumés analytiques, m'encourage à faire paraître aujourd'hui un troisième recueil destiné à offrir le développement des théories exposées dans les deux premiers, et les résultats aux quels de nouvelles recherches m'auront conduit. On sait assez quels événements m'ont fait un devoir de renoncer aux trois chaires que j'occupais en France, et quelle voix auguste à pu seule me déterminer à quitter encore la chaire de Physique Mathématique que le Roi de Sardaigne avait daigné me confier. Mais ce n'est pas sans doute auprès des descendants de Louis XIV, auprès de ces Priuces protecteurs si éclairés des lettres et des sciences, que je pourrais me croire dispensé de faire de continuels efforts pour contribuer à leurs progrès. Les nouveaux Exercices paraitront comme les précédents par livraisons qui, s'il est possible, car sur cette terre et dans ce siècle surtout on ne saurait répondre du lendemain, se succéderont à des époques peu éloignées les unes des autres. Les premières livraisons offriront en totalité le Mémoire sur la dispersion de la lumière, Mémoire dont les deux premiers paragraphes seulement ont été déjà publiés en 1830.

A la dernière livraison de chaque année sera jointe une table des matières.

MÉMOIRE

SUR

LA DISPERSION DE LA LUMIÈRE

PAR

M. A. L. CAUCHY,

MEMBRE DE L'ACADÉMIE DES SCIENCES DE PARIS, DES SOCIÉTÉS ROYALES DE LONDRES, DE BERLIN, DE PRAGUE, ETC.

PUBLIÉ PAR LA SOCIÉTÉ ROYALE DES SCIENCES DE PRAGUE.

PRAGUE,

CHEZ *J. G. CALVE*, LIBRAIRE.

1836.

Avis au Lecteur.

Il y a environ un an, que Monsieur ***A. L. Cauchy***, connu par des ouvrages qui le mettent au rang des premiers mathématiciens, présenta à la Société royale des Sciences son dernier traité, intitulé: *Mémoire sur la Dispersion de la Lumière*, pour le recevoir au nombre des dissertations, que cette Société publie de temps à autre, et qu' elle fait imprimer à ses frais.

La Société royale, toujours empressée de contribuer à l'avancement des sciences, et par cette raison prête à tous les sacrifices, résolut de faire examiner, par une commission choisie dans son sein, le traité de M. ***Cauchy***, et d'en faire statuer sur le mérite pour l'impression.

Le rapport de cette commission, étant de la teneur: »que ce traité »concernait une des branches les plus importantes de la physique et de la »mécanique, qu'il étendait de beaucoup les connaissances dans ces matières, »qu'il surpassait tous les traités semblables d'autres écrivains dans cette par- »tie, et qu'en conséquence les sciences physico-mathématiques feraient, par »cette publication, un progrès considérable;« la Société royale accepta le manuscrit de M. ***Cauchy***, pour le faire imprimer.

Mais, comme, par des présentations supplémentaires de la continuation du manuscrit, le traité dépassait les bornes d'une dissertation, il ne pouvait être reçu dans la série de celles, que la Société royale publie de temps en temps, et il a du être imprimé comme un ouvrage séparé et indépendant. On a choisi pour cet effet, un plus grand format, savoir le format in-quarto afin de mieux rendre les longues formules et les tables très-étendues de l'auteur, et de mettre au jour une édition aussi élégante et correcte que possible.

Prague, le 10 juin 1836.

La Société royale des Sciences de Prague en Bohème.

NOUVEAUX EXERCICES

DE

MATHÉMATIQUES.

CONSIDÉRATIONS GÉNÉRALES.

Dans un Mémoire précédent, nous avons fait voir comment les lois de propagation et de polarisation de la lumière pouvaient se déduire des équations aux différences partielles qui représentent le mouvement d'un système de molécules sollicitées par des forces d'attraction ou de répulsion mutuelle (*voir* le Ve Volume des *Exercices de Mathématiques*). Toutefois, comme les formules (11) de la page 131 du IVe Volume des *Exercices* (¹), auxquelles nous avons eu recours, ne sont qu'approximatives, les lois que nous avons établies ne sont pas rigoureusement exactes. Pour s'en convaincre, il suffit d'observer que, dans l'énoncé de ces lois, on ne trouve rien qui soit relatif à la nature de la couleur. Or la dispersion des couleurs par le prisme prouve que, dans les corps transparents, la vitesse de propagation de la lumière n'est pas la même pour les différentes couleurs. D'ailleurs les physiciens qui ont adopté l'hypothèse des ondulations lumineuses supposent avec raison que la nature de chaque couleur est déterminée par la durée plus ou moins grande des oscillations des molécules de l'éther, de même que la nature du son produit dans un corps solide ou fluide est déterminée par la durée plus ou moins grande des oscillations des molécules de ce corps. Il est donc naturel d'admettre qu'il existe une relation entre la vitesse de propagation de la lumière et

(¹) *Œuvres de Cauchy*, S. II, T. IX, p. 166.

la durée des vibrations lumineuses. Or cette relation ne saurait se déduire des équations aux différences partielles inscrites sous le n° 11, à la page 131 du IVe Volume des *Exercices* (1). Mais il importe de remarquer que ces équations se tirent elles-mêmes de formules plus générales que j'ai données dans le IIIe Volume (p. 190 et suiv.) (2). Frappé de cette idée, M. Coriolis me conseilla de rechercher si la considération des termes que j'avais négligés en passant des unes aux autres ne fournirait pas le moyen d'expliquer la dispersion des couleurs. En suivant ce conseil, je suis heureusement parvenu à des formules à l'aide desquelles on peut, non seulement assigner la cause du phénomène dont il s'agit, mais encore en découvrir les lois qui, malgré les nombreux et importants travaux des physiciens sur cette matière, étaient restées inconnues jusqu'à ce jour.

Pour que l'on puisse saisir plus facilement les principes sur lesquels repose l'analyse dont je vais faire usage, je reproduirai d'abord en peu de mots les équations différentielles qui déterminent le mouvement d'un système de molécules sollicitées par des forces d'attraction ou de répulsion mutuelle.

§ I. — *Équations différentielles du mouvement d'un système de molécules sollicitées par des forces d'attraction ou de répulsion mutuelle.*

Considérons un système de molécules ou points matériels distribués arbitrairement dans une portion de l'espace et sollicités au mouvement par des forces d'attraction ou de répulsion mutuelle. Soient

$\mathfrak{m}$ la masse d'une de ces molécules;

$m, m', m'', \ldots$ celles des autres, et supposons que, dans un état d'équilibre du système, x, y, z désignent les coordonnées de la molécule $\mathfrak{m}$ rapportées à trois axes rectangulaires;

$x+\Delta x, y+\Delta y, z+\Delta z$ les coordonnées d'une autre molécule m;

r la distance des molécules $\mathfrak{m}$ et m;

(1) *OEuvres de Cauchy*, S. II, T. IX, p. 166.
(2) *Id.*, S. II, T. VIII, p. 229 et suiv.

α, β, γ les angles formés par le rayon vecteur r avec les demi-axes des coordonnées positives.

Admettons d'ailleurs que l'attraction ou la répulsion mutuelle des deux masses $\mathfrak{m}$ et m, étant proportionnelle à ces masses et à une fonction de la distance r, soit représentée, au signe près, par

$$\mathfrak{m} m \, \mathrm{f}(r), \tag{1}$$

$\mathrm{f}(r)$ désignant une quantité positive lorsque les masses $\mathfrak{m}$, m s'attirent, et négative lorsqu'elles se repoussent. La résultante des attractions ou répulsions exercées sur la molécule $\mathfrak{m}$ par les molécules m, m', ... aura pour projections algébriques sur les axes coordonnés

$$\mathfrak{m}\,\mathrm{S}[m\cos\alpha\,\mathrm{f}(r)], \qquad \mathfrak{m}\,\mathrm{S}[m\cos\beta\,\mathrm{f}(r)], \qquad \mathfrak{m}\,\mathrm{S}[m\cos\gamma\,\mathrm{f}(r)], \tag{2}$$

la lettre S indiquant une somme de termes semblables, mais relatifs aux diverses molécules m, m', ..., et, puisque le système est, par hypothèse, en équilibre, on aura nécessairement

$$\mathrm{S}[m\cos\alpha\,\mathrm{f}(r)] = 0, \qquad \mathrm{S}[m\cos\beta\,\mathrm{f}(r)] = 0, \qquad \mathrm{S}[m\cos\gamma\,\mathrm{f}(r)] = 0. \tag{3}$$

Ajoutons que les quantités Δx, Δy, Δz pourront être exprimées en fonction de r et des angles α, β, γ par les formules

$$\Delta x = r\cos\alpha, \qquad \Delta y = r\cos\beta, \qquad \Delta z = r\cos\gamma. \tag{4}$$

Supposons maintenant que, le système venant à se mouvoir, les molécules $\mathfrak{m}$, m, m', ... se déplacent dans l'espace, mais de manière que la distance de deux molécules $\mathfrak{m}$ et m varie dans un rapport peu différent de l'unité. Soient, au bout du temps t,

$$\xi, \quad \eta, \quad \zeta$$

des fonctions de x, y, z, t qui représentent les déplacements très petits de la molécule $\mathfrak{m}$, mesurés parallèlement aux axes coordonnés, et

$$r(1+\varepsilon)$$

la distance des deux molécules $\mathfrak{m}$, m. La quantité très petite ε exprimera la dilatation linéaire mesurée suivant le rayon vecteur r; et, comme les coordonnées respectives des molécules $\mathfrak{m}$, m deviendront

$$x+\xi,\quad y+\eta,\quad z+\zeta,$$
$$x+\xi+\Delta(x+\xi),\quad y+\eta+\Delta(y+\eta),\quad z+\zeta+\Delta(z+\zeta),$$

les projections algébriques de la distance $r(1+\varepsilon)$ seront évidemment

$$\Delta x+\Delta\xi,\quad \Delta y+\Delta\eta,\quad \Delta z+\Delta\zeta$$

ou, ce qui revient au même,

$$r\cos\alpha+\Delta\xi,\quad r\cos\beta+\Delta\eta,\quad r\cos\gamma+\Delta\zeta.$$

On trouvera par suite

$$(5)\qquad r^2(1+\varepsilon)^2=(r\cos\alpha+\Delta\xi)^2+(r\cos\beta+\Delta\eta)^2+(r\cos\gamma+\Delta\zeta)^2,$$

et l'on en conclura

$$(6)\qquad 1+\varepsilon=\sqrt{1+\frac{2}{r}(\cos\alpha\,\Delta\xi+\cos\beta\,\Delta\eta+\cos\gamma\,\Delta\zeta)+\frac{1}{r^2}(\Delta\xi^2+\Delta\eta^2+\Delta\zeta^2)}.$$

D'ailleurs, au bout du temps t, le rayon vecteur mené de la molécule $\mathfrak{m}$ à la molécule m formera, avec les demi-axes des coordonnées positives, des angles dont les cosinus seront représentés, non plus par

$$(7)\qquad \cos\alpha=\frac{\Delta x}{r},\qquad \cos\beta=\frac{\Delta y}{r},\qquad \cos\gamma=\frac{\Delta z}{r},$$

mais par

$$(8)\qquad \left\{\begin{aligned} \frac{\Delta x+\Delta\xi}{r(1+\varepsilon)}&=\frac{\cos\alpha+\dfrac{\Delta\xi}{r}}{1+\varepsilon},\\ \frac{\Delta y+\Delta\eta}{r(1+\varepsilon)}&=\frac{\cos\beta+\dfrac{\Delta\eta}{r}}{1+\varepsilon},\\ \frac{\Delta z+\Delta\zeta}{r(1+\varepsilon)}&=\frac{\cos\gamma+\dfrac{\Delta\zeta}{r}}{1+\varepsilon}. \end{aligned}\right.$$

En conséquence, les projections algébriques de la force motrice résultante des attractions ou répulsions exercées par les molécules m,

m', ... sur la molécule $\mathfrak{m}$, deviendront respectivement égales aux trois produits

$$(9)\quad \left\{\begin{aligned} &\mathfrak{m}\,\mathrm{S}\left\{m\left(\cos\alpha+\frac{\Delta\xi}{r}\right)\frac{\mathrm{f}[r(1+\varepsilon)]}{1+\varepsilon}\right\},\\ &\mathfrak{m}\,\mathrm{S}\left\{m\left(\cos\beta+\frac{\Delta\eta}{r}\right)\frac{\mathrm{f}[r(1+\varepsilon)]}{1+\varepsilon}\right\},\\ &\mathfrak{m}\,\mathrm{S}\left\{m\left(\cos\gamma+\frac{\Delta\zeta}{r}\right)\frac{\mathrm{f}[r(1+\varepsilon)]}{1+\varepsilon}\right\}, \end{aligned}\right.$$

tandis que les coefficients de $\mathfrak{m}$ dans ces produits, savoir

$$(10)\quad \left\{\begin{aligned} &\mathrm{S}\left\{m\left(\cos\alpha+\frac{\Delta\xi}{r}\right)\frac{\mathrm{f}[r(1+\varepsilon)]}{1+\varepsilon}\right\},\\ &\mathrm{S}\left\{m\left(\cos\beta+\frac{\Delta\eta}{r}\right)\frac{\mathrm{f}[r(1+\varepsilon)]}{1+\varepsilon}\right\},\\ &\mathrm{S}\left\{m\left(\cos\gamma+\frac{\Delta\zeta}{r}\right)\frac{\mathrm{f}[r(1+\varepsilon)]}{1+\varepsilon}\right\}, \end{aligned}\right.$$

représenteront les projections algébriques de la force accélératrice qui sollicitera la molécule $\mathfrak{m}$, et qui sera due aux actions des molécules m, m', ... D'autre part, si l'on prend x, y, z, t pour variables indépendantes, les projections algébriques de la force accélératrice capable de produire le mouvement observé de la molécule m pourront être représentées par les expressions

$$\frac{\partial^2\xi}{\partial t^2},\quad \frac{\partial^2\eta}{\partial t^2},\quad \frac{\partial^2\zeta}{\partial t^2},$$

puisque ξ, η, ζ désignent les déplacements très petits de la molécule $\mathfrak{m}$ mesurés parallèlement aux axes de x, y, z. Donc, si le mouvement est uniquement dû aux actions moléculaires, on aura

$$(11)\quad \left\{\begin{aligned} &\frac{\partial^2\xi}{\partial t^2}=\mathrm{S}\left\{m\left(\cos\alpha+\frac{\Delta\xi}{r}\right)\frac{\mathrm{f}[r(1+\varepsilon)]}{1+\varepsilon}\right\},\\ &\frac{\partial^2\eta}{\partial t^2}=\mathrm{S}\left\{m\left(\cos\beta+\frac{\Delta\eta}{r}\right)\frac{\mathrm{f}[r(1+\varepsilon)]}{1+\varepsilon}\right\},\\ &\frac{\partial^2\zeta}{\partial t^2}=\mathrm{S}\left\{m\left(\cos\gamma+\frac{\Delta\zeta}{r}\right)\frac{\mathrm{f}[r(1+\varepsilon)]}{1+\varepsilon}\right\}. \end{aligned}\right.$$

Concevons à présent que, les déplacements ξ, η, ζ et leurs différences finies étant considérés comme des quantités infiniment petites du premier ordre, on néglige, dans les seconds membres des formules (11), les infiniment petits des ordres supérieurs au premier. Alors, comme on aura, en vertu de l'équation (6),

$$(12)\qquad \varepsilon = \frac{1}{r}(\cos\alpha\,\Delta\xi + \cos\beta\,\Delta\eta + \cos\gamma\,\Delta\zeta),$$

on ne devra conserver dans le calcul que la première puissance de ε, et, en faisant, pour abréger,

$$(13)\qquad f(r) = r\,\mathrm{f}'(r) - \mathrm{f}(r),$$

on trouvera

$$(14)\qquad \frac{\mathrm{f}[r(1+\varepsilon)]}{1+\varepsilon} = \mathrm{f}(r) + \varepsilon f(r).$$

Par suite on tirera des formules (11), réunies aux équations (3),

$$(15)\qquad \begin{cases} \dfrac{\partial^2\xi}{\partial t^2} = \mathrm{S}\left[m\dfrac{\mathrm{f}(r)}{r}\Delta\xi\right] + \mathrm{S}[m f(r)\varepsilon\cos\alpha], \\ \dfrac{\partial^2\eta}{\partial t^2} = \mathrm{S}\left[m\dfrac{\mathrm{f}(r)}{r}\Delta\eta\right] + \mathrm{S}[m f(r)\varepsilon\cos\beta], \\ \dfrac{\partial^2\zeta}{\partial t^2} = \mathrm{S}\left[m\dfrac{\mathrm{f}(r)}{r}\Delta\zeta\right] + \mathrm{S}[m f(r)\varepsilon\cos\gamma] \end{cases}$$

ou, ce qui revient au même,

$$(16)\qquad \begin{cases} \dfrac{\partial^2\xi}{\partial t^2} = \mathrm{S}\left[m\dfrac{\mathrm{f}(r)+\cos^2\alpha\, f(r)}{r}\Delta\xi\right] + \mathrm{S}\left[m\dfrac{\cos\alpha\cos\beta\, f(r)}{r}\Delta\eta\right] + \mathrm{S}\left[m\dfrac{\cos\alpha\cos\gamma\, f(r)}{r}\Delta\zeta\right], \\ \dfrac{\partial^2\eta}{\partial t^2} = \mathrm{S}\left[m\dfrac{\cos\beta\cos\alpha\, f(r)}{r}\Delta\xi\right] + \mathrm{S}\left[m\dfrac{\mathrm{f}(r)+\cos^2\beta\, f(r)}{r}\Delta\eta\right] + \mathrm{S}\left[m\dfrac{\cos\beta\cos\gamma\, f(r)}{r}\Delta\zeta\right], \\ \dfrac{\partial^2\zeta}{\partial t^2} = \mathrm{S}\left[m\dfrac{\cos\gamma\cos\alpha\, f(r)}{r}\Delta\xi\right] + \mathrm{S}\left[m\dfrac{\cos\gamma\cos\beta\, f(r)}{r}\Delta\eta\right] + \mathrm{S}\left[m\dfrac{\mathrm{f}(r)+\cos^2\gamma\, f(r)}{r}\Delta\zeta\right]. \end{cases}$$

Telles sont les équations propres à représenter le mouvement d'un système de molécules qui, étant sollicitées par des forces d'attraction ou de répulsion mutuelle, s'écartent très peu des positions qu'elles occupaient dans un état d'équilibre du système.

§ II. — *Intégration des equations établies dans le paragraphe précédent.*

Quelles que soient les valeurs générales de ξ, η, ζ propres à vérifier les équations (16) du paragraphe précédent, on pourra toujours les supposer développées en séries d'exponentielles dont les exposants soient des fonctions linéaires des variables indépendantes x, y, z. En d'autres termes, on pourra représenter ξ, η, ζ par des expressions de la forme

$$(1)\quad \begin{cases} \xi = \Sigma\, \mathfrak{a}\, e^{(ux+vy+wz)\sqrt{-1}}, \\ \eta = \Sigma\, \mathfrak{b}\, e^{(ux+vy+wz)\sqrt{-1}}, \\ \zeta = \Sigma\, \mathfrak{c}\, e^{(ux+vy+wz)\sqrt{-1}}, \end{cases}$$

u, v, w désignant des constantes arbitraires, mais réelles, $\mathfrak{a}, \mathfrak{b}, \mathfrak{c}$ des fonctions réelles ou imaginaires de x, y, z, t, convenablement choisies, et le signe Σ indiquant une somme de termes semblables les uns aux autres, mais correspondants à divers systèmes de valeurs des constantes arbitraires u, v, w. Cela posé, soient $\mathfrak{d}, \mathfrak{e}, \mathfrak{f}$ les parties réelles des fonctions $\mathfrak{a}, \mathfrak{b}, \mathfrak{c}$, et $-\mathfrak{g}, -\mathfrak{h}, -\mathfrak{i}$ les coefficients de $\sqrt{-1}$ dans ces mêmes fonctions. Les formules (1) deviendront

$$(2)\quad \begin{cases} \xi = \Sigma(\mathfrak{d} - \mathfrak{g}\sqrt{-1})\, e^{(ux+vy+wz)\sqrt{-1}}, \\ \eta = \Sigma(\mathfrak{e} - \mathfrak{h}\sqrt{-1})\, e^{(ux+vy+wz)\sqrt{-1}}, \\ \zeta = \Sigma(\mathfrak{f} - \mathfrak{i}\sqrt{-1})\, e^{(ux+vy+wz)\sqrt{-1}}. \end{cases}$$

Comme on aura d'ailleurs

$$(3)\quad e^{(ux+vy+wz)\sqrt{-1}} = \cos(ux + vy + wz) + \sqrt{-1}\sin(ux + vy + wz),$$

on tirera des équations (2), en développant les produits renfermés sous le signe Σ et supprimant les parties imaginaires dans les valeurs de ξ, η, ζ qui doivent rester réelles,

$$(4)\quad \begin{cases} \xi = \Sigma[\mathfrak{d}\cos(ux + vy + wz) + \mathfrak{g}\sin(ux + vy + wz)], \\ \eta = \Sigma[\mathfrak{e}\cos(ux + vy + wz) + \mathfrak{h}\sin(ux + vy + wz)], \\ \zeta = \Sigma[\mathfrak{f}\cos(ux + vy + wz) + \mathfrak{i}\sin(ux + vy + wz)]. \end{cases}$$

Soient maintenant

$$(5)\qquad (u^2+v^2+w^2)^{\frac{1}{2}}=k$$

et

$$(6)\qquad \frac{u}{k}=a,\qquad \frac{v}{k}=b,\qquad \frac{w}{k}=c.$$

Les constantes a, b, c vérifieront la formule

$$(7)\qquad a^2+b^2+c^2=1$$

et représenteront les cosinus des angles formés par une certaine droite OP avec les demi-axes des coordonnées positives. De plus, comme on tirera des équations (6)

$$(8)\qquad u=ka,\qquad v=kb,\qquad w=kc$$

et, par suite,

$$(9)\qquad ux+vy+wz=k(ax+by+cz),$$

il est clair qu'en posant, pour abréger,

$$(10)\qquad \mathfrak{r}=ax+by+cz,$$

on réduira les équations (4) aux suivantes :

$$(11)\qquad \begin{cases} \xi=\Sigma(\mathfrak{d}\cos k\mathfrak{r}+\mathfrak{g}\sin k\mathfrak{r}),\\ \eta=\Sigma(\mathfrak{e}\cos k\mathfrak{r}+\mathfrak{h}\sin k\mathfrak{r}),\\ \zeta=\Sigma(\mathfrak{f}\cos k\mathfrak{r}+\mathfrak{i}\sin k\mathfrak{r}).\end{cases}$$

Alors $\mathfrak{r}$ représentera la distance du point (x, y, z) à un plan OO′O″ mené par l'origine et perpendiculaire au demi-axe OP, cette distance étant prise avec le signe + ou avec le signe —, suivant qu'elle se mesurera dans le même sens que le demi-axe OP, ou en sens inverse, à partir du plan OO′O″ dont l'équation sera

$$(12)\qquad ax+by+cz=0.$$

Il reste à faire voir comment on pourra trouver les valeurs des coefficients $\mathfrak{d}$, $\mathfrak{e}$, $\mathfrak{f}$, $\mathfrak{g}$, $\mathfrak{h}$, $\mathfrak{i}$ exprimées en fonctions de la variable t et des constantes arbitraires k, a, b, c. On y parviendra sans peine à l'aide des considérations suivantes.

Considérons d'abord le cas particulier où chacune des inconnues ξ, η, ζ serait représentée par un seul des termes compris sous le signe Σ dans les formules (11), c'est-à-dire le cas où l'on aurait

$$(13)\quad \begin{cases} \xi = \mathfrak{d}\cos k\mathfrak{r} + \mathfrak{g}\sin k\mathfrak{r}, \\ \eta = \mathfrak{e}\cos k\mathfrak{r} + \mathfrak{h}\sin k\mathfrak{r}, \\ \zeta = \mathfrak{f}\cos k\mathfrak{r} + \mathfrak{i}\sin k\mathfrak{r}. \end{cases}$$

Alors, en indiquant par la caractéristique Δ l'accroissement que reçoit une fonction de x, y, z, quand on fait croître x de Δx, y de Δy, z de Δz, et par la lettre δ l'angle que forme le rayon r avec le demi-axe OP, on trouvera

$$(14)\quad \cos\delta = a\cos\alpha + b\cos\beta + c\cos\gamma;$$

puis on tirera : 1° de l'équation (10), jointe aux formules (4) du § I,

$$(15)\quad \Delta\mathfrak{r} = a\,\Delta x + b\,\Delta y + c\,\Delta z = r\cos\delta$$

et, par suite,

$$(16)\quad \begin{cases} \Delta\cos k\mathfrak{r} = \cos(k\mathfrak{r} + k\,\Delta\mathfrak{r}) - \cos k\mathfrak{r} \\ \qquad = -[1 - \cos(kr\cos\delta)]\cos k\mathfrak{r} - \sin(kr\cos\delta)\sin k\mathfrak{r}, \\ \Delta\sin k\mathfrak{r} = \sin(k\mathfrak{r} + k\,\Delta\mathfrak{r}) - \sin k\mathfrak{r} \\ \qquad = -[1 - \cos(kr\cos\delta)]\sin k\mathfrak{r} + \sin(kr\cos\delta)\cos k\mathfrak{r}; \end{cases}$$

2° de la première des équations (13)

$$(17)\quad \begin{cases} \Delta\xi = -(\mathfrak{d}\cos k\mathfrak{r} + \mathfrak{g}\sin k\mathfrak{r})[1 - \cos(kr\cos\delta)] \\ \qquad + (\mathfrak{g}\cos k\mathfrak{r} - \mathfrak{d}\sin k\mathfrak{r})\sin(kr\cos\delta). \end{cases}$$

Donc, si l'on prend pour variables indépendantes $\mathfrak{r}$ et t, au lieu de x, y, z, t, on aura simplement

$$(18)\quad \Delta\xi = -[1 - \cos(kr\cos\delta)]\xi + \frac{\sin(kr\cos\delta)}{k}\frac{\partial\xi}{\partial\mathfrak{r}}$$

ou, ce qui revient au même,

$$(19)\quad \begin{cases} \Delta\xi = -2\xi \sin^2\left(\dfrac{kr\cos\delta}{2}\right) + \dfrac{\sin(kr\cos\delta)}{k}\dfrac{\partial\xi}{\partial\iota}; \\ \text{on trouvera de même} \\ \Delta\eta = -2\eta \sin^2\left(\dfrac{kr\cos\delta}{2}\right) + \dfrac{\sin(kr\cos\delta)}{k}\dfrac{\partial\eta}{\partial\iota}, \\ \Delta\zeta = -2\zeta \sin^2\left(\dfrac{kr\cos\delta}{2}\right) + \dfrac{\sin(kr\cos\delta)}{k}\dfrac{\partial\zeta}{\partial\iota}. \end{cases}$$

En substituant les valeurs précédentes de $\Delta\xi$, $\Delta\eta$, $\Delta\zeta$ dans les équations (16) du § I et faisant, pour abréger,

$$(20)\quad \begin{cases} \mathcal{L} = S\left[\dfrac{2m\,\mathrm{f}(r)}{r}\sin^2\left(\dfrac{kr\cos\delta}{2}\right)\right] + S\left[\dfrac{2m\,f(r)}{r}\cos^2\alpha\sin^2\left(\dfrac{kr\cos\delta}{2}\right)\right], \\ \mathcal{M} = S\left[\dfrac{2m\,\mathrm{f}(r)}{r}\sin^2\left(\dfrac{kr\cos\delta}{2}\right)\right] + S\left[\dfrac{2m\,f(r)}{r}\cos^2\beta\sin^2\left(\dfrac{kr\cos\delta}{2}\right)\right], \\ \mathcal{N} = S\left[\dfrac{2m\,\mathrm{f}(r)}{r}\sin^2\left(\dfrac{kr\cos\delta}{2}\right)\right] + S\left[\dfrac{2m\,f(r)}{r}\cos^2\gamma\sin^2\left(\dfrac{kr\cos\delta}{2}\right)\right]; \end{cases}$$

$$(21)\quad \begin{cases} \mathcal{P} = S\left[\dfrac{2m\,f(r)}{r}\cos\beta\cos\gamma\sin^2\left(\dfrac{kr\cos\delta}{2}\right)\right], \\ \mathcal{Q} = S\left[\dfrac{2m\,f(r)}{r}\cos\gamma\cos\alpha\sin^2\left(\dfrac{kr\cos\delta}{2}\right)\right], \\ \mathcal{R} = S\left[\dfrac{2m\,f(r)}{r}\cos\alpha\cos\beta\sin^2\left(\dfrac{kr\cos\delta}{2}\right)\right]; \end{cases}$$

$$(22)\quad \begin{cases} \mathcal{L}' = S\left[\dfrac{m\,\mathrm{f}(r)}{kr}\sin(kr\cos\delta)\right] + S\left[\dfrac{m\,f(r)}{kr}\cos^2\alpha\sin(kr\cos\delta)\right], \\ \mathcal{M}' = S\left[\dfrac{m\,\mathrm{f}(r)}{kr}\sin(kr\cos\delta)\right] + S\left[\dfrac{m\,f(r)}{kr}\cos^2\beta\sin(kr\cos\delta)\right], \\ \mathcal{N}' = S\left[\dfrac{m\,\mathrm{f}(r)}{kr}\sin(kr\cos\delta)\right] + S\left[\dfrac{m\,f(r)}{kr}\cos^2\gamma\sin(kr\cos\delta)\right]; \end{cases}$$

$$(23)\quad \begin{cases} \mathcal{P}' = S\left[\dfrac{m\,f(r)}{kr}\cos\beta\cos\gamma\sin(kr\cos\delta)\right], \\ \mathcal{Q}' = S\left[\dfrac{m\,f(r)}{kr}\cos\gamma\cos\alpha\sin(kr\cos\delta)\right], \\ \mathcal{R}' = S\left[\dfrac{m\,f(r)}{kr}\cos\alpha\cos\beta\sin(kr\cos\delta)\right], \end{cases}$$

on en conclura

$$(24)\quad \begin{cases} \dfrac{\partial^2\xi}{\partial t^2} = -(\mathcal{L}\xi + \mathcal{R}\eta + \mathcal{Q}\zeta) + \left(\mathcal{L}'\dfrac{\partial\xi}{\partial t} + \mathcal{R}'\dfrac{\partial\eta}{\partial t} + \mathcal{Q}'\dfrac{\partial\zeta}{\partial t}\right), \\ \dfrac{\partial^2\eta}{\partial t^2} = -(\mathcal{R}\xi + \mathcal{M}\eta + \mathcal{P}\zeta) + \left(\mathcal{R}'\dfrac{\partial\xi}{\partial t} + \mathcal{M}'\dfrac{\partial\eta}{\partial t} + \mathcal{P}'\dfrac{\partial\zeta}{\partial t}\right), \\ \dfrac{\partial^2\zeta}{\partial t^2} = -(\mathcal{Q}\xi + \mathcal{P}\eta + \mathcal{N}\zeta) + \left(\mathcal{Q}'\dfrac{\partial\xi}{\partial t} + \mathcal{P}'\dfrac{\partial\eta}{\partial t} + \mathcal{N}'\dfrac{\partial\zeta}{\partial t}\right). \end{cases}$$

Les équations (24) se simplifient lorsque, dans l'état d'équilibre du système proposé, les masses des molécules m, m', m'', ... sont deux à deux égales entre elles et distribuées symétriquement de part et d'autre d'une molécule quelconque $\mathfrak{m}$ sur des droites menées par le point avec lequel cette molécule coïncide. En effet, comme la valeur de $\cos\delta$ déterminée par l'équation (14), et par suite les termes dont se composent les sommes indiquées par le signe S dans chacune des formules (22), (23), changent de signe en même temps que les cosinus des trois angles α, β, γ, il est clair que ces termes, comparés deux à deux, seront, dans le cas dont il s'agit, équivalents au signe près, mais affectés de signes contraires. Donc alors les coefficients désignés par $\mathcal{L}'$, $\mathcal{M}'$, $\mathcal{N}'$, $\mathcal{P}'$, $\mathcal{Q}'$, $\mathcal{R}'$ s'évanouiront, et les équations (24) se réduiront à

$$(25)\quad \begin{cases} \dfrac{\partial^2\xi}{\partial t^2} = -(\mathcal{L}\xi + \mathcal{R}\eta + \mathcal{Q}\zeta), \\ \dfrac{\partial^2\eta}{\partial t^2} = -(\mathcal{R}\xi + \mathcal{M}\eta + \mathcal{P}\zeta), \\ \dfrac{\partial^2\zeta}{\partial t^2} = -(\mathcal{Q}\xi + \mathcal{P}\eta + \mathcal{N}\zeta). \end{cases}$$

Les équations (25) fournissent le moyen de déterminer, au bout du temps t, les trois fonctions ξ, η, ζ, ou, ce qui revient au même, les six fonctions $\mathfrak{d}$, $\mathfrak{e}$, $\mathfrak{f}$, $\mathfrak{g}$, $\mathfrak{h}$, $\mathfrak{i}$, lorsque l'on connaît les valeurs initiales de ces mêmes fonctions et de leurs dérivées prises par rapport à t. En effet, représentons par

$$\xi_0,\quad \eta_0,\quad \zeta_0,\quad \mathfrak{d}_0,\quad \mathfrak{e}_0,\quad \mathfrak{f}_0,\quad \mathfrak{g}_0,\quad \mathfrak{h}_0,\quad \mathfrak{i}_0$$

les valeurs initiales de

$$\xi,\quad \eta,\quad \zeta,\quad \mathfrak{d},\quad \mathfrak{e},\quad \mathfrak{f},\quad \mathfrak{g},\quad \mathfrak{h},\quad \mathfrak{i},$$

et par

$$\xi_1,\quad \eta_1,\quad \zeta_1,\quad \mathfrak{d}_1,\quad \mathfrak{e}_1,\quad \mathfrak{f}_1,\quad \mathfrak{g}_1,\quad \mathfrak{h}_1,\quad \mathfrak{i}_1$$

les valeurs initiales de

$$\frac{\partial\xi}{\partial t},\quad \frac{\partial\eta}{\partial t},\quad \frac{\partial\zeta}{\partial t},\quad \frac{\partial\mathfrak{d}}{\partial t},\quad \frac{\partial\mathfrak{e}}{\partial t},\quad \frac{\partial\mathfrak{f}}{\partial t},\quad \frac{\partial\mathfrak{g}}{\partial t},\quad \frac{\partial\mathfrak{h}}{\partial t},\quad \frac{\partial\mathfrak{i}}{\partial t}.$$

On aura, en vertu des formules (13),

$$(26)\qquad \left\{\begin{aligned} \xi_0 &= \mathfrak{d}_0 \cos k\mathfrak{t} + \mathfrak{g}_0 \sin k\mathfrak{t},\\ \eta_0 &= \mathfrak{e}_0 \cos k\mathfrak{t} + \mathfrak{h}_0 \sin k\mathfrak{t},\\ \zeta_0 &= \mathfrak{f}_0 \cos k\mathfrak{t} + \mathfrak{i}_0 \sin k\mathfrak{t},\end{aligned}\right.$$

$$(27)\qquad \left\{\begin{aligned} \xi_1 &= \mathfrak{d}_1 \cos k\mathfrak{t} + \mathfrak{g}_1 \sin k\mathfrak{t},\\ \eta_1 &= \mathfrak{e}_1 \cos k\mathfrak{t} + \mathfrak{h}_1 \sin k\mathfrak{t},\\ \zeta_1 &= \mathfrak{f}_1 \cos k\mathfrak{t} + \mathfrak{i}_1 \sin k\mathfrak{t},\end{aligned}\right.$$

et l'on pourra déduire des équations (25) les valeurs de ξ, η, ζ relatives à un instant quelconque, en suivant la méthode que nous allons indiquer.

Soient $\mathcal{A}$, $\mathcal{B}$, $\mathcal{C}$ les cosinus des angles que forme, avec les demi-axes des x, y, z positives, une droite OA menée par l'origine et prolongée dans un certain sens. On aura

$$(28)\qquad \mathcal{A}^2 + \mathcal{B}^2 + \mathcal{C}^2 = 1,$$

et la droite OA sera représentée par la formule

$$(29)\qquad \frac{x}{\mathcal{A}} = \frac{y}{\mathcal{B}} = \frac{z}{\mathcal{C}}.$$

Soit encore

$$(30)\qquad \mathfrak{s} = \mathcal{A}\xi + \mathcal{B}\eta + \mathcal{C}\zeta.$$

La valeur de $\mathfrak{s}$, déterminée par la formule (30), représentera le déplacement de la molécule $\mathfrak{m}$ mesuré parallèlement à la droite OA, et sera positive si ce déplacement se compte dans le même sens que la direction OA, mais négative dans le cas contraire. D'ailleurs, si l'on combine par voie d'addition les formules (25) après avoir multiplié les deux membres de la première par $\mathcal{A}$, de la seconde par $\mathcal{B}$, de la troisième par $\mathcal{C}$, et si l'on choisit $\mathcal{A}$, $\mathcal{B}$, $\mathcal{C}$, ou plutôt le rapport $\frac{\mathcal{B}}{\mathcal{A}}$, $\frac{\mathcal{C}}{\mathcal{A}}$, de manière que les trois fractions

$$(31) \qquad \frac{\mathcal{L}\mathcal{A}+\mathcal{R}\mathcal{B}+\mathcal{Q}\mathcal{C}}{\mathcal{A}}, \quad \frac{\mathcal{R}\mathcal{A}+\mathcal{M}\mathcal{B}+\mathcal{P}\mathcal{C}}{\mathcal{B}}, \quad \frac{\mathcal{Q}\mathcal{A}+\mathcal{P}\mathcal{B}+\mathcal{N}\mathcal{C}}{\mathcal{C}}$$

deviennent égales entre elles, on trouvera, en désignant par s^2 la valeur commune de ces trois fractions,

$$(32) \qquad \frac{\partial^2 \mathfrak{s}}{\partial t^2} = -s^2 \mathfrak{s}.$$

Or il existe trois valeurs de s^2 propres à vérifier la formule

$$(33) \qquad \frac{\mathcal{L}\mathcal{A}+\mathcal{R}\mathcal{B}+\mathcal{Q}\mathcal{C}}{\mathcal{A}} = \frac{\mathcal{R}\mathcal{A}+\mathcal{M}\mathcal{B}+\mathcal{P}\mathcal{C}}{\mathcal{B}} = \frac{\mathcal{Q}\mathcal{A}+\mathcal{P}\mathcal{B}+\mathcal{N}\mathcal{C}}{\mathcal{C}} = s^2$$

et, par conséquent, les trois équations

$$(34) \qquad \begin{cases} (\mathcal{L}-s^2)\mathcal{A}+\mathcal{R}\mathcal{B}+\mathcal{Q}\mathcal{C}=0, \\ \mathcal{R}\mathcal{A}+(\mathcal{M}-s^2)\mathcal{B}+\mathcal{P}\mathcal{C}=0, \\ \mathcal{Q}\mathcal{A}+\mathcal{P}\mathcal{B}+(\mathcal{N}-s^2)\mathcal{C}=0, \end{cases}$$

desquelles on tire

$$(35) \qquad \begin{cases} (\mathcal{L}-s^2)(\mathcal{M}-s^2)(\mathcal{N}-s^2) \\ \quad -\mathcal{P}^2(\mathcal{L}-s^2)-\mathcal{Q}^2(\mathcal{M}-s^2)-\mathcal{R}^2(\mathcal{N}-s^2)+2\mathcal{P}\mathcal{Q}\mathcal{R}=0. \end{cases}$$

De plus, à ces trois valeurs de s^2 correspondent trois systèmes de valeurs pour les rapports $\frac{\mathcal{B}}{\mathcal{A}}$, $\frac{\mathcal{C}}{\mathcal{A}}$, et, par conséquent, trois droites OA′, OA″, OA‴ avec lesquelles on peut faire coïncider successivement la droite OA. Enfin, il résulte de la forme des équations (34) que ces trois droites se confondent avec les trois axes de la surface du second degré représentée par l'équation

$$(36) \qquad \mathcal{L}x^2+\mathcal{M}y^2+\mathcal{N}z^2+2\mathcal{P}yz+2\mathcal{Q}zx+2\mathcal{R}xy=1,$$

x, y, z désignant de nouvelles coordonnées relatives à de nouveaux axes rectangulaires qui seraient menées par le point O parallèlement aux axes des x, y, z; et l'on peut ajouter que, dans le cas où cette surface est un ellipsoïde, les trois valeurs de $\frac{1}{s^2}$ sont précisément les carrés des trois demi-axes. Donc, à l'aide de la formule (32), on pourra déterminer, au bout du temps t, les trois déplacements de la molécule m mesurés parallèlement aux trois axes de l'ellipsoïde et, par suite, à trois droites perpendiculaires entre elles. Si l'on désigne ces trois déplacements par $\mathfrak{s}'$, $\mathfrak{s}''$, $\mathfrak{s}'''$ et les valeurs correspondantes de $\mathcal{A}$, $\mathcal{B}$, $\mathcal{C}$ par

$$\mathcal{A}',\quad \mathcal{B}',\quad \mathcal{C}',\quad \mathcal{A}'',\quad \mathcal{B}'',\quad \mathcal{C}'',\quad \mathcal{A}''',\quad \mathcal{B}''',\quad \mathcal{C}''',$$

on tirera de la formule (30)

$$(37)\qquad \begin{cases} \mathfrak{s}' = \mathcal{A}'\xi + \mathcal{B}'\eta + \mathcal{C}'\zeta, \\ \mathfrak{s}'' = \mathcal{A}''\xi + \mathcal{B}''\eta + \mathcal{C}''\zeta, \\ \mathfrak{s}''' = \mathcal{A}'''\xi + \mathcal{B}'''\eta + \mathcal{C}'''\zeta; \end{cases}$$

et, comme on aura d'ailleurs

$$(38)\qquad \begin{cases} \mathcal{A}'^2 + \mathcal{B}'^2 + \mathcal{C}'^2 = 1, \\ \mathcal{A}''^2 + \mathcal{B}''^2 + \mathcal{C}''^2 = 1, \\ \mathcal{A}'''^2 + \mathcal{B}'''^2 + \mathcal{C}'''^2 = 1, \\ \mathcal{A}''\mathcal{A}''' + \mathcal{B}''\mathcal{B}''' + \mathcal{C}''\mathcal{C}''' = 0, \\ \mathcal{A}'''\mathcal{A}' + \mathcal{B}'''\mathcal{B}' + \mathcal{C}'''\mathcal{C}' = 0, \\ \mathcal{A}'\mathcal{A}'' + \mathcal{B}'\mathcal{B}'' + \mathcal{C}'\mathcal{C}'' = 0, \end{cases}$$

puisque les trois droites OA′, OA″, OA‴ se coupent à angles droits, on conclura des formules (37)

$$(39)\qquad \begin{cases} \xi = \mathcal{A}'\mathfrak{s}' + \mathcal{A}''\mathfrak{s}'' + \mathcal{A}'''\mathfrak{s}''', \\ \eta = \mathcal{B}'\mathfrak{s}' + \mathcal{B}''\mathfrak{s}'' + \mathcal{B}'''\mathfrak{s}''', \\ \zeta = \mathcal{C}'\mathfrak{s}' + \mathcal{C}''\mathfrak{s}'' + \mathcal{C}'''\mathfrak{s}'''. \end{cases}$$

Quant aux valeurs générales de $\mathfrak{s}'$, $\mathfrak{s}''$, $\mathfrak{s}'''$, on les déduira de l'équation (32) en opérant comme il suit.

Soient $\mathfrak{z}_0$, $\mathfrak{z}_1$ les valeurs initiales de $\mathfrak{z}$ et de $\frac{\partial \mathfrak{z}}{\partial t}$. On aura

$$(40)\qquad \mathfrak{z}_0 = \mathcal{A}\xi_0 + \mathcal{B}\eta_0 + \mathcal{C}\zeta_0,$$

$$(41)\qquad \mathfrak{z}_1 = \mathcal{A}\xi_1 + \mathcal{B}\eta_1 + \mathcal{C}\zeta_1$$

ou, ce qui revient au même,

$$(42)\qquad \mathfrak{z}_0 = (\mathfrak{d}_0\mathcal{A} + \mathfrak{e}_0\mathcal{B} + \mathfrak{f}_0\mathcal{C})\cos k\mathfrak{t} + (\mathfrak{g}_0\mathcal{A} + \mathfrak{h}_0\mathcal{B} + \mathfrak{i}_0\mathcal{C})\sin k\mathfrak{t},$$

$$(43)\qquad \mathfrak{z}_1 = (\mathfrak{d}_1\mathcal{A} + \mathfrak{e}_1\mathcal{B} + \mathfrak{f}_1\mathcal{C})\cos k\mathfrak{t} + (\mathfrak{g}_1\mathcal{A} + \mathfrak{h}_1\mathcal{B} + \mathfrak{i}_1\mathcal{C})\sin k\mathfrak{t},$$

et l'on tire de l'équation (32)

$$(44)\qquad \mathfrak{z} = \mathfrak{z}_0\cos st + \mathfrak{z}_1\frac{\sin st}{s} = \mathfrak{z}_0\cos st + \mathfrak{z}_1\int_0^t \cos st\,dt$$

ou, en d'autres termes,

$$(45)\quad \left\{\begin{aligned} \mathfrak{z} = {} & (\mathfrak{d}_0\mathcal{A} + \mathfrak{e}_0\mathcal{B} + \mathfrak{f}_0\mathcal{C})\frac{\cos(k\mathfrak{t}+st)+\cos(k\mathfrak{t}-st)}{2} + (\mathfrak{g}_0\mathcal{A} + \mathfrak{h}_0\mathcal{B} + \mathfrak{i}_0\mathcal{C})\frac{\sin(k\mathfrak{t}+st)+\sin(k\mathfrak{t}-st)}{2} \\ & + \int_0^t \left[(\mathfrak{d}_1\mathcal{A} + \mathfrak{e}_1\mathcal{B} + \mathfrak{f}_1\mathcal{C})\frac{\cos(k\mathfrak{t}+st)+\cos(k\mathfrak{t}-st)}{2} + (\mathfrak{g}_1\mathcal{A} + \mathfrak{h}_1\mathcal{B} + \mathfrak{i}_1\mathcal{C})\frac{\sin(k\mathfrak{t}+st)+\sin(k\mathfrak{t}-st)}{2}\right]dt. \end{aligned}\right.$$

Cela posé, faisons, pour abréger,

$$(46)\qquad \left\{\begin{aligned} \mathfrak{d}_0\cos k\mathfrak{t} + \mathfrak{g}_0\sin k\mathfrak{t} &= \varphi(\mathfrak{t}), \\ \mathfrak{e}_0\cos k\mathfrak{t} + \mathfrak{h}_0\sin k\mathfrak{t} &= \chi(\mathfrak{t}), \\ \mathfrak{f}_0\cos k\mathfrak{t} + \mathfrak{i}_0\sin k\mathfrak{t} &= \psi(\mathfrak{t}), \end{aligned}\right.$$

$$(47)\qquad \left\{\begin{aligned} \mathfrak{d}_1\cos k\mathfrak{t} + \mathfrak{g}_1\sin k\mathfrak{t} &= \Phi(\mathfrak{t}), \\ \mathfrak{e}_1\cos k\mathfrak{t} + \mathfrak{h}_1\sin k\mathfrak{t} &= \mathrm{X}(\mathfrak{t}), \\ \mathfrak{f}_1\cos k\mathfrak{t} + \mathfrak{i}_1\sin k\mathfrak{t} &= \Psi(\mathfrak{t}) \end{aligned}\right.$$

et

$$(48)\qquad \frac{s}{k} = \Omega.$$

Les fonctions

$$(49)\qquad \varphi(\mathfrak{t}),\quad \chi(\mathfrak{t}),\quad \psi(\mathfrak{t}),\quad \Phi(\mathfrak{t}),\quad \mathrm{X}(\mathfrak{t}),\quad \Psi(\mathfrak{t})$$

représenteront les valeurs initiales de

$$\xi,\quad \eta,\quad \zeta,\quad \frac{\partial\xi}{\partial t},\quad \frac{\partial\eta}{\partial t},\quad \frac{\partial\zeta}{\partial t},$$

et l'on tirera de l'équation (44), réunie aux formules (42), (43),

$$(50)\quad \left\{\begin{aligned} \mathfrak{s} = {} & \mathcal{A}\,\frac{\varphi(\mathfrak{r}+\Omega t)+\varphi(\mathfrak{r}-\Omega t)}{2} + \mathcal{B}\,\frac{\chi(\mathfrak{r}+\Omega t)+\chi(\mathfrak{r}-\Omega t)}{2} + \mathcal{C}\,\frac{\psi(\mathfrak{r}+\Omega t)+\psi(\mathfrak{r}-\Omega t)}{2} \\ & + \int_0^t \left[\mathcal{A}\,\frac{\Phi(\mathfrak{r}+\Omega t)+\Phi(\mathfrak{r}-\Omega t)}{2} + \mathcal{B}\,\frac{\mathrm{X}(\mathfrak{r}+\Omega t)+\mathrm{X}(\mathfrak{r}-\Omega t)}{2} + \mathcal{C}\,\frac{\Psi(\mathfrak{r}+\Omega t)+\Psi(\mathfrak{r}-\Omega t)}{2}\right] dt. \end{aligned}\right.$$

Concevons maintenant que, les trois valeurs de s^2 propres à vérifier l'équation (35) étant positives, les valeurs correspondantes et positives de s soient désignées par s', s'', s''' et les valeurs correspondantes de Ω par Ω', Ω'', Ω'''. La formule (50) donnera

$$(51)\quad \left\{\begin{aligned} \mathfrak{s}' = {} & \mathcal{A}'\,\frac{\varphi(\mathfrak{r}+\Omega' t)+\varphi(\mathfrak{r}-\Omega' t)}{2} + \mathcal{B}'\,\frac{\chi(\mathfrak{r}+\Omega' t)+\chi(\mathfrak{r}-\Omega' t)}{2} + \mathcal{C}'\,\frac{\psi(\mathfrak{r}+\Omega' t)+\psi(\mathfrak{r}-\Omega' t)}{2} \\ & + \int_0^t \left[\mathcal{A}'\,\frac{\Phi(\mathfrak{r}+\Omega' t)+\Phi(\mathfrak{r}-\Omega' t)}{2} + \mathcal{B}'\,\frac{\mathrm{X}(\mathfrak{r}+\Omega' t)+\mathrm{X}(\mathfrak{r}-\Omega' t)}{2} + \mathcal{C}'\,\frac{\Psi(\mathfrak{r}+\Omega' t)+\Psi(\mathfrak{r}-\Omega' t)}{2}\right] dt. \end{aligned}\right.$$

$$(52)\quad \left\{\begin{aligned} \mathfrak{s}'' = {} & \mathcal{A}''\,\frac{\varphi(\mathfrak{r}+\Omega'' t)+\varphi(\mathfrak{r}-\Omega'' t)}{2} + \mathcal{B}''\,\frac{\chi(\mathfrak{r}+\Omega'' t)+\chi(\mathfrak{r}-\Omega'' t)}{2} + \mathcal{C}''\,\frac{\psi(\mathfrak{r}+\Omega'' t)+\psi(\mathfrak{r}-\Omega'' t)}{2} \\ & + \int_0^t \left[\mathcal{A}''\,\frac{\Phi(\mathfrak{r}+\Omega'' t)+\Phi(\mathfrak{r}-\Omega'' t)}{2} + \mathcal{B}''\,\frac{\mathrm{X}(\mathfrak{r}+\Omega'' t)+\mathrm{X}(\mathfrak{r}-\Omega'' t)}{2} + \mathcal{C}''\,\frac{\Psi(\mathfrak{r}+\Omega'' t)+\Psi(\mathfrak{r}-\Omega'' t)}{2}\right] dt; \end{aligned}\right.$$

$$(53)\quad \left\{\begin{aligned} \mathfrak{s}''' = {} & \mathcal{A}'''\,\frac{\varphi(\mathfrak{r}+\Omega''' t)+\varphi(\mathfrak{r}-\Omega''' t)}{2} + \mathcal{B}'''\,\frac{\chi(\mathfrak{r}+\Omega''' t)+\chi(\mathfrak{r}-\Omega''' t)}{2} + \mathcal{C}'''\,\frac{\psi(\mathfrak{r}+\Omega''' t)+\psi(\mathfrak{r}-\Omega''' t)}{2} \\ & + \int_0^t \left[\mathcal{A}'''\,\frac{\Phi(\mathfrak{r}+\Omega''' t)+\Phi(\mathfrak{r}-\Omega''' t)}{2} + \mathcal{B}'''\,\frac{\mathrm{X}(\mathfrak{r}+\Omega''' t)+\mathrm{X}(\mathfrak{r}-\Omega''' t)}{2} + \mathcal{C}'''\,\frac{\Psi(\mathfrak{r}+\Omega''' t)+\Psi(\mathfrak{r}-\Omega''' t)}{2}\right] dt. \end{aligned}\right.$$

En substituant les valeurs précédentes de $\mathfrak{s}'$, $\mathfrak{s}''$, $\mathfrak{s}'''$ dans les équations (39), on obtiendra pour ξ, η, ζ des fonctions de $\mathfrak{r}$ et de t qui auront la double propriété de satisfaire, au bout d'un temps quelconque t, aux équations (25) et de vérifier, pour une valeur nulle de t, les conditions

$$(54)\quad \left\{\begin{aligned} & \xi = \varphi(\mathfrak{r}), && \eta = \chi(\mathfrak{r}), && \zeta = \psi(\mathfrak{r}), \\ & \frac{\partial\xi}{\partial t} = \Phi(\mathfrak{r}), && \frac{\partial\eta}{\partial t} = \mathrm{X}(\mathfrak{r}), && \frac{\partial\zeta}{\partial t} = \Psi(\mathfrak{r}). \end{aligned}\right.$$

Les inconnues ξ, η, ζ et $\mathfrak{s}'$, $\mathfrak{s}''$, $\mathfrak{s}'''$, ou les déplacements de la molécule $\mathfrak{m}$ mesurés parallèlement aux axes des x, y, z et à ceux de l'ellipsoïde (36), étant déterminées comme on vient de le dire, on en déduira sans peine la vitesse ω de la molécule m au bout d'un temps quelconque t. En effet, si l'on projette cette vitesse : 1° sur les axes des x, y, z; 2° sur les axes de l'ellipsoïde (36), on trouvera pour projections algébriques, dans le premier cas,

$$\frac{\partial\xi}{\partial t}, \quad \frac{\partial\eta}{\partial t}, \quad \frac{\partial\zeta}{\partial t}, \tag{55}$$

dans le second cas

$$\frac{\partial s'}{\partial t}, \quad \frac{\partial s''}{\partial t}, \quad \frac{\partial s'''}{\partial t}, \tag{56}$$

et par suite on aura

$$\omega^2 = \left(\frac{\partial\xi}{\partial t}\right)^2 + \left(\frac{\partial\eta}{\partial t}\right)^2 + \left(\frac{\partial\zeta}{\partial t}\right)^2 = \left(\frac{\partial s'}{\partial t}\right)^2 + \left(\frac{d s''}{\partial t}\right)^2 + \left(\frac{\partial s'''}{\partial t}\right)^2. \tag{57}$$

Il est bon d'observer que les équations (51), (52), (53) sont toutes trois comprises dans la formule (50), de laquelle on les déduit en prenant successivement $s = s'$, $s = s''$, $s = s'''$. Si d'ailleurs on pose

$$\varpi(\imath) = \mathcal{A}\,\varphi(\imath) + \mathcal{B}\,\chi(\imath) + \mathcal{C}\,\psi(\imath), \tag{58}$$

$$\Pi(\imath) = \mathcal{A}\,\Phi(\imath) + \mathcal{B}\,\mathrm{X}(\imath) + \mathcal{C}\,\Psi(\imath) \tag{59}$$

ou, ce qui revient au même,

$$\varpi(\imath) = (\mathfrak{d}_0\mathcal{A} + \mathfrak{e}_0\mathcal{B} + \mathfrak{f}_0\mathcal{C})\cos k\imath + (\mathfrak{g}_0\mathcal{A} + \mathfrak{h}_0\mathcal{B} + \mathfrak{i}_0\mathcal{C})\sin k\imath, \tag{60}$$

$$\Pi(\imath) = (\mathfrak{d}_1\mathcal{A} + \mathfrak{e}_1\mathcal{B} + \mathfrak{f}_1\mathcal{C})\cos k\imath + (\mathfrak{g}_1\mathcal{A} + \mathfrak{h}_1\mathcal{B} + \mathfrak{i}_1\mathcal{C})\sin k\imath, \tag{61}$$

la formule (50) sera réduite à

$$s = \frac{\varpi(\imath + \Omega t) + \varpi(\imath - \Omega t)}{2} + \int_0^t \frac{\Pi(\imath + \Omega t) + \Pi(\imath - \Omega t)}{2}\,dt. \tag{62}$$

Dans le mouvement que représentent les équations (39) réunies aux formules (51), (52), (53), les déplacements et les vitesses des molécules dépendent des seules variables $\imath$ et t. Donc, au bout d'un temps quelconque t, ces déplacements et ces vitesses seront les mêmes pour les molécules situées à la même distance $\imath$ du plan représenté par l'équation (12).

Lorsque, à l'origine du mouvement, les vitesses et les déplacements des molécules sont parallèles à l'un des trois axes de l'ellipsoïde (36), les fonctions $\varpi(\text{x})$, $\Pi(\text{x})$ déterminées par les formules (60), (61), et l'inconnue 8 déterminée par l'équation (62) s'évanouissent pour deux des valeurs de s représentées par s', s'', s'''; en d'autres termes, deux des déplacements absolus et les vitesses absolues des molécules restent toujours parallèles au même axe de l'ellipsoïde. Si, dans le cas dont il s'agit, celui des déplacements $8'$, $8''$, $8'''$ qui diffère de zéro étant désigné par 8, les valeurs initiales de 8 et $\frac{\partial 8}{\partial t}$, savoir $\varpi(\text{x})$ et $\Pi(\text{x})$, vérifient la condition

$$\Pi(\text{x}) = \Omega\,\varpi'(\text{x}), \tag{63}$$

la formule (62) donnera

$$8 = \varpi(\text{x} + \Omega t). \tag{64}$$

Alors la valeur de 8 sera la même pour les molécules situées, au bout du temps t, à la distance x du plan $O'O''O'''$ représenté par l'équation (12), et pour les molécules situées au bout du temps $t + \Delta t$, à la distance $\text{x} + \Delta\text{x}$, la quantité Δx étant déterminée par la formule

$$\Delta\text{x} = -\Omega\,\Delta t. \tag{65}$$

Donc le mouvement d'une molécule quelconque $\mathfrak{m}$ se transmettra immédiatement à d'autres molécules voisines situées du côté des x négatives, et la vitesse avec laquelle le mouvement se propagera dans une direction perpendiculaire au plan $OO'O''$, ou la valeur numérique de $\frac{\Delta\text{x}}{\Delta t}$ fournie par l'équation (20), sera précisément la constante positive Ω. De plus, comme la fonction $\varpi(\text{x})$, déterminée par l'équation (60), reprend la même valeur quand on y fait croître x de $\frac{2\pi}{k}$, il est clair que la fonction $8 = \varpi(\text{x} + \Omega t)$ reprendra la même valeur quand on attribuera l'accroissement $\frac{2\pi}{k}$ à la variable x, ou l'accroissement $\frac{2\pi}{k\Omega}$ à la variable t. Cela posé, faisons

$$l = \frac{2\pi}{k} \tag{66}$$

et

$$(67) \qquad \mathrm{T} = \frac{2\pi}{k\Omega}.$$

Si, au bout du temps t, on divise l'espace en une infinité de tranches par des plans parallèles les uns aux autres, et correspondants aux valeurs de $\mathfrak{r}$ qui reproduisent des valeurs données de la fonction $\mathfrak{s}$ et de sa dérivée $\frac{\partial \mathfrak{s}}{\partial t}$, la constante l représentera évidemment l'épaisseur de chaque tranche, tandis que la constante T représentera la durée des oscillations isochrones, successivement exécutées par une molécule. Nous nommerons *ondes planes* les tranches dont nous venons de parler, et, pour fixer les idées, nous supposerons ces ondes comprises entre des plans tracés de manière qu'au bout du temps t l'épaisseur de l'une d'elles soit divisée en parties égales par le plan auquel appartient l'équation

$$(68) \qquad \mathfrak{r} = -\Omega t$$

ou

$$(69) \qquad ax + by + cz = -\Omega t.$$

Alors on aura constamment

$$(70) \qquad \mathfrak{s} = \varpi(0) \quad \text{et} \quad \frac{\partial \mathfrak{s}}{\partial t} = \Omega\,\varpi'(0)$$

ou, ce qui revient au même,

$$(71) \qquad \mathfrak{s} = \mathfrak{d}_0 \mathcal{A} + \mathfrak{e}_0 \mathcal{B} + \mathfrak{f}_0 \mathcal{C} \quad \text{et} \quad \frac{\partial \mathfrak{s}}{\partial t} = k\Omega(\mathfrak{g}_0 \mathcal{A} + \mathfrak{h}_0 \mathcal{B} + \mathfrak{i}_0 \mathcal{C})$$

pour tous les points situés dans les plans qui diviseront en parties égales les épaisseurs des différentes ondes, et

$$(72) \qquad \mathfrak{s} = \varpi\left(\frac{l}{2}\right), \quad \frac{\partial \mathfrak{s}}{\partial t} = k\Omega\,\varpi'\left(\frac{l}{2}\right)$$

ou, ce qui revient au même,

$$(73) \qquad \mathfrak{s} = -(\mathfrak{d}_0 \mathcal{A} + \mathfrak{e}_0 \mathcal{B} + \mathfrak{f}_0 \mathcal{C}), \quad \frac{\partial \mathfrak{s}}{\partial t} = -k\Omega(\mathfrak{g}_0 \mathcal{A} + \mathfrak{h}_0 \mathcal{B} + \mathfrak{i}_0 \mathcal{C})$$

pour les points situés dans les surfaces planes qui sépareront ces mêmes ondes les unes des autres. De plus, la vitesse de propagation d'une onde plane, c'est-à-dire, en d'autres termes, la vitesse de déplacement du plan (68) ou (69), mesurée dans une direction perpendiculaire à ce plan, sera constante, en vertu de la formule (68), et représentée par Ω. Comme on aura d'ailleurs, en vertu des formules (66), (67),

$$\Omega T = l \tag{74}$$

ou

$$\Omega = \frac{l}{T}, \tag{75}$$

il est clair que la vitesse Ω sera en raison directe des épaisseurs des ondes et en raison inverse des durées des oscillations moléculaires. Enfin on tirera des équations (48), (66), (67)

$$k = \frac{2\pi}{l}, \tag{76}$$

$$s = k\Omega = \frac{2\pi}{T}, \tag{77}$$

et par suite la formule (60), qui détermine s en fonction de k pour une direction donnée au plan $OO'O''$, pourra servir encore à déterminer T ou Ω en fonction de l. Donc il existera généralement une relation entre la vitesse de propagation Ω d'une onde plane et son épaisseur l.

Si la condition (63) était remplacée par la suivante

$$\Pi(r) = -\Omega\varpi'(r), \tag{78}$$

la formule (62) donnerait

$$8 = \varpi(r - \Omega t). \tag{79}$$

Alors la valeur de 8 serait la même pour les molécules situées au bout du temps t à la distance r, et au bout du temps $t + \Delta t$ à la distance $r + \Delta r$ du plan $OO'O''$, la quantité Δr étant déterminée par l'équation

$$\Delta r = \Omega \Delta t. \tag{80}$$

Donc le mouvement d'une molécule quelconque $\mathfrak{m}$ se transmettrait immédiatement à d'autres molécules voisines, situées du côté des $\mathfrak{r}$ positives, et la vitesse avec laquelle le mouvement se propagerait dans une direction perpendiculaire au plan OO′O″, ou la valeur de $\frac{\Delta\mathfrak{r}}{\Delta t}$ fournie par l'équation (68), serait toujours la constante positive Ω.

Dans ce cas, on pourrait encore diviser l'espace en une infinité de tranches ou ondes planes égales de même épaisseur, à l'aide des plans parallèles au plan OO′O″, et correspondants aux valeurs de $\mathfrak{r}$ qui reproduisent les valeurs de $\mathfrak{s}$ et $\frac{\partial\mathfrak{s}}{\partial t}$ fournies par les équations (72) et (73). Alors aussi l'épaisseur de l'une des ondes serait divisée en deux parties égales par le plan auquel appartiendrait l'équation

$$(81) \qquad \mathfrak{r} = \Omega t$$

ou

$$(82) \qquad ax + by + cz = \Omega t,$$

et les formules (80) et (71) continueraient de subsister pour tous les points situés dans les plans qui diviseraient en parties égales les épaisseurs des différentes ondes. Enfin, l'épaisseur l d'une onde plane, sa vitesse de propagation Ω et la durée T des oscillations moléculaires vérifieraient toujours les équations (66), (67), qui entraîneraient encore les formules (74), (75), (77).

Si les fonctions $\varpi(\mathfrak{r})$, $\Pi(\mathfrak{r})$ ne vérifiaient ni la condition (63), ni la condition (78), le mouvement ne cesserait pas d'être déterminé par les trois formules (51), (52), (53), dont chacune est semblable à la formule (62), et on pourrait le considérer comme produit par la composition de six mouvements pareils à ceux que représentent les équations (64) et (79). Les ondes planes, correspondantes aux six mouvements dont il s'agit, se propageraient dans l'espace avec des vitesses deux à deux égales entre elles, mais dirigées en sens inverses, et représentées par Ω', Ω'', Ω'''.

Si, au premier instant, les déplacements et les vitesses des molécules, mesurés parallèlement aux axes coordonnés, étaient représentés par des sommes de termes semblables à ceux que renferment les seconds membres des formules (26), (27), en sorte qu'on eût

$$(83)\qquad \begin{cases} \xi_0 = \Sigma(\mathfrak{d}_0 \cos k\tau + \mathfrak{g}_0 \sin k\tau), \\ \eta_0 = \Sigma(\mathfrak{e}_0 \cos k\tau + \mathfrak{h}_0 \sin k\tau), \\ \zeta_0 = \Sigma(\mathfrak{f}_0 \cos k\tau + \mathfrak{i}_0 \sin k\tau), \end{cases}$$

$$(84)\qquad \begin{cases} \xi_1 = \Sigma(\mathfrak{d}_1 \cos k\tau + \mathfrak{g}_1 \sin k\tau), \\ \eta_1 = \Sigma(\mathfrak{e}_1 \cos k\tau + \mathfrak{h}_1 \sin k\tau), \\ \zeta_1 = \Sigma(\mathfrak{f}_1 \cos k\tau + \mathfrak{i}_1 \sin k\tau) \end{cases}$$

ou, ce qui revient au même,

$$(85)\qquad \begin{cases} \xi_0 = \Sigma[\mathfrak{d}_0 \cos(ux + vy + wz) + \mathfrak{g}_0 \sin(ux + vy + wz)], \\ \eta_0 = \Sigma[\mathfrak{e}_0 \cos(ux + vy + wz) + \mathfrak{h}_0 \sin(ux + vy + wz)], \\ \zeta_0 = \Sigma[\mathfrak{f}_0 \cos(ux + vy + wz) + \mathfrak{i}_0 \sin(ux + vy + wz)], \end{cases}$$

$$(86)\qquad \begin{cases} \xi_1 = \Sigma[\mathfrak{d}_1 \cos(ux + vy + wz) + \mathfrak{g}_1 \sin(ux + vy + wz)], \\ \eta_1 = \Sigma[\mathfrak{e}_1 \cos(ux + vy + wz) + \mathfrak{h}_1 \sin(ux + vy + wz)], \\ \zeta_1 = \Sigma[\mathfrak{f}_1 \cos(ux + vy + wz) + \mathfrak{i}_1 \sin(ux + vy + wz)], \end{cases}$$

la fonction τ étant toujours déterminée par la formule (10), et le signe Σ indiquant l'addition de plusieurs ou même d'une infinité de termes correspondants à divers systèmes de valeurs des constantes a, b, c, k ou u, v, w; alors, à la place des formules (39), on obtiendrait les suivantes

$$(87)\qquad \begin{cases} \xi = \Sigma(\mathcal{A}'\mathfrak{s}' + \mathcal{A}''\mathfrak{s}'' + \mathcal{A}'''\mathfrak{s}'''), \\ \eta = \Sigma(\mathcal{B}'\mathfrak{s}' + \mathcal{B}''\mathfrak{s}'' + \mathcal{B}'''\mathfrak{s}'''), \\ \zeta = \Sigma(\mathcal{C}'\mathfrak{s}' + \mathcal{C}''\mathfrak{s}'' + \mathcal{C}'''\mathfrak{s}'''), \end{cases}$$

les valeurs de $\mathfrak{s}'$, $\mathfrak{s}''$, $\mathfrak{s}'''$ étant encore celles qui se déduisent des équations (51), (52), (53), jointes aux formules (46), (47). Alors aussi le mouvement du système pourrait être considéré comme produit par la composition de plusieurs ou même d'une infinité de mouvements semblables à ceux que représentent les équations (64) et (76).

Il est bon d'observer que, dans les formules (85), (86), (87), les sommes indiquées par le signe Σ peuvent être composées de termes très peu différents les uns des autres, et se changer, par suite, en intégrales définies. Concevons, pour fixer les idées, que l'on remplace le signe Σ par trois signes $\int$, indiquant une intégration triple effectuée par rapport aux quantités u, v, w entre les limites $-\infty$, $+\infty$. Substituons en même temps aux coefficients

$$(88)\qquad \left\{\begin{matrix} \mathfrak{d}_0, & \mathfrak{e}_0, & \mathfrak{f}_0, & \mathfrak{g}_0, & \mathfrak{h}_0, & \mathfrak{i}_0, \\ \mathfrak{d}_1, & \mathfrak{e}_1, & \mathfrak{f}_1, & \mathfrak{g}_1, & \mathfrak{h}_1, & \mathfrak{i}_1 \end{matrix}\right.$$

et aux fonctions

$$(89)\qquad \left\{\begin{matrix} \aleph, \quad \aleph', \quad \aleph'', \quad \aleph''', \\ \aleph_0 = \varpi(\iota), \qquad \aleph_1 = \Pi(\iota) \end{matrix}\right.$$

des produits de la forme

$$(90)\qquad \left\{\begin{matrix} \mathfrak{D}_0\,du\,dv\,dw, & \mathfrak{E}_0\,du\,dv\,dw, & \mathfrak{F}_0\,du\,dv\,dw, & \mathfrak{G}_0\,du\,dv\,dw, & \mathfrak{H}_0\,du\,dv\,dw, & \mathfrak{I}_0\,du\,dv\,dw, \\ \mathfrak{D}_1\,du\,dv\,dw, & \mathfrak{E}_1\,du\,dv\,dw, & \mathfrak{F}_1\,du\,dv\,dw, & \mathfrak{G}_1\,du\,dv\,dw, & \mathfrak{H}_1\,du\,dv\,dw, & \mathfrak{I}_1\,du\,dv\,dw \end{matrix}\right.$$

et

$$(91)\qquad \left\{\begin{matrix} \Theta\,du\,dv\,dw, \quad \Theta'\,du\,dv\,dw, \quad \Theta''\,du\,dv\,dw, \quad \Theta'''\,du\,dv\,dw, \\ \Theta_0\,du\,dv\,dw = \Pi_0(\iota)\,du\,dv\,dw, \qquad \Theta_1\,du\,dv\,dw = \Pi_1(\iota)\,du\,dv\,dw. \end{matrix}\right.$$

Alors, au lieu des formules (85), (86), on obtiendra les suivantes

$$(92)\qquad \left\{\begin{aligned} \xi_0 &= \int_{-\infty}^{\infty}\int_{-\infty}^{\infty}\int_{-\infty}^{\infty} [\mathfrak{D}_0 \cos(ux+vy+wz) + \mathfrak{G}_0 \sin(ux+vy+wz)]\,du\,dv\,dw, \\ \eta_0 &= \int_{-\infty}^{\infty}\int_{-\infty}^{\infty}\int_{-\infty}^{\infty} [\mathfrak{E}_0 \cos(ux+vy+wz) + \mathfrak{H}_0 \sin(ux+vy+wz)]\,du\,dv\,dw, \\ \zeta_0 &= \int_{-\infty}^{\infty}\int_{-\infty}^{\infty}\int_{-\infty}^{\infty} [\mathfrak{F}_0 \cos(ux+vy+wz) + \mathfrak{I}_0 \sin(ux+vy+wz)]\,du\,dv\,dw, \end{aligned}\right.$$

$$(93)\qquad \left\{\begin{aligned} \xi_1 &= \int_{-\infty}^{\infty}\int_{-\infty}^{\infty}\int_{-\infty}^{\infty} [\mathfrak{D}_1 \cos(ux+vy+wz) + \mathfrak{G}_1 \sin(ux+vy+wz)]\,du\,dv\,dw, \\ \eta_1 &= \int_{-\infty}^{\infty}\int_{-\infty}^{\infty}\int_{-\infty}^{\infty} [\mathfrak{E}_1 \cos(ux+vy+wz) + \mathfrak{H}_1 \sin(ux+vy+wz)]\,du\,dv\,dw, \\ \zeta_1 &= \int_{-\infty}^{\infty}\int_{-\infty}^{\infty}\int_{-\infty}^{\infty} [\mathfrak{F}_1 \cos(ux+vy+wz) + \mathfrak{I}_1 \sin(ux+vy+wz)]\,du\,dv\,dw. \end{aligned}\right.$$

dans lesquelles

$$\mathfrak{D}_0,\quad \mathfrak{C}_0,\quad \mathfrak{F}_0,\quad \mathfrak{G}_0,\quad \mathfrak{H}_0,\quad \mathfrak{I}_0;\qquad \mathfrak{D}_1,\quad \mathfrak{C}_1,\quad \mathfrak{F}_1,\quad \mathfrak{G}_1,\quad \mathfrak{H}_1,\quad \mathfrak{I}_1$$

pourront être des fonctions quelconques de u, v, w. De plus, les formules (60), (61), (62) donneront

$$(94)\qquad \Pi_0(\imath) = (\mathfrak{D}_0\mathcal{A} + \mathfrak{C}_0\mathcal{B} + \mathfrak{F}_0\mathcal{C})\cos k\imath + (\mathfrak{G}_0\mathcal{A} + \mathfrak{H}_0\mathcal{B} + \mathfrak{I}_0\mathcal{C})\sin k\imath,$$

$$(95)\qquad \Pi_1(\imath) = (\mathfrak{D}_1\mathcal{A} + \mathfrak{C}_1\mathcal{B} + \mathfrak{F}_1\mathcal{C})\cos k\imath + (\mathfrak{G}_1\mathcal{A} + \mathfrak{H}_1\mathcal{B} + \mathfrak{I}_1\mathcal{C})\sin k\imath,$$

$$(96)\qquad \Theta = \frac{\Pi_0(\imath + \Omega t) + \Pi_0(\imath - \Omega t)}{2} + \int_0^t \frac{\Pi_1(\imath + \Omega t) + \Pi_1(\imath - \Omega t)}{2}\,dt,$$

et l'on en déduira les valeurs de Θ', Θ'', Θ''' en attribuant à $\mathcal{A}$, $\mathcal{B}$, $\mathcal{C}$ les trois systèmes de valeurs $\mathcal{A}'$, $\mathcal{B}'$, $\mathcal{C}'$; $\mathcal{A}''$, $\mathcal{B}''$, $\mathcal{C}''$; $\mathcal{A}'''$, $\mathcal{B}'''$, $\mathcal{C}'''$. Cela posé, les valeurs de ξ, η, ζ, précédemment déterminées par les équations (87), deviendront

$$(97)\qquad \left\{\begin{aligned}
\xi &= \int_{-\infty}^{\infty}\int_{-\infty}^{\infty}\int_{-\infty}^{\infty} (\mathcal{A}'\Theta' + \mathcal{A}''\Theta'' + \mathcal{A}'''\Theta''')\,du\,dv\,dw,\\
\eta &= \int_{-\infty}^{\infty}\int_{-\infty}^{\infty}\int_{-\infty}^{\infty} (\mathcal{B}'\Theta' + \mathcal{B}''\Theta'' + \mathcal{B}'''\Theta''')\,du\,dv\,dw,\\
\zeta &= \int_{-\infty}^{\infty}\int_{-\infty}^{\infty}\int_{-\infty}^{\infty} (\mathcal{C}'\Theta' + \mathcal{C}''\Theta'' + \mathcal{C}'''\Theta''')\,du\,dv\,dw.
\end{aligned}\right.$$

On peut choisir les coefficients

$$\mathfrak{D}_0,\quad \mathfrak{C}_0,\quad \mathfrak{F}_0,\quad \mathfrak{G}_0,\quad \mathfrak{H}_0,\quad \mathfrak{I}_0;\qquad \mathfrak{D}_1,\quad \mathfrak{C}_1,\quad \mathfrak{F}_1,\quad \mathfrak{G}_1,\quad \mathfrak{H}_1,\quad \mathfrak{I}_1,$$

de manière que les valeurs de

$$\xi_0,\quad \eta_0,\quad \zeta_0;\qquad \xi_1,\quad \eta_1,\quad \zeta_1,$$

fournies par les équations (92), (93), se réduisent à des fonctions quelconques de x, y, z, savoir à

$$(98)\qquad \xi_0 = \varphi(x, y, z),\qquad \eta_0 = \chi(x, y, z),\qquad \zeta_0 = \psi(x, y, z),$$

$$(99)\qquad \xi_1 = \Phi(x, y, z),\qquad \eta_1 = \mathrm{X}(x, y, z),\qquad \zeta_1 = \Psi(x, y, z).$$

En effet, comme on a généralement, quelle que soit la fonction $f(x, y, z)$,

$$(100)\qquad f(x,y,z)=\left(\frac{1}{2\pi}\right)^3\int\!\!\int\!\!\int\!\!\int\!\!\int\!\!\int e^{u(x-\lambda)\sqrt{-1}}\,e^{v(y-\mu)\sqrt{-1}}\,e^{w(z-\nu)\sqrt{-1}}\,f(\lambda,\mu,\nu)\,d\lambda\,d\mu\,d\nu\,du\,dv\,dw,$$

toutes les intégrations étant effectuées entre les limites $-\infty$, $+\infty$, ou, ce qui revient au même,

$$(101)\qquad \left\{\begin{aligned} f(x,y,z)&=\left(\frac{1}{2\pi}\right)^3\int\!\!\int\!\!\int\!\!\int\!\!\int\!\!\int\cos[u(x-\lambda)+v(y-\mu)+w(z-\nu)]\,f(\lambda,\mu,\nu)\,d\lambda\,d\mu\,d\nu\,du\,dv\,dw\\ &=\left(\frac{1}{2\pi}\right)^3\int\!\!\int\!\!\int\!\!\int\!\!\int\!\!\int\cos(ux+vy+wz)\cos(u\lambda+v\mu+w\nu)\,f(\lambda,\mu,\nu)\,d\lambda\,d\mu\,d\nu\,du\,dv\,dw\\ &+\left(\frac{1}{2\pi}\right)^3\int\!\!\int\!\!\int\!\!\int\!\!\int\!\!\int\sin(ux+vy+wz)\sin(u\lambda+v\mu+w\nu)\,f(\lambda,\mu,\nu)\,d\lambda\,d\mu\,d\nu\,du\,dv\,dw,\end{aligned}\right.$$

il est clair qu'on fera coïncider les équations (92), (93) avec les formules (95), (96), si l'on prend

$$(102)\qquad \left\{\begin{aligned} \mathfrak{D}_0&=\left(\frac{1}{2\pi}\right)^3\int\!\!\int\!\!\int\cos(u\lambda+v\mu+w\nu)\,\varphi(\lambda,\mu,\nu)\,d\lambda\,d\mu\,d\nu, & \mathfrak{G}_0&=\left(\frac{1}{2\pi}\right)^3\int\!\!\int\!\!\int\sin(u\lambda+v\mu+w\nu)\,\varphi(\lambda,\mu,\nu)\,d\lambda\,d\mu\,d\nu,\\ \mathfrak{E}_0&=\left(\frac{1}{2\pi}\right)^3\int\!\!\int\!\!\int\cos(u\lambda+v\mu+w\nu)\,\chi(\lambda,\mu,\nu)\,d\lambda\,d\mu\,d\nu, & \mathfrak{H}_0&=\left(\frac{1}{2\pi}\right)^3\int\!\!\int\!\!\int\sin(u\lambda+v\mu+w\nu)\,\chi(\lambda,\mu,\nu)\,d\lambda\,d\mu\,d\nu,\\ \mathfrak{F}_0&=\left(\frac{1}{2\pi}\right)^3\int\!\!\int\!\!\int\cos(u\lambda+v\mu+w\nu)\,\psi(\lambda,\mu,\nu)\,d\lambda\,d\mu\,d\nu, & \mathfrak{I}_0&=\left(\frac{1}{2\pi}\right)^3\int\!\!\int\!\!\int\sin(u\lambda+v\mu+w\nu)\,\psi(\lambda,\mu,\nu)\,d\lambda\,d\mu\,d\nu,\end{aligned}\right.$$

$$(103)\qquad \left\{\begin{aligned} \mathfrak{D}_1&=\left(\frac{1}{2\pi}\right)^3\int\!\!\int\!\!\int\cos(u\lambda+v\mu+w\nu)\,\Phi(\lambda,\mu,\nu)\,d\lambda\,d\mu\,d\nu, & \mathfrak{G}_1&=\left(\frac{1}{2\pi}\right)^3\int\!\!\int\!\!\int\sin(u\lambda+v\mu+w\nu)\,\Phi(\lambda,\mu,\nu)\,d\lambda\,d\mu\,d\nu,\\ \mathfrak{E}_1&=\left(\frac{1}{2\pi}\right)^3\int\!\!\int\!\!\int\cos(u\lambda+v\mu+w\nu)\,\mathrm{X}(\lambda,\mu,\nu)\,d\lambda\,d\mu\,d\nu, & \mathfrak{H}_1&=\left(\frac{1}{2\pi}\right)^3\int\!\!\int\!\!\int\sin(u\lambda+v\mu+w\nu)\,\mathrm{X}(\lambda,\mu,\nu)\,d\lambda\,d\mu\,d\nu,\\ \mathfrak{F}_1&=\left(\frac{1}{2\pi}\right)^3\int\!\!\int\!\!\int\cos(u\lambda+v\mu+w\nu)\,\Psi(\lambda,\mu,\nu)\,d\lambda\,d\mu\,d\nu, & \mathfrak{I}_1&=\left(\frac{1}{2\pi}\right)^3\int\!\!\int\!\!\int\sin(u\lambda+v\mu+w\nu)\,\Psi(\lambda,\mu,\nu)\,d\lambda\,d\mu\,d\nu.\end{aligned}\right.$$

En ayant égard à ces dernières formules, on tirera des équations (94) et (95)

$$(104)\qquad \Pi_0(\iota)=\left(\frac{1}{2\pi}\right)^3\int\!\!\int\!\!\int[\mathcal{A}\,\varphi(\lambda,\mu,\nu)+\mathcal{B}\,\chi(\lambda,\mu,\nu)+\mathcal{C}\,\psi(\lambda,\mu,\nu)]\cos(k\iota-u\lambda-v\mu-w\nu)\,d\lambda\,d\mu\,d\nu,$$

$$(105)\qquad \Pi_1(\iota)=\left(\frac{1}{2\pi}\right)^3\int\!\!\int\!\!\int[\mathcal{A}\,\Phi(\lambda,\mu,\nu)+\mathcal{B}\,\mathrm{X}(\lambda,\mu,\nu)+\mathcal{C}\,\Psi(\lambda,\mu,\nu)]\cos(k\iota-u\lambda-v\mu-w\nu)\,d\lambda\,d\mu\,d\nu$$

ou, ce qui revient au même,

$$(106)\quad \Pi_0(\iota)=\left(\frac{1}{2\pi}\right)^3\int\int\int[\mathcal{A}\,\varphi(\lambda,\mu,\nu)+\mathcal{B}\,\chi(\lambda,\mu,\nu)+\mathcal{C}\,\psi(\lambda,\mu,\nu)]\cos[u(x-\lambda)+v(y-\mu)+w(z-\nu)]\,d\lambda\,d\mu\,d\nu,$$

$$(107)\quad \Pi_1(\iota)=\left(\frac{1}{2\pi}\right)^3\int\int\int[\mathcal{A}\,\Phi(\lambda,\mu,\nu)+\mathcal{B}\,\mathrm{X}(\lambda,\mu,\nu)+\mathcal{C}\,\Psi(\lambda,\mu,\nu)]\cos[u(x-\lambda)+v(y-\mu)+w(z-\nu)]\,d\lambda\,d\mu\,d\nu.$$

Si, après avoir déduit de l'équation (96), réunie aux équations (106), (107), les valeurs de Θ', Θ'', Θ''', ..., on les substitue dans les formules (97), ces formules représenteront les intégrales générales des équations (15) ou (16) du § I, pourvu que les valeurs de s^2 déterminées par la formule (44) soient réelles, et que, dans l'état d'équilibre du système proposé, les masses m', m'', m''', ... des diverses molécules soient deux à deux égales entre elles, et distribuées symétriquement de part et d'autre d'une molécule quelconque $\mathfrak{m}$ sur des droites menées par le point avec lequel cette molécule coïncide.

Dans les formules (102), (103), et (104), (105), ou (106), (107), les intégrations relatives aux variables λ, μ, ν doivent être, comme dans l'équation (100), généralement effectuées entre les limites $-\infty$, $+\infty$. Toutefois, si les valeurs initiales des déplacements ξ, η, ζ et des vitesses $\frac{\partial\xi}{\partial t}$, $\frac{\partial\eta}{\partial t}$, $\frac{\partial\zeta}{\partial t}$, c'est-à-dire les fonctions

$$\varphi(x, y, z),\quad \chi(x, y, z),\quad \psi(x, y, z),\qquad \Phi(x, y, z),\quad \mathrm{X}(x, y, z),\quad \Psi(x, y, z),$$

ne différaient de zéro que pour des valeurs de x, y, z correspondantes aux points situés dans un certain espace, par exemple aux points renfermés entre deux surfaces courbes, deux surfaces cylindriques et deux surfaces planes représentées par des équations de la forme

$$(108)\qquad z=\mathrm{F}_0(x, y),\qquad z=\mathrm{F}_1(x, y),$$
$$(109)\qquad y=\mathrm{f}_0(x),\qquad y=\mathrm{f}_1(x),$$
$$(110)\qquad x=x_0,\qquad x=x_1,$$

on pourrait évidemment, dans les formules dont il s'agit, supposer les intégrales prises entre les limites

$$(111)\qquad \nu=\mathrm{F}_0(\lambda, \mu),\qquad \nu=\mathrm{F}_1(\lambda, \mu),$$
$$(112)\qquad \mu=\mathrm{f}_0(\lambda),\qquad \mu=\mathrm{f}_1(\lambda),$$
$$(113)\qquad \lambda=x_0,\qquad \lambda=x_1.$$

§ III. — *Application des formules précédentes à la théorie de la lumière.*

Supposons que le système de molécules, mentionné dans les deux précédents paragraphes, soit le fluide éthéré dont les vibrations produisent la sensation de la lumière. Pour déterminer les lois suivant lesquelles de semblables vibrations, d'abord circonscrites dans des limites très resserrées autour d'un certain point O, se propageront à travers ce fluide, il suffit de considérer dans le premier instant un grand nombre d'ondes planes (*voir* la page 213) qui se superposent dans le voisinage du point O, et d'admettre que, les plans de ces ondes étant peu inclinés les uns sur les autres, les vibrations des molécules sont assez petites pour rester insensibles dans chaque onde prise séparément, mais deviennent sensibles par la superposition indiquée. Le temps venant à croître, les ondes dont il s'agit viendront successivement se superposer en différents points de l'espace, et l'on nomme *rayons lumineux* la droite qui renferme tous les points de superposition. Toutefois, pour que ce rayon soit unique lorsque l'élasticité de l'éther n'est pas la même en tous sens, il est nécessaire que, dans chaque onde considérée isolément, les vitesses et les déplacements des molécules soient parallèles à l'un des trois axes de l'ellipsoïde représenté par l'équation (36) du § II. Alors le rayon lumineux sera ce qu'on appelle un *rayon polarisé* parallèlement à cet axe, et, si l'on nomme l l'épaisseur d'une onde plane, Ω sa vitesse de propagation, T la durée des oscillations moléculaires, on aura

$$\Omega T = l. \tag{1}$$

Ajoutons que, si l'on pose

$$k = \frac{2\pi}{l} = \frac{2\pi}{\Omega T}, \tag{2}$$

$$s = k\Omega = \frac{2\pi}{T}, \tag{3}$$

les valeurs de $\frac{1}{s^2}$, pour trois rayons polarisés parallèlement aux trois axes de l'ellipsoïde, seront précisément les carrés de ces trois demi-axes. Observons d'ailleurs que, si l'on nomme r le rayon vecteur mené du point O à une molécule voisine m; α, β, γ les angles formés par ce rayon vecteur avec les demi-axes des coordonnées positives; a, b, c les cosinus des angles formés avec ces demi-axes par une droite OP perpendiculaire au plan de l'onde; δ l'angle compris entre cette perpendiculaire et le rayon vecteur r, on aura [*voir* l'équation (14) du § II]

$$(4)\qquad \cos\delta = a\cos\alpha + b\cos\beta + c\cos\gamma,$$

et que, en faisant, pour abréger,

$$(5)\qquad ka = u, \qquad kb = v, \qquad kc = w,$$

on tirera de l'équation (4)

$$(6)\qquad k\cos\delta = u\cos\alpha + v\cos\beta + w\cos\gamma.$$

Cela posé, les coefficients $\mathfrak{L}$, $\mathfrak{M}$, $\mathfrak{N}$, $\mathfrak{P}$, $\mathfrak{Q}$, $\mathfrak{R}$, renfermés dans l'équation de l'ellipsoïde ci-dessus mentionné, c'est-à-dire dans la formule

$$(7)\qquad \mathfrak{L}x^2 + \mathfrak{M}y^2 + \mathfrak{N}z^2 + 2\mathfrak{P}yz + 2\mathfrak{Q}zx + 2\mathfrak{R}xy = 1,$$

se trouveront, en vertu de l'équation (6) jointe aux formules (20), (21) du § II, déterminés comme il suit :

$$(8)\qquad \mathfrak{L} = \mho + \frac{\partial^2\varphi}{\partial u^2}, \qquad \mathfrak{M} = \mho + \frac{\partial^2\varphi}{\partial v^2}, \qquad \mathfrak{N} = \mho + \frac{\partial^2\varphi}{\partial w^2},$$

$$(9)\qquad \mathfrak{P} = \frac{\partial^2\varphi}{\partial v\,\partial w}, \qquad \mathfrak{Q} = \frac{\partial^2\varphi}{\partial w\,\partial u}, \qquad \mathfrak{R} = \frac{\partial^2\varphi}{\partial u\,\partial v},$$

les valeurs de $\mho$ et φ étant

$$(10)\qquad \mho = S\left\{\frac{m\,\mathrm{f}(r)}{r}\left[1 - \cos[r(u\cos\alpha + v\cos\beta + w\cos\gamma)]\right]\right\},$$

$$(11)\qquad \varphi = S\left\{\frac{m\,f(r)}{r}\left[\tfrac{1}{2}(u\cos\alpha + v\cos\beta + w\cos\gamma)^2 + \frac{\cos[r(u\cos\alpha + v\cos\beta + w\cos\gamma)]}{r^2}\right]\right\}.$$

Lorsque, au premier instant, les vitesses et les déplacements des molécules dans une onde plane sont effectivement parallèles à l'un des trois axes de l'ellipsoïde représenté par l'équation (7), ces déplacements et ces vitesses restent constamment parallèles au même axe, la lumière se trouve polarisée parallèlement à cet axe, et l'onde plane se propage avec une vitesse constante Ω, sans jamais se subdiviser. Mais il n'en est pas toujours ainsi, et l'on peut concevoir une onde plane dans laquelle au premier instant les vitesses et les déplacements des molécules cesseraient d'être parallèles à l'un des trois axes de l'ellipsoïde. En effet, pour composer une onde de cette espèce, il suffit de réunir trois ondes planes tellement choisies que, dans la première, la seconde et la troisième, la lumière se trouve polarisée parallèlement au premier, au second et au troisième axe de l'ellipsoïde, et d'admettre que, dans l'onde composée, la vitesse ou le déplacement d'une molécule est représentée par la diagonale du parallélépipède qui aurait pour côtés trois longueurs propres à représenter cette vitesse ou ce déplacement dans chacune des trois ondes composantes. Alors, le temps venant à croître, l'onde composée se subdivisera en ses trois composantes, qui se propageront à travers le fluide éthéré avec trois vitesses différentes. Ainsi, lorsque l'élasticité de l'éther n'est pas la même en tous sens, une onde plane, dans laquelle la lumière n'était point polarisée, se partage généralement en trois ondes planes, dans lesquelles la lumière est polarisée suivant trois directions distinctes; et par suite un rayon de lumière non polarisée se partage en trois rayons de lumière polarisée suivant les trois directions dont il s'agit.

Comme, en laissant les trois côtés d'un parallélépipède dirigés parallèlement à trois axes donnés, on peut toujours tracer ces côtés de manière que la diagonale devienne parallèle à une droite choisie arbitrairement, on doit conclure de ce qui a été dit ci-dessus que, dans une onde plane de lumière non polarisée, les vitesses et les déplacements des molécules peuvent être parallèles à une droite quelconque.

Les coefficients $\mathcal{L}$, $\mathcal{M}$, $\mathcal{N}$, $\mathcal{P}$, $\mathcal{Q}$, $\mathcal{R}$ renfermés dans l'équation (7) et, par suite, les lois de polarisation de la lumière dans une onde plane dépendent, non seulement de la constitution géométrique du fluide éthéré, c'est-à-dire du mode suivant lequel ses molécules se trouvent distribuées dans l'espace, mais encore de l'épaisseur l de l'onde plane et de sa direction, c'est-à-dire des cosinus a, b, c des angles formés par la perpendiculaire au plan de l'onde avec les demi-axes des coordonnées positives, ou, ce qui revient au même, des trois quantités

$$u = ka, \qquad v = kb, \qquad w = kc.$$

Nous dirons que l'élasticité du fluide éthéré est la même en tous sens autour d'un point quelconque O, si la constitution de ce fluide est telle que l'ellipsoïde (7), qui détermine les lois de polarisation d'une onde plane passant par ce point, conserve une forme invariable, tandis que l'on fait varier la direction du plan de l'onde, et si d'ailleurs la position de cet ellipsoïde est uniquement dépendante de la direction de ce plan. Alors, tandis que l'on fera tourner le plan de l'onde sur lui-même, la surface de l'ellipsoïde devra toujours passer par les mêmes points de l'espace et du plan. Donc cet ellipsoïde devra être de révolution autour de la droite perpendiculaire au plan de l'onde; et, de plus, l'axe de révolution ainsi que le rayon de l'équateur, étant indépendants de la direction du plan de l'onde, demeureront constants, quelles que soient les valeurs attribuées aux trois quantités a, b, c.

Nous dirons que l'élasticité du fluide éthéré est la même en tous sens autour d'un axe quelconque parallèle à un axe donné, par exemple à l'axe des z, si la forme de l'ellipsoïde (7) dépend uniquement de l'angle compris entre le plan de l'onde et l'axe des z, et si cet ellipsoïde tourne seulement autour de cet axe en même temps que la perpendiculaire au plan de l'onde.

Cela posé, il sera facile d'obtenir les conditions analytiques propres à exprimer que l'élasticité de l'éther est la même en tous sens autour d'un point quelconque, ou autour d'un axe quelconque parallèle à l'axe des z. On y parviendra effectivement à l'aide des considérations suivantes.

Outre le système des trois axes coordonnés des x, y, z, considérons un second système d'axes rectangulaires des x_1, y_1, z_1 qui partent de la même origine O que les trois premiers. Supposons d'ailleurs que les axes des x_1, y_1, z_1, après avoir d'abord coïncidé avec les axes des x, y, z, s'en séparent et entraînent dans leur mouvement le plan de l'onde et la droite perpendiculaire à ce plan, en sorte que cette droite passe de la position OP à une nouvelle position OQ, l'épaisseur l de l'onde restant invariable. Le rayon vecteur r, dont la direction n'aura pas changé, formera : 1° avec les demi-axes des x, y, z positives les angles α, β, γ, et avec les demi-axes des x_1, y_1, z_1 positives d'autres angles α_1, β_1, γ_1; 2° avec les droites OP et OQ des angles δ, δ_1, déterminés par l'équation (4) et par la suivante

$$\cos\delta_1 = a\cos\alpha_1 + b\cos\beta_1 + c\cos\gamma_1, \tag{12}$$

de laquelle on tirera, en ayant égard aux équations (5),

$$k\cos\delta_1 = u\cos\alpha_1 + v\cos\beta_1 + w\cos\gamma_1. \tag{13}$$

Soient maintenant

$$\mathcal{L}_1,\quad \mathcal{M}_1,\quad \mathcal{N}_1,\quad \mathcal{P}_1,\quad \mathcal{Q}_1,\quad \mathcal{R}_1,\quad \mathcal{V}_1,\quad \mathcal{W}_1$$

ce que deviennent les quantités

$$\mathcal{L},\quad \mathcal{M},\quad \mathcal{N},\quad \mathcal{P},\quad \mathcal{Q},\quad \mathcal{R},\quad \mathcal{V},\quad \mathcal{W},$$

déterminées par les équations (8), (9), (10), (11), quand on remplace α, β, γ par α_1, β_1, γ_1, en sorte qu'on ait

$$\mathcal{L}_1 = \mathcal{V}_1 + \frac{\partial^2 \mathcal{W}_1}{\partial u^2},\qquad \mathcal{M}_1 = \mathcal{V}_1 + \frac{\partial^2 \mathcal{W}_1}{\partial v^2},\qquad \mathcal{N}_1 = \mathcal{V}_1 + \frac{\partial^2 \mathcal{W}_1}{\partial w^2}, \tag{14}$$

$$\mathcal{P}_1 = \frac{\partial^2 \mathcal{W}_1}{\partial v\,\partial w},\qquad \mathcal{Q}_1 = \frac{\partial^2 \mathcal{W}_1}{\partial w\,\partial u},\qquad \mathcal{R}_1 = \frac{\partial^2 \mathcal{W}_1}{\partial u\,\partial v}, \tag{15}$$

les valeurs de $\mathcal{V}_1$, $\mathcal{W}_1$ étant

$$\mathcal{V}_1 = \mathrm{S}\left\{\frac{m\,\mathrm{f}(r)}{r}\left[1 - \cos[r(u\cos\alpha_1 + v\cos\beta_1 + w\cos\gamma_1)]\right]\right\}, \tag{16}$$

$$\mathcal{W}_1 = \mathrm{S}\left\{\frac{m\,f(r)}{r}\left[\tfrac{1}{2}(u\cos\alpha_1 + v\cos\beta_1 + w\cos\gamma_1)^2 + \frac{\cos[r(u\cos\alpha_1 + v\cos\beta_1 + w\cos\gamma_1)]}{r^2}\right]\right\}. \tag{17}$$

Les deux ellipsoïdes qui détermineront les lois de la polarisation pour les ondes planes perpendiculaires aux deux droites OP, OQ seront représentés, le premier par l'équation (7), le second par la suivante :

$$(18) \qquad \mathcal{L}_1 x_1^2 + \mathcal{M}_1 y_1^2 + \mathcal{N}_1 z_1^2 + 2 \mathcal{P}_1 y_1 z_1 + 2 \mathcal{Q}_1 z_1 x_1 + 2 \mathcal{R}_1 x_1 y_1 = 1.$$

De plus, le second ellipsoïde sera pareil au premier et placé à l'égard des axes coordonnés des x_1, y_1, z_1 comme le premier l'est à l'égard des axes coordonnés des x, y, z, si l'on a

$$(19) \qquad \mathcal{L}_1 = \mathcal{L}, \qquad \mathcal{M}_1 = \mathcal{M}, \qquad \mathcal{N}_1 = \mathcal{N},$$

$$(20) \qquad \mathcal{P}_1 = \mathcal{P}, \qquad \mathcal{Q}_1 = \mathcal{Q}, \qquad \mathcal{R}_1 = \mathcal{R}.$$

Enfin, ces dernières conditions, si elles doivent être vérifiées quels que soient u, v, w, pourront être remplacées par les deux suivantes :

$$(21) \qquad \mho_1 = \mho, \qquad \mathcal{V}_1 = \mathcal{V}.$$

Effectivement, il suit des équations (8), (9), (14) et (15) que les conditions (19) et (20) peuvent être présentées sous la forme

$$(22) \quad \mho_1 - \mho + \frac{\partial^2(\mathcal{V}_1 - \mathcal{V})}{\partial u^2} = 0, \quad \mho_1 - \mho + \frac{\partial^2(\mathcal{V}_1 - \mathcal{V})}{\partial v^2} = 0, \quad \mho_1 - \mho + \frac{\partial^2(\mathcal{V}_1 - \mathcal{V})}{\partial w^2} = 0,$$

$$(23) \quad \frac{\partial^2(\mathcal{V}_1 - \mathcal{V})}{\partial v\, \partial w} = 0, \qquad \frac{\partial^2(\mathcal{V}_1 - \mathcal{V})}{\partial w\, \partial u} = 0, \qquad \frac{\partial^2(\mathcal{V}_1 - \mathcal{V})}{\partial u\, \partial v} = 0.$$

Or les formules (22), (23) seront évidemment vérifiées, si l'on a pour des valeurs quelconques de u, v, w

$$\mho_1 = \mho, \qquad \mathcal{V}_1 = \mathcal{V}.$$

Réciproquement, si les conditions (22) et (23) subsistent pour des valeurs quelconques de u, v, w, alors, en vertu des conditions (23), les trois quantités

$$(24) \qquad \frac{\partial(\mathcal{V}_1 - \mathcal{V})}{\partial u}, \qquad \frac{\partial(\mathcal{V}_1 - \mathcal{V})}{\partial v}, \qquad \frac{\partial(\mathcal{V}_1 - \mathcal{V})}{\partial w},$$

et, par suite, les trois quantités

$$(25) \qquad \frac{\partial^2(\mathcal{V}_1 - \mathcal{V})}{\partial u^2}, \qquad \frac{\partial^2(\mathcal{V}_1 - \mathcal{V})}{\partial v^2}, \qquad \frac{\partial^2(\mathcal{V}_1 - \mathcal{V})}{\partial w^2}$$

seront seulement fonctions, la première de u, la seconde de v, la troisième de w. Donc ces trois quantités ne pourront, comme l'exigent les conditions (22), acquérir une valeur commune $\upsilon - \upsilon_1$, qu'autant que cette valeur commune sera une quantité constante, c'est-à-dire indépendante des trois variables u, v, w. D'ailleurs, lorsqu'on pose $k = 0$, et, par suite, $u = 0$, $v = 0$, $w = 0$, on tire des équations (10) et (16)

$$\upsilon = 0, \quad \upsilon_1 = 0, \quad \upsilon - \upsilon_1 = 0.$$

Par conséquent, dans l'hypothèse admise, on aura généralement

$$\upsilon - \upsilon_1 = 0$$

ou, ce qui revient au même,

$$(26) \qquad \upsilon_1 = \upsilon,$$

et les conditions (22) se réduiront à

$$(27) \qquad \frac{\partial^2(\varphi_1 - \varphi)}{\partial u^2} = 0, \quad \frac{\partial^2(\varphi_1 - \varphi)}{\partial v^2} = 0, \quad \frac{\partial^2(\varphi_1 - \varphi)}{\partial w^2} = 0.$$

De ces dernières, jointes aux conditions (23), on conclura que les quantités (24) se réduisent à des constantes; et, comme, en vertu des formules (11), (17), les expressions

$$\frac{\partial \varphi}{\partial u}, \quad \frac{\partial \varphi}{\partial v}, \quad \frac{\partial \varphi}{\partial w}, \qquad \frac{\partial \varphi_1}{\partial u}, \quad \frac{\partial \varphi_1}{\partial v}, \quad \frac{\partial \varphi_1}{\partial w}$$

s'évanouiront pour des valeurs nulles de u, v, w, il est clair qu'on aura généralement

$$(28) \qquad \frac{\partial(\varphi_1 - \varphi)}{\partial u} = 0, \quad \frac{\partial(\varphi_1 - \varphi)}{\partial v} = 0, \quad \frac{\partial(\varphi_1 - \varphi)}{\partial w} = 0.$$

Donc la différence

$$\varphi_1 - \varphi$$

se réduira elle-même à une constante qui sera encore nulle, attendu que φ_1 et φ s'évanouissent en même temps que les trois variables u, v, w. On aura donc encore, dans l'hypothèse admise,

$$(29) \qquad \varphi_1 = \varphi,$$

et les formules (21), ou (26) et (29), seront alors une conséquence nécessaire des conditions (22) et (23).

Pour que l'élasticité de l'éther puisse être censée rester la même en tous sens autour d'un point quelconque, il est nécessaire et il suffit évidemment que, des deux ellipsoïdes représentés par les équations (7), (18), le second soit toujours pareil au premier et placé à l'égard des axes des x_1, y_1, z_1 comme le premier l'est à l'égard des axes des x, y, z; par conséquent il est nécessaire et il suffit que les conditions (21) soient toujours vérifiées, c'est-à-dire que ces conditions subsistent quelles que soient les valeurs de u, v, w et quel que soit le nouveau système d'axes rectangulaires des x_1, y_1, z_1.

Si l'on demande les conditions nécessaires pour que l'élasticité de l'éther puisse être censée rester la même en tous sens autour d'un axe quelconque parallèle à l'axe des z, ces conditions ne cesseront pas d'être exprimées par les formules (21), qui devront subsister encore, indépendamment des valeurs attribuées à u, v, w, non plus quels que soient les nouveaux axes des x_1, y_1, z_1, mais seulement quels que soient les nouveaux axes des x_1 et y_1, l'axe des z_1 étant superposé à l'axe des z.

Il nous reste à développer les conditions (21) et à montrer les diverses formules qui s'en déduisent.

Observons d'abord que, en vertu des équations (10), (11), (16), (17), jointes aux formules (4) et (13), les conditions (21) peuvent s'écrire comme il suit :

$$(30)\qquad \mathrm{S}\left\{\frac{m\,\mathrm{f}(r)}{r}[1-\cos(kr\cos\delta_1)]\right\} = \mathrm{S}\left\{\frac{m\,\mathrm{f}(r)}{r}[1-\cos(kr\cos\delta)]\right\}.$$

$$(31)\qquad \left\{\begin{aligned} &\mathrm{S}\left\{\frac{m\,f(r)}{r}\left[\tfrac{1}{2}k^2\cos^2\delta_1+\frac{\cos(kr\cos\delta_1)}{r^2}\right]\right\}\\ &=\mathrm{S}\left\{\frac{m\,f(r)}{r}\left[\tfrac{1}{2}k^2\cos^2\delta+\frac{\cos(kr\cos\delta)}{r^2}\right]\right\}.\end{aligned}\right.$$

Ainsi les conditions nécessaires et suffisantes pour que l'élasticité de l'éther puisse être censée rester la même en tous sens autour d'un point quelconque ou autour d'un axe quelconque parallèle à l'axe des z se réduisent à ce que les deux quantités

$$\upsilon = S\left\{\frac{m\,\mathrm{f}(r)}{r}[1 - \cos(kr\cos\delta)]\right\}, \tag{32}$$

$$\varphi = S\left\{\frac{m f(r)}{r}\left[\tfrac{1}{2}k^2\cos^2\delta + \frac{\cos(kr\cos\delta)}{r^2}\right]\right\} \tag{33}$$

ne changent pas de valeur quand on y remplace l'angle δ compris entre le rayon vecteur r et la droite OP par l'angle δ_1 compris entre le rayon vecteur r et la droite OQ; les droites OP, OQ pouvant être choisies arbitrairement dans le premier cas, et étant assujetties dans le second à la seule condition de former toutes deux le même angle avec l'axe des z. Observons encore : 1° que, en vertu des équations (5), u, v, w représentent évidemment les coordonnées d'un point P situé sur la droite OP à la distance k du point O et vérifient la condition

$$k^2 = u^2 + v^2 + w^2, \tag{34}$$

de laquelle on tire

$$k = \sqrt{u^2 + v^2 + w^2}; \tag{35}$$

2° que si l'on nomme u, v, w les coordonnées d'un point Q situé sur la droite OQ à la distance k du point O, il suffira de substituer la droite OQ à la droite OP pour déduire des formules (6) et (35) les deux suivantes

$$k\cos\delta_1 = u_1\cos\alpha + v_1\cos\beta + w_1\cos\gamma, \tag{36}$$

$$k = \sqrt{u_1^2 + v_1^2 + w_1^2}, \tag{37}$$

dans lesquelles on devra remplacer w_1 par w, si les droites OP, OQ forment le même angle avec l'axe des z. Cela posé, les conditions nécessaires et suffisantes pour que l'élasticité de l'éther puisse être censée rester la même en tous sens autour d'un point quelconque ou bien autour d'un axe quelconque parallèle à l'axe des z, c'est-à-dire les conditions (30) et (31) pourront s'écrire comme il suit

$$(38)\quad \begin{cases} \mathrm{S}\left\{\dfrac{m\,\mathrm{f}(r)}{r}\left[1-\cos[r(u_1\cos\alpha+v_1\cos\beta+w_1\cos\gamma)]\right]\right\} \\ =\mathrm{S}\left\{\dfrac{m\,\mathrm{f}(r)}{r}\left[1-\cos[r(u\,\cos\alpha+v\,\cos\beta+w\,\cos\gamma)]\right]\right\}, \end{cases}$$

$$(39)\quad \begin{cases} \mathrm{S}\left\{\dfrac{m\,f(r)}{r}\left[\tfrac{1}{2}(u_1\cos\alpha+v_1\cos\beta+w_1\cos\gamma)^2+\dfrac{\cos[r(u_1\cos\alpha+v_1\cos\beta+w_1\cos\gamma)]}{r^2}\right]\right\} \\ =\mathrm{S}\left\{\dfrac{m\,f(r)}{r}\left[\tfrac{1}{2}(u\,\cos\alpha+v\,\cos\beta+w\,\cos\gamma)^2+\dfrac{\cos[r(u\,\cos\alpha+v\,\cos\beta+w\,\cos\gamma)]}{r^2}\right]\right\}, \end{cases}$$

les quantités variables u_1, v_1, w_1 se trouvant liées avec les quantités u, v, w par l'équation

$$(40)\qquad u_1^2+v_1^2+w_1^2=u^2+v^2+w^2,$$

qui, dans le second cas seulement, se partage en deux autres, savoir

$$(41)\qquad u_1^2+v_1^2=u^2+v^2,\qquad w_1=w.$$

On vérifie la formule (40) en supposant

$$(42)\qquad v_1=0,\qquad w_1=0,\qquad u_1=\pm\sqrt{u^2+v^2+w^2}=\pm k.$$

En vertu de cette supposition, les formules (38) et (39) deviennent

$$(43)\quad \begin{cases} \mathrm{S}\left\{\dfrac{m\,\mathrm{f}(r)}{r}\left[1-\cos[r(u\cos\alpha+v\cos\beta+w\cos\gamma)]\right]\right\} \\ \qquad =\mathrm{S}\left\{\dfrac{m\,\mathrm{f}(r)}{r}[1-\cos(kr\cos\alpha)]\right\}, \end{cases}$$

$$(44)\quad \begin{cases} \mathrm{S}\left\{\dfrac{m\,f(r)}{r}\left[\tfrac{1}{2}(u\cos\alpha+v\cos\beta+w\cos\gamma)^2+\dfrac{\cos[r(u\cos\alpha+v\cos\beta+w\cos\gamma)]}{r^2}\right]\right\} \\ \qquad =\mathrm{S}\left\{\dfrac{m\,f(r)}{r}\left[\tfrac{1}{2}k^2\cos^2\alpha+\dfrac{\cos(kr\cos\alpha)}{r^2}\right]\right\}. \end{cases}$$

Réciproquement, si ces dernières subsistent, quelles que soient les valeurs de u, v, w, leurs premiers membres ne seront point altérés quand on y remplacera les quantités u, v, w par d'autres quantités u_1, v_1, w_1 propres à vérifier l'équation

$$u_1^2+v_1^2+w_1^2=k^2=u^2+v^2+w^2.$$

Donc les équations (43), (44), déduites des formules (38), (39), entraîneront à leur tour ces formules auxquelles on pourra les substituer sans inconvénient. D'autre part, comme on aura généralement

$$\begin{aligned}\cos[r(u\cos\alpha+v\cos\beta+w\cos\gamma)]\\ &=1-\frac{r^2}{1.2}(u\cos\alpha+v\cos\beta+w\cos\gamma)^2\\ &\quad+\frac{r^4}{1.2.3.4}(u\cos\alpha+v\cos\beta+w\cos\gamma)^4\\ &\quad-\ldots\ldots,\end{aligned}$$

$$\begin{aligned}\cos(kr\cos\alpha)&=1-\frac{r^2}{1.2}k^2\cos^2\alpha+\frac{r^4}{1.2.3.4}k^4\cos^4\alpha-\ldots\\ &=1-\frac{r^2}{1.2}(u^2+v^2+w^2)\cos^2\alpha\\ &\quad+\frac{r^4}{1.2.3.4}(u^2+v^2+w^2)^2\cos^4\alpha-\ldots,\end{aligned}$$

il suffira d'égaler entre eux les termes qui, dans les deux membres des équations (43) et (44), représenteront des fonctions homogènes de u, v, w du degré $2n$ pour obtenir les formules

$$(45)\quad S[mr^{2n-1}\,\mathrm{f}(r)(u\cos\alpha+v\cos\beta+w\cos\gamma)^{2n}]=k^{2n}\,S[mr^{2n-1}\,\mathrm{f}(r)\cos^{2n}\alpha]$$

et

$$(46)\quad S[mr^{2n-3}f(r)(u\cos\alpha+v\cos\beta+w\cos\gamma)^{2n}]=k^{2n}\,S[mr^{2n-3}f(r)\cos^{2n}\alpha],$$

dont la première devra être étendue à toutes les valeurs positives du nombre entier n, et la seconde à toutes les valeurs de n qui surpassent l'unité. Enfin, comme les deux expressions

$$(u\cos\alpha+v\cos\beta+w\cos\gamma)^{2n},\quad k^{2n}(u^2+v^2+w^2)^n,$$

étant développées, fournissent, la première des termes de la forme

$$\frac{1.2.3\ldots2n}{(1.2\ldots\lambda)(1.2\ldots\mu)(1.2\ldots\nu)}u^\lambda v^\mu w^\nu\cos^\lambda\alpha\cos^\mu\beta\cos^\nu\gamma,$$

dans lesquels les exposants λ, μ, ν, liés entre eux par l'équation

$$(47)\qquad \lambda+\mu+\nu=2n,$$

peuvent être pairs ou impairs, et la seconde des termes de la forme

$$\begin{aligned}&\frac{1.2.3\ldots n}{\left(1.2\ldots\frac{\lambda}{2}\right)\left(1.2\ldots\frac{\mu}{2}\right)\left(1.2\ldots\frac{\nu}{2}\right)}u^\lambda v^\mu w^\nu\\ &=\frac{2.4.6\ldots 2n}{(2.4\ldots\lambda)(2.4\ldots\mu)(2.4\ldots\nu)}u^\lambda v^\mu w^\nu\\ &=\frac{1.3\ldots(\lambda-1).1.3\ldots(\mu-1).1.3\ldots(\nu-1)}{1.3.5\ldots(2n-1)}\,\frac{1.2.3\ldots 2n}{(1.2\ldots\lambda)(1.2\ldots\mu)(1.2\ldots\nu)}u^\lambda v^\mu w^\nu,\end{aligned}$$

dans lesquels les exposants λ, μ, ν sont toujours pairs; comme d'ailleurs les formules (45) et (46) doivent subsister indépendamment des valeurs attribuées à u, v, w et offrir chacune dans le premier et dans le second membre les mêmes puissances de u, v, w multipliées par les mêmes coefficients, on tirera de ces formules : 1° pour des valeurs impaires de λ, de μ ou de ν,

$$S[mr^{2n-1}\,\mathrm{f}(r)\cos^\lambda\alpha\cos^\mu\beta\cos^\nu\gamma]=0 \tag{48}$$

et

$$S[mr^{2n-3}f(r)\cos^\lambda\alpha\cos^\mu\beta\cos^\nu\gamma]=0; \tag{49}$$

2° pour des valeurs paires de λ, μ et ν

$$S[mr^{2n-1}\,\mathrm{f}(r)\cos^\lambda\alpha\cos^\mu\beta\cos^\nu\gamma]=\frac{1.3\ldots(\lambda-1).1.3\ldots(\mu-1).1.3\ldots(\nu-1)}{1.3.5\ldots(2n-1)}S[mr^{2n-1}\,\mathrm{f}(r)\cos^{2n}\alpha] \tag{50}$$

et

$$S[mr^{2n-3}f(r)\cos^\lambda\alpha\cos^\mu\beta\cos^\nu\gamma]=\frac{1.3\ldots(\lambda-1).1.3\ldots(\mu-1).1.3\ldots(\nu-1)}{1.3.5\ldots(2n-1)}S[mr^{2n-3}f(r)\cos^{2n}\alpha], \tag{51}$$

le nombre n, dont le double équivaut à la somme $\lambda+\mu+\nu$, pouvant être quelconque dans les équations (48), (50), mais devant surpasser l'unité dans les équations (49), (51). Ainsi, en particulier, on conclura des formules (48), (50), en posant $n=1$,

$$\begin{aligned}&S[mr\,\mathrm{f}(r)\cos\beta\cos\gamma]=S[mr\,\mathrm{f}(r)\cos\gamma\cos\alpha]=S[mr\,\mathrm{f}(r)\cos\alpha\cos\beta]=0,\\ &S[mr\,\mathrm{f}(r)\cos^2\alpha]\quad=S[mr\,\mathrm{f}(r)\cos^2\beta]\quad=S[mr\,\mathrm{f}(r)\cos^2\gamma];\end{aligned}$$

et des formules (49), (51), en posant $n = 2$,

$$\begin{aligned} &S[mr f(r)\cos\beta\cos^3\gamma] = S[mr f(r)\cos\gamma\cos^3\alpha] = S[mr f(r)\cos\alpha\cos^3\beta] \\ &= S[mr f(r)\cos^3\beta\cos\gamma] = S[mr f(r)\cos^3\gamma\cos\alpha] = S[mr f(r)\cos^3\alpha\cos\beta] = 0, \end{aligned}$$

$$\begin{aligned} &S[mr f(r)\cos^2\beta\cos^2\gamma] = S[mr f(r)\cos^2\gamma\cos^2\alpha] = S[mr f(r)\cos^2\alpha\cos^2\beta] \\ &= \tfrac{1}{3}S[mr f(r)\cos^4\alpha] \quad = \tfrac{1}{3}S[mr f(r)\cos^4\beta] \quad = \tfrac{1}{3}S[mr f(r)\cos^4\gamma]. \end{aligned}$$

Ajoutons que des formules (48), (49), (50), (51) on peut remonter immédiatement aux formules (41), (46), par conséquent aux formules (43), (44), ainsi qu'aux formules (38), (39). Donc, en définitive, les formules (48), (49), (50) et (51), étendues à toutes les valeurs positives du nombre entier n, ou du moins, s'il s'agit des formules (49) et (51), aux valeurs entières de n qui surpassent l'unité, expriment les conditions nécessaires et suffisantes pour que l'élasticité de l'éther puisse être censée rester la même en tous sens autour d'un point quelconque.

Lorsque ces conditions sont remplies, on tire des équations (10) et (11) jointes aux formules (43) et (44)

$$(52) \qquad \upsilon = S\left\{\frac{m\,\mathrm{f}(r)}{r}[1 - \cos(kr\cos\alpha)]\right\},$$

$$(53) \qquad \mathfrak{v} = S\left\{\frac{m\,f(r)}{r}\left[\tfrac{1}{2}k^2\cos^2\alpha + \frac{\cos(kr\cos\alpha)}{r^2}\right]\right\}.$$

D'autre part, si, après avoir fait, pour abréger,

$$(54) \qquad \mathrm{K} = \tfrac{1}{2}k^2 = \frac{u^2 + v^2 + w^2}{2},$$

on désigne par

$$(55) \qquad \mathfrak{v}' = \frac{\partial\mathfrak{v}}{\partial\mathrm{K}}, \qquad \mathfrak{v}'' = \frac{\partial^2\mathfrak{v}}{\partial\mathrm{K}^2}$$

les dérivées du premier et du second ordre de $\mathfrak{v}$ considéré comme fonction de K, on trouvera

$$\frac{\partial\mathrm{K}}{\partial u} = u, \qquad \frac{\partial\mathrm{K}}{\partial v} = v, \qquad \frac{\partial\mathrm{K}}{\partial w} = w$$

et, par suite,

$$\frac{\partial \mathcal{V}}{\partial u} = u\mathcal{V}', \qquad \frac{\partial \mathcal{V}}{\partial v} = v\mathcal{V}', \qquad \frac{\partial \mathcal{V}}{\partial w} = w\mathcal{V}',$$

$$\frac{\partial^2 \mathcal{V}}{\partial u^2} = \mathcal{V}' + u^2\mathcal{V}'', \qquad \frac{\partial^2 \mathcal{V}}{\partial v^2} = \mathcal{V}' + v^2\mathcal{V}'', \qquad \frac{\partial^2 \mathcal{V}}{\partial w^2} = \mathcal{V}' + w^2\mathcal{V}'',$$

$$\frac{\partial^2 \mathcal{V}}{\partial v\,\partial w} = vw\mathcal{V}'', \qquad \frac{\partial^2 \mathcal{V}}{\partial w\,\partial u} = wu\mathcal{V}'', \qquad \frac{\partial^2 \mathcal{V}}{\partial u\,\partial v} = uv\mathcal{V}''.$$

En conséquence, les formules (8), (9) donneront

$$(56) \qquad \mathcal{L} = \mathcal{U} + \mathcal{V}' + u^2\mathcal{V}'', \qquad \mathcal{M} = \mathcal{U} + \mathcal{V}' + v^2\mathcal{V}'', \qquad \mathcal{N} = \mathcal{U} + \mathcal{V}' + w^2\mathcal{V}'',$$

$$(57) \qquad \mathcal{P} = vw\mathcal{V}'', \qquad \mathcal{Q} = wu\mathcal{V}'', \qquad \mathcal{R} = uv\mathcal{V}'',$$

et l'équation (7), c'est-à-dire l'équation de l'ellipsoïde qui détermine les lois de la polarisation, deviendra

$$(58) \qquad \mathcal{V}''(ux + vy + wz)^2 + (\mathcal{U} + \mathcal{V}')(x^2 + y^2 + z^2) = 1.$$

Pour reconnaître plus aisément la forme de cet ellipsoïde, concevons que l'on fasse coïncider l'axe des z avec la droite OP perpendiculaire au plan de l'onde. Comme on aura dans cette hypothèse

$$u = 0, \qquad v = 0,$$

la formule (34) donnera

$$w = \pm k,$$

et la formule (58) sera réduite à

$$(59) \qquad k^2\mathcal{V}''z^2 + (\mathcal{U} + \mathcal{V}')(x^2 + y^2 + z^2) = 1.$$

D'ailleurs, en vertu de ce qui a été dit plus haut (page 229), les valeurs de $\mathcal{U}$, $\mathcal{V}$, et par suite celles de $\mathcal{V}'$, $\mathcal{V}''$, ne varieront pas dans le passage de l'équation (58) à l'équation (59). Maintenant, il est clair que l'ellipsoïde représenté par l'équation (59) sera de révolution autour de l'axe des z et que, dans cet ellipsoïde, le carré du rayon de l'équateur sera égal au rapport

$$(60) \qquad \frac{1}{\mathcal{U} + \mathcal{V}'},$$

le carré du demi-axe de révolution étant

$$(61)\qquad \frac{1}{\mathfrak{v}+\varphi'+k^2\varphi''}.$$

Au reste, la discussion de l'équation (58) conduirait immédiatement aux mêmes conclusions. Ainsi, comme nous l'avions prévu (page 224), lorsque l'élasticité de l'éther est la même en tous sens autour d'un point quelconque, l'ellipsoïde qui détermine les lois de polarisation d'une onde plane est de révolution autour de la droite perpendiculaire au plan de l'onde; et dans cet ellipsoïde l'axe de révolution et le rayon de l'équateur ne dépendent pas des quantités a, b, c, mais seulement de la quantité k renfermée dans les valeurs de $\mathfrak{v}$, φ que fournissent les équations (52) et (53). Ajoutons : 1° que les formules (53) et (55) jointes à l'équation (54) donneront

$$(62)\qquad \varphi'=\frac{1}{k}\frac{\partial\varphi}{\partial k}=\ \ \mathrm{S}\left\{\frac{m\,f(r)\cos^2\alpha}{r}\left[1-\frac{\sin(kr\cos\alpha)}{kr\cos\alpha}\right]\right\},$$

$$(63)\qquad \varphi''=\frac{1}{k}\frac{\partial\varphi'}{\partial k}=\frac{1}{k^2}\mathrm{S}\left\{\frac{m\,f(r)\cos^2\alpha}{r}\left[\frac{\sin(kr\cos\alpha)}{kr\cos\alpha}-\cos(kr\cos\alpha)\right]\right\};$$

2° qu'en développant suivant les puissances ascendantes de k les derniers membres des formules (52), (62) et (63) on en tirera

$$(64)\qquad \mathfrak{v}=\ k^2\,\mathrm{S}\frac{mr\,\mathrm{f}(r)\cos^2\alpha}{1.2}-k^4\,\mathrm{S}\frac{mr^3\,\mathrm{f}(r)\cos^4\alpha}{1.2.3.4}+k^6\,\mathrm{S}\frac{mr^5\,\mathrm{f}(r)\cos^6\alpha}{1.2.3.4.5.6}-\ldots,$$

$$(65)\qquad k\,\varphi'=\ k^2\,\mathrm{S}\frac{mr\,f(r)\cos^4\alpha}{1.2.3}-k^4\,\mathrm{S}\frac{mr^3\,f(r)\cos^6\alpha}{1.2.3.4.5}+k^6\,\mathrm{S}\frac{mr^5\,f(r)\cos^8\alpha}{1.2.3.4.5.6.7}-\ldots,$$

$$(66)\qquad k^2\varphi''=2k^2\,\mathrm{S}\frac{mr\,f(r)\cos^4\alpha}{1.2.3}-4k^4\,\mathrm{S}\frac{mr^3\,f(r)\cos^6\alpha}{1.2.3.4.5}+6k^6\,\mathrm{S}\frac{mr^5\,f(r)\cos^8\alpha}{1.2.3.4.5.6.7}-\ldots.$$

Chacune des séries comprises dans les trois formules qui précèdent offre, pour coefficients des puissances paires et ascendantes de k, des sommes dans lesquelles la fonction $\mathrm{f}(r)$ ou $f(r)$ se trouve successivement multipliée par

$$r,\quad r^3,\quad r^5,\quad \ldots.$$

D'ailleurs l'action moléculaire, par conséquent les fonctions $\mathrm{f}(r)$,

$f(r)$, ne conservent de valeurs sensibles que pour de très petites valeurs de r; et, comme, d'autre part, r étant une quantité très petite du premier ordre, r^3, r^5, ... seront des quantités très petites du troisième, du cinquième ordre, ..., il est clair que, dans les séries en question, les coefficients des puissances successives de k doivent décroître très rapidement. Si l'on réduit ces mêmes séries à leurs premiers termes, on obtiendra seulement des valeurs approchées de

$$\mathfrak{V}, \quad \mathfrak{V}', \quad k^2\mathfrak{V}'',$$

et alors, en faisant, pour abréger,

$$(67) \qquad S\frac{mr\,\mathrm{f}(r)\cos^2\alpha}{1.2} = \mathrm{I}, \qquad S\frac{mr\,f(r)\cos^4\alpha}{1.2.3} = \mathrm{R},$$

on trouvera

$$(68) \qquad \mathfrak{V} = k^2\mathrm{I}, \qquad \mathfrak{V}' = k^2\mathrm{R}, \qquad k^2\mathfrak{V}'' = 2k^2\mathrm{R}.$$

En vertu des formules (5) et (68), les équations (56) et (57) se réduisent à

$$(69) \qquad \mathfrak{L} = (2\mathrm{R}a^2 + \mathrm{R} + \mathrm{I})k^2, \qquad \mathfrak{M} = (2\mathrm{R}b^2 + \mathrm{R} + \mathrm{I})k^2, \qquad \mathfrak{N} = (2\mathrm{R}c^2 + \mathrm{R} + \mathrm{I})k^2,$$

$$(70) \qquad \mathfrak{P} = 2\mathrm{R}bck^2, \qquad \mathfrak{Q} = 2\mathrm{R}cak^2 \qquad \mathfrak{R} = 2\mathrm{R}abk^2.$$

On aura d'ailleurs, en vertu des formules (50) et (51) jointes aux équations (67),

$$(71) \qquad \mathrm{I} = S\frac{mr\,\mathrm{f}(r)\cos^2\alpha}{1.2} = S\frac{mr\,\mathrm{f}(r)\cos^2\beta}{1.2} = S\frac{mr\,\mathrm{f}(r)\cos^2\gamma}{1.2},$$

$$(72) \qquad \begin{cases} \mathrm{R} = S\dfrac{mr\,f(r)\cos^4\alpha}{1.2.3} = S\dfrac{mr\,f(r)\cos^4\beta}{1.2.3} = S\dfrac{mr\,f(r)\cos^4\gamma}{1.2.3} \\ \quad = S\dfrac{mr\,f(r)\cos^2\beta\cos^2\gamma}{1.2} = S\dfrac{mr\,f(r)\cos^2\gamma\cos^2\alpha}{1.2} = S\dfrac{mr\,f(r)\cos^2\alpha\cos^2\beta}{1.2}; \end{cases}$$

et par conséquent les coefficients, représentés ici par les lettres I et R, ne différeront pas de ceux que déterminent les formules (37), (39) de la page 199 du IIIe Volume des *Exercices de Mathématiques* (1).

(1) *OEuvres de Cauchy*, S. II, T. VIII, p. 238.

Cela posé, il suffira évidemment de diviser par k^2 les valeurs précédentes de

$$\mathfrak{L},\quad \mathfrak{M},\quad \mathfrak{N},\quad \mathfrak{P},\quad \mathfrak{Q},\quad \mathfrak{R}$$

pour obtenir, comme on devait s'y attendre, celles que fournissent les équations (45), (46) de la page 27 du Ve Volume [1].

Si nous désignons, comme nous l'avons fait ci-dessus (§ II), par s', s'', s''' les trois valeurs de s correspondantes aux trois rayons polarisés dans lesquels se divise généralement un rayon quelconque,

$$(73)\qquad \frac{1}{s'^2},\quad \frac{1}{s''^2},\quad \frac{1}{s'''^2}$$

seront les carrés des trois demi-axes de l'ellipsoïde qui détermine les lois de la polarisation. Donc, lorsque cet ellipsoïde, étant de révolution, se trouve représenté par l'équation (58), ou, ce qui revient au même, par l'équation (59), deux des rapports (73) sont égaux à l'expression (60), et le troisième à l'expression (61), en sorte qu'on peut prendre

$$(74)\qquad s'^2 = s''^2 = \mathfrak{V} + \mathfrak{V}',$$

$$(75)\qquad s'''^2 = \mathfrak{V} + \mathfrak{V}' + k^2\mathfrak{V}''.$$

Alors aussi, en vertu des équations (3), (74) et (75), les trois quantités

$$\Omega',\quad \Omega'',\quad \Omega''',$$

c'est-à-dire les trois vitesses de propagation des trois ondes planes dans lesquelles se divise généralement une onde primitive de lumière non polarisée, se réduisent à celles que déterminent les formules

$$(76)\qquad \Omega'^2 = \Omega''^2 = \frac{\mathfrak{V} + \mathfrak{V}'}{k^2},$$

$$(77)\qquad \Omega'''^2 = \frac{\mathfrak{V} + \mathfrak{V}'}{k^2} + \mathfrak{V}''.$$

Par suite, des trois ondes planes dont il s'agit, les deux premières, se propageant avec la même vitesse, se superposeront de manière à n'en plus former qu'une seule, dans laquelle la lumière sera polarisée

(1) *OEuvres de Cauchy*, S. II, T. IX, p. 399.

parallèlement au plan de l'équateur de l'ellipsoïde représenté par l'équation (58), ou, ce qui revient au même, parallèlement au plan de l'onde primitive, tandis que, dans la troisième, la lumière sera polarisée perpendiculairement à ce plan. Cela posé, la troisième onde disparaîtra si les déplacements et les vitesses des molécules éthérées dans le premier instant sont parallèles au plan de l'onde lumineuse, et alors il n'y aura plus de polarisation. Au reste, pour que la polarisation de la lumière devienne tout à fait insensible dans les milieux dont l'élasticité est la même en tous sens, il n'est pas absolument nécessaire que la troisième onde disparaisse, et il suffit, comme un jeune géomètre, M. Blanchet, en a fait la remarque, que le rayon correspondant à cette troisième onde soit du nombre de ceux qui échappent au sens de la vue. On conçoit, en effet, que, en raison de la trop grande ou trop courte durée des oscillations de l'éther, l'œil peut cesser de percevoir certains rayons, de même que, en raison de la trop grande ou trop courte durée des oscillations des molécules aériennes, l'oreille cesse de percevoir des sons trop graves ou trop aigus, et l'on pourrait encore supposer l'œil organisé de manière à percevoir les vibrations des molécules éthérées quand elles sont dirigées dans les plans des ondes lumineuses, mais non lorsqu'elles deviennent perpendiculaires à ces mêmes plans. Quoi qu'il en soit, en faisant abstraction de la troisième onde, désignant par T la durée des oscillations des molécules éthérées, et posant [*voir* la formule (3)]

$$s = \frac{2\pi}{T},$$

on aura, en vertu de la formule (74),

$$(78)\qquad s^2 = \upsilon + \upsilon',$$

ou, ce qui revient au même, eu égard aux formules (52) et (62),

$$(79)\qquad \begin{cases} s^2 = S\left\{\dfrac{m\,\text{f}(r)}{r}[1 - \cos(kr\cos\alpha)]\right\} \\ \qquad + S\left\{\dfrac{m\,f(r)\cos^2\alpha}{r}\left[1 - \dfrac{\sin(kr\cos\alpha)}{kr\cos\alpha}\right]\right\}; \end{cases}$$

ou bien encore, eu égard aux formules (64) et (65),

$$(80)\quad \left\{\begin{aligned} s^2 = {} & k^2\,\mathrm{S}\left\{\frac{mr\cos^2\alpha}{1.2}\qquad [\mathrm{f}(r)+\tfrac{1}{3}f(r)\cos^2\alpha]\right\} \\ & - k^4\,\mathrm{S}\left\{\frac{mr^3\cos^4\alpha}{1.2.3.4}\quad [\mathrm{f}(r)+\tfrac{1}{5}f(r)\cos^2\alpha]\right\} \\ & + k^6\,\mathrm{S}\left\{\frac{mr^5\cos^6\alpha}{1.2.3.4.5.6}[\mathrm{f}(r)+\tfrac{1}{7}f(r)\cos^2\alpha]\right\} - \ldots. \end{aligned}\right.$$

Telle est l'équation qui, dans un milieu dont l'élasticité reste la même en tous sens, lie entre elles les deux quantités

$$s = \frac{2\pi}{\mathrm{T}} \qquad \text{et} \qquad k = \frac{2\pi}{l},$$

par conséquent les deux quantités T et l, c'est-à-dire la durée des oscillations moléculaires du fluide éthéré et l'épaisseur d'une onde plane.

Lorsque, dans les équations (74), (75), (76), (77), on substitue à $\mathfrak{v}$, $\mathfrak{v}'$, $\mathfrak{v}''$ leurs valeurs approchées tirées des formules (68), on trouve

$$(81)\qquad s'^2 = s''^2 = k^2(\mathrm{R}+\mathrm{I}),$$

$$(82)\qquad s'''^2 = k^2(3\mathrm{R}+\mathrm{I}),$$

$$(83)\qquad \Omega'^2 = \Omega''^2 = \mathrm{R}+\mathrm{I},$$

$$(84)\qquad \Omega'''^2 = 3\mathrm{R}+\mathrm{I}.$$

Il suit des deux dernières que, dans un milieu dont l'élasticité reste la même en tous sens, les vitesses de propagation des ondes planes correspondantes au rayon visible et au rayon invisible ont respectivement pour valeurs approchées

$$(85)\qquad (\mathrm{R}+\mathrm{I})^{\frac{1}{2}} \quad \text{et} \quad (3\mathrm{R}+\mathrm{I})^{\frac{1}{2}},$$

ce qui s'accorde avec les résultats obtenus dans le Ve Volume des *Exercices* (page 41) (¹).

Passons maintenant au cas où l'élasticité de l'éther reste la même

(¹) *OEuvres de Cauchy*, S. II, T. IX, p. 416.

en tous sens, non plus autour d'un point quelconque, mais seulement autour d'un axe quelconque parallèle à l'axe des z. Alors les conditions (38), (39) devront être remplies seulement pour les valeurs de u_1, v_1, w_1 propres à vérifier les formules (41). D'ailleurs on vérifiera ces formules en supposant

$$(86)\qquad v_1 = 0,\qquad w_1 = w,\qquad u_1 = \pm\sqrt{u^2+v^2} = \pm\sqrt{k^2-w^2};$$

et, en vertu de cette supposition, les conditions (38), (39) deviendront

$$(87)\quad \left\{\begin{aligned} &\mathrm{S}\left\{\frac{m\,\mathrm{f}(r)}{r}\left\{1-\cos[r(u\cos\alpha+v\cos\beta+w\cos\gamma)]\right\}\right\}\\ &=\mathrm{S}\left\{\frac{m\,\mathrm{f}(r)}{r}\left[1-\cos\left\{r\left[\pm(u^2+v^2)^{\frac{1}{2}}\cos\alpha+v\cos\gamma\right]\right\}\right]\right\},\end{aligned}\right.$$

$$(88)\quad \left\{\begin{aligned} &\mathrm{S}\left\{\frac{m\,f(r)}{r}\left[\tfrac{1}{2}(u\cos\alpha+v\cos\beta+w\cos\gamma)^2+\frac{\cos[r(u\cos\alpha+v\cos\beta+w\cos\gamma)]}{r^2}\right]\right\}\\ &=\mathrm{S}\left\{\frac{m\,f(r)}{r}\left[\tfrac{1}{2}\left[\pm(u^2+v^2)^{\frac{1}{2}}\cos\alpha+w\cos\gamma\right]^2+\frac{\cos\left\{r\left[\pm(u^2+v^2)^{\frac{1}{2}}\cos\alpha+w\cos\gamma\right]\right\}}{r^2}\right]\right\}\end{aligned}\right.$$

ou, ce qui revient au même,

$$(89)\quad \left\{\begin{aligned} &\mathrm{S}\left\{\frac{m\,\mathrm{f}(r)}{r}\left\{1-\cos[r(u\cos\alpha+v\cos\beta+w\cos\gamma)]\right\}\right\}\\ &=\mathrm{S}\left\{\frac{m\,\mathrm{f}(r)}{r}\left[1-\cos\left\{r\left[\pm(k^2-w^2)^{\frac{1}{2}}\cos\alpha+w\cos\gamma\right]\right\}\right]\right\},\end{aligned}\right.$$

$$(90)\quad \left\{\begin{aligned} &\mathrm{S}\left\{\frac{m\,f(r)}{r}\left[\tfrac{1}{2}(u\cos\alpha+v\cos\beta+w\cos\gamma)^2+\frac{\cos[r(u\cos\alpha+v\cos\beta+w\cos\gamma)]}{r^2}\right]\right\}\\ &=\mathrm{S}\left\{\frac{m\,f(r)}{r}\left[\tfrac{1}{2}\left[\pm(k^2-w^2)^{\frac{1}{2}}\cos\alpha+w\cos\gamma\right]^2+\frac{\cos\left\{r\left[\pm(k^2-w^2)^{\frac{1}{2}}\cos\alpha+w\cos\gamma\right]\right\}}{r^2}\right]\right\},\end{aligned}\right.$$

le double signe $\pm$ pouvant être réduit arbitrairement soit au signe $+$ soit au signe $-$. Réciproquement, si les équations (89), (90) continuent de subsister, tandis que u, v varient, mais de manière à vérifier toujours la formule (34) ou

$$u^2+v^2=k^2-w^2,$$

elles ne seront point altérées quand on remplacera dans leurs premiers membres les quantités u, v par d'autres quantités u_1, v_1 propres à vérifier la formule

$$u_1^2 + v_1^2 = k^2 - w^2 = u^2 + v^2;$$

et par conséquent les équations (87) et (88), ou (89) et (90), que nous avons déduites des formules (38), (39) jointes aux formules (41), entraîneront à leur tour ces formules auxquelles on pourra les substituer sans inconvénient. Donc, pour que l'élasticité de l'éther reste la même en tous sens autour d'un axe quelconque parallèle à l'axe des z, il est nécessaire et il suffit que les formules (87), (88) subsistent, non seulement quelles que soient les valeurs de w, mais encore quelles que soient les valeurs de u, v. Or, s'il en est ainsi, en développant les cosinus que ces formules renferment en séries convergentes, puis égalant entre eux les termes qui, dans les deux membres des mêmes formules, représenteront des fonctions homogènes de u, v, w du degré $2n$, on obtiendra les équations

$$(91)\quad S[mr^{2n-1}\,\mathrm{f}(r)\,(u\cos\alpha + v\cos\beta + w\cos\gamma)^{2n}] = S\left\{mr^{2n-1}\,\mathrm{f}(r)\left[\pm(u^2+v^2)^{\frac{1}{2}}\cos\alpha + w\cos\gamma\right]^{2n}\right\}$$

et

$$(92)\quad S[mr^{2n-3}f(r)\,(u\cos\alpha + v\cos\beta + w\cos\gamma)^{2n}] = S\left\{mr^{2n-3}f(r)\left[\pm(u^2+v^2)^{\frac{1}{2}}\cos\alpha + w\cos\gamma\right]^{2n}\right\},$$

dont la première devra être étendue à toutes les valeurs positives du nombre entier n, et la seconde à toutes les valeurs de n qui surpassent l'unité. De plus, en développant les expressions

$$(u\cos\alpha + v\cos\beta + w\cos\gamma)^{2n},\quad \left[\pm(u^2+v^2)^{\frac{1}{2}}\cos\alpha + w\cos\gamma\right]^{2n}$$

suivant les puissances ascendantes de w dans les deux membres de chacune des formules (91), (92), on tirera de ces formules : 1° pour des valeurs impaires de ν,

$$(93)\quad S[mr^{2n-1}\,\mathrm{f}(r)\,(u\cos\alpha + v\cos\beta)^{2n-\nu}\cos^\nu\gamma] = \pm(u^2+v^2)^{n-\frac{\nu}{2}}\,S[mr^{2n-1}\,\mathrm{f}(r)\cos^{2n-\nu}\alpha\cos^\nu\gamma]$$

et

$$(94)\quad S[mr^{2n-3}f(r)\,(u\cos\alpha + v\cos\beta)^{2n-\nu}\cos^\nu\gamma] = \pm(u^2+v^2)^{n-\frac{\nu}{2}}\,S[mr^{2n-3}f(r)\cos^{2n-\nu}\alpha\cos^\nu\gamma],$$

le double signe $\pm$ pouvant être remplacé à volonté par le signe $+$ ou par le signe $-$; 2° pour des valeurs paires de ν,

$$(95)\quad \mathrm{S}[mr^{2n-1}\mathrm{f}(r)(u\cos\alpha+v\cos\beta)^{2n-\nu}\cos^\nu\gamma]=(u^2+v^2)^{n-\frac{\nu}{2}}\mathrm{S}[mr^{2n-1}\mathrm{f}(r)\cos^{2n-\nu}\alpha\cos^\nu\gamma]$$

et

$$(96)\quad \mathrm{S}[mr^{2n-3}f(r)(u\cos\alpha+v\cos\beta)^{2n-\nu}\cos^\nu\gamma]=(u^2+v^2)^{n-\frac{\nu}{2}}\mathrm{S}[mr^{2n-3}f(r)\cos^{2n-\nu}\alpha\cos^\nu\gamma].$$

Les équations (93), (94) n'étant pas altérées, tandis que leurs seconds membres changent de signes, on doit en conclure que ces seconds membres sont rigoureusement nuls. On aura donc, pour des valeurs impaires de ν,

$$(97)\quad \mathrm{S}[mr^{2n-1}\mathrm{f}(r)\cos^{2n-\nu}\alpha\cos^\nu\gamma]=0,$$

$$(98)\quad \mathrm{S}[mr^{2n-3}f(r)\cos^{2n-\nu}\alpha\cos^\nu\gamma]=0,$$

et par suite les équations (93), (94) se réduiront à

$$(99)\quad \mathrm{S}[mr^{2n-1}\mathrm{f}(r)(u\cos\alpha+v\cos\beta)^{2n-\nu}\cos^\nu\gamma]=0,$$

$$(100)\quad \mathrm{S}[mr^{2n-3}f(r)(u\cos\alpha+v\cos\beta)^{2n-\nu}\cos^\nu\gamma]=0.$$

Enfin, comme les deux expressions

$$(u\cos\alpha+v\cos\beta)^{2n-\nu},\quad (u^2+v^2)^{n-\frac{\nu}{2}}$$

étant développées fournissent, la première, des termes de la forme

$$\frac{1.2.3\ldots(2n-\nu)}{(1.2\ldots\lambda)(1.2\ldots\mu)}u^\lambda v^\mu\cos^\lambda\alpha\cos^\mu\beta,$$

dans lesquels les nombres λ, μ, ν, liés entre eux par l'équation

$$(47)\quad \lambda+\mu+\nu=2n,$$

peuvent être pairs ou impairs, et, la seconde, lorsque ν est un nombre pair, des termes de la forme

$$\frac{1.2.3\ldots\left(n-\frac{\nu}{2}\right)}{\left(1.2\ldots\frac{\lambda}{2}\right)\left(1.2\ldots\frac{\mu}{2}\right)}u^\lambda v^\mu$$

$$=\frac{2.4.6\ldots(2n-\nu)}{(2.4\ldots\lambda)(2.4\ldots\mu)}u^\lambda v^\mu=\frac{1.3\ldots(\lambda-1).1.3\ldots(\mu-1)}{1.3\ldots(2n-\nu-1)}\,\frac{1.2.3\ldots(2n-\nu)}{(1.2\ldots\lambda)(1.2\ldots\mu)}u^\lambda v^\mu,$$

dans lesquels λ, μ sont pareillement des nombres pairs, on tirera des formules (99), (100), (95) et (96) : 1° pour des valeurs impaires de λ, de μ ou de ν,

$$S[mr^{2n-1}\,\mathrm{f}(r)\cos^\lambda\alpha\cos^\mu\beta\cos^\nu\gamma] = 0 \tag{48}$$

et

$$S[mr^{2n-3}f(r)\cos^\lambda\alpha\cos^\mu\beta\cos^\nu\gamma] = 0; \tag{49}$$

2° pour des valeurs paires de λ, μ et ν,

$$S[mr^{2n-1}\,\mathrm{f}(r)\cos^\lambda\alpha\cos^\mu\beta\cos^\nu\gamma] = \frac{1.3\ldots(\lambda-1).1.3\ldots(\mu-1)}{1.3.5\ldots(2n-\nu-1)}\,S[mr^{2n-1}\,\mathrm{f}(r)\cos^{2n-\nu}\alpha\cos^\nu\gamma] \tag{101}$$

et

$$S[mr^{2n-3}f(r)\cos^\lambda\alpha\cos^\mu\beta\cos^\nu\gamma] = \frac{1.3\ldots(\lambda-1).1.3\ldots(\mu-1)}{1.3.5\ldots(2n-\nu-1)}\,S[mr^{2n-3}f(r)\cos^{2n-\nu}\alpha\cos^\nu\gamma], \tag{102}$$

le nombre entier n dont le double équivaut à la somme $\lambda+\mu+\nu$ pouvant être quelconque dans les équations (48), (101), mais devant surpasser l'unité dans les équations (49), (102). Il importe d'observer que les conditions (48), (49), déjà obtenues dans le cas où l'élasticité de l'éther était censée rester la même en tous sens autour d'un point quelconque, renferment comme cas particuliers les conditions (97), (98). Ajoutons que des formules (48), (49), (101) et (102) on peut remonter immédiatement aux formules (99), (100), (95) et (96), ou même aux formules (91), (92), par conséquent aux formules (89), (90), qui peuvent à leur tour être remplacées par les équations (38), (39) jointes aux équations (41). Donc en définitive les formules (48), (49), (101) et (102), étendues à toutes les valeurs positives du nombre entier n, ou du moins, s'il s'agit des formules (49) et (102), aux valeurs entières de n qui surpassent l'unité, expriment les conditions nécessaires et suffisantes pour que l'élasticité de l'éther puisse être censée rester la même en tous sens autour d'un axe quelconque parallèle à l'axe des z.

Lorsque ces conditions sont remplies, on tire des formules (10) et (11) jointes aux formules (87) et (88)

$$(103)\quad \mathfrak{v} = S\left[\frac{m\,\mathrm{f}(r)}{r}\left\{1-\cos r\left[\pm(u^2+v^2)^{\frac{1}{2}}\cos\alpha + w\cos\gamma\right]\right\}\right],$$

$$(104)\quad \mathfrak{P} = S\left\{\frac{m\,f(r)}{r}\left[\tfrac{1}{2}\left[\pm(u^2+v^2)^{\frac{1}{2}}\cos\alpha + w\cos\gamma\right]^2 + \frac{\cos\left\{r\left[\pm(u^2+v^2)^{\frac{1}{2}}\cos\alpha + w\cos\gamma\right]\right\}}{r^2}\right]\right\};$$

et, comme dans ces dernières on peut supposer le double signe $\pm$ arbitrairement réduit soit au signe $+$, soit au signe $-$, il est clair qu'on pourra prendre encore pour valeur de $\mathfrak{v}$ ou de $\mathfrak{P}$ la demi-somme des résultats obtenus dans ces deux suppositions. En opérant ainsi et ayant égard aux formules

$$\frac{\left[(u^2+v^2)^{\frac{1}{2}}\cos\alpha + w\cos\gamma\right]^2 + \left[-(u^2+v^2)^{\frac{1}{2}}\cos\alpha + w\cos\gamma\right]^2}{2} = (u^2+v^2)\cos^2\alpha + w^2\cos^2\gamma,$$

$$\cos\left\{r\left[(u^2+v^2)^{\frac{1}{2}}\cos\alpha + w\cos\gamma\right]\right\} + \cos\left\{r\left[-(u^2+v^2)^{\frac{1}{2}}\cos\alpha + w\cos\gamma\right]\right\} = 2\cos\left[r(u^2+v^2)^{\frac{1}{2}}\cos\alpha\right]\cos(rw\cos\gamma),$$

on trouvera

$$(105)\quad \mathfrak{v} = S\left[\frac{m\,\mathrm{f}(r)}{r}\left\{1-\cos\left[r(u^2+v^2)^{\frac{1}{2}}\cos\alpha\right]\cos(rw\cos\gamma)\right\}\right],$$

$$(106)\quad \mathfrak{P} = S\left\{\frac{m\,f(r)}{r}\left[\frac{(u^2+v^2)\cos^2\alpha + w^2\cos^2\gamma}{2} + \frac{\cos\left[r(u^2+v^2)^{\frac{1}{2}}\cos\alpha\right]\cos(rw\cos\gamma)}{r^2}\right]\right\}.$$

En résumé, $\mathfrak{v}$ et $\mathfrak{P}$ seront seulement fonctions des quantités variables

$$u^2+v^2 \quad \text{et} \quad w^2.$$

D'autre part, si, après avoir fait, pour abréger,

$$(107)\qquad K_1 = \tfrac{1}{2}(u^2+v^2), \qquad K_2 = \tfrac{1}{2}w^2,$$

on désigne par

$$\mathfrak{P}_1, \quad \mathfrak{P}_{1,1}$$

les dérivées du premier et du second ordre de $\mathfrak{P}$ considéré comme fonction de K_1, par

$$\mathfrak{P}_2, \quad \mathfrak{P}_{2,2}$$

les dérivées du premier et du second ordre de φ considéré comme fonction de K_2, et par

$$\varphi_{1,2}$$

la dérivée du second ordre de φ différentié une fois par rapport à chacune des variables K_1, K_2, on trouvera

$$(108)\qquad \frac{\partial K_1}{\partial u} = u, \qquad \frac{\partial K_1}{\partial v} = v, \qquad \frac{\partial K_2}{\partial w} = w,$$

et, par suite,

$$(109)\qquad \frac{\partial \varphi}{\partial u} = u\varphi_1, \qquad \frac{\partial \varphi}{\partial v} = v\varphi_1, \qquad \frac{\partial \varphi}{\partial w} = w\varphi_2,$$

$$(110)\qquad \frac{\partial^2 \varphi}{\partial u^2} = \varphi_1 + u^2\varphi_{1,1}, \qquad \frac{\partial^2 \varphi}{\partial v^2} = \varphi_1 + v^2\varphi_{1,1}, \qquad \frac{\partial^2 \varphi}{\partial w^2} = \varphi_2 + w^2\varphi_{2,2},$$

$$(111)\qquad \frac{\partial^2 \varphi}{\partial v\,\partial w} = vw\varphi_{1,2}, \qquad \frac{\partial^2 \varphi}{\partial w\,\partial u} = wu\varphi_{1,2}, \qquad \frac{\partial^2 \varphi}{\partial u\,\partial v} = uv\varphi_{1,1}.$$

En conséquence, les formules (8), (9) donneront

$$(112)\qquad \mathfrak{L} = \mho + \varphi_1 + u^2\varphi_{1,1}, \qquad \mathfrak{M} = \mho + \varphi_1 + v^2\varphi_{1,1}, \qquad \mathfrak{N} = \mho + \varphi_2 + w^2\varphi_{2,2},$$

$$(113)\qquad \mathfrak{P} = vw\varphi_{1,2}, \qquad \mathfrak{Q} = wu\varphi_{1,2}, \qquad \mathfrak{R} = uv\varphi_{1,1};$$

et l'équation (7), c'est-à-dire l'équation de l'ellipsoïde qui détermine les lois de la polarisation, deviendra

$$(114)\qquad \left\{ \begin{aligned} &(\mho + \varphi_1)(x^2 + y^2) + \varphi_{1,1}(ux + vy)^2 \\ &\quad + 2\varphi_{1,2}(ux + vy)wz + (\mho + \varphi_2 + \varphi_{2,2}w^2)z^2 = 1. \end{aligned} \right.$$

Lorsque le plan de l'onde primitive coïncide avec le plan de x, y, on a

$$a = 0, \qquad b = 0, \qquad c = \pm 1;$$

on en conclut

$$u = 0, \qquad v = 0, \qquad w = \pm k,$$

et la formule (114) se réduit à

$$(115)\qquad (\mho + \varphi_1)(x^2 + y^2) + (\mho + \varphi_2 + \varphi_{2,2}k^2)z^2 = 1.$$

Donc alors, comme il était facile de le prévoir, l'ellipsoïde (7) est de révolution autour de l'axe des z, et dans cet ellipsoïde le carré du rayon de l'équateur est

$$\frac{1}{\mathfrak{v}+\mathfrak{P}_1},$$

le carré du demi-axe de révolution étant

$$\frac{1}{\mathfrak{v}+\mathfrak{P}_2+\mathfrak{P}_{2,2}k^2}.$$

Donc, si l'on nomme généralement Ω', Ω'', Ω''' les vitesses de propagation des trois ondes planes dans lesquelles se divise une onde primitive de lumière non polarisée, on pourra prendre, dans le cas particulier dont il s'agit,

$$\Omega'^2=\Omega''^2=\frac{\mathfrak{v}+\mathfrak{P}_1}{k^2}, \tag{116}$$

$$\Omega'''^2=\frac{\mathfrak{v}+\mathfrak{P}_2}{k^2}+\mathfrak{P}_{2,2}, \tag{117}$$

et les deux premières ondes, se propageant avec la même vitesse, se superposeront de manière à n'en plus former qu'une seule. C'est ce qui arrive dans certains cristaux où les deux rayons polarisés que l'œil peut apercevoir, et qui produisent ce qu'on appelle la *double réfraction,* se confondent dès que le plan de l'onde devient perpendiculaire à un certain axe nommé l'*axe optique* du cristal.

Sans rien changer à la direction de l'axe des z, on peut disposer du plan des y, z, de manière à simplifier l'équation (114). Effectivement, on y parviendra en faisant coïncider le plan des y, z avec celui qui, passant par l'axe des z, sera perpendiculaire au plan de l'onde. Alors la droite OP, perpendiculaire au plan de l'onde, se trouvera comprise dans le plan des y, z; et comme on aura par suite

$$u=0,$$

la formule (34) donnera

$$v=\pm(k^2-w^2)^{\frac{1}{2}}.$$

En conséquence, l'équation (114) deviendra

$$(118)\quad \begin{cases} (\mho + \varphi_1)x^2 + [\mho + \varphi_1 + \varphi_{1,1}(k^2 - w^2)]y^2 \\ \pm 2\varphi_{1,2}(k^2 - w^2)^{\frac{1}{2}} wyz + (\mho + \varphi_2 + \varphi_{2,2}w^2)z^2 = 1. \end{cases}$$

Dans cette dernière, le double signe $\pm$ pourra être réduit arbitrairement soit au signe $+$, soit au signe $-$. D'ailleurs, en vertu de ce qui a été dit précédemment (page 229), les valeurs de $\mho$, φ, et par suite celles de φ', φ'', ne varieront pas dans le passage de l'équation (114) à l'équation (118). Maintenant il est clair que l'ellipsoïde représenté par l'équation (118) offrira un axe dirigé suivant l'axe des x, c'est-à-dire suivant la trace du plan de l'onde sur le plan des x, y. Les deux autres axes de l'ellipsoïde se confondront avec les axes de la section faite dans cet ellipsoïde par le plan des y, z, c'est-à-dire avec les deux axes de l'ellipse représentée par l'équation

$$(119)\quad \begin{cases} [\mho + \varphi_1 + \varphi_{1,1}(k^2 - w^2)]y^2 \\ \pm 2\varphi_{1,2}(k^2 - w^2)^{\frac{1}{2}} wyz + (\mho + \varphi_2 + \varphi_{2,2}w^2)z^2 = 1. \end{cases}$$

Cela posé, soient

$$\frac{1}{s'^2}$$

le carré du demi-axe qui, dans l'ellipsoïde, coïncide avec la trace du plan de l'onde primitive sur le plan mené par le point O perpendiculairement à l'axe des z, et

$$\frac{1}{s''^2},\quad \frac{1}{s'''^2}$$

les carrés des demi-axes de l'ellipse (119). Les vitesses de propagation

$$\Omega',\quad \Omega'',\quad \Omega'''$$

des trois ondes polarisées seront déterminées par les formules

$$(120)\qquad \Omega'^2 = \frac{s'^2}{k^2},\qquad \Omega''^2 = \frac{s''^2}{k^2},\qquad \Omega'''^2 = \frac{s'''^2}{k^2},$$

la valeur de s'^2 étant

$$(121)\qquad s'^2 = \mathfrak{V} + \mathfrak{P}_1,$$

tandis que s''^2, s'''^2 représenteront les deux valeurs de s^2 propres à vérifier l'équation

$$(122)\qquad \left\{ \begin{array}{r} \{s^2 - [\mathfrak{V} + \mathfrak{P}_1 + \mathfrak{P}_{1,1}(k^2 - w^2)]\}[s^2 - (\mathfrak{V} + \mathfrak{P}_2 + \mathfrak{P}_{2,2} w^2)] \\ - \mathfrak{P}_{1,2}^2 (k^2 - w^2) w^2 = 0. \end{array} \right.$$

Lorsque le plan de l'onde primitive est perpendiculaire à l'axe des z, ou, ce qui revient au même, lorsqu'on a

$$u = 0, \qquad v = 0, \qquad w = \pm k,$$

l'équation (122) se réduit à

$$(123)\qquad [s^2 - (\mathfrak{V} + \mathfrak{P}_1)][s^2 - (\mathfrak{V} + \mathfrak{P}_2 + \mathfrak{P}_{2,2} k_2)] = 0.$$

On peut donc prendre alors

$$(124)\qquad s''^2 = \mathfrak{V} + \mathfrak{P}_1, \qquad s'''^2 = \mathfrak{V} + \mathfrak{P}_2 + \mathfrak{P}_{2,2} k^2;$$

et, en combinant les formules (120) avec les formules (121), (124), on se trouve immédiatement ramené aux équations (116), (117).

Lorsque le plan de l'onde primitive passe par l'axe des z, c'est-à-dire lorsqu'on a

$$w = 0,$$

l'équation (122) se réduit à

$$(125)\qquad [s^2 - (\mathfrak{V} + \mathfrak{P}_1 + \mathfrak{P}_{1,1} k^2)][s^2 - (\mathfrak{V} + \mathfrak{P}_2)] = 0.$$

On peut donc prendre alors

$$(126)\qquad s''^2 = \mathfrak{V} + \mathfrak{P}_2, \qquad s'''^2 = \mathfrak{V} + \mathfrak{P}_1 + \mathfrak{P}_{1,1} k^2.$$

Alors aussi l'équation (118), réduite à

$$(127)\qquad (\mathfrak{V} + \mathfrak{P}_1)\mathrm{x}^2 + (\mathfrak{V} + \mathfrak{P}_1 + \mathfrak{P}_{1,1} k^2)\mathrm{y}^2 + (\mathfrak{V} + \mathfrak{P}_2)\mathrm{z}^2 = 1,$$

représente un ellipsoïde qui a pour axes les axes coordonnés; et l'on peut affirmer que, des trois ondes planes produites par la subdivision de l'onde primitive, dont le plan renferme l'axe des z, les deux premières se composent de lumière polarisée parallèlement à deux axes rectangulaires compris dans ce plan, et dont l'un est l'axe des z, tandis que la troisième se compose de lumière polarisée perpendiculairement au plan de l'onde. Enfin, lorsque l'axe des z se trouve incliné d'une manière quelconque sur le plan de l'onde primitive, les quantités s''^2, s'''^2 déterminées par l'équation (122) coïncident avec les deux valeurs de s^2 données par la formule

$$(128)\quad \left\{ \begin{aligned} s^2 = \mathcal{V} &+ \frac{\mathcal{P}_1 + \mathcal{P}_{1,1}(k^2 - w^2) + \mathcal{P}_2 + \mathcal{P}_{2,2} w^2}{2} \\ &\pm \sqrt{\left[\frac{\mathcal{P}_1 + \mathcal{P}_{1,1}(k^2 - w^2) - \mathcal{P}_2 - \mathcal{P}_{2,2} w^2}{2}\right]^2 + \mathcal{P}_{1,2}^2 (k^2 - w^2) w^2}. \end{aligned} \right.$$

Observons encore que l'équation (127) peut être présentée sous la forme

$$(129)\quad \left\{ \begin{aligned} &(\mathcal{V} + \mathcal{P}_1)(x^2 + y^2 + z^2) + \mathcal{P}_{1,1}(ux + vy + wz)^2 \\ &+ 2(\mathcal{P}_{1,2} - \mathcal{P}_{1,1})(ux + vy)wz + [\mathcal{P}_2 - \mathcal{P}_1 + (\mathcal{P}_{2,2} - \mathcal{P}_{1,1})w^2]z^2 = 1, \end{aligned} \right.$$

et que cette équation, devenant semblable à l'équation (58), lorsque les différences

$$(130)\qquad \mathcal{P}_2 - \mathcal{P}_1, \quad \mathcal{P}_{1,2} - \mathcal{P}_{1,1}, \quad \mathcal{P}_{2,2} - \mathcal{P}_{1,1}$$

s'évanouissent, représente alors, comme l'équation (58), un ellipsoïde de révolution, qui a pour équateur le plan de l'onde primitive. Donc, si les différences (130), sans être nulles, sont très petites, l'ellipsoïde représenté par l'équation (129) différera peu d'un ellipsoïde de révolution qui aurait pour axe de révolution la droite OP menée par le point O perpendiculairement au plan de l'onde; et, des trois ondes de lumière polarisée produites par la subdivision d'une onde primitive, les deux premières offriront des vitesses de propagation peu différentes entre elles, et des molécules éthérées dont les vitesses propres seront dirigées suivant des droites sensiblement parallèles au plan de chaque onde. C'est effectivement ce qui arrive quand la lumière traverse un cristal doué de la double réfraction.

§ IV. — *Propagation des ondes lumineuses dans un milieu où l'élasticité de l'éther reste la même en tous sens.*

Considérons un milieu dans lequel l'élasticité de l'éther reste la même en tous sens. Alors, comme on l'a dit (page 223), des trois ondes planes dans lesquelles se divise généralement une onde plane de lumière non polarisée, les deux premières, se propageant avec la même vitesse, se superposeront de manière à n'en plus former qu'une seule, dans laquelle la lumière sera polarisée parallèlement au plan de l'onde primitive, tandis que dans la troisième la lumière sera polarisée perpendiculairement à ce plan. De plus, la troisième onde disparaîtra, si c'est dans le plan même de l'onde primitive que sont dirigés les déplacements et les vibrations initiales de molécules, et alors il n'y aura plus de polarisation. On arrive à la même conclusion, en substituant dans les équations (25) du § II les valeurs de $\mathcal{L}$, $\mathcal{M}$, $\mathcal{N}$, $\mathcal{P}$, $\mathcal{Q}$, $\mathcal{R}$ que fournissent les équations (56), (57) du § III pour le cas où l'élasticité de l'éther reste la même dans tous les sens. Effectivement, après la substitution dont il s'agit, les formules (25) du § II se réduisent à

$$(1)\qquad \begin{cases} \dfrac{\partial^2 \xi}{\partial t^2} = -(\mathfrak{V} + \mathfrak{V}')\xi - u\,\mathfrak{V}''(u\xi + v\eta + w\zeta), \\[2ex] \dfrac{\partial^2 \eta}{\partial t^2} = -(\mathfrak{V} + \mathfrak{V}')\eta - v\,\mathfrak{V}''(u\xi + v\eta + w\zeta), \\[2ex] \dfrac{\partial^2 \zeta}{\partial t^2} = -(\mathfrak{V} + \mathfrak{V}')\zeta - w\mathfrak{V}''(u\xi + v\eta + w\zeta). \end{cases}$$

Si maintenant on ajoute les formules (1) après avoir multiplié les deux membres de la première par u, de la seconde par v, de la troisième par w, et si l'on a égard à l'équation

$$(2)\qquad u^2 + v^2 + w^2 = k^2,$$

on trouvera

$$(3)\qquad \frac{\partial^2(u\xi + v\eta + w\zeta)}{\partial t^2} = -(\mathfrak{V} + \mathfrak{V}' + \mathfrak{V}''k^2)(u\xi + v\eta + w\zeta).$$

Cela posé, en tenant compte des formules (26), (27) du § II, on déduira sans peine de l'équation (3) la valeur générale de

$$u\xi + v\eta + w\zeta;$$

puis, après avoir substitué cette valeur dans chacune des formules (1), on tirera de ces dernières formules les valeurs des trois inconnues ξ, η, ζ.

Lorsque les déplacements et les vitesses des molécules de l'éther sont primitivement parallèles au plan de l'onde lumineuse, les valeurs initiales des deux quantités

$$u\xi + v\eta + w\zeta, \quad u\frac{\partial\xi}{\partial t} + v\frac{\partial\eta}{\partial t} + w\frac{\partial\zeta}{\partial t}$$

s'évanouissent, et l'équation (3) donne généralement

$$(4) \qquad u\xi + v\eta + w\zeta = 0.$$

Par suite, en posant, pour abréger,

$$(5) \qquad s^2 = \upsilon + \psi',$$

on réduit les formules (1) à

$$(6) \qquad \frac{\partial^2\xi}{\partial t^2} = -s^2\xi, \qquad \frac{\partial^2\eta}{\partial t^2} = -s^2\eta, \qquad \frac{\partial^2\zeta}{\partial t^2} = -s^2\zeta.$$

Or on tire des formules (6)

$$(7) \qquad \begin{cases} \xi = \xi_0 \cos st + \xi_1 \dfrac{\sin st}{s}, \\ \eta = \eta_0 \cos st + \eta_1 \dfrac{\sin st}{s}, \\ \zeta = \zeta_0 \cos st + \zeta_1 \dfrac{\sin st}{s}, \end{cases}$$

ξ_0, η_0, ζ_0, ξ_1, η_1, ζ_1 désignant les valeurs initiales de

$$\xi, \quad \eta, \quad \zeta, \quad \frac{\partial\xi}{\partial t}, \quad \frac{\partial\eta}{\partial t}, \quad \frac{\partial\zeta}{\partial t}.$$

D'ailleurs ces valeurs initiales que déterminent les équations (26), et (27) du § II, jointes à l'équation

$$(8)\qquad \imath = ax + by + cz$$

ou, ce qui revient au même, à la formule

$$(9)\qquad k\imath = ux + vy + wz,$$

devront vérifier des conditions semblables, soit à la condition (78), soit à la condition (63) du § II, si l'on veut obtenir seulement des ondes lumineuses dont la vitesse de propagation soit dirigée dans le même sens que la droite OP, ou des ondes lumineuses dont la vitesse de propagation soit dirigée dans le sens opposé, la droite OP étant celle qui forme, avec les demi-axes des coordonnées positives, les angles dont les cosinus sont respectivement

$$(10)\qquad a = \frac{u}{k},\qquad b = \frac{v}{k},\qquad c = \frac{w}{k}.$$

Dans le premier cas, on aura

$$(11)\qquad \xi_1 = -\Omega\frac{\partial\xi_0}{\partial t},\qquad \eta_1 = -\Omega\frac{\partial\eta_0}{\partial t},\qquad \zeta_1 = -\Omega\frac{\partial\zeta_0}{\partial t},$$

la vitesse de propagation d'une onde étant

$$(12)\qquad \Omega = \frac{s}{k};$$

et, des formules (7), (10), (11) jointes aux équations

$$(13)\qquad \begin{cases} \xi_0 = \mathfrak{d}_0 \cos k\imath + \mathfrak{g}_0 \sin k\imath = \varphi(\imath), \\ \eta_0 = \mathfrak{e}_0 \cos k\imath + \mathfrak{h}_0 \sin k\imath = \chi(\imath), \\ \zeta_0 = \mathfrak{f}_0 \cos k\imath + \mathfrak{i}_0 \sin k\imath = \psi(\imath), \end{cases}$$

on tirera

$$(14)\qquad \begin{cases} \xi = \mathfrak{d}_0 \cos(k\imath - st) + \mathfrak{g}_0 \sin(k\imath - st) = \varphi(\imath - \Omega t), \\ \eta = \mathfrak{e}_0 \cos(k\imath - st) + \mathfrak{h}_0 \sin(k\imath - st) = \chi(\imath - \Omega t), \\ \zeta = \mathfrak{f}_0 \cos(k\imath - st) + \mathfrak{i}_0 \sin(k\imath - st) = \psi(\imath - \Omega t). \end{cases}$$

Dans le second cas, les formules (14) devraient être remplacées par celles qu'on en déduit en substituant aux binômes

$$k\imath - st, \quad \imath - \Omega t$$

les binômes

$$k\imath + st, \quad \imath + \Omega t.$$

Ajoutons que, l'équation (4) devant être vérifiée indépendamment des valeurs attribuées à $\imath$ et à t, par conséquent pour des valeurs de

$$k\imath - st$$

égales à zéro et à $\frac{\pi}{2}$, on trouvera, entre les constantes arbitraires

$$\mathfrak{d}_0, \quad \mathfrak{e}_0, \quad \mathfrak{f}_0, \quad \mathfrak{g}_0, \quad \mathfrak{h}_0, \quad \mathfrak{i}_0,$$

des relations exprimées par les formules

(15) $$u\mathfrak{d}_0 + v\mathfrak{e}_0 + w\mathfrak{f}_0 = 0, \qquad u\mathfrak{g}_0 + v\mathfrak{h}_0 + w\mathfrak{i}_0 = 0$$

ou, ce qui revient au même, par les formules

(16) $$a\mathfrak{d}_0 + b\mathfrak{e}_0 + c\mathfrak{f}_0 = 0, \qquad a\mathfrak{g}_0 + b\mathfrak{h}_0 + c\mathfrak{i}_0 = 0,$$

desquelles on tirera

(17) $$a\varphi(\imath) + b\chi(\imath) + c\psi(\imath) = 0.$$

Soient maintenant

$$a', \quad b', \quad c' \quad \text{et} \quad a'', \quad b'', \quad c''$$

les cosinus des angles formés avec les demi-axes des coordonnées positives par deux nouvelles droites OQ, OR perpendiculaires entre elles et à la droite OP. Posons d'ailleurs

(18) $$a'\varphi(\imath) + b'\chi(\imath) + c'\psi(\imath) = \varpi(\imath)$$

et

(19) $$a''\varphi(\imath) + b''\chi(\imath) + c''\psi(\imath) = \Pi(\imath).$$

Les trois axes OP, OQ, OR étant rectangulaires entre eux, aussi bien que les axes des x, y, z, on aura, non seulement

(20) $$\begin{cases} a^2 + b^2 + c^2 = 1, & a'^2 + b'^2 + c'^2 = 1, & a''^2 + b''^2 + c''^2 = 1, \\ a'a'' + b'b'' + c'c'' = 0, & a''a + b''b + c''c = 0, & aa' + bb' + cc' = 0, \end{cases}$$

mais encore

$$(21)\quad \begin{cases} a^2+a'^2+a''^2=1, & b^2+b'^2+b''^2=1, & c^2+c'^2+c''^2=1, \\ bc+b'c'+b''c''=0, & ca+c'a'+c''a''=0, & ab+a'b'+a''b''=0; \end{cases}$$

et, par suite, des formules (17), (18), (19), respectivement multipliées par a, a', a'' ou par b, b', b'', ou enfin par c, c', c'', on tirera

$$(22)\quad \begin{cases} \varphi(\iota)=a'\varpi(\iota)+a''\Pi(\iota), \\ \chi(\iota)=b'\varpi(\iota)+b''\Pi(\iota), \\ \psi(\iota)=c'\varpi(\iota)+c''\Pi(\iota). \end{cases}$$

En conséquence, les formules (14) donneront

$$(23)\quad \begin{cases} \xi=a'\varpi(\iota-\Omega t)+a''\Pi(\iota-\Omega t), \\ \eta=b'\varpi(\iota-\Omega t)+b''\Pi(\iota-\Omega t), \\ \zeta=c'\varpi(\iota-\Omega t)+c''\Pi(\iota-\Omega t). \end{cases}$$

Observons d'ailleurs que, si l'on fait, pour abréger,

$$(24)\quad a'\mathfrak{d}_0+b'\mathfrak{e}_0+c'\mathfrak{f}_0=\mathfrak{A}, \qquad a'\mathfrak{g}_0+b'\mathfrak{h}_0+c'\mathfrak{i}_0=\mathfrak{B},$$

$$(25)\quad a''\mathfrak{d}_0+b''\mathfrak{e}_0+c''\mathfrak{f}_0=\mathfrak{C}, \qquad a''\mathfrak{g}_0+b''\mathfrak{h}_0+c''\mathfrak{i}_0=\mathfrak{D},$$

on conclura des formules (18), (19) jointes aux équations (13)

$$(26)\quad \begin{cases} \varpi(\iota)=\mathfrak{A}\cos k\iota+\mathfrak{B}\sin k\iota, \\ \Pi(\iota)=\mathfrak{C}\cos k\iota+\mathfrak{D}\sin k\iota. \end{cases}$$

Dans le cas particulier où le plan de l'onde primitive devient parallèle à l'axe des z, et où la droite OP, renfermée dans l'angle que comprennent entre eux les demi-axes des x et des y positives, forme avec le premier de ces demi-axes un angle aigu représenté par τ, on a

$$(27)\quad a=\cos\tau, \qquad b=\sin\tau, \qquad c=0.$$

Dans le même cas, en faisant coïncider la droite OQ avec un demi-axe mené dans le plan des x, y perpendiculairement à la droite OP, et la droite OR avec le demi-axe des z positives, on trouvera

$$(28)\quad a'=\sin\tau, \qquad b'=-\cos\tau, \qquad c'=0$$

et

$$(29)\qquad a''=0,\qquad b''=0,\qquad c''=1.$$

Par suite, les formules (23) donneront

$$(30)\quad \xi=\sin\tau\,\varpi(\iota-\Omega t),\qquad \eta=-\cos\tau\,\varpi(\iota-\Omega t),\qquad \zeta=\Pi(\iota-\Omega t);$$

et, comme on tirera de l'équation (8)

$$(31)\qquad \iota=x\cos\tau+y\sin\tau,$$

on aura définitivement

$$(32)\qquad \begin{cases} \xi= \sin\tau\,\varpi(x\cos\tau+y\sin\tau-\Omega t),\\ \eta=-\cos\tau\,\varpi(x\cos\tau+y\sin\tau-\Omega t),\\ \zeta=\Pi(x\cos\tau+y\sin\tau-\Omega t),\end{cases}$$

les fonctions $\varpi(\iota)$, $\Pi(\iota)$ étant toujours déterminées par les formules (26), ou, ce qui revient au même, eu égard à l'équation (12),

$$(33)\quad \begin{cases} \xi= \sin\tau\{\mathfrak{A}\cos[k(x\cos\tau+y\sin\tau)-st]+\mathfrak{B}\sin[k(x\cos\tau+y\sin\tau)-st]\},\\ \eta=-\cos\tau\{\mathfrak{A}\cos[k(x\cos\tau+y\sin\tau)-st]+\mathfrak{B}\sin[k(x\cos\tau+y\sin\tau)-st]\},\\ \zeta= \mathfrak{C}\cos[k(x\cos\tau+y\sin\tau)-st]+\mathfrak{D}\sin[k(x\cos\tau+y\sin\tau)-st].\end{cases}$$

Remarquons encore que l'équation (5) ou, en d'autres termes, l'équation (78) du § III peut être remplacée par la formule (80) du même paragraphe; et que, si l'on fait, pour abréger,

$$(34)\qquad (-1)^{n+1}\mathrm{a}_n=\mathrm{S}\,\frac{mr^{2n-1}\cos^{2n}\alpha}{1.2.3\ldots 2n}\left[\mathrm{f}(r)+\frac{1}{2n+1}f(r)\cos^2\alpha\right],$$

cette formule donnera simplement

$$(35)\qquad s^2=\mathrm{a}_1k^2+\mathrm{a}_2k^4+\mathrm{a}_3k^6+\ldots.$$

De cette dernière jointe à la formule (12) on conclura

$$(36)\qquad \Omega^2=\mathrm{a}_1+\mathrm{a}_2k^2+\mathrm{a}_3k^4+\ldots.$$

D'ailleurs, en désignant par l l'épaisseur d'une onde plane et par T la durée des oscillations moléculaires du fluide éthéré, on aura, comme dans les paragraphes précédents,

$$k = \frac{2\pi}{l}, \tag{37}$$

$$s = \frac{2\pi}{T}. \tag{38}$$

Il est important d'observer que, en vertu de la formule (38), la quantité s dépend uniquement de la durée des oscillations moléculaires, c'est-à-dire de la nature de la couleur, tandis que, en vertu de l'équation (35) jointe aux formules (12) et (37), les quantités k, Ω et l dépendent simultanément de la couleur et de la nature du milieu dans lequel se propagent les ondes lumineuses. Quant à l'angle τ, il dépend uniquement de la direction des plans parallèles qui renferment ces mêmes ondes.

§ V. — *Sur la réfraction de la lumière.*

Considérons deux milieux séparés par le plan des yz, dont chacun soit tel que l'éther y offre la même élasticité en tous sens, et dans l'un desquels se propagent des ondes lumineuses dont les plans soient parallèles à l'axe des z. L'existence de ces ondes, que nous nommerons *incidentes*, entraînera la coexistence : 1° d'un second système d'ondes propagées dans le premier milieu, et que l'on nomme *réfléchies;* 2° d'un troisième système d'ondes propagées dans le second milieu, et que l'on nomme *réfractées*. Car, en faisant abstraction de ces ondes réfléchies et réfractées, on ne pourrait satisfaire aux conditions relatives à la surface de séparation des deux milieux.

Nous avons montré, dans le *Bulletin des Sciences*, comment de la remarque précédente on peut déduire, non seulement les lois de la réflexion et de la réfraction de la lumière, mais encore la détermination de la quantité de lumière polarisée par réflexion et par réfraction sous une incidence donnée, la loi de Brewster sur l'angle de polarisation complète et les formules insérées par Fresnel dans le n° 17 des

Annales de Chimie et de Physique. Nous nous bornerons pour l'instant à déduire de la même remarque la loi de la réfraction, en admettant, comme l'expérience le prouve, que la réflexion ne change pas la nature de la couleur, et que l'angle d'incidence est égal à l'angle de réflexion.

Pour un seul des trois systèmes d'ondes incidentes, réfléchies ou réfractées, les déplacements ξ, η, ζ de la molécule lumineuse correspondante au point (x, y, z) se trouveraient déterminés par des équations semblables aux formules (33) du § IV. Ajoutons que, dans le passage des ondes incidentes aux ondes réfléchies, les quantités s et T ne varieront point, ni même les quantités k, Ω, l, puisque les premières dépendent uniquement de la couleur, les autres de la couleur et de la nature du milieu. Quant à l'angle d'incidence τ, on devra le remplacer, lorsqu'on passera des ondes incidentes aux ondes réfléchies, par son supplément $\pi - \tau$, afin d'exprimer que les deux angles d'incidence et de réflexion sont égaux entre eux; et par suite on devra dans ce cas changer seulement le signe de la première des deux lignes trigonométriques $\cos\tau$, $\sin\tau$.

Cela posé, soient

$$\mathfrak{A}_1,\quad \mathfrak{B}_1,\quad \mathfrak{C}_1,\quad \mathfrak{D}_1$$

ce que deviennent les coefficients

$$\mathfrak{A},\quad \mathfrak{B},\quad \mathfrak{C},\quad \mathfrak{D}$$

quand on passe du système des ondes incidentes au système des ondes réfléchies, et

$$s',\quad \mathrm{T}',\quad k',\quad \Omega',\quad l',\quad \mathfrak{A}',\quad \mathfrak{B}',\quad \mathfrak{C}',\quad \mathfrak{D}'$$

ce que deviennent les quantités

$$s,\quad \mathrm{T},\quad k,\quad \Omega,\quad l,\quad \mathfrak{A},\quad \mathfrak{B},\quad \mathfrak{C},\quad \mathfrak{D}$$

quand on passe du système des ondes incidentes aux ondes réfractées. Si l'on considère à la fois les deux systèmes d'ondes propagées dans le premier milieu, on devra, pour ce milieu, remplacer les équations (33) du § IV par les formules

$$(1)\quad\left\{\begin{aligned}
\xi &= \sin\tau\{\mathfrak{A}\cos[k(x\cos\tau+y\sin\tau)-st]+\mathfrak{B}\sin[k(x\cos\tau+y\sin\tau)-st]\}\\
&+\sin\tau\{\mathfrak{A}_1\cos[k(-x\cos\tau+y\sin\tau)-st]+\mathfrak{B}_1\sin[k(-x\cos\tau+y\sin\tau)-st]\},\\
\eta &= -\cos\tau\{\mathfrak{A}\cos[k(x\cos\tau+y\sin\tau)-st]+\mathfrak{B}\sin[k(x\cos\tau+y\sin\tau)-st]\}\\
&+\cos\tau\{\mathfrak{A}_1\cos[k(-x\cos\tau+y\sin\tau)-st]+\mathfrak{B}_1\sin[k(-x\cos\tau+y\sin\tau)-st]\},\\
\zeta &= \mathfrak{C}\cos[k(x\cos\tau+y\sin\tau)-st]+\mathfrak{D}\sin[k(x\cos\tau+y\sin\tau)-st]\}\\
&+\mathfrak{C}_1\cos[k(-x\cos\tau+y\sin\tau)-st]+\mathfrak{D}_1\sin[k(-x\cos\tau+y\sin\tau)-st]\}.
\end{aligned}\right.$$

On trouvera au contraire, pour le second milieu,

$$(2)\quad\left\{\begin{aligned}
\xi &= \sin\tau'\{\mathfrak{A}'\cos[k'(x\cos\tau'+y\sin\tau')-s't]+\mathfrak{B}'\sin[k'(x\cos\tau'+y\sin\tau')-s't]\},\\
\eta &= -\cos\tau'\{\mathfrak{A}'\cos[k'(x\cos\tau'+y\sin\tau')-s't]+\mathfrak{B}'\sin[k'(x\cos\tau'+y\sin\tau')-s't]\},\\
\zeta &= \mathfrak{C}'\cos[k'(x\cos\tau'+y\sin\tau')-s't]+\mathfrak{D}'\sin[k'(x\cos\tau'+y\sin\tau')-s't].
\end{aligned}\right.$$

D'ailleurs la surface de séparation des deux milieux et des deux masses de fluide éthéré qui s'y trouvent comprises coïncide, lorsque ces deux masses sont dans l'état naturel, avec le plan des y, z représenté par l'équation

$$(3)\qquad x=0;$$

et, pour que ces deux masses restent contiguës l'une à l'autre pendant la durée du mouvement, il est nécessaire que la valeur de ξ, relative à un instant donné et à un point donné de la surface de séparation, ne soit point altérée, quand on passe de la première masse à la seconde. Enfin, comme, en posant $x=0$, on tire de la première des équations (1)

$$(4)\quad \xi=\sin\tau[(\mathfrak{A}+\mathfrak{A}_1)\cos(ky\sin\tau-st)+(\mathfrak{B}+\mathfrak{B}_1)\sin(ky\sin\tau-st)]$$

et, de la première des équations (2),

$$(5)\qquad \xi=\sin\tau'[\mathfrak{A}'\cos(k'y\sin\tau'-s't)+\mathfrak{B}'\sin(k'y\sin\tau'-s't)],$$

la condition que nous venons d'énoncer donnera

$$(6)\quad\left\{\begin{aligned}
&\sin\tau[(\mathfrak{A}+\mathfrak{A}_1)\cos(ky\sin\tau-st)+(\mathfrak{B}+\mathfrak{B}_1)\sin(ky\sin\tau-st)]\\
&\quad=\sin\tau'[\mathfrak{A}'\cos(k'y\sin\tau'-s't)+\mathfrak{B}'\sin(k'y\sin\tau'-s't)],
\end{aligned}\right.$$

si toutefois on admet que l'on puisse, sans erreur sensible, ne pas tenir compte des légères modifications que peut apporter le voisinage du second milieu à la valeur de ξ, déterminée par la première des équations (1), et le voisinage du premier milieu à la valeur de ξ, déterminée par la première des équations (2).

Observons maintenant que, l'équation (6) devant subsister indépendamment des valeurs attribuées aux variables y et t, les coefficients des puissances semblables de y et de t devront être égaux dans les deux membres de cette équation développés en séries convergentes, ordonnées suivant les puissances dont il s'agit. De cette seule considération on déduira immédiatement les formules

$$(\mathfrak{A} + \mathfrak{A}_1)\sin\tau = \mathfrak{A}'\sin\tau', \qquad (\mathfrak{B} + \mathfrak{B}_1)\sin\tau = \mathfrak{B}'\sin\tau', \tag{7}$$

$$k\sin\tau = k'\sin\tau', \tag{8}$$

$$s = s', \tag{9}$$

auxquelles on parvient encore très simplement de la manière suivante :

Si l'on pose $y = 0$ et $t = 0$: 1° dans l'équation (6); 2° dans cette même équation, différentiée une, deux ou trois fois de suite par rapport à t, on en tirera successivement

$$(10)\quad \left\{\begin{aligned} (\mathfrak{A} + \mathfrak{A}_1)\sin\tau &= \mathfrak{A}'\sin\tau', \\ s(\mathfrak{B} + \mathfrak{B}_1)\sin\tau &= s'\,\mathfrak{B}'\sin\tau', \\ s^2(\mathfrak{A} + \mathfrak{A}_1)\sin\tau &= s'^2\mathfrak{A}'\sin\tau', \\ s^3(\mathfrak{B} + \mathfrak{B}_1)\sin\tau &= s'^3\mathfrak{B}'\sin\tau'. \end{aligned}\right.$$

Or la première des équations (10) jointe à la quatrième, et la seconde jointe à la troisième, entraîneront les formules (7) et l'équation

$$s^2 = s'^2,$$

de laquelle on conclura, en extrayant les racines carrées positives des deux membres

$$s = s'.$$

Si l'on posait $t = 0$ dans l'équation (6), différentiée une, deux ou trois fois, non plus par rapport à t, mais par rapport à y, on obtiendrait trois nouvelles formules, qui, jointes aux formules (10), entraîneraient, non seulement les équations (7) et (9), mais encore l'équation (8). La seconde de ces nouvelles formules serait

$$k \sin\tau(\mathfrak{B} + \mathfrak{B}_1) \sin\tau = k' \sin\tau' \mathfrak{B}' \sin\tau', \tag{11}$$

et, en la combinant avec la seconde des formules (7), on obtiendrait immédiatement l'équation (8).

En vertu de l'équation (9), la quantité s, réciproquement proportionnelle à la durée T des oscillations moléculaires du fluide éthéré, ne varie pas dans le passage d'un milieu à un autre, et par conséquent la réfraction ne change pas la nature de la couleur. Donc, si un rayon de lumière rouge, après s'être propagé dans l'air, traverse un liquide tel que l'eau, il paraîtra rouge encore à un observateur dont l'œil serait plongé dans ce liquide. Quant à l'équation (8), elle donnera

$$\frac{\sin\tau'}{\sin\tau} = \frac{k}{k'}. \tag{12}$$

D'ailleurs, en nommant Ω, Ω' les vitesses de propagation de la lumière dans le premier et le second milieu, on aura, en vertu de la formule (12) du § IV,

$$\Omega = \frac{s}{k}, \qquad \Omega' = \frac{s'}{k'} = \frac{s}{k'}, \tag{13}$$

et, par suite,

$$\frac{\Omega'}{\Omega} = \frac{k}{k'}. \tag{14}$$

Donc l'équation (12) pourra être réduite à

$$\frac{\sin\tau'}{\sin\tau} = \frac{\Omega'}{\Omega}. \tag{15}$$

Or la formule (15) montre que le rapport du sinus d'incidence au sinus de réfraction est constamment égal au rapport entre les vitesses de propagation de la lumière dans le premier et le second milieu. Cette conclusion se trouve, comme l'on sait, confirmée par l'expérience : car, en faisant varier l'angle d'incidence pour un rayon d'une couleur donnée qui tombe sur la surface d'un corps réfringent, on obtient toujours le même rapport entre les sinus des deux angles d'incidence et de réfraction.

Le rapport entre les sinus de l'angle d'incidence τ et de l'angle de réfraction τ' est ce qu'on nomme l'*indice* de réfraction. Si l'on désigne cet indice par θ, on aura, en vertu de la formule (12),

$$\theta = \frac{\sin\tau}{\sin\tau'} = \frac{k'}{k}$$

et, par suite,

$$k' = \theta k. \tag{16}$$

§ VI. — *Applications numériques.*

Lorsque, dans un milieu transparent, l'élasticité de l'éther reste la même en tous sens, la durée T des oscillations moléculaires du fluide éthéré se trouve liée à l'épaisseur l d'une onde plane par l'équation

$$s^2 = a_1 k^2 + a_2 k^4 + a_3 k^6 + \ldots \tag{1}$$

[*voir* la formule (35) du § IV], dans laquelle on a

$$s = \frac{2\pi}{T}, \tag{2}$$

$$k = \frac{2\pi}{l}. \tag{3}$$

D'ailleurs, la vitesse de propagation Ω d'un rayon de lumière étant donnée par la formule

$$\Omega = \frac{s}{k}, \tag{4}$$

on aura encore

$$\Omega^2 = a_1 + a_2 k^2 + a_3 k^4 + \ldots. \tag{5}$$

Dans les seconds membres des équations (1) et (5), comme dans les séries que renferment les formules (64), (65), (66) du § III, les coefficients

$$\mathrm{a}_1, \quad \mathrm{a}_2, \quad \mathrm{a}_3, \quad \ldots$$

des puissances ascendantes de k décroissent très rapidement, et la valeur générale de a_n, déterminée par la formule

$$(6) \qquad (-1)^{n+1}\mathrm{a}_n = \mathrm{S}\frac{mr^{2n-1}\cos^{2n}\alpha}{1.2.3\ldots 2n}\left[\mathrm{f}(r) + \frac{1}{2n+1}f(r)\cos^2\alpha\right],$$

est une quantité très petite de l'ordre $2n-1$, dans le cas où la distance r de deux molécules d'éther, assez rapprochées pour exercer l'une sur l'autre une action sensible, est considérée comme très petite du premier ordre. Ajoutons que, si un rayon d'une couleur déterminée se réfracte en passant d'un premier milieu dans un second, la nature de la couleur, et par suite chacune des quantités T, s, restera invariable, tandis que les quantités

$$k, \quad \Omega, \quad l$$

se changeront dans les suivantes

$$(7) \qquad k' = \theta k,$$

$$(8) \qquad \Omega' = \frac{\Omega}{\theta},$$

$$(9) \qquad l' = \frac{l}{\theta},$$

θ désignant l'indice de réfraction. Alors aussi les coefficients

$$\mathrm{a}_1, \quad \mathrm{a}_2, \quad \mathrm{a}_3, \quad \ldots$$

obtiendront des valeurs différentes dans le premier et dans le second milieu.

Un très habile observateur, Frauenhofer, a déduit d'expériences faites avec beaucoup de soin les indices de réfraction pour sept rayons colorés, correspondants à certaines raies que présente le spectre solaire, et déterminé les diverses valeurs que prennent ces mêmes indices lorsqu'on fait passer les sept rayons de l'air dans des prismes de verre ou de cristal, remplis ou entièrement formés de diverses substances liquides ou solides. Les substances employées par Frauenhofer sont : l'eau, une solution de potasse, l'huile de térébenthine, trois espèces de crownglass, et quatre espèces de flintglass. Ajoutons que deux séries d'expériences sont relatives à l'eau, et deux autres à la troisième espèce de flintglass. Le Tableau suivant contient le résultat des expériences de Frauenhofer, relatives aux sept rayons qu'il a désignés par les lettres B, C, D, E, F, G, H. Pour plus de commodité, nous représenterons les valeurs de θ, correspondantes à ces mêmes rayons, par

$$\theta_1,\quad \theta_2,\quad \theta_3,\quad \theta_4,\quad \theta_5,\quad \theta_6,\quad \theta_7.$$

TABLEAU I.

Indices de réfraction pour les rayons B, C, D, E, F, G, H *de Frauenhofer.*

SUBSTANCES RÉFRINGENTES.	θ_1.	θ_2.	θ_3.	θ_4.	θ_5.	θ_6.	θ_7.
Eau. 1re série	1,330935	1,331712	1,333577	1,335851	1,337818	1,341293	1,344177
Eau. 2e série	1,330977	1,331709	1,333577	1,335849	1,337788	1,341261	1,344162
Solution de potasse	1,399629	1,400515	1,402805	1,405632	1,408082	1,412579	1,416368
Huile de térébenthine	1,470496	1,471530	1,474434	1,478353	1,481736	1,488198	1,493874
Crown-glass. 1re espèce	1,524312	1,525299	1,527982	1,531372	1,534337	1,539908	1,554684
Crown-glass. 2e espèce	1,525832	1,526849	1,529587	1,533005	1,536052	1,541657	1,546566
Crown-glass. 3e espèce	1,554774	1,555933	1,559075	1,563150	1,566741	1,573535	1,579470
Flint-glass. 1re espèce	1,602042	1,603800	1,608494	1,614532	1,620042	1,630772	1,640373
Flint-glass. 2e espèce	1,623570	1,625477	1,630585	1,637356	1,643466	1,655406	1,666072
Flint-glass. 3e espèce. 1re série	1,626564	1,628451	1,633666	1,640544	1,646780	1,658849	1,669680
Flint-glass. 3e espèce. 2e série	1,626596	1,628469	1,633667	1,640495	1,646756	1,658848	1,669686
Flint-glass. 4e espèce	1,627749	1,629681	1,635036	1,642024	1,648260	1,660285	1,671062

D'autres expériences de Frauenhofer déterminent les valeurs de l ou les épaisseurs des ondes dans l'air pour les sept rayons

B, C, D, E, F, G, H.

Nous désignerons par

$$l_1,\quad l_2,\quad l_3,\quad l_4,\quad l_5,\quad l_6,\quad l_7$$

ces épaisseurs, qui, dans les expériences de Frauenhofer, se trouvent exprimées en cent-millionièmes de pouce. Si l'on multiplie les nombres que ce physicien a trouvés par 2,7070, afin de réduire les mêmes longueurs en dix-millionièmes de millimètre, et si l'on effectue le calcul par logarithmes, on obtiendra le Tableau suivant, dans lequel i désigne un nombre entier.

TABLEAU II.

Épaisseur des ondes dans l'air pour les rayons B, C, D, E, F, G, H *de Frauenhofer.*

	$i=1.$	$i=2.$	$i=3.$	$i=4.$	$i=5.$	$i=6.$	$i=7.$
Valeurs de l_i en cent-millionièmes de pouce....	2541	2425	2175	1943	1789	1585	1451
Logarithmes décimaux de ces nombres.........	4050047	3847117	3374593	2884728	2526103	2000293	1616674
Log(2707)............	4324883	4324883	4324883	4324883	4324883	4324883	4324883
Sommes...	8374930	8172000	7699476	7209611	6850986	6325176	5941557
l_i en dix-millionièmes de millimètre...........	6878	6564	5888	5260	4843	4291	3928

Il suit de la formule (9) que, étant donnée l'épaisseur l ou l_i des ondes dans l'air pour l'un des rayons B, C, D, E, F, G, H, on obtiendra l'épaisseur des ondes l' ou l'_i, pour le même rayon réfracté par l'eau ou par une autre substance, en divisant la première épaisseur par l'indice de réfraction. Cela posé, on déduira sans peine des Tableaux I et II les épaisseurs des ondes correspondantes aux sept rayons et aux diverses substances considérées par Frauenhofer. En effectuant le calcul par logarithmes et à l'aide des Tables de Callet, on obtient les résultats compris dans les Tableaux suivants :

Tableau III.

Détermination des logarithmes des indices de réfraction et de leurs compléments.

	Valeurs de i.	$i=1$.	$i=2$.	$i=3$.	$i=4$.	$i=5$.	$i=6$.	$i=7$.
Eau, 1re série.	θ_i	1,330935	1,331712	1,333577	1,335851	1,337818	1,341293	1,344177
		1241454	1244064	1249930	1257414	1263912	1274935	1284316
		98	33	229	163	33	293	227
		16	7	23	3	26	10	23
	$L(\theta_i)$	1241568	1244104	1250182	1257580	1263971	1275238	1284566
	Compl. ou $L\left(\frac{1}{\theta_i}\right)$.	8758432	8755896	8749818	8742420	8736029	8724762	8715434
Eau, 2e série.	θ_i	1,330977	1,331709	1,333577	1,335849	1,337788	1,341261	1,344162
		1241454	1244064	1249930	1257414	1263587	1274935	1284316
		229	29	229	130	260	195	194
		23		23	29	26	3	7
	$L(\theta_i)$	1241706	1244093	1250182	1257573	1263873	1275133	1284517
	Compl. ou $L\left(\frac{1}{\theta_i}\right)$.	8758294	8755907	8749818	8742427	8736127	8724867	8715483
Solution de potasse.	θ_i	1,399629	1,400515	1,402805	1,405632	1,408082	1,412579	1,416368
		1460039	1462831	1469958	1478617	1486027	1499885	1511553
		62	31	16	93	247	216	184
		28	16		6	6	28	25
	$L(\theta_i)$	1460129	1462878	1469974	1478716	1486280	1500129	1511762
	Compl. ou $L\left(\frac{1}{\theta_i}\right)$.	8539871	8537122	8530026	8521284	8513720	8499871	8488238
Huile de térébenthine.	θ_i	1,470496	1,471530	1,474434	1,478353	1,481736	1,488198	1,493874
		1674355	1677603	1686153	1697626	1707603	1726321	1742925
		267	89	89	147	88	264	204
		18		12	9	18	23	12
	$L(\theta_i)$	1674640	1677692	1686254	1697782	1707709	1726608	1743141
	Compl. ou $L\left(\frac{1}{\theta_i}\right)$.	8325360	8322308	8313746	8302218	8292291	8273392	8256859

TABLEAU III (suite).

	VALEURS DE i.	$i=1$.	$i=2$.	$i=3$.	$i=4$.	$i=5$.	$i=6$.	$i=7$.
Crownglass, 1re espèce.	θ_i..............	1,524312	1,525299	1,527982	1,531372	1,534337	1,539908	1,544684
		1830704 29 6	1833268 257 26	1840949 228 6	1850603 199 6	1859103 85 20	1874925 23	1888160 226 11
	$L(\theta_i)$...........	1830739	1833551	1841183	1850808	1859208	1874948	1888397
	Compl. ou $L\left(\frac{1}{\theta_i}\right)$.	8169261	8166449	8158817	8149192	8140792	8125052	8111603
Crownglass, 2e espèce.	θ_i..............	1,525832	1,526849	1,529587	1,533005	1,536052	1,541657	1,516566
		1834976 86 6	1837822 114 26	1845495 228 20	1855422 14	1863912 142 6	1879717 141 20	1893499 169 17
	$L(\theta_i)$...........	1835068	1837962	1845743	1855436	1864060	1879878	1893685
	Compl. ou $L\left(\frac{1}{\theta_i}\right)$.	8164932	8162038	8154257	8144564	8135940	8120122	8106315
Crownglass, 3e espèce.	θ_i..............	1,554774	1,555933	1,559075	1,563150	1,566741	1,573535	1,579470
		1916466 196 11	1919817 84 8	1928461 196 14	1939868 139	1949858 111 3	1968667 83 14	1984921 193
	$L(\theta_i)$...........	1916673	1919909	1928671	1940007	1949972	1968764	1985114
	Compl. ou $L\left(\frac{1}{\theta_i}\right)$.	8083326	8080091	8071329	8059993	8050028	8031236	8014886
Flintglass, 1re espèce.	θ_i..............	1,602042	1,603800	1,608494	1,614532	1,620042	1,630772	1,640373
		2046625 109 5	2051502	2063941 244 11	2080380 81 5	2095150 107 5	2123741 187 5	2149233 186 8
	$L(\theta_i)$...........	2046739	2051502	2064196	2080466	2095262	2123933	2149427
	Compl. ou $L\left(\frac{1}{\theta_i}\right)$.	7953261	7948498	7935804	7919534	7904738	7876067	7850573

TABLEAU III (suite).

Valeurs de i.		$i=1$.	$i=2$.	$i=3$.	$i=4$.	$i=5$.	$i=6$.	$i=7$.
Flintglass, 2ᵉ espèce.	θ_i	1,623570	1,625477	1,630585	1,637356	1,643466	1,655406	1,666072
		2104523	2109603	2123208	2141283	2157433	2189030	2216750
		188	188	214	133	159	16	183
			19	13	16	16		5
	$L(\theta_i)$	2104711	2109810	2123435	2141432	2157608	2189046	2216938
	Compl. ou $L\left(\frac{1}{\theta_i}\right)$	7895289	7890190	7876565	7858568	7842392	7810954	7783062
Flintglass, 3ᵉ espèce, 1ʳᵉ série.	θ_i	1,626564	1,628451	1,633666	1,640544	1,646780	1,658849	1,669680
		2112541	2117611	2131457	2149762	2166145	2197940	2226124
		161	134	160	106	212	105	209
		11	3	16	11		24	
	$L(\theta_i)$	2112713	2117748	2131633	2149879	2166357	2198069	2226333
	Compl. ou $L\left(\frac{1}{\theta_i}\right)$.	7887287	7882252	7868367	7850121	7833643	7801931	7773667
Flintglass, 3ᵉ espèce, 2ᵉ série.	θ_i	1,626596	1,628469	1,633667	1,640495	1,646756	1,658848	1,669686
		2112541	2117611	2131457	2149498	2166145	2197940	2226124
		241	160	160	239	132	105	209
		16	24	19	13	16	21	16
	$L(\theta_i)$	2112798	2117795	2131636	2149750	2166293	2198066	2226349
	Compl. ou $L\left(\frac{1}{\theta_i}\right)$.	7887202	7882205	7868364	7850250	7833707	7801934	7773651
Flintglass, 4ᵉ espèce.	θ_i	1,627749	1,629681	1,635036	1,642024	1,648260	1,660285	1,67106[illegible]
		2115744	2120810	2135178	2153732	2170099	2201604	2229764
		107	214	80	53	158	210	157
		24	3	16	11		13	5
	$L(\theta_i)$	2115875	2121027	2135274	2153796	2170257	2201827	2229926
	Compl. ou $L\left(\frac{1}{\theta_i}\right)$.	7884125	7878973	7864726	7846204	7829743	7798173	7770074

Tableau IV.

Détermination des épaisseurs des ondes dans les diverses substances, ces épaisseurs étant exprimées en dix-millionièmes de millimètre.

VALEURS DE i.		$i=1.$	$i=2.$	$i=3.$	$i=4.$	$i=5.$	$i=6.$	$i=7.$
Eau, 1re série.	$L\left(\frac{1}{\theta_i}\right)$..........	8758432	8755896	8749818	8742420	8736029	8724762	8715434
	$L(l_i)$...........	8374930	8172000	7699476	7209611	6850986	6325176	5941557
	Somme.. .	7133362	6927896	6449294	5952031	5587015	5049938	4656991
	Épaisseur $l'_i=\frac{l_i}{\theta_i}$...	5168	4929	4415	3937	3620	3199	2922
Eau, 2e série.	$L\left(\frac{1}{\theta_i}\right)$..........	8758294	8755907	8749818	8742427	8736127	8724867	8715483
	$L(l_i)$............	8374930	8172000	7699476	7209611	6850986	6325176	5941557
	Somme....	7133224	6927907	6449294	5952038	5587113	5050043	4657040
	Épaisseur $l'_i=\frac{l_i}{\theta_i}$...	5168	4929	4415	3937	3620	3199	2922
Solution de potasse.	$L\left(\frac{1}{\theta_i}\right)$..........	8539871	8537122	8530026	8521284	8513720	8499871	8488238
	$L(l_i)$............	8374930	8172000	7699476	7209611	6850986	6325176	5941557
	Somme....	6914801	6709122	6229502	5730895	5364706	4825047	4429795
	Épaisseur $l'_i=\frac{l_i}{\theta_i}$...	4915	4687	4197	3742	3439	3037	2773
Huile de térébenthine.	$L\left(\frac{1}{\theta_i}\right)$..........	8325360	8322308	8313746	8302218	8292291	8273392	8256859
	$L(l_i)$............	8374930	8172000	7699476	7209611	6850986	6325176	5941557
	Somme....	6700290	6494308	6013222	5511829	5143277	4598568	4198416
	Épaisseur $l'_i=\frac{l_i}{\theta_i}$...	4678	4461	3993	3558	3268	2883	2629
Crownglass, 1re espèce.	$L\left(\frac{1}{\theta_i}\right)$..........	8169261	8166449	8158817	8149192	8140792	8125052	8111603
	$L(l_i)$............	8374930	8172000	7699476	7209611	6850986	6325176	5941557
	Somme....	6544191	6338449	5858293	5358803	4991778	4450228	4053160
	Épaisseur $l'_i=\frac{l_i}{\theta_i}$...	4513	4304	3853	3435	3156	2786	2543

TABLEAU IV (suite).

	VALEURS DE i.	$i=1$.	$i=2$.	$i=3$.	$i=4$.	$i=5$.	$i=6$.	$i=7$.
Crownglass, 2e espèce.	$L\left(\frac{1}{\theta_i}\right)$..........	8164932	8162038	8154257	8144564	8135940	8120122	8106315
	$L(l_i)$............	8374930	8172000	7699476	7209611	6850986	6325176	5941557
	Somme....	6539862	6334038	5853733	5354175	4986926	4445298	4047872
	Épaisseur $l'_i = \frac{l_i}{\theta_i}$...	4508	4299	3849	3431	3153	2783	2540
Crownglass, 3e espèce.	$L\left(\frac{1}{\theta_i}\right)$..........	8083326	8080091	8071329	8059993	8050028	8031236	8014886
	$L(l_i)$............	8374930	8172000	7699476	7209611	6850986	6325176	5941557
	Somme....	6458256	6252091	5770805	5269604	4901014	4356412	3956443
	Épaisseur $l'_i = \frac{l_i}{\theta_i}$...	4424	4219	3776	3365	3091	2727	2487
Flintglass, 1re espèce.	$L\left(\frac{1}{\theta_i}\right)$..........	7953261	7948498	7935804	7919534	7904738	7876067	7850573
	$L(l_i)$............	8374930	8172000	7699476	7209611	6850986	6325176	5941557
	Somme....	6328191	6120498	5635280	5129145	4755724	4201243	3792130
	Épaisseur $l'_i = \frac{l_i}{\theta_i}$...	4294	4093	3660	3258	2989	2631	2394
Flintglass, 2e espèce.	$L\left(\frac{1}{\theta_i}\right)$..........	7895289	7890190	7876565	7858568	7842392	7810954	7783062
	$L(l_i)$............	8374930	8172000	7699476	7209611	6850986	6325176	5941557
	Somme....	6270219	6062190	5576041	5068179	4693378	4136130	3724619
	Épaisseur $l'_i = \frac{l_i}{\theta_i}$...	4237	4038	3611	3212	2947	2592	2358
Flintglass, 3e espèce, 1re série.	$L\left(\frac{1}{\theta_i}\right)$..........	7887287	7882252	7868367	7850121	7833643	7801931	7773667
	$L(l_i)$............	8374930	8172000	7699476	7209611	6850986	6325176	5941557
	Somme....	6262217	6054252	5567843	5059732	4684629	4127107	3715224
	Épaisseur $l'_i = \frac{l_i}{\theta_i}$...	4229	4031	3604	3206	2941	2586	2352

TABLEAU IV (suite).

	VALEURS DE i.	$i=1$.	$i=2$.	$i=3$.	$i=4$.	$i=5$.	$i=6$.	$i=7$.
Flintglass, 3ᵉ espèce, 2ᵉ série.	$L\left(\frac{1}{\theta_i}\right)$	7887202	7882205	7868364	7850250	7833707	7801934	7773651
	$L(l_i)$	8374930	8172000	7699476	7209611	6850986	6325176	5941557
	Somme....	6262132	6054205	5567840	5059861	4684693	4127110	3715208
	Épaisseur $l'_i = \frac{l_i}{\theta_i}$ ...	4229	4031	3604	3206	2941	2586	2352
Flintglass, 4ᵉ espèce.	$L\left(\frac{1}{\theta_i}\right)$	7884125	7878973	7864726	7846204	7829743	7798173	7770074
	$L(l_i)$	8374930	8172000	7699476	7209611	6850986	6325176	5941557
	Somme....	6259055	6050973	5564202	5055815	4680729	4123349	3711631
	Épaisseur $l'_i = \frac{l_i}{\theta_i}$ ...	4226	4028	3601	3203	2938	2584	2351

En résumé, les épaisseurs des ondes dans l'air et les autres substances étant exprimées en dix-millionièmes de millimètre, ces épaisseurs seront, d'après les expériences de Frauenhofer, représentées par les nombres que renferme le Tableau ci-joint.

TABLEAU V.

Épaisseurs des ondes en dix-millionièmes de millimètre.

VALEURS DE i.	$i=1$.	$i=2$.	$i=3$.	$i=4$.	$i=5$.	$i=6$.	$i=7$.
l_i. Air	6878	6564	5888	5260	4843	4291	3928
l'_i. Eau	5168	4929	4415	3937	3620	3199	2922
Solution de potasse	4915	4687	4197	3742	3439	3037	2773
Huile de térébenthine	4678	4461	3993	3558	3268	2883	2629
Crownglass. 1ʳᵉ espèce...	4513	4304	3853	3435	3156	2786	2543
Crownglass. 2ᵉ espèce...	4508	4299	3849	3431	3153	2783	2540
Crownglass. 3ᵉ espèce...	4424	4219	3776	3365	3091	2727	2487
Flintglass.. 1ʳᵉ espèce...	4294	4093	3660	3258	2989	2631	2394
Flintglass.. 2ᵉ espèce...	4237	4038	3611	3212	2947	2592	2358
Flintglass.. 3ᵉ espèce...	4229	4031	3604	3206	2941	2586	2352
Flintglass.. 4ᵉ espèce...	4226	4028	3601	3203	2938	2584	2351

Il est important d'observer que, en appliquant à l'équation (1) le théorème de Lagrange sur le retour des suites, on en tire la valeur de k^2 développée en une série de la forme

$$k^2 = b_1 s^2 + b_2 s^4 + b_3 s^6 + \ldots. \tag{9}$$

D'ailleurs, pour déterminer les coefficients $b_1, b_2, b_3, \ldots$, il suffira de substituer dans l'équation (9) les valeurs de $s^2, s^4, s^6, \ldots$ déduites de l'équation (1), savoir

$$\begin{aligned} s^2 &= a_1 k^2 + a_2 k^4 + a_3 k^6 + \ldots, \\ s^4 &= a_1^2 k^4 + 2 a_1 a_2 k^6 + \ldots, \\ s^6 &= a_1^3 k^6 + \ldots, \\ &\ldots\ldots\ldots\ldots \end{aligned}$$

Alors l'équation (9) deviendra

$$k^2 = a_1 b_1 k^2 + (a_2 b_1 + a_1^2 b_2) k^4 + (a_3 b_1 + 2 a_1 a_2 b_2 + a_1^3 b_3) k^6 + \ldots,$$

et l'on en conclura

$$\begin{aligned} &a_1 b_1 = 1, \\ &a_2 b_1 + a_1^2 b_2 = 0, \\ &a_3 b_1 + 2 a_1 a_2 b_2 + a_1^3 b_3 = 0, \\ &\ldots\ldots\ldots\ldots\ldots\ldots; \end{aligned}$$

par conséquent

$$\left\{ \begin{aligned} b_1 &= \frac{1}{a_1}, \\ b_2 &= -\frac{a_2 b_1}{a_1^2} = -\frac{a_2}{a_1^3}, \\ b_3 &= -\frac{a_3 b_1 + 2 a_1 a_2 b_2}{a_1^3} = -\frac{a_1 a_3 - 2 a_2^2}{a_1^5}, \\ &\ldots\ldots\ldots\ldots\ldots\ldots\ldots\ldots \end{aligned} \right. \tag{10}$$

Cela posé, la formule (9) donnera

$$a_1 k^2 = s^2 - \frac{a_2}{a_1^2} s^4 - \frac{a_1 a_3 - 2 a_2^2}{a_1^4} s^6 - \ldots. \tag{11}$$

Or, puisque dans le cas où la distance r de deux molécules assez rapprochées pour exercer une action sensible l'une sur l'autre est considérée comme très petite du premier ordre, les quantités

$$\mathfrak{a}_1, \quad \mathfrak{a}_2, \quad \mathfrak{a}_3, \quad \ldots$$

sont des quantités très petites du premier, du troisième, du cinquième, ... ordre, il est clair que, dans le même cas, les quantités

$$\frac{\mathfrak{a}_2}{\mathfrak{a}_1^2}, \quad \frac{\mathfrak{a}_3}{\mathfrak{a}_1^3}, \quad \ldots,$$

et, par suite, les coefficients de s^4, s^6, ... dans le second membre de la formule (11), seront des quantités très petites du premier, du second ordre, etc. Donc ces coefficients décroîtront très rapidement aussi bien que les coefficients de s^2, s^4, s^6, ... dans le second membre de la formule (9).

Si, dans le second membre de l'équation (1), on conserve seulement le premier, les deux premiers, les trois premiers termes, etc., on obtiendra diverses valeurs approchées de s^2, savoir

(12) $$s^2 = \mathfrak{a}_1 k^2,$$

(13) $$s^2 = \mathfrak{a}_1 k^2 + \mathfrak{a}_2 k^4,$$

(14) $$s^2 = \mathfrak{a}_1 k^2 + \mathfrak{a}_2 k^4 + \mathfrak{a}_3 k^6,$$

$$\ldots\ldots\ldots\ldots\ldots\ldots\ldots,$$

et, si l'on substitue la première de ces valeurs approchées dans les différents termes qui composent le second membre de la formule (11), ces différents termes deviendront

(15) $$\mathfrak{a}_1 k^2, \quad -\mathfrak{a}_2 k^4, \quad -\left(\mathfrak{a}_3 - \frac{2\mathfrak{a}_2^2}{\mathfrak{a}_1}\right) k^6, \quad \ldots.$$

Or les coefficients des puissances successives de k^2 étant du même ordre dans la série (15) et dans celle que renferme l'équation (1), il est naturel d'en conclure qu'on obtient le même degré d'approximation lorsque, dans les seconds membres des équations (1) et (11), on conserve le même nombre de termes. En conséquence, aux formules (12), (13), (14), etc. doivent correspondre les suivantes

$$(16)\qquad k^2 = \frac{1}{a_1} s^2,$$

$$(17)\qquad k^2 = \frac{1}{a_1} s^2 - \frac{a_2}{a_1^3} s^4,$$

$$(18)\qquad k^2 = \frac{1}{a_1} s^2 - \frac{a_2}{a_1^3} s^4 - \frac{a_1 a_3 - 2 a_2^2}{a_1^5} s^6,$$

$$\dots\dots\dots\dots,$$

qu'on peut encore écrire comme il suit

$$(19)\qquad k^2 = b_1 s^2,$$

$$(20)\qquad k^2 = b_1 s^2 + b_2 s^4,$$

$$(21)\qquad k^2 = b_1 s^2 + b_2 s^4 + b_3 s^6,$$

$$\dots\dots\dots\dots$$

C'est, au reste, ce qu'il est facile de vérifier *a posteriori*. En effet, la formule (11) entraîne immédiatement la formule (16). Pareillement, la formule (13) s'accorde avec la formule (17), de laquelle on tire

$$(22)\qquad s^2 = \frac{1}{2}\frac{a_1^2}{a_2} - \sqrt{\left(\frac{1}{2}\frac{a_1^2}{a_2}\right)^2 - \frac{a_1^3}{a_2} k^2}$$

ou, ce qui revient au même,

$$(23)\qquad s^2 = a_1^2 \frac{1 - \sqrt{1 - 4\frac{a_2}{a_1} k^2}}{2 a_2} = a_1 k^2 + a_2 k^4 + 2\frac{a_2^2}{a_1} k^6 + 5\frac{a_2^3}{a_1^2} k^8 + \dots$$

et, par conséquent,

$$s^2 = a_1 k^2 + a_2 k^4,$$

en négligeant les termes

$$2\frac{a_2^2}{a_1} k^6, \quad 5\frac{a_2^3}{a_1^2} k^8, \quad \dots.$$

Or ces derniers sont respectivement comparables pour leur petitesse aux termes

$$a_3 k^6, \quad a_4 k^8, \quad \dots,$$

que l'on a négligés dans le second membre de l'équation (1) pour réduire cette dernière à la formule (13), puisque les quantités

$$2\frac{a_2^2}{a_1}, \quad 5\frac{a_2^3}{a_1^2}, \quad \ldots$$

sont respectivement du cinquième, du septième ordre, etc., aussi bien que les quantités

$$a_3, \quad a_4, \quad \ldots.$$

On prouverait, par des raisonnements semblables, que la formule (14) s'accorde avec la formule (18), etc. Cherchons maintenant jusqu'où les expériences de Frauenhofer permettent de pousser le degré d'approximation, c'est-à-dire combien de termes ces expériences permettent de conserver dans l'équation (1), ou, ce qui revient au même, dans la formule (11).

Lorsque dans la formule (11) on écrit s_n et k_n au lieu de s et k, on en tire

$$(24) \qquad k_n^2 = b_1 s_n^2 + b_2 s_n^4 + b_3 s_n^6 + \ldots,$$

puis, en posant successivement $n = 1$, $n = 2$, $n = 3$, ...,

$$(25) \qquad \begin{cases} k_1^2 = b_1 s_1^2 + b_2 s_1^4 + b_3 s_1^6 + \ldots, \\ k_2^2 = b_1 s_2^2 + b_2 s_2^4 + b_3 s_2^6 + \ldots, \\ k_3^2 = b_1 s_3^2 + b_2 s_3^4 + b_3 s_3^6 + \ldots, \\ \ldots\ldots\ldots\ldots\ldots\ldots\ldots\ldots \end{cases}$$

Or si, dans le second membre de la formule (11) ou (24), on conserve seulement un, deux, trois, ... termes, on pourra en éliminer le coefficient b_1, ou les deux coefficients b_1, b_2, ou les trois coefficients b_1, b_2, b_3, ..., à l'aide de la première, ou des deux premières, ou des trois premières, etc. des formules (25), et l'on trouvera, dans le premier cas,

$$(26) \qquad k_n^2 = \frac{s_n^2}{s_1^2} k_1^2,$$

dans le second cas,

$$(27) \qquad k_n^2 = \frac{s_n^2 - s_2^2}{s_1^2 - s_2^2} \frac{s_n^2}{s_1^2} k_1^2 + \frac{s_n^2 - s_1^2}{s_2^2 - s_1^2} \frac{s_n^2}{s_1^2} k_2^2,$$

dans le troisième cas,

$$(28)\quad k_n^2 = \frac{(s_n^2 - s_2^2)(s_n^2 - s_3^2)}{(s_1^2 - s_2^2)(s_1^2 - s_3^2)} \frac{s_n^2}{s_1^2} k_1^2 + \frac{(s_n^2 - s_3^2)(s_n^2 - s_1^2)}{(s_2^2 - s_3^2)(s_2^2 - s_1^2)} \frac{s_n^2}{s_2^2} k_2^2 + \frac{(s_n^2 - s_1^2)(s_n^2 - s_2^2)}{(s_3^2 - s_1^2)(s_3^2 - s_2^2)} \frac{s_n^2}{s_3^2} k_3^2,$$

. . . .

Il est bon d'observer qu'on peut déduire directement les équations (26), (27), (28) de la formule de Lagrange pour l'interpolation, en considérant

$$\frac{k^2}{s^2}$$

comme une fonction entière de s^2, dont le degré soit l'un des nombres 0, 1, 2, ... Ajoutons que la formule (26), si l'on y pose $n = 2$, la formule (27), si l'on y pose $n = 3$, la formule (28), si l'on y pose $n = 4$, ..., pourront s'écrire comme il suit :

$$(29)\quad \frac{k_1^2}{s_1^2(s_1^2 - s_2^2)} + \frac{k_2^2}{s_2^2(s_2^2 - s_1^2)} = 0,$$

$$(30)\quad \frac{k_1^2}{s_1^2(s_1^2 - s_2^2)(s_1^2 - s_3^2)} + \frac{k_2^2}{s_2^2(s_2^2 - s_1^2)(s_2^2 - s_3^2)} + \frac{k_3^2}{s_3^2(s_3^2 - s_1^2)(s_3^2 - s_2^2)} = 0,$$

$$(31)\quad \left\{ \begin{aligned} & \frac{k_1^2}{s_1^2(s_1^2 - s_2^2)(s_1^2 - s_3^2)(s_1^2 - s_4^2)} + \frac{k_2^2}{s_2^2(s_2^2 - s_1^2)(s_2^2 - s_3^2)(s_2^2 - s_4^2)} \\ & + \frac{k_3^2}{s_3^2(s_3^2 - s_1^2)(s_3^2 - s_2^2)(s_3^2 - s_4^2)} + \frac{k_4^2}{s_4^2(s_4^2 - s_1^2)(s_4^2 - s_2^2)(s_4^2 - s_3^2)} = 0, \end{aligned} \right.$$

. . . .

Généralement, si l'on conservait $n - 1$ termes dans le second membre de l'équation (24), on tirerait de cette équation, ou, ce qui revient au même, des équations (25),

$$(32)\quad \left\{ \begin{aligned} & \frac{k_1^2}{s_1^2(s_1^2 - s_2^2)(s_1^2 - s_3^2)\ldots(s_1^2 - s_n^2)} \\ & + \frac{k_2^2}{s_2^2(s_2^2 - s_1^2)(s_2^2 - s_3^2)\ldots(s_2^2 - s_n^2)} \\ & + \ldots\ldots\ldots\ldots\ldots\ldots \\ & + \frac{k_n^2}{s_n^2(s_n^2 - s_1^2)(s_n^2 - s_2^2)\ldots(s_n^2 - s_{n-1}^2)} = 0, \end{aligned} \right.$$

ce que l'on peut démontrer directement comme il suit.

En désignant par i un nombre entier inférieur à n, on tire de la formule d'interpolation, ou bien encore de la formule relative à la décomposition des fractions rationnelles,

$$(33)\quad \left\{\begin{aligned} s^{2i} = {} & \frac{(s^2 - s_2^2)(s^2 - s_3^2)\ldots(s^2 - s_n^2)}{(s_1^2 - s_2^2)(s_1^2 - s_3^2)\ldots(s_1^2 - s_n^2)} s_1^{2i} \\ & + \frac{(s^2 - s_1^2)(s^2 - s_3^2)\ldots(s^2 - s_n^2)}{(s_2^2 - s_1^2)(s_2^2 - s_3^2)\ldots(s_2^2 - s_n^2)} s_2^{2i} \\ & + \ldots\ldots\ldots\ldots\ldots\ldots \\ & + \frac{(s^2 - s_1^2)(s^2 - s_2^2)\ldots(s^2 - s_{n-1}^2)}{(s_n^2 - s_1^2)(s_n^2 - s_2^2)\ldots(s_n^2 - s_{n-1}^2)} s_n^{2i}; \end{aligned}\right.$$

puis, en égalant entre eux les coefficients de $s^{2(n-1)}$ dans les deux membres de l'équation (33), on en conclut :

1° Pour $i < n - 1$,

$$(34)\quad \left\{\begin{aligned} 0 = {} & \frac{s_1^{2i}}{(s_1^2 - s_2^2)(s_1^2 - s_3^2)\ldots(s_1^2 - s_n^2)} \\ & + \frac{s_2^{2i}}{(s_2^2 - s_1^2)(s_2^2 - s_3^2)\ldots(s_2^2 - s_n^2)} \\ & + \ldots\ldots\ldots\ldots\ldots\ldots \\ & + \frac{s_n^{2i}}{(s_n^2 - s_1^2)(s_n^2 - s_2^2)\ldots(s_n^2 - s_{n-1}^2)}; \end{aligned}\right.$$

2° Pour $i = n - 1$,

$$(35)\quad \left\{\begin{aligned} 1 = {} & \frac{s_1^{2(n-1)}}{(s_1^2 - s_2^2)(s_1^2 - s_3^2)\ldots(s_1^2 - s_n^2)} \\ & + \frac{s_2^{2(n-1)}}{(s_2^2 - s_1^2)(s_2^2 - s_3^2)\ldots(s_2^2 - s_n^2)} \\ & + \ldots\ldots\ldots\ldots\ldots\ldots \\ & + \frac{s_n^{2(n-1)}}{(s_n^2 - s_1^2)(s_n^2 - s_2^2)\ldots(s_n^2 - s_{n-1}^2)}. \end{aligned}\right.$$

Or, si l'on a égard aux formules (34), (35), les n premières des formules (25), respectivement multipliées par les coefficients

$$\frac{1}{s_1^2(s_1^2-s_2^2)(s_1^2-s_3^2)\dots(s_1^2-s_n^2)},$$
$$\frac{1}{s_2^2(s_2^2-s_1^2)(s_2^2-s_3^2)\dots(s_2^2-s_n^2)},$$
$$\dots\dots\dots\dots,$$
$$\frac{1}{s_n^2(s_n^2-s_1^2)(s_n^2-s_2^2)\dots(s_n^2-s_{n-1}^2)},$$

puis combinées entre elles par voie d'addition, donneront

$$(36)\quad \left\{\begin{aligned} &\frac{k_1^2}{s_1^2(s_1^2-s_2^2)(s_1^2-s_3^2)\dots(s_1^2-s_n^2)}\\ &+\frac{k_2^2}{s_2^2(s_2^2-s_1^2)(s_2^2-s_3^2)\dots(s_2^2-s_n^2)}\\ &+\dots\dots\dots\dots\\ &+\frac{k_n^2}{s_n^2(s_n^2-s_1^2)(s_n^2-s_2^2)\dots(s_n^2-s_{n-1}^2)}=b_n+\dots,\end{aligned}\right.$$

et il est clair que cette dernière équation se réduira simplement à la formule (32), si, dans le second membre de la formule (24), par conséquent de chacune des formules (25), on conserve seulement les $n-1$ premiers termes, ce qui revient à poser

$$b_n=0,\qquad b_{n+1}=0,\qquad \dots .$$

Lorsqu'on passe de l'air à un autre milieu, la quantité k doit être remplacée par

$$k'=\theta k$$

dans l'équation (32), qui se change alors en cette autre formule

$$(37)\quad \left\{\begin{aligned} &\frac{\theta_1^2 k_1^2}{s_1^2(s_1^2-s_3^2)\dots(s_1^2-s_n^2)}\\ &+\frac{\theta_2^2 k_2^2}{s_2^2(s_2^2-s_1^2)(s_2^2-s_3^2)\dots(s_2^2-s_n^2)}\\ &+\dots\dots\dots\dots\\ &+\frac{\theta_n^2 k_n^2}{s_n^2(s_n^2-s_1^2)(s_n^2-s_2^2)\dots(s_n^2-s_{n-1}^2)}=0.\end{aligned}\right.$$

Si d'ailleurs on pose, pour abréger,

$$(38)\quad \begin{cases} K_1 = \dfrac{k_1^2}{s_1^2(s_1^2-s_2^2)(s_1^2-s_3^2)\dots(s_1^2-s_n^2)}, \\ K_2 = \dfrac{k_2^2}{s_2^2(s_2^2-s_1^2)(s_2^2-s_3^2)\dots(s_2^2-s_n^2)}, \\ \dots\dots\dots\dots, \\ K_n = \dfrac{k_n^2}{s_n^2(s_n^2-s_1^2)(s_n^2-s_2^2)\dots(s_n^2-s_{n-1}^2)}, \end{cases}$$

et si l'on représente les carrés des indices de réfraction par

$$(39)\quad \Theta_1,\quad \Theta_2,\quad \Theta_3,\quad \dots,$$

de sorte qu'on ait

$$(40)\quad \Theta_i = \theta_i^2,$$

i désignant un nombre entier quelconque, les formules (32) et (37) deviendront respectivement

$$(41)\quad K_1 + K_2 + K_3 + \dots + K_n = 0,$$

$$(42)\quad K_1\Theta_1 + K_2\Theta_2 + K_3\Theta_3 + \dots + K_n\Theta_n = 0.$$

Enfin, si l'on passe successivement de l'air à d'autres milieux réfringents de diverses natures, et si, dans ce passage, k devient successivement

$$(43)\quad \theta k,\quad \theta' k,\quad \theta'' k,\quad \dots,$$

alors, au lieu de la formule (41), on obtiendra un système d'équations de la forme

$$(44)\quad \begin{cases} K_1\Theta_1 + K_2\Theta_2 + K_3\Theta_3 + \dots + K_n\Theta_n = 0, \\ K_1\Theta_1' + K_2\Theta_2' + K_3\Theta_3' + \dots + K_n\Theta_n' = 0, \\ K_1\Theta_1'' + K_2\Theta_2'' + K_3\Theta_3'' + \dots + K_n\Theta_n'' = 0, \\ \dots\dots\dots\dots, \end{cases}$$

pourvu que l'on pose

$$(45)\quad \Theta_i = \theta_i^2,\qquad \Theta_i' = \theta_i'^2,\qquad \Theta_i'' = \theta_i''^2,\qquad \dots,$$

c'est-à-dire pourvu que l'on désigne par

(46) $$\Theta_i,\quad \Theta'_i,\quad \Theta''_i,\quad \ldots$$

les carrés des indices de réfraction relatifs aux divers milieux dont il s'agit. On ne saurait, dans les formules (41), (42), (44), supposer $n = 2$, car alors les formules (41), (42), réduites à

$$K_1 + K_2 = 0,\qquad K_1\Theta_1 + K_2\Theta_2 = 0,$$

donneraient simplement $\Theta_1 = \Theta_2$, et par suite la dispersion cesserait d'avoir lieu. On aura donc au moins $n = 3$. Ajoutons qu'il suffira d'éliminer les quantités

$$K_1,\quad K_2,\quad K_3,\quad \ldots,\quad K_n,$$

ou plutôt les rapports

$$\frac{K_1}{K_n},\quad \frac{K_2}{K_n},\quad \ldots,\quad \frac{K_{n-1}}{K_n},$$

entre l'équation (42) et $n-1$ des équations (44), pour obtenir, entre les valeurs de

$$\Theta_1,\quad \Theta_2,\quad \ldots,\quad \Theta_n,$$

relatives à $n-1$ substances diverses, une équation de condition qui devra être sensiblement vérifiée, lorsqu'on pourra, sans erreur sensible, réduire à ses $n-1$ premiers termes la série comprise dans le second membre de la formule (9) ou (24).

Cela posé, en attribuant successivement à n les valeurs entières et croissantes 3, 4, ..., on pourrait chercher la première de ces valeurs pour laquelle se vérifient, sans erreur sensible, les équations de condition du genre de celles que nous venons de mentionner, et décider ainsi jusqu'où les expériences de Frauenhofer permettent de pousser le degré d'approximation. Mais on arrivera plus promptement au même but à l'aide des considérations suivantes.

La formule (42) détermine Θ_n en fonction linéaire des seules quantités

$$\Theta_1,\quad \Theta_2,\quad \ldots,\quad \Theta_{n-1}.$$

Des formules semblables détermineraient Θ_{n+1}, Θ_{n+2}, ... en fonctions linéaires des mêmes quantités, et généralement le caractère propre d'une valeur de n assez considérable pour qu'on puisse, sans erreur sensible, réduire la série (9) ou (24) à ses $n-1$ premiers termes, c'est que n des quantités

$$\Theta_1, \quad \Theta_2, \quad \Theta_3, \quad \Theta_4, \quad \ldots$$

seront toujours liées entre elles par une équation linéaire sans terme constant, et dans laquelle les coefficients resteront indépendants de la nature du milieu réfringent.

Concevons maintenant que, par les notations

$$\text{(47)} \qquad S\Theta_i, \quad S'\Theta_i, \quad S''\Theta_i, \quad \ldots,$$

on désigne plusieurs des polynômes contenus dans la formule générale

$$\text{(48)} \qquad \pm\Theta_1 \pm \Theta_2 \pm \Theta_3 \pm \ldots,$$

c'est-à-dire autant de sommes des quantités

$$\Theta_1, \quad \Theta_2, \quad \Theta_3, \quad \ldots$$

prises tantôt avec le signe +, tantôt avec le signe —; de sorte que, en appliquant le calcul aux expériences de Frauenhofer faites sur sept rayons, l'on ait par exemple

$$\text{(49)} \qquad \left\{\begin{array}{l} S\,\Theta_i = \Theta_1 + \Theta_2 + \Theta_3 + \Theta_4 + \Theta_5 + \Theta_6 + \Theta_7, \\ S'\,\Theta_i = \Theta_1 + \Theta_2 + \Theta_3 + \Theta_4 - \Theta_5 - \Theta_6 - \Theta_7, \\ S''\Theta_i = -\Theta_1 - \Theta_2 + \Theta_3 + \Theta_4 + \Theta_5 + \Theta_6 - \Theta_7, \\ S'''\Theta_i = -\Theta_1 + \Theta_2 + \Theta_3 - \Theta_4 - \Theta_5 + \Theta_6 + \Theta_7, \\ \ldots\ldots\ldots\ldots\ldots\ldots\ldots\ldots \end{array}\right.$$

Représentons, au contraire, par les notations

$$\text{(50)} \qquad \Sigma\Theta_i, \quad \Sigma\Theta'_i, \quad \Sigma''\Theta_i, \quad \ldots$$

plusieurs des polynômes compris dans la formule générale

$$\text{(51)} \qquad \pm\Theta_i \pm \Theta'_i \pm \Theta''_i \pm \ldots,$$

c'est-à-dire autant de sommes formées avec les diverses valeurs de

$$\Theta_i$$

correspondantes à une même valeur de i, mais relatives aux diverses substances, et concevons, par exemple, que

$$\Sigma\Theta_1,\quad \Sigma\Theta_2,\quad \ldots,\quad \Sigma\Theta_i$$

représentent les sommes des valeurs de

$$\Theta_1,\quad \Theta_2,\quad \ldots,\quad \Theta_i$$

relatives à toutes les substances, que

$$\Sigma'\Theta_1,\quad \Sigma'\Theta_2,\quad \ldots,\quad \Sigma'\Theta_i$$

représentent ce que deviennent les précédentes sommes quand on y change les signes des termes relatifs aux diverses espèces de flint-glass, etc. Enfin, décomposons Θ_i en diverses parties représentées par

$$\vartheta_i,\quad \vartheta'_i,\quad \vartheta''_i,\quad \ldots,$$

en sorte qu'on ait

$$\Theta_i = \vartheta_i + \vartheta'_i + \vartheta''_i + \ldots. \tag{52}$$

En admettant que les lettres caractéristiques S, S', ..., Σ, Σ', ... appliquées séparément ou simultanément à ces diverses parties gardent les mêmes significations que lorsqu'on les applique à Θ_i, et indiquent toujours des sommes formées de la même manière, on aura encore

$$(53)\qquad \left\{\begin{array}{l} \mathrm{S}\,\Theta_i = \mathrm{S}\,\vartheta_i + \mathrm{S}\,\vartheta'_i + \mathrm{S}\,\vartheta''_i + \ldots,\\ \mathrm{S}'\Theta_i = \mathrm{S}'\vartheta_i + \mathrm{S}'\vartheta'_i + \mathrm{S}'\vartheta''_i + \ldots,\\ \ldots\ldots\ldots\ldots\ldots\ldots\ldots\ldots, \end{array}\right.$$

$$(54)\qquad \left\{\begin{array}{l} \Sigma\,\Theta_i = \Sigma\,\vartheta_i + \Sigma\,\vartheta'_i + \Sigma\,\vartheta''_i + \ldots,\\ \Sigma'\Theta_i = \Sigma'\vartheta_i + \Sigma'\vartheta'_i + \Sigma'\vartheta''_i + \ldots,\\ \ldots\ldots\ldots\ldots\ldots\ldots\ldots\ldots, \end{array}\right.$$

$$(55)\qquad \left\{\begin{array}{l} \Sigma\mathrm{S}\,\Theta_i = \Sigma\mathrm{S}\,\vartheta_i + \Sigma\mathrm{S}\,\vartheta'_i + \Sigma\mathrm{S}\,\vartheta''_i + \ldots,\\ \ldots\ldots\ldots\ldots\ldots\ldots\ldots\ldots \end{array}\right.$$

Cela posé, revenons à la formule (42), et voyons d'abord quelles conséquences on aurait pu déduire de cette formule et des autres semblables s'il eût été permis d'y supposer $n = 2$. Dans cette hypothèse, de l'équation (42), réduite à

$$K_1\Theta_1 + K_2\Theta_2 = 0, \tag{56}$$

on aurait tiré

$$\frac{\Theta_1}{\Theta_2} = -\frac{K_2}{K_1},$$

puis, en remplaçant le premier des milieux réfringents par le second,

$$\frac{\Theta'_1}{\Theta'_2} = -\frac{K_2}{K_1}$$

et, par conséquent,

$$\frac{\Theta_1}{\Theta_2} = \frac{\Theta'_1}{\Theta'_2} \tag{57}$$

ou, ce qui revient au même,

$$\frac{\Theta_1}{\Theta'_1} = \frac{\Theta_2}{\Theta'_2}.$$

On aurait trouvé de la même manière

$$\frac{\Theta_1}{\Theta'_1} = \frac{\Theta_3}{\Theta'_3},$$

$$\frac{\Theta_1}{\Theta'_1} = \frac{\Theta_4}{\Theta'_4},$$

....

et finalement

$$\frac{\Theta_1}{\Theta'_1} = \frac{\Theta_2}{\Theta'_2} = \frac{\Theta_3}{\Theta'_3} = \frac{\Theta_4}{\Theta'_4} = \frac{\Theta_5}{\Theta'_5} = \frac{\Theta_6}{\Theta'_6} = \frac{\Theta_7}{\Theta'_7}. \tag{58}$$

Or plusieurs fractions égales entre elles sont encore égales à celle qu'on obtient en divisant la somme de leurs numérateurs ajoutés les uns aux autres ou pris les uns avec le signe +, les autres avec le signe −, par la somme de leurs dénominateurs ajoutés pareillement les uns aux autres ou pris avec les mêmes signes que les numérateurs.

Donc la formule (58) entraînerait la suivante

$$\frac{\Theta_1}{\Theta'_1} = \frac{S\Theta_i}{S\Theta'_i}, \tag{59}$$

qu'on peut écrire comme il suit

$$\frac{\Theta_1}{S\Theta_i} = \frac{\Theta'_1}{S\Theta'_i}, \tag{60}$$

et dans laquelle il est permis de remplacer la caractéristique S par l'une des caractéristiques S′, S″, ... Observons d'ailleurs que, si l'on pouvait considérer comme égaux les rapports compris dans la formule (58), et attribuer les différences de leurs valeurs réduites en nombres aux erreurs d'observation, le moyen d'atténuer l'influence probable de ces erreurs sur la détermination de la valeur commune des rapports dont il s'agit serait de faire concourir également à cette détermination les carrés des sept indices de réfraction, et par conséquent de substituer le nouveau rapport

$$\frac{S\Theta_i}{S\Theta'_i} = \frac{\Theta_1 + \Theta_2 + \Theta_3 + \Theta_4 + \Theta_5 + \Theta_6 + \Theta_7}{\Theta'_1 + \Theta'_2 + \Theta'_3 + \Theta'_4 + \Theta'_5 + \Theta'_6 + \Theta'_7} \tag{61}$$

à tous les autres, attendu que les deux termes de ce nouveau rapport seraient sept fois plus grands que les moyennes arithmétiques entre les termes correspondants des premiers, et que, selon toute apparence, les erreurs d'expérience dans

$$\Theta_1, \quad \Theta_2, \quad \Theta_3, \quad \Theta_4, \quad \Theta_5, \quad \Theta_6, \quad \Theta_7$$

étant, les unes positives, les autres négatives, produiraient dans le polynôme

$$\Theta_1 + \Theta_2 + \Theta_3 + \Theta_4 + \Theta_5 + \Theta_6 + \Theta_7$$

une erreur de beaucoup inférieure à la somme de leurs valeurs numériques ou, ce qui revient au même, à sept fois la moyenne arithmétique entre ces valeurs.

Si le second des milieux réfringents était remplacé successivement par le troisième, par le quatrième, etc., alors, au lieu de la formule (60), on obtiendrait les suivantes :

$$\frac{\Theta_1}{S\Theta_i} = \frac{\Theta''_1}{S\Theta''_i},$$

$$\frac{\Theta_1}{S\Theta_i} = \frac{\Theta'''_1}{S\Theta'''_i},$$

$$\dots\dots\dots\dots$$

On aurait donc généralement dans l'hypothèse admise

$$(62) \qquad \frac{\Theta_1}{S\Theta_i} = \frac{\Theta'_1}{S\Theta'_i} = \frac{\Theta''_1}{S\Theta''_i} = \frac{\Theta'''_1}{S\Theta'''_i} = \dots$$

Or le moyen d'atténuer l'influence probable des erreurs d'observation sur la détermination numérique de la valeur commune des rapports compris dans la formule (62) serait de substituer le nouveau rapport

$$(63) \qquad \frac{\Sigma\Theta_1}{\Sigma S\Theta_i} = \frac{\Theta_1 + \Theta'_1 + \Theta''_1 + \Theta'''_1 + \dots}{S\Theta_i + S\Theta'_i + S\Theta''_i + S\Theta'''_i + \dots}$$

à tous les autres, ce que l'on prouve par les raisons ci-dessus alléguées pour la substitution du rapport (61) aux rapports (58). On tire effectivement de la formule (62)

$$(64) \qquad \frac{\Theta_1}{S\Theta_i} = \frac{\Sigma\Theta_1}{\Sigma S\Theta_i}$$

ou

$$(65) \qquad \Theta_1 = = \frac{\Sigma\Theta_1}{\Sigma S\Theta_i} S\Theta_i.$$

On obtiendrait de la même manière les diverses équations

$$(66) \qquad \left\{ \begin{aligned} &\Theta_1 = \frac{\Sigma\Theta_1}{\Sigma S\Theta_i} S\Theta_i, \\ &\Theta_2 = \frac{\Sigma\Theta_2}{\Sigma S\Theta_i} S\Theta_i, \\ &\dots\dots\dots\dots, \\ &\Theta_7 = \frac{\Sigma\Theta_7}{\Sigma S\Theta_i} S\Theta_i, \end{aligned} \right.$$

qui peuvent être remplacées par la seule formule

$$(67)\qquad \frac{\Theta_1}{\Sigma\Theta_1}=\frac{\Theta_2}{\Sigma\Theta_2}=\frac{\Theta_3}{\Sigma\Theta_3}=\frac{\Theta_4}{\Sigma\Theta_4}=\frac{\Theta_5}{\Sigma\Theta_5}=\frac{\Theta_6}{\Sigma\Theta_6}=\frac{\Theta_7}{\Sigma\Theta_7}=\frac{S\Theta_i}{\Sigma S\Theta_i}.$$

Si l'on pouvait, en réalité, considérer comme égaux les rapports compris dans la formule (58) et attribuer les différences de leurs valeurs réduites en nombres aux erreurs d'observation, alors les valeurs de

$$\Theta_1,\quad \Theta_2,\quad \Theta_3,\quad \Theta_4,\quad \Theta_5,\quad \Theta_6,\quad \Theta_7,$$

déterminées par les formules (66), mériteraient plus de confiance que les valeurs observées. Mais il n'en est pas ainsi, car nous avons vu qu'il n'était pas possible de supposer $n=2$ dans l'équation (42) et de la réduire ainsi à l'équation (56). En conséquence, les seconds membres des formules (66) doivent être considérés comme représentant, non les valeurs exactes, mais seulement des valeurs approchées de

$$\Theta_1,\quad \Theta_2,\quad \Theta_3,\quad \Theta_4,\quad \Theta_5,\quad \Theta_6,\quad \Theta_7.$$

Désignons ces valeurs approchées par

$$\mathfrak{I}_1,\quad \mathfrak{I}_2,\quad \mathfrak{I}_3,\quad \mathfrak{I}_4,\quad \mathfrak{I}_5,\quad \mathfrak{I}_6,\quad \mathfrak{I}_7,$$

en sorte qu'on ait

$$(68)\qquad \mathfrak{I}_1=\frac{\Sigma\Theta_1}{\Sigma S\Theta_i}S\Theta_i,\qquad \mathfrak{I}_2=\frac{\Sigma\Theta_2}{\Sigma S\Theta_i}S\Theta_i,\qquad \ldots,\qquad \mathfrak{I}_7=\frac{\Sigma\Theta_7}{\Sigma S\Theta_i}S\Theta_i,$$

et par $\Delta\Theta_i$ la valeur de la différence

$$\Theta_i-\mathfrak{I}_i,$$

de sorte qu'on ait encore

$$(69)\qquad \Theta_1=\mathfrak{I}_1+\Delta\Theta_1,\qquad \Theta_2=\mathfrak{I}_2+\Delta\Theta_2,\qquad \ldots,\qquad \Theta_7=\mathfrak{I}_7+\Delta\Theta_7.$$

On tirera des équations (68)

$$(70)\qquad \mathfrak{I}_1+\mathfrak{I}_2+\ldots+\mathfrak{I}_7=S\Theta_i=\Theta_1+\Theta_2+\ldots+\Theta_7,$$

et les formules (69), combinées entre elles par voie d'addition, donneront

$$(71)\qquad \Delta\Theta_1+\Delta\Theta_2+\Delta\Theta_3+\Delta\Theta_4+\Delta\Theta_5+\Delta\Theta_6+\Delta\Theta_7=0\qquad \text{ou}\qquad S\,\Delta\Theta_i=0.$$

Cela posé, cherchons ce qui arriverait si, dans la formule (42) et dans les autres semblables, on pouvait, sans erreur sensible, supposer $n = 3$. Alors cette formule, se réduisant à

$$K_1\Theta_1 + K_2\Theta_2 + K_3\Theta_3 = 0, \tag{72}$$

et devant subsister indépendamment de la nature du milieu réfringent, entraînerait la suivante

$$K_1\Sigma\Theta_1 + K_2\Sigma\Theta_2 + K_3\Sigma\Theta_3 = 0, \tag{73}$$

de laquelle on tirerait, en la joignant aux trois premières des équations (68),

$$K_1\mathfrak{I}_1 + K_2\mathfrak{I}_2 + K_3\mathfrak{I}_3 = 0. \tag{74}$$

Or, en substituant dans la formule (72) les valeurs de Θ_1, Θ_2, Θ_3 tirées des équations (69), et ayant égard à la formule (74), on obtiendrait la suivante

$$K_1\Delta\Theta_1 + K_2\Delta\Theta_2 + K_3\Delta\Theta_3 = 0, \tag{75}$$

qui déterminerait $\Delta\Theta_3$ en fonction linéaire des deux quantités $\Delta\Theta_1$, $\Delta\Theta_2$. Des formules semblables détermineraient $\Delta\Theta_4$, $\Delta\Theta_5$, $\Delta\Theta_6$, $\Delta\Theta_7$ en fonction des mêmes quantités, et la substitution des valeurs de

$$\Delta\Theta_3,\quad \Delta\Theta_4,\quad \Delta\Theta_5,\quad \Delta\Theta_6,\quad \Delta\Theta_7$$

ainsi déterminées dans l'équation (71) fournirait entre les seules quantités $\Delta\Theta_1$, $\Delta\Theta_2$ une équation nouvelle dont les coefficients seraient encore indépendants de la nature du milieu réfringent. On aurait donc, en vertu de cette équation nouvelle, et en désignant par $\Delta\Theta_i'$ ce que devient $\Delta\Theta_i$ quand on passe du premier milieu au second,

$$\frac{\Delta\Theta_1}{\Delta\Theta_2} = \frac{\Delta\Theta_1'}{\Delta\Theta_2'} \tag{76}$$

ou, ce qui revient au même,

$$\frac{\Delta\Theta_1}{\Delta\Theta_1'} = \frac{\Delta\Theta_2}{\Delta\Theta_2'}.$$

On trouverait de la même manière

$$\frac{\Delta\Theta_1}{\Delta\Theta'_1} = \frac{\Delta\Theta_3}{\Delta\Theta'_3},$$

$$\frac{\Delta\Theta_1}{\Delta\Theta'_1} = \frac{\Delta\Theta_4}{\Delta\Theta'_4},$$

$$\dots\dots \quad \dots\dots$$

et finalement

$$\frac{\Delta\Theta_1}{\Delta\Theta'_1} = \frac{\Delta\Theta_2}{\Delta\Theta'_2} = \frac{\Delta\Theta_3}{\Delta\Theta'_3} = \frac{\Delta\Theta_4}{\Delta\Theta'_4} = \frac{\Delta\Theta_5}{\Delta\Theta'_5} = \frac{\Delta\Theta_6}{\Delta\Theta'_6} = \frac{\Delta\Theta_7}{\Delta\Theta'_7}. \tag{77}$$

Supposons maintenant que l'on désigne par $S'\Theta_i$ l'un des polynômes compris dans la formule (48), et par $\Sigma'\Theta_i$ l'un des polynômes compris dans la formule (61), en choisissant les signes de manière que

$$S'\Delta\Theta_i$$

représente, au moins pour l'une des substances, la somme des valeurs numériques de

$$\Delta\Theta_1, \quad \Delta\Theta_2, \quad \Delta\Theta_3, \quad \Delta\Theta_4, \quad \Delta\Theta_5, \quad \Delta\Theta_6, \quad \Delta\Theta_7,$$

et que

$$\Sigma' S'\Delta\Theta_i$$

représente la somme des valeurs numériques de

$$S'\Delta\Theta_i, \quad S'\Delta\Theta'_i, \quad S'\Delta\Theta''_i, \quad \dots.$$

En opérant comme on l'a fait, lorsque de l'équation (58) on a successivement déduit les formules (59), (62), (64), (67), on déduirait de la formule (77) celles qui suivent :

$$\frac{\Delta\Theta_1}{\Delta\Theta'_1} = \frac{S'\Delta\Theta_i}{S'\Delta\Theta'_i}, \tag{78}$$

$$\frac{\Delta\Theta_1}{S'\Delta\Theta_i} = \frac{\Delta\Theta'_1}{S'\Delta\Theta'_i} = \frac{\Delta\Theta''_1}{S'\Delta\Theta''_i} = \frac{\Delta\Theta'''_1}{S'\Delta\Theta'''_i} = \dots, \tag{79}$$

$$\frac{\Delta\Theta_1}{S'\Delta\Theta_i} = \frac{\Sigma'\Delta\Theta_i}{\Sigma' S'\Delta\Theta_i}, \tag{80}$$

$$\left\{ \begin{aligned} \frac{\Delta\Theta_1}{\Sigma'\Delta\Theta_1} &= \frac{\Delta\Theta_2}{\Sigma'\Delta\Theta_2} = \frac{\Delta\Theta_3}{\Sigma'\Delta\Theta_3} = \frac{\Delta\Theta_4}{\Sigma'\Delta\Theta_4} \\ &= \frac{\Delta\Theta_5}{\Sigma'\Delta\Theta_5} = \frac{\Delta\Theta_6}{\Sigma'\Delta\Theta_6} = \frac{\Delta\Theta_7}{\Sigma'\Delta\Theta_7} = \frac{S'\Delta\Theta_i}{\Sigma' S'\Delta\Theta_i}. \end{aligned} \right. \tag{81}$$

Par suite, on aurait

$$(82)\quad \begin{cases} \Delta\Theta_1 = \dfrac{\Sigma'\Delta\Theta_1}{\Sigma' S'\Delta\Theta_i} S'\Delta\Theta_i, \\ \Delta\Theta_2 = \dfrac{\Sigma'\Delta\Theta_2}{\Sigma' S'\Delta\Theta_i} S'\Delta\Theta_i, \\ \dots\dots\dots\dots\dots\dots, \\ \Delta\Theta_7 = \dfrac{\Sigma'\Delta\Theta_7}{\Sigma' S'\Delta\Theta_i} S'\Delta\Theta_i. \end{cases}$$

Si l'on pouvait, en réalité, considérer comme égaux les rapports compris dans la formule (77), et attribuer les différences de leurs valeurs réduites en nombres aux erreurs d'observation, alors les valeurs de

$$\Delta\Theta_1,\quad \Delta\Theta_2,\quad \Delta\Theta_3,\quad \Delta\Theta_4,\quad \Delta\Theta_5,\quad \Delta\Theta_6,\quad \Delta\Theta_7,$$

déterminées par les formules (82), mériteraient plus de confiance que les valeurs immédiatement déduites des expériences. Dans le cas contraire, les seconds membres des formules (82) pourraient être considérés comme représentant, non les valeurs exactes, mais seulement des valeurs approchées de

$$\Delta\Theta_1,\quad \Delta\Theta_2,\quad \Delta\Theta_3,\quad \Delta\Theta_4,\quad \Delta\Theta_5,\quad \Delta\Theta_6,\quad \Delta\Theta_7.$$

Désignons ces valeurs approchées par

$$\mathfrak{I}'_1,\quad \mathfrak{I}'_2,\quad \mathfrak{I}'_3,\quad \mathfrak{I}'_4,\quad \mathfrak{I}'_5,\quad \mathfrak{I}'_6,\quad \mathfrak{I}'_7,$$

en sorte qu'on ait

$$(83)\quad \begin{cases} \mathfrak{I}'_1 = \dfrac{\Sigma'\Delta\Theta_1}{\Sigma' S'\Delta\Theta_i} S'\Delta\Theta_i, \\ \mathfrak{I}'_2 = \dfrac{\Sigma'\Delta\Theta_2}{\Sigma' S'\Delta\Theta_i} S'\Delta\Theta_i, \\ \dots\dots\dots\dots\dots\dots, \\ \mathfrak{I}'_7 = \dfrac{\Sigma'\Delta\Theta_7}{\Sigma' S'\Delta\Theta_i} S'\Delta\Theta_i, \end{cases}$$

et par

$$\Delta^2\Theta_i$$

la valeur de la différence

$$\Delta\Theta_i - \mathfrak{I}'_i,$$

de sorte qu'on ait encore

(84) $\Delta\Theta_1 = \mathfrak{I}'_1 + \Delta^2\Theta_1, \quad \Delta\Theta_2 = \mathfrak{I}'_2 + \Delta^2\Theta_2, \quad \ldots, \quad \Delta\Theta_7 = \mathfrak{I}'_7 + \Delta^2\Theta_7.$

On tirera des équations (83), en ayant égard à l'équation (71),

(85) $$\mathfrak{I}'_1 + \mathfrak{I}'_2 + \mathfrak{I}'_3 + \mathfrak{I}'_4 + \mathfrak{I}'_5 + \mathfrak{I}'_6 + \mathfrak{I}'_7 = 0$$

ou, ce qui revient au même,

(86) $$S\mathfrak{I}'_i = 0,$$

et de plus

(87) $$S'\mathfrak{I}'_i = S'\Delta\Theta_i.$$

D'ailleurs les équations (84) sont toutes comprises dans la formule générale

(88) $$\Delta\Theta_i = \mathfrak{I}'_i + \Delta^2\Theta_i,$$

et de cette dernière jointe aux formules (71), (86), (87) on conclura

(89) $$S\Delta^2\Theta_i = 0, \qquad S'\Delta^2\Theta_i = 0.$$

Cela posé, cherchons ce qui arriverait si, dans la formule (42) et autres semblables, on pouvait, sans erreur sensible, supposer $n = 4$. Alors cette formule, se réduisant à

(90) $$K_1\Theta_1 + K_2\Theta_2 + K_3\Theta_3 + K_4\Theta_4 = 0,$$

et devant subsister quel que fût le milieu réfringent, entraînerait la suivante

(91) $$K_1\Sigma\Theta_1 + K_2\Sigma\Theta_2 + K_3\Sigma\Theta_3 + K_4\Sigma\Theta_4 = 0,$$

de laquelle on tirerait, en la combinant avec les quatre premières des formules (68),

(92) $$K_1\mathfrak{I}_1 + K_2\mathfrak{I}_2 + K_3\mathfrak{I}_3 + K_4\mathfrak{I}_4 = 0.$$

D'ailleurs, en substituant dans la formule (90) les valeurs de

$$\Theta_1, \quad \Theta_2, \quad \Theta_3, \quad \Theta_4,$$

tirées des équations (69), et ayant égard à la formule (92), on obtiendrait la suivante

$$K_1 \Delta\Theta_1 + K_2 \Delta\Theta_2 + K_3 \Delta\Theta_3 + K_4 \Delta\Theta_4 = 0; \tag{93}$$

et, celle-ci devant encore subsister indépendamment de la nature du milieu que l'on considère, on en conclurait

$$K_1 \Sigma' \Delta\Theta_1 + K_2 \Sigma' \Delta\Theta_2 + K_3 \Sigma' \Delta\Theta_3 + K_4 \Sigma' \Delta\Theta_4 = 0, \tag{94}$$

puis, en ayant égard aux quatre premières des formules (83),

$$K_1 \mathfrak{F}'_1 + K_2 \mathfrak{F}'_2 + K_3 \mathfrak{F}'_3 + K_4 \mathfrak{F}'_4 = 0. \tag{95}$$

Enfin, en substituant dans la formule (93) les valeurs de

$$\Delta\Theta_1, \quad \Delta\Theta_2, \quad \Delta\Theta_3, \quad \Delta\Theta_4,$$

tirées des équations (84), et ayant égard à l'équation (95), on trouverait

$$K_1 \Delta^2\Theta_1 + K_2 \Delta^2\Theta_2 + K_3 \Delta^2\Theta_3 + K_4 \Delta^2\Theta_4 = 0. \tag{96}$$

En vertu de la formule (96), $\Delta^2\Theta_4$ deviendrait une fonction linéaire des trois quantités

$$\Delta^2\Theta_1, \quad \Delta^2\Theta_2, \quad \Delta^2\Theta_3.$$

Des formules semblables détermineraient $\Delta^2\Theta_5$, $\Delta^2\Theta_6$, $\Delta^2\Theta_7$ en fonctions linéaires des mêmes quantités, et la substitution des valeurs de

$$\Delta^2\Theta_4, \quad \Delta^2\Theta_5, \quad \Delta^2\Theta_6, \quad \Delta^2\Theta_7$$

ainsi déterminées, dans les équations (89), fournirait entre les seules quantités

$$\Delta^2\Theta_1, \quad \Delta^2\Theta_2. \quad \Delta^2\Theta_3$$

deux équations nouvelles qui donneraient pour les rapports

$$\frac{\Delta^2\Theta_1}{\Delta^2\Theta_2}, \quad \frac{\Delta^2\Theta_1}{\Delta^2\Theta_3}$$

deux valeurs indépendantes de la nature du milieu réfringent. On aurait donc, en vertu de ces équations nouvelles et en désignant par

$\Delta^2\Theta'_i$ ce que devient $\Delta^2\Theta_i$ quand on passe du premier milieu au second,

$$\frac{\Delta^2\Theta_1}{\Delta^2\Theta_2}=\frac{\Delta^2\Theta'_1}{\Delta^2\Theta'_2}, \qquad \frac{\Delta^2\Theta_1}{\Delta^2\Theta_3}=\frac{\Delta^2\Theta'_1}{\Delta^2\Theta'_3}$$

ou, ce qui revient au même,

$$\frac{\Delta^2\Theta_1}{\Delta^2\Theta'_1}=\frac{\Delta^2\Theta_2}{\Delta^2\Theta'_2}=\frac{\Delta^2\Theta_3}{\Delta^2\Theta'_3}.$$

On trouverait plus généralement

$$(97)\qquad \frac{\Delta^2\Theta_1}{\Delta^2\Theta'_1}=\frac{\Delta^2\Theta_2}{\Delta^2\Theta'_2}=\frac{\Delta^2\Theta_3}{\Delta^2\Theta'_3}=\frac{\Delta^2\Theta_4}{\Delta^2\Theta'_4}=\frac{\Delta^2\Theta_5}{\Delta^2\Theta'_5}=\frac{\Delta^2\Theta_6}{\Delta^2\Theta'_6}=\frac{\Delta^2\Theta_7}{\Delta^2\Theta'_7};$$

puis, en désignant par

$$S''\Delta_2\Theta_i$$

la somme des valeurs numériques de

$$\Delta^2\Theta_1,\quad \Delta^2\Theta_2,\quad \Delta^2\Theta_3,\quad \Delta^2\Theta_4,\quad \Delta^2\Theta_5,\quad \Delta^2\Theta_6,\quad \Delta^2\Theta_7,$$

au moins pour l'une des substances, par

$$\Sigma'' S''\Delta^2\Theta_i$$

la somme des valeurs numériques de

$$S''\Delta^2\Theta_i,\quad S''\Delta^2\Theta'_i,\quad S''\Delta^2\Theta''_i,\quad \ldots,$$

et raisonnant sur la formule (97) comme sur la formule (77), on obtiendrait, non plus l'équation (81), mais la suivante

$$(98)\qquad \left\{\begin{aligned} &\frac{\Delta^2\Theta_1}{\Sigma''\Delta^2\Theta_1}=\frac{\Delta^2\Theta_2}{\Sigma''\Delta^2\Theta_2}=\frac{\Delta^2\Theta_3}{\Sigma''\Delta^2\Theta_3}=\frac{\Delta^2\Theta_4}{\Sigma''\Delta^2\Theta_4}\\ &\quad=\frac{\Delta^2\Theta_5}{\Sigma''\Delta^2\Theta_5}=\frac{\Delta^2\Theta_6}{\Sigma''\Delta^2\Theta_6}=\frac{\Delta^2\Theta_7}{\Sigma''\Delta^2\Theta_7}=\frac{S''\Delta^2\Theta_i}{\Sigma''S''\Delta^2\Theta_i},\end{aligned}\right.$$

de laquelle on tirerait

$$(99)\qquad \left\{\begin{aligned} &\Delta^2\Theta_1=\frac{\Sigma''\Delta^2\Theta_1}{\Sigma''S''\Delta^2\Theta_i}S''\Delta^2\Theta_i,\\ &\Delta^2\Theta_2=\frac{\Sigma''\Delta^2\Theta_2}{\Sigma''S''\Delta^2\Theta_i}S''\Delta^2\Theta_i,\\ &\ldots\ldots\ldots\ldots\ldots\ldots,\\ &\Delta^2\Theta_7=\frac{\Sigma''\Delta^2\Theta_7}{\Sigma''S''\Delta^2\Theta_i}S''\Delta^2\Theta_i.\end{aligned}\right.$$

Si l'on peut, en réalité, considérer comme égaux les rapports compris dans la formule (77), et attribuer les différences de leurs valeurs réduites en nombres aux erreurs d'observation, alors les valeurs de

$$\Delta^2\Theta_1,\quad \Delta^2\Theta_2,\quad \Delta^2\Theta_3,\quad \Delta^2\Theta_4,\quad \Delta^2\Theta_5,\quad \Delta^2\Theta_6,\quad \Delta^2\Theta_7$$

déterminées par les formules (99) mériteront plus de confiance que les valeurs immédiatement déduites des expériences.

On pourrait pousser plus loin ces calculs, et, s'il arrivait que, pour rendre sensiblement exactes la formule (42) et les autres semblables, on dût y supposer $n = 5$, alors en faisant, pour abréger,

$$(100)\qquad \begin{cases} \mathfrak{I}''_1 = \dfrac{\Sigma''\Delta^2\Theta_1}{\Sigma''S''\Delta^2\Theta_i}\,S''\Delta^2\Theta_i,\\[2ex] \mathfrak{I}''_2 = \dfrac{\Sigma''\Delta^2\Theta_2}{\Sigma''S''\Delta^2\Theta_i}\,S''\Delta^2\Theta_i,\\ \dots\dots\dots\dots\dots\dots,\\ \mathfrak{I}''_7 = \dfrac{\Sigma''\Delta^2\Theta_7}{\Sigma''S''\Delta^2\Theta_i}\,S''\Delta^2\Theta_i; \end{cases}$$

et posant d'ailleurs

$$(101)\qquad \Delta^2\Theta_1 = \mathfrak{I}''_1 + \Delta^3\Theta_1,\quad \Delta^2\Theta_2 = \mathfrak{I}''_2 + \Delta^3\Theta_2,\quad \dots,\quad \Delta^2\Theta_7 = \mathfrak{I}''_7 + \Delta^3\Theta_7,$$

on tirerait des formules (100), (101), jointes aux équations (89),

$$(102)\qquad S\mathfrak{I}''_i = 0,\qquad S'\mathfrak{I}''_i = 0,$$

$$(103)\qquad S''\mathfrak{I}''_i = S''\Delta^2\Theta_i$$

et, par suite,

$$(104)\qquad S\Delta^3\Theta_i = 0,\qquad S'\Delta^3\Theta_i = 0,\qquad S''\Delta^3\Theta_i = 0,$$

puis, de la formule (42), réduite à

$$(105)\qquad K_1\Theta_1 + K_2\Theta_2 + K_3\Theta_3 + K_4\Theta_4 + K_5\Theta_5 = 0$$

et, jointe aux équations (68), (69), (83), (84), (100), (101),

$$(106)\qquad K_1\Delta^3\Theta_1 + K_2\Delta^3\Theta_2 + K_3\Delta^3\Theta_3 + K_4\Delta^3\Theta_4 + K_5\Delta^3\Theta_5 = 0.$$

Enfin, de cette dernière équation et des autres semblables réunies aux formules (104), on conclurait que les quantités

$$\Delta^3\Theta_1,\quad \Delta^3\Theta_2,\quad \Delta^3\Theta_3,\quad \Delta^3\Theta_4,\quad \Delta^3\Theta_5,\quad \Delta^3\Theta_6,\quad \Delta^3\Theta_7$$

conservent entre elles des rapports indépendants de la nature du milieu réfringent et vérifient, par conséquent, la formule

$$(107)\qquad \frac{\Delta^3\Theta_1}{\Delta^3\Theta'_1} = \frac{\Delta^3\Theta_2}{\Delta^3\Theta'_2} = \frac{\Delta^3\Theta_3}{\Delta^3\Theta'_3} = \frac{\Delta^3\Theta_4}{\Delta^3\Theta'_4} = \frac{\Delta^3\Theta_5}{\Delta^3\Theta'_5} = \frac{\Delta^3\Theta_6}{\Delta^3\Theta'_6} = \frac{\Delta^3\Theta_7}{\Delta^3\Theta'_7};$$

puis, en désignant par

$$S'''\Delta^3\Theta_i$$

la somme des valeurs numériques de

$$\Delta^3\Theta_1,\quad \Delta^3\Theta_2,\quad \Delta^3\Theta_3,\quad \Delta^3\Theta_4,\quad \Delta^3\Theta_5,\quad \Delta^3\Theta_6,\quad \Delta^3\Theta_7.$$

au moins pour l'une des substances, par

$$\Sigma'''S'''\Delta^3\Theta_i$$

la somme des valeurs numériques de

$$S'''\Delta^3\Theta_i,\quad S'''\Delta^3\Theta'_i,\quad S'''\Delta^3\Theta''_i,\quad \ldots,$$

et raisonnant sur la formule (107) comme sur les formules (77) et (97), on obtiendrait, non plus les équations (81) et (98), mais la suivante

$$(108)\qquad \left\{\begin{aligned} &\frac{\Delta^3\Theta_1}{\Sigma'''\Delta^3\Theta_1} = \frac{\Delta^3\Theta_2}{\Sigma'''\Delta^3\Theta_2} = \frac{\Delta^3\Theta_3}{\Sigma'''\Delta^3\Theta_3} = \frac{\Delta^3\Theta_4}{\Sigma'''\Delta^3\Theta_4}\\ &\qquad = \frac{\Delta^3\Theta_5}{\Sigma'''\Delta^3\Theta_5} = \frac{\Delta^3\Theta_6}{\Sigma'''\Delta^3\Theta_6} = \frac{\Delta^3\Theta_7}{\Sigma'''\Delta^3\Theta_7} = \frac{S'''\Delta^3\Theta_i}{\Sigma'''S'''\Delta^3\Theta_i},\end{aligned}\right.$$

de laquelle on tirerait

$$(109)\qquad \left\{\begin{aligned} \Delta^3\Theta_1 &= \frac{\Sigma'''\Delta^3\Theta_1}{\Sigma'''S'''\Delta^3\Theta_i}\,S'''\Delta^3\Theta_i,\\ \Delta^3\Theta_2 &= \frac{\Sigma'''\Delta^3\Theta_2}{\Sigma'''S'''\Delta^3\Theta_i}\,S'''\Delta^3\Theta_i,\\ &\ldots\ldots\ldots\ldots\ldots\ldots,\\ \Delta^3\Theta_7 &= \frac{\Sigma'''\Delta^3\Theta_7}{\Sigma'''S'''\Delta^3\Theta_i}\,S'''\Delta^3\Theta_i.\end{aligned}\right.$$

Si l'on peut en réalité réduire la formule (42) à la formule (105), considérer par suite comme égaux les rapports compris dans la formule (97) et attribuer les différences de leurs valeurs réduites en nombres aux erreurs d'observation, alors les valeurs de

$$\Delta^3\Theta_1,\quad \Delta^3\Theta_2,\quad \Delta^3\Theta_3,\quad \Delta^3\Theta_4,\quad \Delta^3\Theta_5,\quad \Delta^3\Theta_6,\quad \Delta^3\Theta_7$$

déterminées par les formules (109) mériteront plus de confiance que les valeurs immédiatement déduites des expériences; et, en posant

$$(110)\quad \left\{\begin{array}{l} \vartheta'''_1 = \dfrac{\Sigma'''\Delta^3\Theta_1}{\Sigma'''S'''\Delta^3\Theta_i}\, S'''\Delta^3\Theta_i, \\ \vartheta'''_2 = \dfrac{\Sigma'''\Delta^3\Theta_2}{\Sigma'''S'''\Delta^3\Theta_i}\, S'''\Delta^3\Theta_i, \\ \dots\dots\dots\dots\dots\dots, \\ \vartheta'''_7 = \dfrac{\Sigma'''\Delta^3\Theta_7}{\Sigma'''S'''\Delta^3\Theta_i}\, S'''\Delta^3\Theta_i, \end{array}\right.$$

puis désignant généralement par

$$\Delta^4\Theta_i$$

la différence

$$\Delta^3\Theta_i - \vartheta'''_i,$$

en sorte qu'on eût

$$(111)\quad \Delta^3\Theta_1 = \vartheta'''_1 + \Delta^4\Theta_1,\qquad \Delta^3\Theta_2 = \vartheta'''_2 + \Delta^4\Theta_2,\qquad \dots,\qquad \Delta^3\Theta_7 = \vartheta'''_7 + \Delta^4\Theta_7,$$

on trouverait pour valeurs des différences

$$\Delta^4\Theta_1,\quad \Delta^4\Theta_2,\quad \dots,\quad \Delta^4\Theta_7$$

des quantités du même ordre que les erreurs d'observation.

En résumé, si l'on veut savoir jusqu'où les expériences permettent de pousser l'approximation, ou, ce qui revient au même, combien de termes doivent renfermer les équations linéaires qui, comme l'équation (42), subsistent entre les quantités

$$\Theta_1,\quad \Theta_2,\quad \Theta_3,\quad \Theta_4,\quad \dots,$$

indépendamment de la nature du milieu réfringent, on calculera, pour les divers rayons et pour les diverses substances, les valeurs successives de

$$(112)\qquad \Delta\Theta_i,\quad \Delta^2\Theta_i,\quad \Delta^3\Theta_i,\quad \Delta^4\Theta_i,\quad \ldots$$

à l'aide des équations

$$(113)\quad\begin{cases} \Theta_1 = \vartheta_1 + \Delta\,\Theta_1, & \Theta_2 = \vartheta_2 + \Delta\,\Theta_2, & \ldots, & \Theta_7 = \vartheta_7 + \Delta\,\Theta_7, \\ \Delta\,\Theta_1 = \vartheta'_1 + \Delta^2\Theta_1, & \Delta\,\Theta_2 = \vartheta'_2 + \Delta^2\Theta_2, & \ldots, & \Delta\,\Theta_7 = \vartheta'_7 + \Delta^2\Theta_7, \\ \Delta^2\Theta_1 = \vartheta''_1 + \Delta^3\Theta_1, & \Delta^2\Theta_2 = \vartheta''_2 + \Delta^3\Theta_2, & \ldots, & \Delta^2\Theta_7 = \vartheta''_7 + \Delta^3\Theta_7, \\ \Delta^3\Theta_1 = \vartheta'''_1 + \Delta^4\Theta_1, & \Delta^3\Theta_2 = \vartheta'''_2 + \Delta^4\Theta_2, & \ldots, & \Delta^3\Theta_7 = \vartheta'''_7 + \Delta^4\Theta_7, \\ \ldots\ldots\ldots\ldots, & \ldots\ldots\ldots\ldots, & \ldots, & \ldots\ldots\ldots\ldots \end{cases}$$

jointes aux formules

$$(114)\quad\begin{cases} \vartheta_1 = \dfrac{\Sigma\Theta_1}{\Sigma S\Theta_i} S\Theta_i, & \vartheta_2 = \dfrac{\Sigma\Theta_2}{\Sigma S\Theta_i} S\Theta_i, & \ldots, & \vartheta_7 = \dfrac{\Sigma\Theta_7}{\Sigma S\Theta_i} S\Theta_i, \\ \vartheta'_1 = \dfrac{\Sigma'\Delta\Theta_1}{\Sigma' S'\Delta\Theta_i} S'\Delta\Theta_i, & \vartheta'_2 = \dfrac{\Sigma'\Delta\Theta_2}{\Sigma' S'\Delta\Theta_i} S'\Delta\Theta_i, & \ldots, & \vartheta'_7 = \dfrac{\Sigma'\Delta\Theta_7}{\Sigma' S'\Delta\Theta_i} S'\Delta\Theta_i, \\ \vartheta''_1 = \dfrac{\Sigma''\Delta^2\Theta_1}{\Sigma'' S''\Delta^2\Theta_i} S''\Delta^2\Theta_i, & \vartheta''_2 = \dfrac{\Sigma''\Delta^2\Theta_2}{\Sigma'' S''\Delta^2\Theta_i} S''\Delta^2\Theta_i, & \ldots, & \vartheta''_7 = \dfrac{\Sigma''\Delta^2\Theta_7}{\Sigma'' S''\Delta^2\Theta_i} S''\Delta^2\Theta_i, \\ \vartheta'''_1 = \dfrac{\Sigma'''\Delta^3\Theta_1}{\Sigma''' S'''\Delta^3\Theta_i} S'''\Delta^3\Theta_i, & \vartheta'''_2 = \dfrac{\Sigma'''\Delta^3\Theta_2}{\Sigma''' S'''\Delta^3\Theta_i} S'''\Delta^3\Theta_i, & \ldots, & \vartheta'''_7 = \dfrac{\Sigma'''\Delta^3\Theta_7}{\Sigma''' S'''\Delta^3\Theta_i} S'''\Delta^3\Theta_i, \\ \ldots\ldots\ldots\ldots, & \ldots\ldots\ldots\ldots, & \ldots, & \ldots\ldots\ldots\ldots, \end{cases}$$

dans lesquelles on désigne par

$$S\Theta_i,\quad S'\Delta\Theta_i,\quad S''\Delta^2\Theta_i,\quad S'''\Delta^3\Theta_i,\quad \ldots$$

les sommes des valeurs de

$$\Theta_i,\quad \Delta\Theta_i,\quad \Delta^2\Theta_i,\quad \Delta^3\Theta_i,\quad \ldots$$

relatives aux divers rayons, mais prises tantôt avec le signe $+$, tantôt avec le signe $-$, de manière à se réduire, du moins pour certaines substances, aux sommes des valeurs numériques, et par

$$\Sigma S\Theta_i,\quad \Sigma' S'\Delta\Theta_i,\quad \Sigma'' S''\Delta^2\Theta_i,\quad \Sigma''' S'''\Delta^3\Theta_i,\quad \ldots$$

les sommes des valeurs numériques de

$$S\Theta_i,\quad S'\Delta\Theta_i,\quad S''\Delta^2\Theta_i,\quad S'''\Delta^3\Theta_i,\quad \ldots$$

relatives aux diverses substances. Il suffira de continuer le calcul des différences représentées par

$$\Delta\Theta_i,\quad \Delta^2\Theta_i,\quad \Delta^3\Theta_i,\quad \Delta^4\Theta_i,\quad \ldots,$$

jusqu'à ce que l'on parvienne à des différences comparables aux erreurs d'observation. On peut d'ailleurs aisément reconnaître la nature de ces erreurs et se former une idée de leur étendue, en comparant entre elles deux à deux les valeurs de Θ_i que fournissent deux séries d'expériences faites sur la même substance, par exemple les deux séries d'expériences faites par Frauenhofer sur l'eau ou sur la troisième espèce de flintglass. Il y a plus : comme on aurait généralement

$$\Theta_i = \mathfrak{S}_i,$$

par conséquent

$$\Delta\Theta_i = 0,$$

si l'on pouvait sans erreur sensible réduire le second membre de la formule (9) à son premier terme;

$$\Delta\Theta_i = \mathfrak{S}'_i,$$

par conséquent

$$\Delta^2\Theta_i = 0,$$

si l'on pouvait sans erreur sensible réduire le second membre de la formule (9) à ses deux premiers termes, etc., il est clair que les différents termes de la suite

$$\Delta\Theta_i,\quad \Delta^2\Theta_i,\quad \Delta^3\Theta_i,\quad \Delta^4\Theta_i,\quad \ldots$$

seront respectivement comparables aux coefficients

$$\mathfrak{b}_2,\quad \mathfrak{b}_3,\quad \mathfrak{b}_4,\quad \mathfrak{b}_5,\quad \ldots$$

des quatrième, sixième, huitième, dixième, ... puissances de s dans le second membre de l'équation (9), et qu'en conséquence $\Delta\Theta_i$ sera du même ordre que $\mathfrak{b}_2$, $\Delta^2\Theta_i$ du même ordre que $\mathfrak{b}_3$, $\Delta^3\Theta_i$ du même ordre que $\mathfrak{b}_4$, $\Delta^4\Theta_i$ du même ordre que $\mathfrak{b}_5$, etc. Or, si la distance de deux molécules d'éther, assez rapprochées pour exercer l'une sur l'autre une action sensible, est considérée comme une quantité très petite du premier ordre,

$$a_1 b_2, \quad a_1 b_3, \quad a_1 b_4, \quad a_1 b_5, \quad \ldots$$

seront, en vertu des remarques faites sur la formule (11), des quantités très petites du premier, du second, du troisième, du quatrième, ... ordre. En conséquence, non seulement les coefficients

$$b_2, \quad b_3, \quad b_4, \quad b_5, \quad \ldots,$$

mais aussi les différences des divers ordres, savoir

$$(112) \qquad \Delta\Theta_i, \quad \Delta^2\Theta_i, \quad \Delta^3\Theta_i, \quad \Delta^4\Theta_i, \quad \ldots$$

et leurs valeurs approchées, ou les quantités

$$(115) \qquad \vartheta'_i, \quad \vartheta''_i, \quad \vartheta'''_i, \quad \vartheta^{\text{IV}}_i, \quad \ldots,$$

déterminées par les équations (114), formeront généralement des suites décroissantes jusqu'au moment où les différences deviendront de même ordre que les erreurs d'observation. Remarquons encore que chacune des quantités (115) obtiendra pour les divers rayons des valeurs diverses qui, en vertu des équations (114), devront toutes garder les mêmes signes, ou toutes à la fois changer de signes, lorsqu'on passera d'une substance à une autre. Or il est clair que les différences

$$\Delta\Theta_i, \quad \Delta^2\Theta_i \quad \Delta^3\Theta_i, \quad \Delta^4\Theta_i, \quad \ldots,$$

dont les quantités dont il s'agit représentent des valeurs approchées, devront généralement satisfaire à la même condition, tant qu'elles ne seront pas devenues assez petites pour être du même ordre que les erreurs d'observation. Enfin les formules (113) et (114) entraîneront, comme on l'a déjà remarqué, les équations de condition

$$(116) \quad \begin{cases} S\vartheta_i = S\Theta_i, \\ S\vartheta'_i = 0, & S'\vartheta'_i = S'\Delta\Theta_i, \\ S\vartheta''_i = 0, & S'\vartheta''_i = 0, & S''\vartheta''_i = S''\Delta^2\Theta_i, \\ S\vartheta'''_i = 0, & S'\vartheta'''_i = 0, & S''\vartheta'''_i = 0, & S'''\vartheta'''_i = S'''\Delta^3\Theta_i, \\ \ldots\ldots, & \ldots\ldots, & \ldots\ldots, & \ldots\ldots\ldots \end{cases}$$

et

$$(117)\quad \left\{\begin{array}{llll}
S\Delta\ \Theta_i = 0, & & & \\
S\Delta^2\Theta_i = 0, & S'\Delta^2\Theta_i = 0, & & \\
S\Delta^3\Theta_i = 0, & S'\Delta^3\Theta_i = 0, & S''\Delta^3\Theta_i = 0, & \\
S\Delta^4\Theta_i = 0, & S'\Delta^4\Theta_i = 0, & S''\Delta^4\Theta_i = 0, & S'''\Delta^4\Theta_i = 0, \\
\ldots\ldots\ldots, & \ldots\ldots\ldots, & \ldots\ldots\ldots, & \ldots\ldots\ldots,
\end{array}\right.$$

auxquelles on pourra joindre les suivantes que l'on forme de la même manière :

$$(118)\quad \left\{\begin{array}{llll}
\Sigma\vartheta_i = \Sigma\Theta_i, & & & \\
\Sigma\vartheta'_i = 0, & \Sigma'\vartheta'_i = \Sigma'\Delta\Theta_i, & & \\
\Sigma\vartheta''_i = 0, & \Sigma'\vartheta''_i = 0, & \Sigma''\vartheta''_i = \Sigma''\Delta^2\Theta_i, & \\
\Sigma\vartheta'''_i = 0, & \Sigma'\vartheta'''_i = 0, & \Sigma''\vartheta'''_i = 0, & \Sigma'''\vartheta'''_i = \Sigma'''\Delta^3\Theta_i, \\
\ldots\ldots, & \ldots\ldots, & \ldots\ldots, & \ldots\ldots\ldots\ldots
\end{array}\right.$$

et

$$(119)\quad \left\{\begin{array}{llll}
\Sigma\Delta\ \Theta_i = 0, & & & \\
\Sigma\Delta^2\Theta_i = 0, & \Sigma'\Delta^2\Theta_i = 0, & & \\
\Sigma\Delta^3\Theta_i = 0, & \Sigma'\Delta^3\Theta_i = 0, & \Sigma''\Delta^3\Theta_i = 0, & \\
\Sigma\Delta^4\Theta_i = 0, & \Sigma'\Delta^4\Theta_i = 0, & \Sigma''\Delta^4\Theta_i = 0, & \Sigma'''\Delta^4\Theta_i = 0, \\
\ldots\ldots\ldots, & \ldots\ldots\ldots, & \ldots\ldots\ldots, & \ldots\ldots\ldots
\end{array}\right.$$

Si l'on posait, pour abréger,

$$(120)\quad \left\{\begin{array}{llll}
\alpha_1 = \dfrac{\Sigma\Theta_1}{\Sigma S\Theta_i}, & \alpha_2 = \dfrac{\Sigma\Theta_2}{\Sigma S\Theta_i}, & \ldots, & \alpha_7 = \dfrac{\Sigma\Theta_7}{\Sigma S\Theta_i}, \\
\beta_1 = \dfrac{\Sigma'\Delta\Theta_1}{\Sigma' S'\Delta\Theta_i}, & \beta_2 = \dfrac{\Sigma'\Delta\Theta_2}{\Sigma' S'\Delta\Theta_i}, & \ldots, & \beta_7 = \dfrac{\Sigma'\Delta\Theta_7}{\Sigma' S'\Delta\Theta_i}, \\
\gamma_1 = \dfrac{\Sigma''\Delta^2\Theta_1}{\Sigma'' S''\Delta^2\Theta_i}, & \gamma_2 = \dfrac{\Sigma''\Delta^2\Theta_2}{\Sigma'' S''\Delta^2\Theta_i}, & \ldots, & \gamma_7 = \dfrac{\Sigma''\Delta^2\Theta_7}{\Sigma'' S''\Delta^2\Theta_i}, \\
\delta_1 = \dfrac{\Sigma'''\Delta^3\Theta_1}{\Sigma''' S'''\Delta^3\Theta_i}, & \delta_2 = \dfrac{\Sigma'''\Delta^3\Theta_2}{\Sigma''' S'''\Delta^3\Theta_i}, & \ldots, & \delta_7 = \dfrac{\Sigma'''\Delta^3\Theta_7}{\Sigma''' S'''\Delta^3\Theta_i}, \\
\ldots\ldots\ldots\ldots, & \ldots\ldots\ldots\ldots, & \ldots, & \ldots\ldots\ldots\ldots,
\end{array}\right.$$

les formules (114) se réduiraient à

$$(121)\quad \left\{\begin{array}{llll} \mathfrak{I}_1 = \alpha_1 \mathrm{S}\Theta_i, & \mathfrak{I}_2 = \alpha_2 \mathrm{S}\Theta_i, & \ldots, & \mathfrak{I}_7 = \alpha_7 \mathrm{S}\Theta_i, \\ \mathfrak{I}'_1 = \beta_1 \mathrm{S}'\Delta\Theta_i, & \mathfrak{I}'_2 = \beta_2 \mathrm{S}'\Delta\Theta_i, & \ldots, & \mathfrak{I}'_7 = \beta_7 \mathrm{S}'\Delta\Theta_i, \\ \mathfrak{I}''_1 = \gamma_1 \mathrm{S}''\Delta^2\Theta_i, & \mathfrak{I}''_2 = \gamma_2 \mathrm{S}''\Delta^2\Theta_i, & \ldots, & \mathfrak{I}''_7 = \gamma_7 \mathrm{S}''\Delta^2\Theta_i, \\ \mathfrak{I}'''_1 = \delta_1 \mathrm{S}'''\Delta^3\Theta_i, & \mathfrak{I}'''_2 = \delta_2 \mathrm{S}'''\Delta^3\Theta_i, & \ldots, & \mathfrak{I}'''_7 = \delta_7 \mathrm{S}'''\Delta^3\Theta_i, \\ \ldots\ldots\ldots\ldots, & \ldots\ldots\ldots\ldots, & \ldots, & \ldots\ldots\ldots\ldots, \end{array}\right.$$

et l'on tirerait des équations (120), jointes aux équations (117),

$$(122)\quad \left\{\begin{array}{llll} \mathrm{S}\alpha_i = 1, & & & \\ \mathrm{S}\beta_i = 0, & \mathrm{S}'\beta_i = 1, & & \\ \mathrm{S}\gamma_i = 0, & \mathrm{S}'\gamma_i = 0, & \mathrm{S}''\gamma_i = 1, & \\ \mathrm{S}\delta_i = 0, & \mathrm{S}'\delta_i = 0, & \mathrm{S}''\delta_i = 0, & \mathrm{S}'''\delta_i = 1, \\ \ldots\ldots, & \ldots\ldots, & \ldots\ldots, & \ldots\ldots \end{array}\right.$$

Les formules (116), (117), (122) fournissent divers moyens de vérifier l'exactitude des valeurs de

$$\Delta\Theta_i,\quad \Delta^2\Theta_i,\quad \Delta^3\Theta_i,\quad \ldots;\quad \mathfrak{I}_i,\quad \mathfrak{I}'_i,\quad \mathfrak{I}''_i,\quad \ldots;\quad \alpha_i,\quad \beta_i,\quad \gamma_i,\quad \delta_i,\quad \ldots$$

déduites de l'expérience à l'aide des équations (113), (114), (120), (121).

Venons maintenant aux applications numériques des diverses formules ci-dessus établies, et d'abord calculons par logarithmes les carrés des indices de réfraction ou les valeurs de Θ_i pour les rayons

B, C, D, E, F, G, H

de Frauenhofer et pour les diverses substances employées par cet habile observateur. Ces valeurs seront fournies par le Tableau suivant.

TABLEAU VI.

Détermination des valeurs de Θ_i.

	EAU.		SOLUTION de potasse.	HUILE de térében-thine.	CROWNGLASS.			FLINTGLASS.				
	1re série.	2e série.			1re espèce.	2e espèce.	3e espèce.	1re espèce.	2e espèce	3e espèce, 1re série.	3e espèce, 2e série.	4e espèce.
$L(\theta_1)$..........	1241568	1241706	1460129	1674640	1830739	1835068	1916673	2046739	2104711	2112713	2112798	2115875
$L(\Theta_1)$..........	2483136	2483412	2920258	3349280	3661478	3670136	3833346	4093478	4209422	4225426	4225596	4231750
	2921		0123	9159	1427	0016	3306	3413	9289	5406	5570	1639
	215		135	121	51	120	40	65	133	20	26	111
	197		133		37	112	36	51	132	16	16	98
	18		2		14	8	4	14	1	4	10	13
Θ_1.....	1,771387	1,771500	1,958961	2,162360	2,323527	2,328164	2,417322	2,566538	2,635981	2,645712	2,645816	2,649568
$L(\theta_2)$..........	1244104	1244093	1462878	1677692	1833551	1837962	1919909	2051502	2109810	2117748	2117795	2121027
$L(\Theta_2)$..........	2488208	2488186	2925756	3355384	3667102	3675924	3839818	4103004	4219620	4235496	4235590	4242054
	8067	8067	5662	5381	7031	5795	9769	2878	9493	5408	5571	1954
	141	119	94	3	71	129	49	126	127	88	19	100
	123	98	89		56	112	36	118	115	82	16	98
	18	21	5		15	17	13	8	12	6	3	2
Θ_2.....	1,773457	1,773449	1,961442	2,165402	2,326538	2,331269	2,420927	2,572175	2,642177	2,651854	2,651912	2,655861
$L(\theta_3)$..........	1250182	1250182	1469974	1686254	1841183	1845743	1928671	2064196	2123435	2131633	2131636	2135274
$L(\Theta_3)$..........	2500364	2500364	2939948	3372508	3682366	3691486	3857342	4128392	4246870	4263266	4263272	4270548
	0294	0294	9810	2396	2311	1416	7314	8300	6857	3160	3160	0477
	70	70	138	112	55	70	28	92	13	106	112	71
	49	49	133	100		56	18	84		98	98	65
	21	21	5	12		14	10	8		8	14	6
Θ_3.....	1,778429	1,778429	1,967862	2,173955	2,334730	2,339637	2,430716	2,587255	2,658808	2,668865	2,668869	2,673344

$L(\theta_4)$..........	1257580	1257573	1478716	1697782	1850808	1855436	1940007	2080466	2141432	2149879	2149750	2153796
$L(\Theta_4)$..........	2515160	2515146	2957432	3395564	3701616	3710872	3880014	4160932	4282864	4299758	4399500	4307592
	4922	4922	7430	5508	1614	0863	79946	0911	2806	9621	9460	7521
	238	224	2	56	2	9	68	21	58	137	40	71
	220	220		40			53	17	49	130	32	65
	18	4		16			15	4	9	7	8	6
Θ_4.....	1,784497	1,784492	1,975801	2,185528	2,345101	2,350105	2,443438	2,606712	2,680936	2,691384	2,691225	2,696244
$L(\theta_5)$..........	1263971	1263873	1486280	1707709	1859208	1864060	1949972	2095262	2157608	2166357	2166293	2170257
$L(\Theta_5)$..........	2527942	2527746	2972560	3415418	3718416	3728120	3899944	4190524	4315216	4332714	4332586	4340514
	7802	7560	2351	5334	8249	8016	9807	0466	5085	2577	2577	0417
	140	186	209	84	167	104	137	58	131	137	9	97
	122	170	197	79		92	124	50	129	128		96
	18	16	12	5		12	13	8	2	9		1
Θ_5.....	1,789757	1,789677	1,982695	2,195543	2,354190	2,359457	2,454677	2,624535	2,700981	2,711886	2,711806	2,716761
$L(\theta_6)$..........	1275238	1275133	1500129	1726608	1874948	1879878	1968764	2123933	2189046	2198069	2198066	2201827
$L(\Theta_6)$..........	2550476	2550266	3000258	3453216	3749896	3759756	3937528	4247866	4378092	4396138	4396132	4403654
	0312	0070	0082	3149	9865	9744	7506	7837	7981	6011	6011	3580
	164	196	176	67	31	12	22	29	111	127	121	74
	145	194	174	59	18		18	16		126	111	63
	19	2	2	8	13		4	13		1	10	11
Θ_6.....	1,799068	1,798981	1,995381	2,214734	2,371317	2,376707	2,476012	2,659418	2,740370	2,751781	2,751776	2,756547
$L(\theta_7)$..........	1284566	1284517	1511762	1743141	1888397	1893685	1985114	2149427	2216938	2226333	2226349	2229926
$L(\Theta_7)$..........	2569132	2569034	3023524	3586282	3776794	3787370	3970228	4298854	4433876	4452666	4452698	4459852
	9101	8860	3309	6164	6704	7249	0183	8814	3725	2616	2616	9776
	31	174	215	118	90	121	45	40	151	50	82	76
	24	169	195	117	73	109	35	32	141	47	78	62
	7	5	20	1	17	12	10	8	10	3	4	14
Θ_7.....	1,806813	1,806772	2,006099	2,231661	2,386049	2,391867	2,494726	2,690825	2,775796	2,787832	2,787853	2,792449

En comparant entre elles deux à deux les valeurs de Θ_i qui, dans le Tableau précédent, répondent aux deux séries d'expériences faites sur l'eau et sur la troisième espèce de flintglass, on obtient les variations suivantes :

Tableau VII.

Variations de Θ_i dans le passage d'une série d'expériences à une autre.

	$i=1$.	$i=2$.	$i=3$.	$i=4$.	$i=5$.	$i=6$.	$i=7$.
Θ_i. Eau, 1re série......	1,771387	1,773457	1,778429	1,784497	1,789757	1,799068	1,806813
Θ_i. Eau, 2e série......	1,771500	1,773449	1,778429	1,784492	1,789677	1,798981	1,806772
Variations de Θ_i...	0,000113	−0,000008	0,000000	−0,000005	−0,000080	−0,000087	−0,000041
Θ_i. Flintglass. 3e espèce. 1re série.	2,645712	2,651854	2,668865	2,691384	2,711886	2,751781	2,787832
Θ_i. Flintglass. 3e espèce. 2e série.	2,645816	2,651912	2,668869	2,691225	2,711806	2,751776	2,787853
Variations de Θ_i...	0,000104	0,000058	0,000004	−0,000159	−0,000080	−0,000005	0,000021

Ainsi les valeurs de Θ_i, déduites des expériences de Frauenhofer, admettent des erreurs comparables aux nombres 0,000113, 0,000159 renfermés dans les quatrième et septième lignes horizontales du Tableau VII; et, dans l'application des formules (113), (114), on doit continuer le calcul jusqu'à ce que l'on obtienne des différences comparables à ces mêmes nombres. D'ailleurs, on déduira sans peine du Tableau VI les sommes représentées dans les formules (114) par $S\Theta_i$, $\Sigma\Theta_i$ et $\Sigma S\Theta_i$, les diverses valeurs du rapport

$$\frac{S\Theta_i}{\Sigma S\Theta_i}$$

relatives aux diverses substances et les logarithmes de ces valeurs. La détermination de ces quantités est l'objet du Tableau suivant qui donne, en outre, pour chaque substance, la moyenne arithmétique entre les diverses valeurs de Θ_i, c'est-à-dire la valeur de la quantité Θ déterminée par l'équation

$$(123) \qquad \Theta = \tfrac{1}{7} S\Theta_i = \frac{\Theta_1 + \Theta_2 + \Theta_3 + \Theta_4 + \Theta_5 + \Theta_6 + \Theta_7}{7}.$$

TABLEAU VIII.

Valeurs de $S\Theta_i$, $\Sigma\Theta_i$, $\Sigma S\Theta_i$, $\frac{S\Theta_i}{\Sigma S\Theta_i}$ *et* Θ.

	EAU.		SOLUTION de potasse.	HUILE de térében-thine.	CROWNGLASS.			FLINTGLASS.					SOMMES.	
	1re série.	2e série.			1re espèce.	2e espèce.	3e espèce.	1re espèce.	2e espèce.	3e espèce, 1re série.	3e espèce, 2e série.	4e espèce.		
Θ_1....	1,771387	1,771500	1,958961	2,162360	2,323527	2,328164	2,417322	2,566538	2,635981	2,645712	2,645816	2,649568	$\Sigma\Theta_1$ ...	27,876836
Θ_2....	1,773457	1,773449	1,961442	2,165402	2,326538	2,331269	2,420927	2,572175	2,642177	2,651854	2,651912	2,655861	$\Sigma\Theta_2$ ...	27,926463
Θ_3....	1,778429	1,778429	1,967862	2,173955	2,334730	2,339637	2,430716	2,587255	2,658808	2,668865	2,668869	2,673344	$\Sigma\Theta_3$ ...	28,060899
Θ_4....	1,784497	1,784492	1,975801	2,185528	2,345101	2,350105	2,443438	2,606712	2,680936	2,691384	2,691225	2,696244	$\Sigma\Theta_4$ ...	28,235463
Θ_5....	1,789757	1,789677	1,982695	2,195543	2,354190	2,359457	2,454677	2,624535	2,700981	2,711886	2,711806	2,716761	$\Sigma\Theta_5$ ...	28,391965
Θ_6....	1,799068	1,798981	1,995381	2,214734	2,371317	2,376707	2,476012	2,659418	2,740370	2,751781	2,751776	2,756547	$\Sigma\Theta_6$ ...	28,692092
Θ_7....	1,806813	1,806772	2,006099	2,231661	2,386049	2,391867	2,494726	2,690825	2,775796	2,787832	2,787853	2,792449	$\Sigma\Theta_7$ ...	28,958742
$S\Theta_i$.....	12,503408	12,503300	13,848241	15,329183	16,441452	16,477206	17,137818	18,307458	18,835049	18,909314	18,909257	18,940774	$\Sigma S\Theta_i$..	198,142460
	0970142	0970142	1413871	1855138	2159282	2168781	2339348	2626172	2749656	2766686	2766686	2773800		2969722
	139	104	63	28	106	53	203	95	9	69	46	161		44
	3		13	23	13	2	3	12	2	2	11	16		9
				1	1		2	2		1	2	1		1
$L(S\Theta_i)$..	0970284	0970246	1413947	1855190	2159402	2168836	2339556	2626281	2749667	2766758	2766745	2773978	$L(\Sigma S\Theta_i)$.	2969776
$L(\Sigma S\Theta_i)$.	2969776	2969776	2969776	2969776	2969776	2969776	2969776	2969776	2969776	2969776	2969776	2969776		
Diff...	8000508	8000470	8444171	8885414	9189626	9199060	9369780	9656505	9779891	9796982	9796969	9804202	Sommes.	
$\frac{S\Theta_i}{\Sigma S\Theta_i}$...	0,063103	0,063102	0,069890	0,077364	0,082978	0,083158	0,086492	0,092395	0,095058	0,095433	0,095433	0,095592		0,999998
Θ.......	1,786201	1,786186	1,978320	2,189883	2,348779	2,353887	2,448260	2,615351	2,690721	2,701331	2,701322	2,705825	$\Sigma\Theta$....	28,306066
														4518785
														9
														1
													$L(\Sigma\Theta)$.	4518795

Diverses conditions, que remplissent, comme on devait s'y attendre, les nombres obtenus dans ce Tableau, servent à prouver l'exactitude de nos calculs. Ces conditions se trouvent comprises dans les trois formules

$$\Sigma S\Theta_i = S\Sigma\Theta_i = 198,142460, \qquad \Sigma\frac{S\Theta_i}{\Sigma S\Theta_i} = 1,$$
$$\Sigma\Theta = \tfrac{1}{7}\Sigma S\Theta_i = \frac{198,142460}{7} = 28,30606.$$

On ne doit pas s'inquiéter de la différence 0,000002 entre le second membre 1 de la deuxième formule et le nombre 0,999998 placé à la fin de la ligne horizontale qui renferme les valeurs de $\frac{S\Theta_i}{\Sigma S\Theta_i}$, l'omission de la septième décimale dans chacune de ces valeurs suffisant pour produire dans leur somme une erreur égale à la différence dont il s'agit. En partant du Tableau VIII, on pourra déterminer par logarithmes les valeurs approchées de Θ_1, Θ_2, ..., que nous avons représentées par $\mathfrak{S}_1$, $\mathfrak{S}_2$, ... dans les formules (113), (114), desquelles on tire généralement, en ayant égard à la formule (123),

$$\mathfrak{S}_i = \frac{\Theta}{\Sigma\Theta}\Sigma\Theta_i \tag{124}$$

ou, ce qui revient au même,

$$\mathfrak{S}_i = \Theta + \frac{\Theta}{\Sigma\Theta}(\Sigma\Theta_i - \Sigma\Theta). \tag{125}$$

Or, la différence $\Sigma\Theta_i - \Sigma\Theta$ étant généralement beaucoup plus petite que $\Sigma\Theta_i$, il y aura quelque avantage à remplacer la formule (124) par la formule (125) et à calculer, au lieu du produit

$$\frac{\Theta}{\Sigma\Theta}\Sigma\Theta_i, \tag{126}$$

le produit plus petit

$$\frac{\Theta}{\Sigma\Theta}(\Sigma\Theta_i - \Sigma\Theta), \tag{127}$$

attendu que de ces deux produits le premier contiendra aussi bien que Θ_i sept chiffres significatifs, et le second cinq seulement, l'approximation étant poussée jusqu'au chiffre décimal qui exprime des millionièmes. D'ailleurs, dans le produit (126), le facteur

$$\frac{\Theta}{\Sigma\Theta} = \frac{S\Theta_i}{\Sigma S\Theta_i} \tag{128}$$

et son logarithme sont immédiatement donnés pour chaque substance par le Tableau VIII, et, quant au facteur $\Sigma\Theta_i - \Sigma\Theta$, on en déterminera sans peine les diverses valeurs avec leurs logarithmes, à l'aide de ce même Tableau, en opérant comme il suit.

Tableau IX.

Détermination des valeurs de $\Sigma\Theta_i - \Sigma\Theta$.

VALEURS DE i.	$i=1$.	$i=2$.	$i=3$.	$i=4$.	$i=5$.	$i=6$.	$i=7$.	SOMMES.
$\Sigma\Theta_i$	27,876836	27,926463	28,060899	28,235463	28,391965	28,692092	28,958742	198,142460
$\Sigma\Theta$	28,306066	28,306066	28,306066	28,306066	28,306066	28,306066	28,306066	198,142462
$\Sigma\Theta_i - \Sigma\Theta$	−0,429230	−0,379603	−0,245167	−0,070603	0,085899	0,386026	0,652676	− 0,000002
	6326901	5793262 34	9894496 125	8488232	9339881	5866098 68	8146937 40	
$L[\mp(\Sigma\Theta_i - \Sigma\Theta)]$	6326901	5793962	3894621	8488232	9339881	5866166	8146977	
$L(\Sigma\Theta)$	4518795	4518795	4518795	4518795	4518795	4518795	4518795	
Différence. .	1808106	1274501	9375826	3969437	4821086	1347371	3628182	
$\frac{\Sigma\Theta_i}{\Sigma\Theta} - 1$	−0,015164	−0,013411	−0,008661	−0,002494	0,003035	0,013638	0,023058	0,000001
$\frac{\Sigma\Theta_i}{\Sigma\Theta}$	0,984836	0,986589	0,991339	0,997506	1,003035	1,013638	1,023058	7,000001
$\alpha_i = \frac{1}{7}\frac{\Sigma\Theta_i}{\Sigma\Theta} = \frac{\Sigma\Theta_i}{\Sigma S\Theta_i}$.	0,140691	0,140941	0,141620	0,142501	0,143291	0,144805	0,146151	1,000000

Aux diverses valeurs de $\Sigma\Theta_i - \Sigma\Theta$ nous avons joint ici celles des rapports $\frac{\Sigma\Theta_i}{\Sigma\Theta}$ et $\frac{\Sigma\Theta_i}{\Sigma S\Theta_i} = \alpha_i$, qui servent à prouver la justesse de nos calculs, attendu qu'elles doivent vérifier et vérifient, en effet, avec une exactitude suffisante, les deux conditions

$$S\frac{\Sigma\Theta_i}{\Sigma\Theta} = 7 \quad \text{et} \quad \Sigma\frac{\Sigma\Theta_i}{\Sigma S\Theta_i} = 1 \quad \text{ou} \quad S\alpha_i = 1.$$

Observons d'ailleurs qu'il suffirait de multiplier les diverses valeurs du rapport $\frac{\Sigma\Theta_i}{\Sigma S\Theta_i}$ prises dans le Tableau IX par les diverses valeurs de $S\Theta_i$ prises dans le Tableau VIII pour obtenir les quantités $\mathfrak{S}_1$, $\mathfrak{S}_2$, ... En déterminant ces mêmes quantités à l'aide de la formule (125), on obtiendra les résultats que renferme le Tableau suivant.

TABLEAU X.

Valeurs de $\mathfrak{I}_i$.

	EAU. 1re série.	EAU. 2e série.	SOLUTION de potasse.	HUILE de térébenthine.	CROWNGLASS. 1re espèce.	CROWNGLASS. 2e espèce.	CROWNGLASS. 3e espèce.	FLINTGLASS. 1re espèce.	FLINTGLASS. 2e espèce.	FLINTGLASS. 3e espèce, 1re série.	FLINTGLASS. 3e espèce, 2e série.	FLINTGLASS. 4e espèce.	SOMMES.
$L\left(\frac{\Theta}{\Sigma\Theta}\right)$	8000508	8000470	8444171	8885414	9189626	9199060	9369780	9656505	9779891	9796982	9796969	9804202	
$L(\Sigma\Theta - \Sigma\Theta_1)$...	6326901	6326901	6326901	6326901	6326901	6326901	6326901	6326901	6326901	6326901	6326901	6326901	
Somme...	4327409	4327371	4771072	5212315	5516527	5525961	5696681	5983406	6106792	6123883	6123870	6131103	
$\frac{\Theta}{\Sigma\Theta}(\Sigma\Theta_1 - \Sigma\Theta)$.	-0,027086	-0,027086	-0,029999	-0,033207	-0,035617	-0,035694	-0,037125	-0,039659	-0,040802	-0,040963	-0,040963	-0,041031	-0,429232
Θ............	1,786201	1,786186	1,978320	2,189883	2,348779	2,353887	2,448260	2,615351	2,690721	2,701331	2,701322	2,705825	28,306066
$\mathfrak{I}_1$......	1,759115	1,759100	1,948321	2,156676	2,313162	2,318193	2,411135	2,575692	2,649919	2,660368	2,660359	2,664794	27,876834
$L\left(\frac{\Theta}{\Sigma\Theta}\right)$	8000508	8000470	8444171	8885414	9189626	9199060	9369780	9656505	9779891	9796982	9796969	9804202	
$L(\Sigma\Theta - \Sigma\Theta_2)$...	5793296	5793296	5793296	5793296	5793296	5793296	5793296	5793296	5793296	5793296	5793296	5793296	
Somme...	3793804	3793766	4237467	4678710	4982922	4992356	5163076	5449801	5573187	5590278	5590265	5597498	
$\frac{\Theta}{\Sigma\Theta}(\Sigma\Theta_2 - \Sigma\Theta)$.	-0,023954	-0,023954	-0,026531	-0,029368	-0,031499	-0,031567	-0,032833	-0,035074	-0,036084	-0,036227	-0,036227	-0,036287	-0,379605
Θ............	1,786201	1,786186	1,978320	2,189883	2,348779	2,353887	2,448260	2,615351	2,690721	2,701331	2,701322	2,705825	28,306066
$\mathfrak{I}_2$......	1,762247	1,762232	1,951789	2,160515	2,317280	2,322320	2,415427	2,580277	2,654637	2,665104	2,665095	2,669538	27,926461
$L\left(\frac{\Theta}{\Sigma\Theta}\right)$	8000508	8000470	8444171	8885414	9189626	9199060	9369780	9656505	9779891	9796982	9796969	9804202	
$L(\Sigma\Theta - \Sigma\Theta_3)$...	3894621	3894621	3894621	3894621	3894621	3894621	3894621	3894621	3894621	3894621	3894621	3894621	
Somme...	1895129	1895091	2338792	2780035	3084047	3093681	3264401	3551126	3674512	3691603	3691590	3698823	
$\frac{\Theta}{\Sigma\Theta}(\Sigma\Theta_3 - \Sigma\Theta)$.	-0,015471	-0,015471	-0,017135	-0,018967	-0,020343	-0,020388	-0,021205	-0,022652	-0,023305	-0,023397	-0,023397	-0,023436	-0,245167
Θ............	1,786201	1,786186	1,978320	2,189883	2,348779	2,353887	2,448260	2,615351	2,690721	2,701331	2,701322	2,705825	28,306066
$\mathfrak{I}_3$......	1,770730	1,770715	1,961185	2,170916	2,328436	2,333499	2,427055	2,592699	2,667416	2,677934	2,677925	2,682389	28,060899

$L\left(\frac{\Theta}{\Sigma\Theta}\right)$	8000508	8000470	8444171	8885414	9189626	9199060	9369780	9656505	9779891	9796982	9796969	9804202	
$L(\Sigma\Theta - \Sigma\Theta_4)$...	8488232	8488232	8488232	8488232	8488232	8488232	8488232	8488232	8488232	8488232	8488232	8488232	
Somme...	6488740	6488702	6932403	7373646	7677858	7687292	7858012	8144737	8268123	8285214	8285201	8292434	
$\frac{\Theta}{\Sigma\Theta}(\Sigma\Theta_4 - \Sigma\Theta)$.	-0,004455	-0,004455	-0,004934	-0,005462	-0,005858	-0,005871	-0,006107	-0,006523	-0,006711	-0,006738	-0,006738	-0,006749	-0,070601
Θ	1,786201	1,786186	1,978320	2,189883	2,348779	2,353887	2,448260	2,615351	2,690721	2,701331	2,701322	2,705825	28,306066
$\mathfrak{I}_4$.......	1,781746	1,781731	1,973386	2,184421	2,342921	2,348016	2,442153	2,608828	2,684010	2,694593	2,694584	2,699079	28,235465
$L\left(\frac{\Theta}{\Sigma\Theta}\right)$	8000508	8000470	8444171	8885414	9189626	9199060	9369780	9656505	9779891	9796982	9796969	9804202	
$L(\Sigma\Theta - \Sigma\Theta_5)$...	9339881	9339881	9339881	9339881	9339881	9339881	9339881	9339881	9339881	9339881	9339881	9339881	
Somme...	7340389	7340351	7784052	8225295	8529507	8538941	8709661	8996386	9119772	9136863	9136850	9144083	
$\frac{\Theta}{\Sigma\Theta}(\Sigma\Theta_5 - \Sigma\Theta)$.	0,005420	0,005420	0,006004	0,006646	0,007128	0,007143	0,007430	0,007937	0,008165	0,008198	0,008198	0,008211	0,085900
Θ	1,786201	1,786186	1,978320	2,489883	2,348779	2,353887	2,448260	2,615351	2,690721	2,701331	2,701322	2,705825	28,306066
$\mathfrak{I}_5$.......	1,791621	1,791606	1,984324	2,196529	2,355907	2,361030	2,455690	2,623288	2,698886	2,709529	2,709520	2,714036	28,391966
$L\left(\frac{\Theta}{\Sigma\Theta}\right)$	8000508	8000470	8444171	8885414	9189626	9199060	9369780	9656505	9779891	9796982	9796969	9804202	
$L(\Sigma\Theta - \Sigma\Theta_6)$..	5866166	5866166	5866166	5866166	5866166	5866166	5866166	5866166	5866166	5866166	5866166	5866166	
Somme...	3866674	3866636	4310337	4751580	5055792	5065226	5235946	5522671	5646057	5663148	5663135	5670368	
$\frac{\Theta}{\Sigma\Theta}(\Sigma\Theta_6 - \Sigma\Theta)$.	0,024359	0,024359	0,026979	0,029865	0,032032	0,032101	0,033388	0,035667	0,036695	0,036840	0,036840	0,036901	0,386026
Θ	1,786201	1,786186	1,978320	2,189883	2,348779	2,353887	2,448260	2,615351	2,690721	2,701331	2,701322	2,705825	28,306066
$\mathfrak{I}_6$.......	1,810560	1,810545	2,005299	2,219748	2,380811	2,385988	2,481648	2,651018	2,727416	2,738171	2,738162	2,742726	28,692092
$L\left(\frac{\Theta}{\Sigma\Theta}\right)$	8000508	8000470	8444171	8885414	9189626	9199060	9369780	9656505	9779891	9796982	9796969	9804202	
$L(\Sigma\Theta - \Sigma\Theta_7)$...	8146977	8146977	8146977	8146977	8146977	8146977	8146977	8146977	8146977	8146977	8146977	8146977	
Somme...	6147485	6147447	6591148	7032391	7336603	7346037	7516757	7803472	7926868	7943959	7943946	7951179	
$\frac{\Theta}{\Sigma\Theta}(\Sigma\Theta_7 - \Sigma\Theta)$.	0,041186	0,041186	0,045616	0,050491	0,054158	0,054275	0,056452	0,060304	0,062042	0,062287	0,062287	0,062390	0,652677
Θ	1,786201	1,786186	1,978320	2,189883	2,348779	2,353887	2,448260	2,615351	2,690721	2,701331	2,701322	2,705825	28,306066
$\mathfrak{I}_7$.......	1,827387	1,827372	2,023936	2,240377	2,402937	2,408162	2,504712	2,675655	2,752763	2,763618	2,763609	2,768215	28,958743

Si l'on retranche les valeurs précédentes de ϑ_1, ϑ_2, ... des valeurs de Θ_1, Θ_2, ... fournies par le Tableau VI, on obtiendra pour restes les diverses valeurs de $\Delta\Theta_i$ que nous allons présenter.

TABLEAU XI.

Détermination des valeurs de $\Delta\Theta_i$.

	EAU.		SOLUTION de potasse.	HUILE de térében-thine.	CROWNGLASS.			FLINTGLASS.					SOMMES.
	1re série.	2e série.			1re espèce.	2e espèce.	3e espèce.	1re espèce.	2e espèce.	3e espèce, 1re série.	3e espèce, 2e série.	4e espèce.	
ϑ_1..	1,759115	1,759100	1,948321	2,156676	2,313162	2,318193	2,411135	2,575692	2,649919	2,660368	2,660359	2,664794	27,876834
Θ_1..	1,771386	1,771500	1,958961	2,162360	2,323527	2,328164	2,417322	2,566538	2,635981	2,645712	2,645816	2,649568	27,876836
$\Delta\Theta_1$.	0,012272	0,012400	0,010640	0,005684	0,010365	0,009971	0,006187	-0,009154	-0,013938	-0,014656	-0,014543	-0,015226	0,000002
ϑ_2..	1,762247	1,762232	1,951789	2,160515	2,317280	2,422320	2,415427	2,580277	2,654637	2,665104	2,665095	2,669538	27,926461
Θ_2..	1,773457	1,773449	1,961442	2,165402	2,326538	2,331269	2,420927	2,572175	2,642177	2,651854	2,651912	2,655861	27,926463
$\Delta\Theta_2$.	0,011210	0,011217	0,009653	0,004887	0,009258	0,008949	0,005500	-0,008102	-0,012460	-0,013250	-0,013183	-0,013677	0,000002
ϑ_3..	1,770730	1,770715	1,961185	2,170916	2,328436	2,333499	2,427055	2,592699	2,667416	2,677934	2,677925	2,682389	28,060899
Θ^3..	1,778429	1,778429	1,967862	2,173955	2,334730	2,339637	2,430716	2,587255	2,658808	2,668865	2,668869	2,673344	28,060899
$\Delta\Theta_3$.	0,007699	0,007714	0,006677	0,003039	0,006294	0,006138	0,003661	-0,005444	0,008608	-0,009069	-0,009056	-0,009045	0,000000
ϑ_4..	1,781746	1,781731	1,973386	2,184421	2,342921	2,348016	2,442153	2,608828	2,684010	2,694593	2,694584	2,699076	28,235465
Θ_4..	1,784497	1,784492	1,675801	2,185528	2,345101	2,350105	2,443438	2,606712	2,680936	2,691384	2,691225	2,696244	28,235463
$\Delta\Theta_4$.	0,002751	0,002761	0,002415	0,001107	0,002180	0,002089	0,001285	-0,002116	-0,003074	-0,003209	-0,003359	-0,002832	-0,000002
ϑ_5..	1,701621	1,791606	1,984324	2,196529	2,355907	2,361030	2,455690	2,623288	2,698886	2,709529	2,709520	2,714036	28,391966
Θ_5..	1,789757	1,789677	1,982695	2,195543	2,354190	2,359457	2,454677	2,624535	2,700981	2,711886	2,711806	2,716761	28,391965
$\Delta\Theta_5$.	-0,001864	-0,001929	-0,001629	-0,000986	-0,001717	-0,001573	-0,001013	0,001247	0,002095	0,002357	0,002286	0,002725	-0,000001
ϑ_6..	1,810560	1,810545	2,005299	2,219748	2,380811	2,385988	2,481648	2,651018	2,727416	2,738171	2,738162	2,742726	28,692092
Θ_6..	1,799068	1,798981	1,995381	2,214734	2,371317	2,376707	2,476012	2,659418	2,740370	2,751781	2,751776	2,756547	28,692092
$\Delta\Theta_6$.	-0,011492	-0,011564	-0,009918	-0,005014	-0,009494	-0,009281	-0,005636	0,008400	0,012954	0,013610	0,013614	0,013821	0,000000
ϑ_7..	1,827387	1,827372	2,023936	2,240377	2,402937	2,408162	2,504712	2,675655	2,752763	2,763618	2,763609	2,768215	28,958743
Θ_7..	1,806813	1,806772	2,006099	2,231661	2,386049	2,391867	2,494726	2,690825	2,775796	2,787832	2,787853	2,792449	28,958742
$\Delta\Theta_7$.	-0,020574	-0,020600	-0,017837	-0,008716	-0,016888	-0,016295	-0,009986	0,015170	0,023033	0,024214	0,024244	0,024234	0,000001

Les nombres compris dans la dernière colonne verticale du Tableau XI servent à prouver la justesse de nos calculs; car ces nombres, qui représentent les diverses valeurs de

$$\Sigma \vartheta_i, \quad \Sigma \Theta_i, \quad \Sigma \Delta\Theta_i,$$

vérifient avec une exactitude suffisante les équations

$$\begin{array}{llll} \Sigma \vartheta_1 = \Sigma \Theta_1, & \Sigma \vartheta_2 = \Sigma \Theta_2, & \ldots, & \Sigma \vartheta_7 = \Sigma \Theta_7, \\ \Sigma \Delta\Theta_1 = 0, & \Sigma \Delta\Theta_2 = 0, & \ldots, & \Sigma \Delta\Theta_7 = 0, \end{array}$$

que l'on déduit immédiatement des formules (114) et (113).

Les valeurs de $\Delta\Theta_i$, que fournit le Tableau XI, étant, abstraction faite des signes, bien supérieures aux variations de Θ_i renfermées dans les quatrième et septième lignes horizontales du Tableau VII, il en résulte qu'on ne peut, sans erreur sensible, réduire les seconds membres des formules (1) et (9) à leurs premiers termes et la formule (42) à la formule (56). Au reste, nous avions déjà pressenti ce résultat, en nous fondant sur cette seule considération que, s'il en était autrement, la dispersion se trouverait anéantie.

En partant du Tableau XI, on déterminera sans peine, à l'aide des formules (120), (121) et (113), les diverses valeurs de $\beta_1, \beta_2, \ldots, \beta_7$, $\vartheta'_1, \vartheta'_2, \ldots, \vartheta'_7$; $\Delta'\Theta_1, \Delta'\Theta_2, \ldots, \Delta'\Theta_7$. Alors $S'\Delta\Theta_i$ désignera la somme des valeurs numériques de $\Delta\Theta_i$ relatives aux divers rayons, mais seulement à l'une des substances, à l'eau par exemple, de sorte qu'on aura

$$(129) \qquad S'\Delta\Theta_i = \Delta\Theta_1 + \Delta\Theta_2 + \Delta\Theta_3 + \Delta\Theta_4 - \Delta\Theta_5 - \Delta\Theta_6 - \Delta\Theta_7,$$

et $\Sigma' S'\Delta\Theta_i$ représentera la somme des valeurs numériques de $S'\Delta\Theta_i$, c'est-à-dire évidemment la somme des valeurs de $\Delta\Theta_i$ prises avec le signe $-$ lorsqu'elles se rapportent à l'une des espèces de flintglass, et avec le signe $+$ dans le cas contraire. Cela posé, on déduira des formules (120), (121) et (113) les résultats compris dans les Tableaux suivants.

TABLEAU XII.

Valeurs de $S'\Delta\Theta_i$, $\Sigma'\Delta\Theta_i$, $\Sigma' S'\Delta\Theta_i$ *et* β_i.

	$\Delta\Theta_1$.	$\Delta\Theta_2$.	$\Delta\Theta_3$.	$\Delta\Theta_4$.	$\Delta\Theta_5$.	$\Delta\Theta_6$.	$\Delta\Theta_7$.	$\Delta\Theta_1+\Delta\Theta_2$ $+\Delta\Theta_3+\Delta\Theta_4$.	$\Delta\Theta_5$ $+\Delta\Theta_6+\Delta\Theta_7$.	$S\,\Delta\Theta_i$.	$S'\Delta\Theta_i$.	$L(S'\Delta\Theta_i)$.
Eau. 1re série	0,012272	0,011210	0,007699	0,002751	−0,001864	−0,011492	−0,020574	0,033932	−0,033930	0,000002	0,067862	8316267
Eau. 2e série	0,012400	0,011217	0,007714	0,002761	−0,001929	−0,011564	−0,020600	0,034092	−0,034093	−0,000001	0,068185	8336888
Solution de potasse	0,010640	0,009653	0,006677	0,002415	−0,001629	−0,009918	−0,017837	0,029385	−0,029384	0,000001	0,058769	7691483
Huile de térébenthine	0,005684	0,004887	0,003039	0,001107	−0,000986	−0,005014	−0,008716	0,014717	−0,014716	0,000001	0,029433	4638345
Crownglass. 1re espèce	0,010365	0,009258	0,006294	0,002180	−0,001717	−0,009494	−0,016888	0,028097	−0,028099	−0,000002	0,056196	7497054
Crownglass. 2e espèce	0,009971	0,008949	0,006138	0,002089	−0,001573	−0,009281	−0,016295	0,027147	−0,027149	−0,000002	0,054296	7347678
Crownglass. 3e espèce	0,006187	0,005500	0,003661	0,001285	−0,001013	−0,005636	−0,009986	0,016633	−0,016635	−0,000002	0,033268	5220267
Flintglass. 1re espèce	−0,009134	−0,008102	−0,005444	−0,002116	0,001247	0,008400	0,015170	−0,024816	0,024817	0,000001	−0,049633	6957705
Flintglass. 2e espèce	−0,013938	−0,012460	−0,008608	−0,003074	0,002095	0,012954	0,023033	−0,038080	0,038082	0,000002	−0,076162	8817383
Flintglass. 3e espèce, 1re série	−0,014656	−0,013250	−0,009069	−0,003209	0,002357	0,013610	0,024214	−0,040184	0,040181	−0,000003	−0,080365	9050669
Flintglass. 3e espèce, 2e série	−0,014543	−0,013183	−0,009056	−0,003359	0,002286	0,013614	0,024244	−0,040141	0,040144	0,000003	−0,080285	9046344
Flintglass. 4e espèce	−0,015226	−0,013677	−0,009045	−0,002832	0,002725	0,013821	0,024234	−0,040780	0,040780	0,000000	−0,081560	9114772
Sommes. Eau, crowngl.	0,067519	0,060674	0,041222	0,014588	−0,010711	−0,062399	−0,110896				0,368009	
Sommes. Flintglass	−0,067517	−0,060672	−0,041222	−0,014590	0,010710	0,062399	0,110895				−0,368005	
$\Sigma\,\Delta\Theta_i$	0,000002	0,000002	0,000000	−0,000002	−0,000001	0,000000	−0,000001			$\Sigma S'\Delta\Theta_i$	0,000004	
$\Sigma'\Delta\Theta_i$	0,135036	0,121346	−0,082444	0,029178	−0,021421	−0,124798	−0,221791			$\Sigma' S'\Delta\Theta_i$	0,736014	
	1304303	0840040	9161591	4650555	3308397	0961798	3459420				8668837	
	194	215				279	20				24	
$L(\pm\Sigma'\Delta\Theta_i)$	1304497	0840255	9161591	4650555	3308397	0962077	3459440				8668861	
$L(\Sigma' S'\Delta\Theta_i)$	8668861	8668861	8668861	8668861	8668861	8668861	8668861					
$L(\beta_i)$	2635636	2171394	0492730	5981694	4639536	2293216	4790579	$\beta_1+\beta_2$ $+\beta_3+\beta_4$	β_5 $+\beta_6+\beta_7$	$S\beta_i$	$S'\beta_i$	
	5414	1153	2568	1665	9527	2978	0568					
	222	241	162	29	9	238	11					
β_i	0,183469	0,164869	0,112014	0,039643	−0,029104	−0,169559	−0,301341	0,499995	−0,500004	−0,000009	0,999999	

Comme on devait s'y attendre, les nombres obtenus dans le Tableau XII vérifient rigoureusement les deux conditions

$$S\Sigma\Delta\Theta_i = \Sigma S\,\Delta\Theta_i,\qquad S'\Sigma'\Delta\Theta_i = \Sigma' S'\Delta\Theta_i,$$

et, avec une exactitude suffisante, celles que comprennent les formules

$$S\Delta\Theta_i = 0,\qquad \Sigma\,\Delta\Theta_i = 0,\qquad S'\Sigma\Delta\Theta_i = \Sigma S'\Delta\Theta_i = 0,\qquad S\beta_i = 0,\qquad S'\beta_i = 1,$$

ce qui prouve la justesse de nos calculs.

TABLEAU XIII.

Valeurs de ϑ'_i et de $\Delta^2\Theta_i$ exprimées en millionièmes.

	EAU.		SOLUTION de potasse.	HUILE de térében-thine.	CROWNGLASS.			FLINTGLASS.					SOMMES.
	1re série.	2e série.			1re espèce.	2e espèce.	3e espèce.	1re espèce.	2e espèce.	3e espèce, 1re série.	3e espèce, 2e série.	4e espèce.	
$L(S'\Delta\Theta_i)$	8316267	8336888	7691483	4688345	7497054	7347678	5220267	6957705	8817383	9050669	9046344	9114772	
$L(\beta_1)$	2635636	2635636	2635636	2635636	2635636	2635636	2635636	2635636	2635636	2635636	2635636	2635636	
$L(\pm\vartheta'_1)$	0951903	0972524	0327119	7323981	0132690	9983314	7855903	9593341	1453019	1686305	1681980	1750408	
ϑ'_1	12451	12510	10782	5400	10310	9962	6104	—9106	—13973	—14745	—14730	—14964	0,000001
$\Delta\Theta_1$	12272	12400	10640	5684	10365	9971	6187	—9154	—13938	—14656	—14543	—15226	0,000002
$\Delta^2\Theta_1$	—179	—110	—142	284	55	9	83	—48	35	89	187	—262	0,000001
$L(S'\Delta\Theta_i)$	8316267	8336888	7691483	4688345	7497054	7347678	5220267	6957705	8817383	9050669	9046344	9114772	
$L(\beta_2)$	2171394	2171394	2171394	2171394	2171394	2171394	2171394	2171394	2171394	2171394	2171394	2171394	
$L(\pm\vartheta'_2)$	0487661	0508282	9862877	6859739	9668448	9519092	7391661	9129099	0988777	1222063	7217738	1286166	
ϑ'_2	11188	11242	9689	4852	9265	8952	5485	—8183	—12557	—13250	—13237	—13447	—0,000001
$\Delta\Theta_2$	11210	11217	9653	4887	9258	8949	5500	—8102	—12460	—13250	—13183	—13677	0,000002
$\Delta^2\Theta_2$	22	—25	—36	35	—7	—3	15	81	97	0	54	—230	0,000003
$L(S'\Delta\Theta_i)$	8316267	8336888	7691483	4688345	7497054	7347678	5220267	6957705	8817383	9050669	9046344	9114772	
$L(\beta_3)$	0492730	0492730	0492730	0492730	0492730	0492730	0492730	0492730	0492730	0492730	0492730	0492730	
$L(\pm\vartheta'_3)$	8808997	8829618	8184213	5181075	7989784	7840408	5712997	7450435	9310113	9543399	9539074	9607502	
ϑ'_3	7602	7638	6583	3297	6295	6082	3726	—5560	—8531	—9002	—8993	—9136	0,000001
$\Delta\Theta_3$	7699	7714	6677	3039	6294	6138	3661	—5444	—8608	—9069	—9056	—9045	0,000000

$L(S'\Delta\Theta_i)$	8216267	8336888	7691483	4688345	7497054	7347678	5220267	6957705	8817383	9050669	9046344	9114772	
$L(\beta_4)$	5981694	5981694	5981694	5981694	5981694	5981694	5981694	5981694	5981694	5981694	5981694	5981694	
$L(\pm \mathfrak{S}'_4)$	4297961	4318582	3673177	0670039	3478748	3329372	1201961	2939399	4799077	5032363	5028038	5096466	
$\mathfrak{S}'_4$	2690	2703	2330	1167	2228	2152	1819	−1967	−3019	−3186	−3183	−3233	0,000001
$\Delta\Theta_4$	2751	2761	2415	1107	2180	2089	1285	−2116	−3074	−3209	−3359	−2832	−0,000002
$\Delta^2\Theta_4$	61	58	85	−60	−48	−63	−34	−149	−55	−23	−176	401	−0,000003
$L(S'\Delta\Theta_i)$	8316267	8336888	7691483	4688345	7497054	7347678	5220267	6957705	8817383	9050669	9046344	9114772	
$L(\beta_5)$	4639536	4639536	4639536	4639536	4639536	4639536	4639536	4639536	4639536	4639536	4639536	4639536	
$L(\pm \mathfrak{S}'_5)$	2955803	2976424	2331019	9327881	2136590	1987214	9859803	1597241	3456919	3690205	3685880	3754308	
$\mathfrak{S}'_5$	−1975	−1985	−1710	−857	−1636	−1580	−968	1445	2217	2339	2337	2374	0,000001
$\Delta\Theta_5$	−1864	−1929	−1629	−986	−1717	−1573	−1013	1247	2095	2357	2286	2725	−0,000001
$\Delta^2\Theta_5$	111	56	81	−129	−81	7	−45	−198	−122	18	−51	351	−0,000002
$L(S'\Delta\Theta_i)$	8316267	8336888	7691483	4688345	7497054	7347678	5220267	6957705	8817383	9050669	9046344	9114772	
$L(\beta_6)$	2293216	2293216	2293216	2293216	2293216	2293216	2293216	2293216	2293216	2293216	2293216	2293216	
$L(\pm \mathfrak{S}'_6)$	0609483	0630104	9984699	6981561	9790270	9640894	7513483	9250921	1110599	1343885	1339560	1407988	
$\mathfrak{S}'_6$	−11507	−11561	−9965	−4991	−9529	−9206	−5641	8416	12914	13627	13613	13829	−0,000001
$\Delta\Theta_6$	−11492	−11564	−9918	−5014	−9494	−9281	−5636	8400	12954	13610	13614	13821	0,000000
$\Delta^2\Theta_6$	15	−3	47	−23	35	−75	5	−16	40	−17	1	−8	0,000001
$L(S'\Delta\Theta_i)$	8316267	8336888	7691483	4688345	7497054	7347678	5220267	6957705	8817383	9050669	9046344	9114772	
$L(\beta_7)$	4790579	4790579	4790579	4790579	4790579	4790579	4790579	4790579	4790579	4790579	4790579	4790579	
$L(\pm \mathfrak{S}'_7)$	3106846	3127467	2482062	9478924	2287633	2138257	0010846	1748284	3607962	3841248	3836923	3905351	
$\mathfrak{S}'_7$	−20450	−20547	−17709	−8869	−16934	−16362	−10025	14956	22951	24217	24193	24577	−0,000002
$\Delta\Theta_7$	−20574	−20600	−17837	−8716	−16888	−16295	−9986	15170	23033	24214	24244	24234	−0,000001
$\Delta^2\Theta_7$	−124	−53	−128	153	46	67	39	214	82	−3	51	−343	0,000001

Dans le Tableau XIII, les valeurs de

$$\vartheta'_i, \quad \Delta\Theta_i, \quad \Delta^2\Theta_i$$

sont exprimées en millionièmes. Ainsi, par exemple, de ce que dans la première colonne verticale les valeurs de

$$\vartheta'_1, \quad \Delta\Theta_1, \quad \Delta^2\Theta_1$$

se trouvent représentées par les quantités

$$12451, \quad 12272, \quad -179,$$

on doit en conclure que l'on a pour l'eau (1re série)

$$\vartheta'_1 = 0,012451, \qquad \Delta\Theta_1 = 0,012272, \qquad \Delta^2\Theta_1 = -0,000179$$

ou, ce qui revient au même,

$$1\,000\,000\,\vartheta'_1 = 12\,451, \qquad 1\,000\,000\,\Delta\Theta_1 = 12\,272, \qquad 1\,000\,000\,\Delta^2\Theta_1 = -179.$$

D'ailleurs comme, dans le Tableau, plusieurs des valeurs de $\Delta^2\Theta_i$, particulièrement celles qui sont relatives à l'huile de térébenthine ainsi qu'à la première et à la quatrième espèce de flintglass, sont, abstraction faite des signes, notablement supérieures aux variations de Θ_i renfermées dans les quatrième et septième lignes horizontales du Tableau VII, on doit en conclure qu'on ne peut, sans erreur sensible, réduire le second membre de la formule (1) ou (9) à ses deux premiers termes, et la formule (42) à la formule (72).

Concevons maintenant que l'on désigne par

$$S''\Delta^2\Theta_i$$

la somme des valeurs de $\Delta^2\Theta_i$ relatives aux divers rayons, mais seulement à l'une des substances, par exemple à la solution de potasse, que nous choisirons ici de préférence, attendu que cette substance est celle pour laquelle la plus petite des valeurs numériques de $\Delta^2\Theta_i$ est la plus grande possible, et que généralement on doit moins craindre de voir un changement de signe produit par les erreurs d'observation dans la valeur de $\Delta\Theta_i$, lorsque cette valeur s'éloigne davantage de zéro.

TABLEAU XIV.

Valeurs de $S''\Delta'\Theta_i$, $\Sigma''\Delta'\Theta_i$ *et* $\Sigma''S''\Delta'\Theta_i$.

	$\Delta^2\Theta_1$.	$\Delta^2\Theta_2$.	$\Delta^2\Theta_3$.	$\Delta^2\Theta_4$.	$\Delta^2\Theta_5$.	$\Delta^2\Theta_6$.	$\Delta^2\Theta_7$.	$\Delta^2\Theta_3+\Delta^2\Theta_4+\Delta^2\Theta_5+\Delta^2\Theta_6$.	$\Delta^2\Theta_1+\Delta^2\Theta_2+\Delta^2\Theta_7$.	$S\Delta^2\Theta_i$.	$S''\Delta^2\Theta_i$.	$L(\pm S''\Delta^2\Theta_i)$.
Eau. 1re série	-0,000179	0,000022	0,000097	0,000061	0,000111	0,000015	-0,000124	0,000284	-0,000281	0,000003	0,000565	7520484
Eau. 2e série	-0,000110	-0,000025	0,000076	0,000058	0,000056	-0,000003	-0,006053	0,000187	-0,000188	-0,000001	0,000375	5740313
Solution de potasse	-0,000142	-0,000036	0,000094	0,000085	0,000081	0,000047	-0,000128	0,000307	-0,000306	0,000001	0,000613	7874605
Huile de tébébenthine	0,000284	0,000035	-0,000258	-0,000060	-0,000129	-0,000023	0,000153	-0,000470	0,000472	0,000002	-0,000942	9740509
Crownglass. 1re espèce	0,000055	-0,000007	-0,000001	-0,000048	-0,000081	0,000035	0,000046	-0,000095	0,000094	-0,000001	-0,000189	2764618
Crownglass. 2e espèce	0,000009	-0,000003	0,000056	-0,000063	0,000007	-0,000075	0,000067	-0,000075	0,000073	-0,000002	-0,000148	1702617
Crownglass. 3e espèce	0,000083	0,000015	-0,000065	-0,000034	-0,000045	0,000005	0,000039	-0,000139	0,000137	-0,000002	-0,000276	4409091
Flintglass. 1re espèce	-0,000048	0,000081	0,000116	-0,000149	-0,000198	-0,000016	0,000214	-0,000247	0,000247	0,000000	-0,000494	6937269
Flintglass. 2e espèce	0,000035	0,000097	-0,000077	-0,000055	-0,000122	0,000040	0,000082	-0,000214	0,000214	0,000000	-0,000428	6314438
Flintglass. 3e espèce, 1re sér.	0,000089	0,000000	-0,000067	-0,000023	0,000018	-0,000017	-0,000003	-0,000089	0,000086	-0.000003	-0,000175	2430380
Flintglass. 3e espèce, 2e sér.	0,000187	0,000054	-0,000063	-0,000176	-0,000051	0,000001	0.000051	-0,000289	0,000292	0,000003	-0,000581	7641761
Flintglass. 4e espèce	-0,000262	-0,000230	0,000091	0,000401	0,000351	-0,000008	-0,000343	0,000835	-0,000835	0,000000	0,001670	2227165
Sommes. Eau, potasse, flintgl., 4e esp.	-0,000693	-0,000269	0,000358	0,000605	0,000599	0,000051	-0,000648				0,003223	
Sommes. Les autres substances	0,000694	0,000272	-0,000359	-0,000608	-0,000601	-0,000050	0,000649				-0,003233	
$\Sigma\Delta^2\Theta_i$	0,000001	0,000003	-0,000001	-0,000003	-0,000002	0,000001	0.000001			$\Sigma S''\Delta^2\Theta_i$	0,000010	
$\Sigma''\Delta^2\Theta_i$	-0,001387	-0,000541	0,000717	0,001213	0,001200	0,000101	-0,001297			$\Sigma''S''\Delta^2\Theta_i$	0,006456	
$L(\pm\Sigma''\Delta^2\Theta_i)$	1420765	7331973	8555192	0838608	0791812	0043214	1129400				8099635	
$L\Sigma''S''\Sigma\Theta_i)$	8099635	8099635	8099635	8099635	8099635	8099635	8099635					
Différence	3321130	9232338	0455557	2738973	2692177	1943579	3029765	$\gamma_3+\gamma_4+\gamma_5+\gamma_6$	$\gamma_1+\gamma_2+\gamma_7$	$S\gamma_i$	$S''\gamma_i$	
γ_i	-0,21484	-0,08380	0,11106	0,18789	0,18587	0,01564	-0,20090	0,50046	-0,49954	0,00092	1,00000	

TABLEAU XV.

Valeurs de $\mathfrak{I}''_i$ et de $\Delta^3\Theta_i$ exprimées en millionièmes.

	EAU. 1re série.	EAU. 2e série.	SOLUTION de potasse.	HUILE de térébenthine.	CROWNGLASS. 1re espèce.	CROWNGLASS. 2e espèce.	CROWNGLASS. 3e espèce.	FLINTGLASS. 1re espèce.	FLINTGLASS. 2e espèce.	FLINTGLASS. 3e espèce. 1re série.	FLINTGLASS. 3e espèce. 2e série.	FLINTGLASS. 4e espèce.	SOMMES.
$L(\pm S''\Delta^2\Theta_i)$	7520484	5740313	7874605	9740509	2764618	1702617	4409091	6937269	6314438	2430380	7641761	2227165	
$L(-\gamma_1)$	3321130	3321130	3321130	3321130	3321130	3321130	3321130	3321130	3321130	3321130	3321130	3321130	
$L(\mp\mathfrak{I}''_1)$	0841614	9061443	1195735	3061639	6085748	5023747	7730221	0258399	9635568	5751510	0962891	5548295	
$\mathfrak{I}''_1$	—121	—81	—132	202	41	32	59	106	92	38	125	—359	0,000002
$\Delta^2\Theta_1$	—170	—110	—142	284	55	9	83	—48	35	89	187	—262	0,000001
$\Delta^3\Theta_1$	—58	—29	—10	82	14	—23	24	—154	—57	51	62	97	—0,000001
$L(\pm S''\Delta^2\Theta_i)$	7520484	5740313	7874605	9740509	2764618	1702617	4409091	6937269	6314438	2430380	7641761	2227165	
$L(-\gamma_2)$	9232338	9232338	9232338	9232338	9232338	9232338	9232338	9232338	9232338	9232338	9232338	9232338	
$L(\mp\mathfrak{I}''_2)$	6752822	4972651	7106943	8972847	1996956	0934955	3641429	6169607	5546776	1662718	6874099	1459503	
$\mathfrak{I}''_2$	—47	—31	—51	79	16	12	23	41	36	15	49	—140	0,000002
$\Delta^2\Theta_2$	22	—25	—36	35	—7	—3	15	81	97	0	54	—230	0,000003
$\Delta^3\Theta_2$	69	6	15	—44	—23	—15	—8	40	61	—15	5	—90	0,000001
$L(\pm S''\Delta^2\Theta_i)$	7520484	5740313	7874605	9440509	2764618	1702617	4409091	6937269	6314438	2430380	7641761	2227165	
$L(\gamma_3)$	0455557	0455557	0455557	0455557	0455557	0455557	0455557	0455557	0455557	0455557	0455557	0455557	
$L(\pm\mathfrak{I}''_3)$	7976041	6195870	8330162	0196066	3220175	2158174	4864648	7392826	6769995	2885937	8097318	2682722	
$\mathfrak{I}''_3$	63	42	68	—105	—21	—16	—31	—55	—48	—19	—65	185	—0,000002
$\Delta^2\Theta_3$	97	76	94	—258	—1	56	—65	116	—77	—67	—63	91	—0,000001
$\Delta^3\Theta_3$	34	34	26	—153	20	72	—34	171	—29	—48	2	—94	0,00000001

$L(\pm S''\Delta^2\Theta_i)$	7520484	5740313	7874605	9740509	2764618	1702617	4409091	6937269	6314438	2430380	7641761	2227165	
$L(\gamma_4)$	2738973	2738973	2738973	2738973	2738973	2738973	2738973	2738973	2738973	2738973	2738973	2738973	
$L(\pm \vartheta''_4)$	0259457	8479286	0613578	2479482	5503591	4441590	7148064	9676242	9053411	5169353	0380734	4966138	
ϑ''_4	106	70	115	−177	−36	−28	−52	−93	−80	−33	−109	314	−0,000003
$\Delta^2\Theta_4$	61	58	85	−60	−48	−63	−34	−149	−55	−23	−176	401	−0,000003
$\Delta^3\Theta_4$	−45	−12	−30	−117	−12	−35	18	−56	25	10	−67	87	0,000000

$L(\pm S''\Delta^2\Theta_i)$	7520484	5740313	7874605	9740509	2764618	1702617	4409091	6937269	6314438	2430380	7641761	2227165	
$L(\gamma_5)$	2692177	2692177	2692177	2692177	2692177	2692177	2692177	2692177	2692177	2692177	2692177	2692177	
$L(\pm \vartheta''_5)$	0212661	8432490	0566782	2432686	5456795	4294794	7101268	9629446	9006515	5122557	0333938	4919342	
ϑ''_5	105	70	114	−175	−35	−28	−51	−92	−80	−33	−108	310	−0,000003
$\Delta^2\Theta_5$	111	56	81	−129	−81	7	−45	−198	−122	18	−51	351	−0,000002
$\Delta^3\Theta_5$	6	−14	−33	46	−46	35	6	106	−42	51	57	41	0,000001

$L(\pm S''\Delta^2\Theta_i)$	7520484	5740313	7874605	9740509	2764618	1702617	4409091	6937269	6314438	2430380	7641761	2227165	
$L(\gamma_6)$	1943579	1943579	1943579	1943579	1943579	1943579	1943579	1943579	1943579	1943579	1943579	1943579	
$L(\pm \vartheta''_6)$	9464063	7683892	9818184	1684088	4708197	3646196	6352670	8880848	8258017	4373959	9585340	4170744	
ϑ''_6	9	6	10	−15	−3	−2	−4	−8	−7	−3	−9	26	0,000000
$\Delta^2\Theta_6$	15	−3	47	−23	35	−75	5	−16	−40	−17	1	−8	−0,000001
$\Delta^3\Theta_6$	6	−9	37	−8	38	−73	9	−8	47	−14	10	−34	0,000001

$L(\pm S''\Delta^2\Theta_i)$	7520484	5740313	7874605	9740509	2764618	1702617	4409091	6937269	6314438	2430380	7641761	2227165	
$L(-\gamma_7)$	3029765	3029765	3029765	3029765	3029765	3029765	3029765	3029765	3029765	3029765	3029765	3029765	
$L(\mp \vartheta''_7)$	0550249	8770078	0904370	2770274	5794383	4732382	7438856	9967034	9344203	5460145	0671526	5256930	
ϑ''_7	−114	−75	−123	189	38	30	55	99	86	35	117	−336	0,000001
$\Delta^2\Theta_7$	−124	−53	−128	153	46	67	39	214	82	−3	51	−343	0,000001
$\Delta^3\Theta_7$	−10	22	−5	−36	8	37	−16	115	−4	−38	−66	−7	0,000000

On aura

$$(130)\quad S''\Delta^2\Theta_i = -\Delta^2\Theta_1 - \Delta^2\Theta_2 + \Delta^2\Theta_3 + \Delta^2\Theta_4 + \Delta^2\Theta_5 + \Delta^2\Theta_6 - \Delta^2\Theta_7,$$

et, en désignant par

$$\Sigma'' S''\Delta^2\Theta_i$$

la somme des valeurs numériques de $S''\Delta^2\Theta_i$ relatives aux diverses substances, on déterminera sans peine, à l'aide des formules (114) et (113), les valeurs de

$$\gamma_1,\ \gamma_2,\ \ldots,\ \gamma_7,\quad \vartheta''_1,\ \vartheta''_2,\ \ldots,\ \vartheta''_7,\quad \Delta^3\Theta_1,\ \Delta^3\Theta_2,\ \ldots,\ \Delta^3\Theta_7,$$

telles que les présentent les deux Tableaux XIV et XV.

Comme on devait s'y attendre, les nombres compris dans le Tableau XIV vérifient rigoureusement les deux conditions

$$S''\Sigma\Delta^2\Theta_i = \Sigma S''\Delta^2\Theta_i,\qquad S''\Sigma''\Delta^2\Theta_i = \Sigma'' S''\Delta^2\Theta_i,$$

et, avec une exactitude suffisante, celles que comprennent les formules

$$S\Delta^2\Theta_i = 0,\quad \Sigma\Delta^2\Theta_i = 0,\quad S''\Sigma\Delta^2\Theta_i = \Sigma S''\Delta^2\Theta_i,\quad S\theta_i = 0,\quad S'\theta_i = 0,\quad S''\theta_i = 1,$$

ce qui prouve la justesse de nos calculs.

Dans le Tableau XV, les valeurs de

$$\vartheta''_i,\quad \Delta^2\Theta_i,\quad \Delta^3\Theta_i$$

sont exprimées en millionièmes. Ainsi, par exemple, de ce que, dans la dernière colonne verticale, les valeurs de

$$\vartheta''_1 \text{ et } \vartheta''_3$$

sont représentées par les quantités

$$-121,\quad 63,$$

on doit en conclure que l'on a pour l'eau (1re série)

$$\vartheta''_1 = -0,000121,\qquad \vartheta''_3 = 0,000063$$

ou, ce qui revient au même,

$$1\,000\,000\,\vartheta''_1 = -121,\qquad 1\,000\,000\,\vartheta''_3 = 63.$$

Parmi les valeurs de $\Delta^2\Theta_i$, que fournit le Tableau XV, une seule,

0,000171, relative au troisième rayon et à la première espèce de flintglass, surpasse le nombre 0,000159 qui représente la plus grande des valeurs numériques de Θ_i comprises dans la septième ligne horizontale du Tableau VII, et ne la surpasse pas assez notablement pour qu'on ne puisse à la rigueur l'attribuer elle-même aux erreurs d'observation. Nous pourrions donc nous regarder comme suffisamment autorisé à ne pas pousser plus loin les calculs, et admettre qu'on peut, sans erreur sensible, réduire le second membre de la formule (1) ou (9) à ses trois premiers termes, et la formule (42) à la formule (94). Cependant un examen attentif des valeurs de $\Delta\Theta_i$, données par le Tableau XV, nous conduit à supposer que dans chacune de ces valeurs il existe une partie indépendante des erreurs d'observation, ordinairement plus grande que ces erreurs, et qu'il est bon de ne pas négliger. Effectivement, si cette supposition est conforme à la vérité, la plupart des différences

$$\Delta^3\Theta_1,\quad \Delta^3\Theta_2,\quad \ldots,\quad \Delta^3\Theta_7$$

devront conserver les mêmes signes que leurs valeurs approchées, représentées par

$$\vartheta'''_1,\quad \vartheta'''_2,\quad \ldots,\quad \vartheta'''_7;$$

et, comme ces dernières quantités, en vertu des formules (114), conservent toutes les mêmes signes, ou toutes à la fois changent de signes, lorsqu'on passe d'une substance à une autre, les différences

$$\Delta^3\Theta_1,\quad \Delta^3\Theta_2,\quad \ldots,\quad \Delta^3\Theta_7$$

devront, sauf quelques exceptions peu nombreuses, remplir la même condition. Or, à l'inspection du Tableau XV, on reconnaît sans peine : 1° que cette condition est rigoureusement remplie lorsqu'on passe de la 4e espèce de flintglass à la 3e espèce (1re série) ou à l'huile de térébenthine; 2° que, si pour chacune de ces trois substances on nomme $S'''\Delta^3\Theta_i$ la somme des valeurs numériques de $\Delta^3\Theta_i$ relatives aux divers rayons, et prises en signes contraires, c'est-à-dire, en d'autres termes, si l'on pose

$$(131)\qquad S'''\Delta^3\Theta_i = -\Delta^3\Theta_1 + \Delta^3\Theta_2 + \Delta^3\Theta_3 - \Delta^3\Theta_4 - \Delta^3\Theta_5 + \Delta^3\Theta_6 + \Delta^3\Theta_7.$$

Tableau XVI.

Valeurs de $S''' \Delta^3 \Theta_i$, $\Sigma''' \Delta^3 \Theta_i$ *et* $\Sigma''' S''' \Delta^3 \Theta_i$.

	$\Delta^3\Theta_1$.	$\Delta^3\Theta_2$.	$\Delta^3\Theta_3$.	$\Delta^3\Theta_4$.	$\Delta^3\Theta_5$.	$\Delta^3\Theta_6$.	$\Delta^3\Theta_7$.	$\Delta^3\Theta_2+\Delta^3\Theta_3$ $+\Delta^3\Theta_6+\Delta^3\Theta_7$.	$\Delta^3\Theta_1$ $+\Delta^3\Theta_4+\Delta^3\Theta_5$.	$S\,\Delta^3\Theta_i$.	$S'''\,\Delta^3\Theta_i$.	$L(\pm S'''\Delta^3\Theta_i)$.
Eau. 1re série	-0,000058	0,000069	0,000034	-0,000045	0,000006	0,000006	-0,000010	0,000099	-0,000097	0,000002	0,000196	2922561
Eau. 2e série	-0,000029	0,000006	0,000034	-0,000012	-0,000014	-0,000009	0,000022	0,000053	-0,000055	-0,000002	0,000108	0334238
Solution de potasse	-0,000010	0,000015	0,000026	-0,000030	-0,000033	0,000037	-0,000005	0,000073	-0,000073	0,000000	0,000146	1643529
Huile de térébenthine	0,000082	-0,000044	-0,000153	0,000117	0,000046	-0,000008	-0,000036	-0,000241	0,000245	0,000004	-0,000486	6866363
Crownglass. 1re espèce	0,000014	-0,000023	0,000020	-0,000012	-0,000046	0,000038	0,000008	0,000043	-0,000044	-0,000001	0,000087	9395193
Crownglass. 2e espèce	-0,000023	-0,000015	0,000072	-0,000035	0,000035	-0,000073	0,000037	0,000021	-0,000023	-0,000002	0,000044	6434527
Crownglass. 3e espèce	0,000024	-0,000008	-0,000034	0,000018	0,000006	0,000009	-0,000016	-0,000049	0,000048	-0,000001	-0,000097	9867717
Flintglass. 1re espèce	-0,000154	0,000040	0,000171	-0,000056	-0,000106	-0,000008	0,000115	0,000318	-0,000316	0,000002	0,000634	8020893
Flintglass. 2e espèce	-0,000057	0,000061	-0,000029	0,000025	-0,000042	0,000047	-0,000004	0,000075	-0,000074	0,000001	0,000149	1731863
Flintglass. 3e esp., 1re série.	0,000051	-0,000015	-0,000048	0,000010	0,000051	-0,000014	-0,000038	-0,000115	0,000112	-0,000003	-0,000227	3560259
Flintglass. 3e esp., 2e série.	0,000062	0,000005	0,000002	-0,000067	0,000057	0,000010	-0,000066	-0,000049	0,000052	0,000003	-0,000101	0043214
Flintglass. 4e espèce	0,000097	-0,000090	-0,000094	0,000087	0,000041	-0,000034	-0,000007	-0,000225	0,000225	0	-0,000450	6532125
Sommes. Eau, potasse, 1re et 2e espèce de crownglass et de flintglass	-0,000317	0,000153	0,000328	-0,000165	-0,000200	0,000038	0,000163				0,001364	
Sommes. Les autres substances	0,000316	-0,000152	-0,000327	0,000165	0,000201	-0,000037	-0,000163				-0,001361	
$\Sigma\,\Delta^3\Theta_i$	-0,000001	0,000001	0,000001	0,000000	0,000001	0,000001	0,000000			$\Sigma\,S'''\Delta^3\Theta_i$	0,000003	
$\Sigma'''\Delta^3\Theta_i$	-0,000633	-0,000305	-0,000655	0,000330	0,000401	-0,000075	-0,000326			$\Sigma'''S'''\Delta^3\Theta_i$	0,002725	
$L(\mp\Sigma'''\Delta^3\Theta_i)$ $L(\Sigma'''S'''\Delta^3\Theta_i)$	8014037 4353665	4842998 4353665	8162413 4353665	5185139 4353665	6031444 4353665	8750613 4353665	5132176 4353665			$L(\Sigma'''S'''\Delta^3\Theta_i)$	4353665	
$L(\mp\delta_i)$	3660372	0489333	3808748	0831474	1677779	4396948	0778511	$\delta_2+\delta_3+\delta_6+\delta_7$	$\delta_1+\delta_4+\delta_5$	$S\delta_i$	$S'''\delta_i$	
δ_i	-0,23229	0,11193	0,24037	-0,12110	-0,14716	0,02752	0,11963	0,49945	-0,50055	-0,00110	1,00000	

la condition ci-dessus énoncée sera généralement satisfaite dans le passage d'une substance à une autre, sauf de légères exceptions relatives à un très petit nombre de rayons et à des valeurs de $\Delta^3\Theta_i$ ordinairement très rapprochées de zéro. Si d'ailleurs on désigne par

$$\Sigma''' S''' \Delta^3 \Theta_i$$

la somme des valeurs numériques de $\Delta^3\Theta_i$ relatives aux diverses substances, on déterminera aisément, à l'aide des formules (120), (121) et (113), les valeurs de

$$\delta_1, \quad \delta_2, \quad \ldots, \quad \delta_7; \qquad \vartheta'''_1, \quad \vartheta'''_2, \quad \ldots, \quad \vartheta'''_7; \qquad \Delta^4\Theta_1, \quad \Delta^4\Theta_2, \quad \ldots, \quad \Delta^4\Theta_7,$$

telles que les présentent les Tableaux XVI et XVII.

Comme on devait s'y attendre, les nombres compris dans le Tableau XVI vérifient rigoureusement les deux conditions

$$S'''\Sigma\,\Delta^3\Theta_i = \Sigma S'''\Delta^3\Theta_i, \qquad S'''\Sigma'''\Delta^3\Theta_i = \Sigma'''S'''\Delta^3\Theta_i,$$

et, avec une exactitude suffisante, celles qu'expriment les formules

$$S\,\Delta^3\Theta_i = 0, \qquad \Sigma\,\Delta^3\Theta_i = 0, \qquad S''\Sigma\,\Delta^3\Theta_i = \Sigma S''\,\Delta^3\Theta_i,$$

$$S\delta_i = 0, \qquad S'\delta_i = 0, \qquad S''\delta_i = 0, \qquad S'''\delta_i = 1,$$

ce qui prouve la justesse de nos calculs.

TABLEAU XVII.

Valeurs de $\mathfrak{S}'''_i$ *et de* $\Delta^4\Theta_i$ *exprimées en millionièmes.*

	EAU. 1re série.	EAU. 2e série.	SOLUTION de potasse.	HUILE de térébenthine.	CROWNGLASS. 1re espèce.	CROWNGLASS. 2e espèce.	CROWNGLASS. 3e espèce.	FLINTGLASS. 1re espèce.	FLINTGLASS. 2e espèce.	FLINTGLASS. 3e espèce, 1re série.	FLINTGLASS. 3e espèce. 2e série.	FLINTGLASS. 4e espèce.	SOMMES.
$L(\pm S'''\Delta^3\Theta_i)$....	2922561	0334238	1643529	6866363	9395193	6434527	9867717	8020893	1731863	3560259	0043214	6532125	
$L(-\delta_1)$........	3660372	3660372	3660372	3660372	3660372	3660372	3660372	3660372	3660372	3660372	3660372	3660372	
$L(\mp\mathfrak{S}'''_1)$........	6582933	3994610	5203901	0526735	3055565	0094899	3528089	1681265	5392235	7220631	3703586	0192497	
$\mathfrak{S}'''_1$............	−46	−25	−34	113	−20	−10	23	−147	−35	53	23	105	0,000000
$\Delta^3\Theta_1$..........	−58	−29	−10	82	14	−23	24	−154	−57	51	62	97	−0,000001
$\Delta^4\Theta_1$...........	−12	−4	24	−31	34	−13	1	−7	−22	−2	39	−8	−0,000001
$L(\pm S'''\Delta^3\Theta_i)$...	2922561	0334238	1643529	6866363	9395193	6434527	9867717	8020893	1731863	3560259	0043214	6532125	
$L(\delta_2)$..........	0489333	0489333	0489333	0489333	0489333	0489333	0489333	0489333	0489333	0489333	0489333	0489333	
$L(\pm\mathfrak{S}'''_2)$........	3411894	0823571	2132862	7355696	9884526	6923860	0357050	8510226	2221196	4049592	0532547	7021458	
$\mathfrak{S}'''_2$............	22	12	16	−54	10	5	−11	−71	17	−25	−11	−50	0,000002
$\Delta^3\Theta_2$...........	69	6	15	−44	−23	−15	−8	40	61	−15	5	−90	0,000001
$\Delta^4\Theta_2$...........	47	−6	−1	10	−33	−20	3	−31	44	10	16	−40	−0,000001
$L(\pm S'''\Delta^3\Theta_i)$....	2922561	0334238	1643529	6866363	9395193	6434527	9867717	8020893	1731863	3560259	0043214	6532125	
$L(\delta_3)$..........	3808748	3808748	3808748	3808748	3808748	3808748	3808748	3808748	3808748	3808748	3808748	3808748	
$L(\pm\mathfrak{S}'''_3)$........	6731309	4142986	5452277	0675111	3203941	0243275	3676465	1829641	5540611	7369007	3851962	0340873	
$\mathfrak{S}'''_3$............	47	26	25	−117	21	11	−23	152	36	−55	−24	−108	0,000001
$\Delta^3\Theta_3$...........	34	34	26	−153	20	72	−34	171	−29	−48	2	−94	0,000001
$\Delta^4\Theta_3$...........	−13	8	−9	−36	−1	61	−11	19	−65	7	26	14	0,000000

$L(\pm S''' \Delta^3 \Theta_i)$	2922561	0334238	1643529	6866363	9395193	6434527	9867717	8020893	1731863	3560259	0043214	6532125	
$L(-\delta_4)$	0831474	0831474	0831474	0831474	0831474	0831474	0831474	0831474	0831474	0831474	0831474	0831474	
$L(\mp \mathfrak{I}'''_4)$	3754035	1165712	2475003	7697837	0226667	7266001	0699191	8852367	2563337	4391733	0874688	7363599	
$\mathfrak{I}'''_4$	−24	−13	−18	59	−11	−5	12	−77	−18	27	12	54	−0,000002
$\Delta^3 \Theta_4$	−45	−12	−30	117	−12	−35	18	−56	25	10	−67	87	0,000000
$\Delta^4 \Theta_4$	−21	1	12	58	−1	−30	6	21	43	−17	−79	33	0,000002
$L(\pm S''' \Delta^3 \Theta_i)$	2922561	0334238	1643529	6866363	9395193	6434527	9867717	8020893	1731863	3560259	0043214	6532125	
$L(-\delta_5)$	1677779	1677779	1677779	1677779	1677779	1677779	1677779	1677779	1677779	1677779	1677779	1677779	
$L(\mp \mathfrak{I}'''_5)$	4600340	2012017	3321308	8544142	1072972	8112306	1545496	9698672	3409642	5238038	1720993	8209904	
$\mathfrak{I}'''_5$	−29	−16	−21	72	−13	−6	14	−93	−22	33	15	66	0,000000
$\Delta^3 \Theta_5$	6	−14	−33	46	−46	35	6	−106	−42	51	57	41	0,000001
$\Delta^4 \Theta_5$	35	2	−12	−26	−33	41	−8	−13	−20	18	42	−25	0,000001
$L(\pm S''' \Delta^3 \Theta_i)$	2922561	0334238	1643529	6866363	9395193	6434527	9867717	8020893	1731863	3560259	0043214	6532125	
$L(\delta_6)$	4396948	4396948	4396948	4396948	4396948	4396948	4396948	4396948	4396948	4396948	4396948	4396948	
$L(\pm \mathfrak{I}'''_6)$	7319509	4731186	6040477	1263311	3792141	0831475	4264665	2417841	6128811	8957207	4440162	0929073	
$\mathfrak{I}'''_6$	5	3	4	−13	2	1	−3	17	4	−8	−3	−12	−0,000003
$\Delta^3 \Theta_6$	6	−9	37	−8	38	−73	9	−8	47	−14	10	−34	0,000001
$\Delta^4 \Theta_6$	1	−12	33	5	36	−74	12	−25	43	−6	13	−22	0,000004
$L(\pm S''' \Delta^3 \Theta_i)$	2922561	0334238	1643529	6866363	9395193	6434527	9867717	8020893	1731863	3560259	0043214	6532125	
$L(\delta_7)$	0778511	0778511	0778511	0778511	0778511	0778511	0778511	0778511	0778511	0778511	0778511	0778511	
$L(\pm \mathfrak{I}'''_7)$	3701072	1112749	2422040	7644874	0173704	7213038	0646228	8799404	2510374	4338770	0821725	7310636	
$\mathfrak{I}'''_7$	23	13	17	−58	10	5	−12	76	18	−27	−12	−54	−0,000001
$\Delta^3 \Theta_7$	−10	22	−5	−36	8	37	−16	115	−4	−38	−66	−7	0,000000
$\Delta^4 \Theta_7$	−33	9	−22	22	−2	32	−4	39	−22	−11	−54	47	0,000001

Dans le Tableau XVII, les valeurs de

$$\vartheta_i''', \quad \Delta^3\Theta_i, \quad \Delta^4\Theta_i$$

sont exprimées en millionièmes. Ainsi, par exemple, de ce que, dans la onzième colonne verticale, la valeur de $\Delta^4\Theta_4$ se trouve représentée par -79; on doit conclure que l'on a pour la troisième espèce de flintglass (2e série)

$$\Delta^4\Theta_4 = -0,000079.$$

D'après le Tableau XVII, la plus grande des valeurs numériques de $\Delta^4\Theta_i$, représentée par le nombre

$$0,000079,$$

n'atteint même pas la moitié du nombre

$$0,000159,$$

qui représente la plus grande des valeurs numériques des variations de Θ_i comprises dans la 7e ligne horizontale du Tableau VII. Donc les diverses valeurs de

$$\Delta^4\Theta_i$$

sont comparables aux erreurs d'observation, d'où il résulte que, dans l'application de nos formules aux expériences de Frauenhofer, on peut, sans erreur sensible, réduire le second membre de l'équation (1) ou (9) à ses quatre premiers termes, et la formule (42) à la formule (106). Il y a plus, d'après ce qui a été dit ci-dessus (page 294) : les valeurs de $\Delta^3\Theta_i$ immédiatement déduites de l'expérience mériteront une confiance moindre que les valeurs de $\Delta^3\Theta_i$ tirées des équations (109) et représentées par

$$\vartheta_i''' = \Delta^3\Theta_i - \Delta^4\Theta_i,$$

ou, en d'autres termes, celles que l'on tire des formules (111) en y remplaçant généralement $\Delta^4\Theta_i$ par zéro. Donc aussi les valeurs de Θ_i déduites de l'expérience et fournies dans le Tableau VI mériteront moins de confiance que les valeurs corrigées de Θ_i qu'on tirerait des équations (113) en y remplaçant généralement $\Delta^4\Theta_i$ par zéro. D'ailleurs, comme, en vertu des formules (113), on aura

$$(132)\qquad \Theta_i = \vartheta_i + \vartheta'_i + \vartheta''_i + \vartheta'''_i + \Delta^4\Theta_i,$$

les valeurs corrigées de Θ_i, ou celles qu'on obtiendra en remplaçant, dans le second membre de l'équation (132), $\Delta^4\Theta_i$ par zéro, seront évidemment les diverses valeurs du polynôme

$$(133)\qquad \vartheta_i + \vartheta'_i + \vartheta''_i + \vartheta'''_i = \Theta_i - \Delta^4\Theta_i.$$

Cela posé, on tirera sans peine des Tableaux XI, XIII, XV et XVII le Tableau suivant, qui offre, non seulement les valeurs de Θ_i immédiatement déduites de l'expérience, mais aussi les valeurs corrigées de Θ_i ou, en d'autres termes, les valeurs de

$$\Theta_i - \Delta^4\Theta_i,$$

et montre comment ces dernières valeurs se trouvent formées par l'addition des quantités

$$\vartheta_i,\quad \vartheta'_i,\quad \vartheta''_i,\quad \vartheta'''_i.$$

Tableau XVIII.

Valeurs de Θ_i et de $\Theta_i - \Delta^4\Theta_i$.

	EAU.		SOLUTION de potasse.	HUILE de térében-thine.	CROWNGLASS.			FLINTGLASS.					SOMMES.
	1re série.	2e série.			1re espèce.	2e espèce.	3e espèce.	1re espèce.	2e espèce.	3e espèce, 1re série.	3e espèce, 2e série.	4e espèce.	
$\mathfrak{S}_1$	1,759115	1,759100	1,948321	2,156676	2,313162	2,318193	2,411135	2,575692	2,649919	2,660368	2,660359	2,664794	27,876834
$\mathfrak{S}'_1$	12451	12510	10782	5400	10310	9962	6104	—9106	—13973	—14745	—14730	—14964	1
$\mathfrak{S}''_1$	—121	—81	—132	202	41	32	59	106	92	38	125	—359	2
$\mathfrak{S}'''_1$	— 46	—25	—34	113	—20	—10	23	—147	— 35	53	23	105	0
$\Theta_1 - \Delta^4\Theta_1$..	1,771399	1,771504	1,958937	2,162391	2,323493	2,328177	2,417321	2,566545	2,636003	2,645714	2,645777	2,649576	27,876837
$\Delta^4\Theta_1$	—12	—4	24	—31	34	—13	1	—7	—22	—2	39	—8	—1
Θ_1...	1,771387	1,771500	1,958961	2,162360	2,323527	2,328164	2,417322	2,566538	2,635981	2,645712	2,645816	2,649568	27,876836
$\mathfrak{S}_2$	1,762247	1,762232	1,951789	2,160515	2,317280	2,322320	2,415427	2,580277	2,654637	2,665104	2,665095	2,669538	27,926461
$\mathfrak{S}'_2$	11188	11242	9689	4852	9265	8952	5485	—8183	—12557	—13250	—13237	—13447	—1
$\mathfrak{S}''_2$	—47	—31	—51	79	16	12	23	41	36	15	49	—140	2
$\mathfrak{S}'''_2$	22	12	16	—54	10	5	—11	71	17	—25	—11	—50	2
$\Theta_2 - \Delta^4\Theta_2$..	1,773410	1,773455	1,961443	2,165392	2,326571	2,331289	2,420924	2,572206	2,642133	2,651844	2,651896	2,655901	27,926464
$\Delta^4\Theta_2$	47	—6	—1	10	—33	—20	3	—31	44	10	16	—40	—1
Θ_2...	1,773457	1,773449	1,961442	2,165402	2,326538	2,331269	2,420927	2,572177	2,642177	2,651854	2,651912	2,655861	27,926463
$\mathfrak{S}_3$	1,770730	1,770715	1,961185	2,170916	2,328436	2,333499	2,427055	2,592699	2,667416	2,677934	2,677925	2,682389	28,060899
$\mathfrak{S}'_3$	7602	7638	6583	3297	6295	6082	3726	—5560	—8531	—9002	—8993	—9136	1
$\mathfrak{S}''_3$	63	42	68	—105	—21	—16	—31	—55	—48	—19	—65	185	—2
$\mathfrak{S}'''_3$	47	26	35	—117	21	11	—23	152	36	—55	—24	—108	1
$\Theta_3 - \Delta^4\Theta_3$..	1,778442	1,778421	1,967871	2,173991	2,334731	2,339576	2,430727	2,587236	2,658873	2,668858	2,668843	2,673330	28,060899
$\Delta^4\Theta_3$	—13	8	—9	—36	—1	61	—11	19	—65	7	26	14	0
Θ_3...	1,778429	1,778429	1,967862	2,173955	2,334730	2,339637	2,430716	2,587255	2,658808	2,668865	2,668869	2,673344	28,060899

$\mathfrak{S}_4$	1,787146	1,781731	1,973386	2,184421	2,342921	2,348016	2,442153	2,608828	2,684010	2,694593	2,694584	2,699076	28,235465
$\mathfrak{S}'_4$	2690	2703	2330	1167	2228	2152	1319	—1967	—3019	—3186	—3183	—3233	1
$\mathfrak{S}''_4$	106	70	115	—177	—36	—28	—52	—93	—80	—33	—109	314	—3
$\mathfrak{S}'''_4$	—24	—13	—18	59	—11	— 5	12	—77	—18	27	12	54	—2
$\Theta_4 - \Delta^4\Theta_4$..	1,784518	1,784491	1,975813	2,185470	2,345102	2,350135	2,443432	2,606691	2,680893	2,691401	2,691304	2,696211	28,235461
$\Delta^4\Theta_4$	—21	1	—12	58	—1	—30	6	21	43	—17	—79	33	2
Θ_4...	1,784497	1,784492	1,975801	2,185528	2,345101	2,350105	2,443438	2,606712	2,680936	2,691384	2,691225	2,696244	28,235463
$\mathfrak{S}_5$	1,791621	1,791606	1,984324	2,196529	2,355907	2,361030	2,455690	2,623288	2,698886	2,709529	2,709520	2,714036	28,391966
$\mathfrak{S}'_5$	—1975	—1985	—1710	—857	—1636	—1580	—968	1445	2217	2339	2337	2374	1
$\mathfrak{S}''_5$	105	70	114	—175	—35	—28	—51	—92	—80	—33	—108	310	—3
$\mathfrak{S}'''_5$	—29	—16	—21	72	—13	—6	14	—93	—22	33	15	66	0
$\Theta_5 - \Delta^4\Theta_5$..	1,789722	1,789675	1,982707	2,195569	2,354223	2,359416	2,454685	2,624548	2,701001	2,711868	2,711764	2,716786	28,391964
$\Delta^4\Theta_5$	35	2	—12	—26	—33	41	—8	—13	—20	18	42	—25	1
Θ_5...	1,789757	1,789677	1,982695	2,195543	2,354190	3,359457	2,454677	2,624535	2,700981	2,711886	2,711806	2,716761	28,391965
$\mathfrak{S}_6$	1,810560	1,810545	2,005299	2,219748	2,380811	2,385988	2,481648	2,651018	2,727416	2,738171	2,738162	2,742726	28,692092
$\mathfrak{S}'_6$	—11507	—11561	—9965	—4991	—9529	—9206	—5641	8416	12914	13627	13613	13829	—1
$\mathfrak{S}''_6$	9	6	10	—15	—3	—2	—4	—8	—7	—3	—9	26	0
$\mathfrak{S}'''_6$	5	3	4	—13	2	1	—3	17	4	—8	—3	—12	—3
$\Theta_6 - \Delta^4\Theta_6$..	1,799067	1,798993	1,995348	2,214729	2,371281	2,376781	2,476000	2,659443	2,740327	2,751787	2,751763	2,756569	28,692088
$\Delta^4\Theta_6$	1	—12	33	5	36	—74	12	—25	43	—6	13	—22	4
Θ_6...	1,799068	1,798981	1,995381	2,214734	2,371317	2,376707	2,476012	2,659418	2,740370	2,751781	2,751776	2,756547	28,692092
$\mathfrak{S}_7$	1,827387	1,827372	2,023936	2,240377	2,402937	2,408162	2,504712	2,675655	2,752763	2,763618	2,763609	2,768215	28,958743
$\mathfrak{S}'_7$	—20450	—20547	—17709	—8869	—16934	—16362	—10025	14956	22951	24217	24193	24577	—2
$\mathfrak{S}''_7$	—114	—75	—123	189	38	30	55	99	86	35	117	—336	1
$\mathfrak{S}'''_7$	23	13	17	—58	10	5	—12	76	18	—27	—12	—54	—1
$\Theta_7 - \Delta^4\Theta_7$..	1,806846	1,806763	2,006121	2,231639	2,386051	2,391835	2,494730	2,690786	2,775818	2,787843	2,787907	2,792402	28,958741
$\Delta^4\Theta_7$	—33	9	—22	22	—2	32	—4	39	—22	—11	—54	47	1
Θ_7...	1,806813	1,806772	2,006099	2,231661	2,386049	2,391867	2,494726	2,690825	2,775796	2,787832	2,787853	2,792449	28,958742

Dans le Tableau XVIII, ainsi qu'on devait s'y attendre, les valeurs numériques des quatre quantités

$$(134) \qquad \vartheta_i, \quad \vartheta'_i, \quad \vartheta''_i, \quad \vartheta'''_i$$

forment généralement une suite décroissante. Les seules substances pour lesquelles cette condition ne soit pas toujours remplie sont l'huile de térébenthine, la première espèce de flintglass et la troisième espèce de flintglass (1re série). Encore, pour les substances dont il s'agit, les exceptions sont-elles seulement relatives à la valeur numérique de ϑ'''_i qui devient supérieure, pour certains rayons, à la valeur numérique ϑ''_i.

Des calculs ci-dessus développés nous avons déduit cette conclusion importante que les différences du quatrième ordre, représentées par $\Delta^4\Theta_i$ et déterminées par le moyen des formules (113) jointes aux formules (121), étaient, pour les diverses substances, des quantités comparables aux erreurs d'observation. Cette conclusion se trouve confirmée par la détermination des valeurs qu'on obtient pour $\Delta^4\Theta_i$ lorsque l'air est substitué au milieu réfringent. Alors, en effet, chaque rayon cessant d'être réfracté, on a généralement

$$\Theta_i = 1,$$

et par suite les valeurs de $\Delta^4\Theta_i$, déduites des formules (113), (121), sont celles que présente le Tableau suivant.

Tableau XIX.

Valeurs de Θ_i, $\Delta\Theta_i$, $\Delta^2\Theta_i$, $\Delta^3\Theta_i$, $\Delta^4\Theta_i$, $\mathfrak{I}_i$ $\mathfrak{I}'_i$, $\mathfrak{I}''_i$, $\mathfrak{I}'''_i$ *relatives à l'air.*

	$i=1.$	2.	3.	4.	5.	6.	7.	SOMME.	SOMMES PARTIELLES.			
Θ_i..........	1	1	1	1	1	1	1	7	$\Delta\Theta_1+\Delta\Theta_2$ $+\Delta\Theta_3+\Delta\Theta_4$	$\Delta\Theta_5+\Delta\Theta_6$ $+\Delta\Theta''_7$	$S'\Delta\Theta_i$	$L(S'\Delta\Theta_i)$
$\mathfrak{I}_i=7\alpha_i$....	0,984836	0,986589	0,991339	0,997506	0,003035	1,013638	1,023058	7,000001				
$\Delta\Theta_i$.......	0,015164	0,013411	0,008661	0,002494	-0,003035	-0,013638	-0,023058	-0,000001	0,039730	-0,039731	0,079461	9001540
$L(\pm\beta_i)$.....	2635636	2171394	0492730	5981694	4639536	2293216	4790579					
$L(S'\Delta\Theta_i)$....	9001540	9001540	9001540	9001540	9001540	9001540	9001540					
$L(\pm\mathfrak{I}'_i)$....	1637176	1172934	9494270	4983234	3641076	1294756	3792119					
$\mathfrak{I}'_i$..........	0,014579	0,013101	0,008901	0,003150	-0,002313	-0,013473	-0,023945	0	$\Delta^2\Theta_3+\Delta^2\Theta_4$ $+\Delta^2\Theta_5+\Delta^2\Theta_6$	$\Delta^2\Theta_1+\Delta^2\Theta_2$ $+\Delta^2\Theta_7$	$S''\Delta^2\Theta_i$	$L(S''\Delta^2\Theta_i)$
$\Delta\Theta_i$..........	0,015164	0,013411	0,008661	0,002494	-0,003035	-0,013638	-0,023058	-0,000001				
$\Delta^2\Theta_i$......	0,000585	0,000310	-0,000240	-0,000656	-0,000722	-0,000165	0,000887	-0,000001	-0,001783	0,001782	-0,003565	5520595
$L(\mp\gamma_i)$....	3321130	9232338	0455557	2738973	2692177	1943579	3029765					
$L(-S''\Delta^2\Theta_i)$.	5520595	5520595	5520595	5520595	5520595	5520595	5520595					
$L(\pm\mathfrak{I}''_i)$....	8841725	4752933	5976152	8259568	8212772	7464174	8550360					
$\mathfrak{I}''_i$.........	0,000766	0,000299	-0,000396	-0,000670	-0,000663	-0,000056	0,000716	-0,000004	$\Delta^3\Theta_2+\Delta^3\Theta_3$ $+\Delta^3\Theta_6+\Delta^3\Theta''_7$	$\Delta^3\Theta_1$ $+\Delta^3\Theta_4+\Delta^3\Theta_5$	$S'''\Delta^3\Theta_i$	$L(S'''\Delta^3\Theta_i)$
$\Delta^2\Theta_i$.......	0,000585	0,000310	-0,000240	-0,000656	-0,000722	-0,000165	0,000887	-0,000001				
$\Delta^3\Theta_i$......	-0,000181	0,000011	0,000156	0,000014	-0,000059	-0,000109	0,000171	0,000003	0,000229	-0,000226	0,000455	6580114
$L(\mp\delta_i)$.....	3660372	0489333	3808748	0831474	1677779	4396948	0778511					
$L(S'''\Delta^3\Theta_i)$...	6580114	6580114	6580114	6580114	6580114	6580114	6580114					
$L(\mp\mathfrak{I}'''_i)$....	0240486	7069447	0388862	7411588	8257893	0977062	7358425					
$\mathfrak{I}'''_i$.........	-0,000106	0,000051	0,000109	-0,000055	-0,000067	0,000013	0,000054	-0,000001				
$\Delta^3\Theta_i$........	-0,000181	0,000011	0,000156	0,000014	-0,000059	-0,000109	0,000171	0,000003				
$\Delta^4\Theta_i$......	-0,000075	-0,000040	0,000047	0,000060	0,000008	-0,000122	0,000117	0,000004				

Comme on devait s'y attendre, les nombres compris dans le Tableau XIX vérifient, avec une exactitude suffisante, les conditions exprimées par les formules

$$S\,\Delta\Theta_i = 0, \quad S\,\Delta^2\Theta_i = 0, \quad S\,\Delta^3\Theta_i = 0, \quad S\,\Delta^4\Theta_i = 0.$$

D'ailleurs, dans ce Tableau comme dans les précédents, les valeurs de

$$S'\,\Delta\Theta_i, \quad S''\,\Delta\Theta_i, \quad S'''\,\Delta\Theta_i$$

sont respectivement

$$S'\,\Delta\Theta_i = \Delta\Theta_1 + \Delta\Theta_2 + \Delta\Theta_3 + \Delta\Theta_4 - \Delta\Theta_5 - \Delta\Theta_6 - \Delta\Theta_7,$$

$$S''\,\Delta^2\Theta_i = -\Delta^2\Theta_1 - \Delta^2\Theta_2 + \Delta^2\Theta_3 + \Delta^2\Theta_4 + \Delta^2\Theta_5 + \Delta^2\Theta_6 - \Delta^2\Theta_7,$$

$$S'''\,\Delta^3\Theta_i = -\Delta^3\Theta_1 + \Delta^3\Theta_2 + \Delta^3\Theta_3 - \Delta^3\Theta_4 - \Delta^3\Theta_5 + \Delta^3\Theta_6 + \Delta^3\Theta_7.$$

Dans le même Tableau, la plus grande des valeurs numériques de $\Delta^4\Theta_i$, représentée par le nombre 0,000122, est inférieure au nombre 0,000159 qui représente la plus grande des valeurs numériques des variations de Θ_i comprises dans la 7e ligne horizontale du Tableau VII, et par conséquent elle reste comparable aux erreurs d'observation.

Il est bon d'observer que les valeurs de

$$\Theta_i - \Delta^4\Theta_i$$

fournies par le Tableau XVIII, c'est-à-dire, en d'autres termes, les valeurs de Θ_i calculées pour les substances auxquelles se rapportent les expériences de Frauenhofer, et corrigées d'après les principes ci-dessus exposés, représentent les diverses valeurs d'une même fonction linéaire des seules quantités

$$S\Theta_i, \quad S'\Theta_i, \quad S''\Theta_i, \quad S'''\Theta_i,$$

que désormais nous désignerons, pour abréger, par

$$U, \quad U', \quad U'', \quad U'''.$$

Effectivement, si l'on pose

$$(135)\quad\begin{cases} U = S\ \Theta_i = \Theta_1+\Theta_2+\Theta_3+\Theta_4+\Theta_5+\Theta_6+\Theta_7, \\ U' = S'\ \Theta_i = \Theta_1+\Theta_2+\Theta_3+\Theta_4-\Theta_5-\Theta_6-\Theta_7, \\ U'' = S''\Theta_i = -\Theta_1-\Theta_2+\Theta_3+\Theta_4+\Theta_5+\Theta_6-\Theta_7, \\ U''' = S'''\Theta_i = -\Theta_1+\Theta_2+\Theta_3-\Theta_4-\Theta_5+\Theta_6+\Theta_7, \end{cases}$$

on tirera successivement des formules (113) et (121)

$$\mathfrak{I}_i = U\alpha_i,$$
$$\Delta\Theta_i = \Theta_i - \mathfrak{I}_i = \Theta_i - U\alpha_i,$$
$$S'\Delta\Theta_i = S'(\Theta_i - U\alpha_i) = S'\Theta_i - US'\alpha_i = U' - US'\alpha_i;$$

puis

$$\mathfrak{I}'_i = (U'-US'\alpha_i)\beta_i,$$
$$\Delta^2\Theta_i = \Delta\Theta_i - \mathfrak{I}'_i = \Theta_i - U\alpha_i - (U'-US'\alpha_i)\beta_i,$$
$$S''\Delta^2\Theta_i = S''[\Theta_i - U\alpha_i - (U'-US'\alpha_i)\beta_i] = S''\Theta_i - US''\alpha_i - (U'-US'\alpha_i)S''\beta_i$$
$$= U'' - US''\alpha_i - (U'-US'\alpha_i)S''\beta_i;$$

puis encore

$$\mathfrak{I}''_i = [U''-US''\alpha_i - (U'-US'\alpha_i)S''\beta_i]\gamma_i,$$
$$\Delta^3\Theta_i = \Delta^2\Theta_i - \mathfrak{I}''_i$$
$$= \Theta_i - U\alpha_i - (U'-US'\alpha_i)\beta_i - [U''-US''\alpha_i - (U'-US'\alpha_i)S''\beta_i]\gamma_i,$$
$$S'''\Delta^3\Theta_i = S'''\Theta_i - US'''\alpha_i - (U'-US'\alpha_i)S'''\beta_i$$
$$\quad - [U''-US''\alpha_i - (U'-US'\alpha_i)S''\beta_i]S'''\gamma_i$$
$$= U''' - US'''\alpha_i - (U'-US'\alpha_i)S'''\beta_i$$
$$\quad - [U''-US''\alpha_i - (U'-US'\alpha_i)S''\beta_i]S'''\gamma_i;$$

et enfin

$$\mathfrak{I}'''_i = \{ U''' - US'''\alpha_i - (U'-US'\alpha_i)S'''\beta_i$$
$$\quad - [U''-US''\alpha_i - (U'-US'\alpha_i)S''\beta_i]S'''\gamma_i\}\delta_i.$$

Or, en substituant les valeurs précédentes de

$$\mathfrak{I}_i,\quad \mathfrak{I}'_i,\quad \mathfrak{I}'',\quad \mathfrak{I}'''_i$$

dans le premier membre de l'équation (133), on tirera de cette équation

$$(136)\left\{\begin{aligned}\Theta_i - \Delta^4\Theta_i = {} & \mathrm{U}\alpha_i + (\mathrm{U}' - \mathrm{U}\mathrm{S}'\alpha_i)\beta_i + [\mathrm{U}'' - \mathrm{U}\mathrm{S}''\alpha_i - (\mathrm{U}' - \mathrm{U}\mathrm{S}'\alpha_i)\mathrm{S}''\beta_i]\gamma_i \\ & + \{\mathrm{U}''' - \mathrm{U}\mathrm{S}'''\alpha_i - (\mathrm{U}' - \mathrm{U}\mathrm{S}'\alpha_i)\mathrm{S}'''\beta_i \\ & - [\mathrm{U}'' - \mathrm{U}\mathrm{S}''\alpha_i - (\mathrm{U}' - \mathrm{U}\mathrm{S}'\alpha_i)\mathrm{S}''\beta_i]\mathrm{S}'''\gamma_i\}\delta_i.\end{aligned}\right.$$

Telle est la formule qui sert à déterminer la valeur corrigée de Θ_i, ou, ce qui revient au même, la valeur de $\Theta_i - \Delta^4\Theta_i$, en fonction linéaire de

$$\mathrm{U}, \quad \mathrm{U}', \quad \mathrm{U}'', \quad \mathrm{U}'''.$$

D'ailleurs on reconnaîtra sans peine que, si le second membre de la formule (136) est substitué à la place de $\Theta_i - \Delta^4\Theta_i$ dans les quatre quantités

$$\mathrm{S}(\Theta_i - \Delta^4\Theta_i), \quad \mathrm{S}'(\Theta_i - \Delta^4\Theta_i), \quad \mathrm{S}''(\Theta_i - \Delta^4\Theta_i), \quad \mathrm{S}'''(\Theta_i - \Delta^4\Theta_i),$$

ces quatre quantités, réduites à leur expression la plus simple à l'aide des équations (122), deviendront, comme on devait s'y attendre,

$$\mathrm{U} = \mathrm{S}\Theta_i, \quad \mathrm{U}' = \mathrm{S}'\Theta_i, \quad \mathrm{U}'' = \mathrm{S}''\Theta_i, \quad \mathrm{U}''' = \mathrm{S}'''\Theta_i.$$

Dans la formule (136), les valeurs de

$$\mathrm{U}, \quad \mathrm{U}', \quad \mathrm{U}'', \quad \mathrm{U}'''$$

varient tandis que l'on passe d'une substance à une autre; mais les valeurs de

$$\mathrm{S}'\alpha_i, \quad \mathrm{S}''\alpha_i, \quad \mathrm{S}'''\alpha_i, \quad \mathrm{S}''\beta_i, \quad \mathrm{S}'''\beta_i, \quad \mathrm{S}'''\gamma_i,$$

aussi bien que celles de α_i, β_i, γ_i, δ_i, sont indépendantes de la substance que l'on considère et déterminées par les équations

$$(137)\left\{\begin{aligned}\mathrm{S}'\alpha_i &= \alpha_1 + \alpha_2 + \alpha_3 + \alpha_4 - \alpha_5 - \alpha_6 - \alpha_7, \\ \mathrm{S}''\alpha_i &= -\alpha_1 - \alpha_2 + \alpha_3 + \alpha_4 + \alpha_5 + \alpha_6 - \alpha_7, \\ \mathrm{S}'''\alpha_i &= -\alpha_1 + \alpha_2 + \alpha_8 - \alpha_4 - \alpha_5 + \alpha_6 + \alpha_7, \\ \mathrm{S}''\beta_i &= -\beta_1 - \beta_2 + \beta_3 + \beta_4 + \beta_5 + \beta_6 - \beta_7, \\ \mathrm{S}'''\beta_i &= -\beta_1 + \beta_2 + \beta_3 - \beta_4 - \beta_5 + \beta_6 + \beta_7, \\ \mathrm{S}'''\gamma_i &= -\gamma_1 + \gamma_2 + \gamma_3 - \gamma_4 - \gamma_5 + \gamma_6 + \gamma_7.\end{aligned}\right.$$

D'autre part, les valeurs de

$$\alpha_i, \quad \beta_i, \quad \gamma_i, \quad \delta_i$$

tirées des Tableaux IX, XII, XIV et XVI sont les suivantes.

TABLEAU XX.

Valeurs de α_i, β_i, γ_i, δ_i.

i.	1.	2.	3.	4.	5.	6.	7.	SOMME des valeurs numériques.
α_i...	0,140691	0,140941	0,141620	0,142501	0,143291	0,144805	0,146151	1,000000
β_i...	0,183469	0,164869	0,112014	0,039643	-0,029104	-0,169559	-0,301341	0,999999
γ_i...	-0,21484	-0,08380	-0,11106	0,18789	0,18587	0,01564	-0,20090	1,000000
δ_i...	-0,23229	-0,11193	0,24037	-0,12110	-0,14716	0,02752	0,11963	1,000000

Cela posé, on trouvera

$$(138)\quad \left\{\begin{aligned}
S'\alpha_i &= 0,565753 - 0,434247 = 0,131506,\\
S''\alpha_i &= 0,572217 - 0,427783 = 0,144434,\\
S'''\alpha_i &= 0,573517 - 0,426483 = 0,147034,\\
S''\beta_i &= -0,547001 + 0,452998 = -0,094003,\\
S'''\beta_i &= -0,694012 + 0,305987 = -0,388025,\\
S'''\gamma_i &= -0,65846 + 0,34154 = -0,31692.
\end{aligned}\right.$$

Aux valeurs corrigées de Θ_i, fournies par le Tableau XIX, ou, ce qui revient au même, par la formule (136) et représentées par

$$\Theta_i - \Delta^4 \Theta_i,$$

correspondront des valeurs corrigées de θ_i, que nous représenterons par

$$\theta_i - \Delta^4 \theta_i,$$

et qui seront déterminées, non plus par la formule (40), mais par l'équation

$$(139) \qquad \Theta_i - \Delta^4\Theta_i = (\theta_i - \Delta^4\theta_i)^2,$$

de laquelle on tire

$$(140) \qquad \theta_i - \Delta^4\theta_i = \sqrt{\Theta_i - \Delta^4\Theta_i} = \sqrt{\theta_i^2 - \Delta^4\Theta_i} = \theta_i - \frac{\Delta^4\Theta_i}{2\theta_i} - \frac{(\Delta^4\Theta_i)^2}{8\theta_i^3} - \ldots,$$

par conséquent

$$(141) \qquad \Delta^4\theta_i = \frac{\Delta^4\Theta_i}{2\theta_i} + \frac{(\Delta^4\Theta_i)^2}{8\theta_i^3} + \ldots.$$

Lorsque, à l'aide de la formule (140), on veut calculer la valeur de $\Delta^4\theta_i$ avec six décimales, on peut sans inconvénient réduire cette formule à

$$(142) \qquad \Delta^4\theta_i = \frac{\Delta^4\Theta_i}{2\theta_i} \quad \text{ou} \quad \Delta^4\theta_i = \tfrac{1}{2}\theta_i^{-1}\Delta^4\Theta_i.$$

En effet, comme, des valeurs numériques de $\Delta^4\Theta_i$ fournies par le Tableau XVII, la plus grande, savoir 0,000079, reste inférieure au nombre 0,0001 et donne en conséquence pour valeur de

$$(\Delta^4\Theta_i)^2,$$

à plus forte raison pour valeurs de

$$\frac{(\Delta^4\Theta_i)^2}{8} \quad \text{et} \quad \frac{(\Delta^4\Theta_i)^2}{8\theta_i^3}$$

(θ_i étant plus grand que l'unité), des nombres inférieurs à

0,00000001,

l'erreur produite dans le second membre de la formule (141) par l'omission du terme

$$\frac{(\Delta^4\Theta_i)^2}{8\theta_i^3}$$

ne s'élèvera pas à un cent-millionième. Il y a plus : on peut en dire autant de l'erreur produite par l'omission du terme dont il s'agit et de tous ceux qui le suivent, car on tire de l'équation (140)

$$\Delta^4\theta_i = \theta_i - \sqrt{\theta_i^2 - \Delta^4\Theta_i} = \theta_i\left(1 - \sqrt{1 - \frac{\Delta^4\Theta_i}{\theta_i^2}}\right) = \frac{\Delta^4\Theta_i}{\theta_i\left(1 + \sqrt{1 - \frac{\Delta^4\Theta_i}{\theta_i^2}}\right)},$$

ou, ce qui revient au même,

$$\Delta^4\theta_i = \frac{\Delta^4\Theta_i}{2\theta_i} + \frac{\Delta^4\Theta_i}{2\theta_i}\left(\frac{2}{1 + \sqrt{1 - \frac{\Delta^4\Theta_i}{\theta_i^2}}} - 1\right). \tag{143}$$

Or, pour tirer la formule (142) de la formule (143), il suffira d'omettre dans cette dernière le terme

$$\frac{\Delta^4\Theta_i}{2\theta_i}\left(\frac{2}{1 + \sqrt{1 - \frac{\Delta^4\Theta_i}{\theta_i^2}}} - 1\right),$$

évidemment inférieur au produit

$$\frac{\Delta^4\Theta_i}{2}\left(\frac{2}{1 + \sqrt{1 - \Delta^4\Theta_i}} - 1\right)$$

et, à plus forte raison, au produit

$$\frac{0,0001}{2}\left(\frac{2}{1 + \sqrt{1 - 0,0001}} - 1\right)$$

$$= \frac{0,0001}{2}\left(\frac{2}{1,99995} - 1\right) = \frac{0,0001}{2}\,\frac{0,00005}{1,99995} = \frac{0,000000005}{3,9999} < 0,00000001.$$

Si maintenant on substitue dans la formule (142) les valeurs de θ_i et de $\Delta^4\Theta_i$ que fournissent les Tableaux III et XVII, alors, en effectuant le calcul par logarithmes, on obtiendra les valeurs de

$$\theta_i + \Delta^4\Theta_i$$

et de

$$\Delta^4\Theta_i$$

que renferme le Tableau suivant.

TABLEAU XXI.

Valeurs de $\theta_i^{-1}\Delta^4\Theta_i$ et de $\Delta^4\theta_i$, exprimées en millionièmes.

	EAU.		SOLUTION de potasse.	HUILE de térébenthine.	CROWNGLASS.			FLINTGLASS.				
	1re série	2e série.			1re espèce.	2e espèce.	3e espèce.	1re espèce.	2e espèce.	3e espèce, 1re série.	3e espèce, 2e série.	4e espèce.
$L(\mp\Delta^4\Theta_1)$.....	0792	6021	3802	4914	5315	1139	0	8451	3424	3010	5911	9031
$L(\theta_1)$.........	1242	1242	1460	1675	1831	1835	1917	2047	2105	2113	2113	2116
Différence...	9550	4779	2342	3239	3484	9304	8083	6404	1319	0897	3798	6915
$\theta_1^{-1}\Delta^4\Theta_1$.......	— 9	— 3	17	—21	22	—79	1	— 4	—14	— 1	24	— 5
$\Delta^4\theta_1$...........	— 4	— 2	9	—11	11	— 4	0	— 2	— 7	— 1	12	— 2
$L(\pm\Delta^4\Theta_2)$.....	6721	7782	0	0	5185	3010	4771	4914	6435	0	2042	6021
$L(\theta_2)$.........	1244	1244	1463	1678	1834	1838	1920	2052	2110	2118	2118	2121
Différence...	5477	6538	8537	8322	3351	1172	2851	2862	4325	7882	9924	3900
$\theta_2^{-1}\Delta^4\Theta_2$.......	35	— 5	— 1	7	—22	—13	2	—19	27	6	10	—25
$\Delta^4\theta_2$...........	18	— 2	0	3	—11	— 7	1	—10	14	3	5	—12
$L(\mp\Delta^4\Theta_3)$.....	1139	9031	9542	5563	0	7853	0414	2788	8129	8451	4150	1461
$L(\theta_3)$.........	1250	1250	1470	1686	1841	1846	1929	2064	2123	2132	2132	2135
Différence...	9889	7781	8072	3877	8159	6007	8485	0724	6006	6319	2018	9326
$\theta_3^{-1}\Delta^4\Theta_3$.......	—10	6	— 6	—24	— 1	40	— 7	12	—40	4	16	9
$\Delta^4\theta_3$...........	— 5	3	— 3	—12	0	20	— 4	6	—20	2	8	4
$L(\mp\Delta^4\Theta_4)$.....	3222	0	0792	7634	0	4771	7782	3222	6335	2304	8976	5185
$L(\theta_4)$.........	1258	1258	1479	1698	1851	1855	1940	2080	2141	2150	2150	2154
Différence...	1964	8742	9313	5936	8149	2916	5842	1142	4194	0154	6826	3031
$\theta_4^{-1}\Delta^4\Theta_4$.......	—16	1	— 9	39	— 1	—20	4	13	26	—10	—48	20
$\Delta^4\theta_4$...........	— 8	0	— 4	20	0	—10	2	7	13	— 5	—24	10
$L(\pm\Delta^4\Theta_5)$.....	5441	3010	0792	4150	5185	6128	9031	1139	3010	2553	6232	3979
$L(\theta_5)$.........	1264	1264	1486	1708	1859	1864	1950	2095	2158	2166	2166	2170
Différence...	4177	1746	9306	2442	3326	4264	7081	9044	0852	0387	4066	1809
$\theta_5^{-1}\Delta^4\Theta_5$.......	26	1	— 9	—17	—22	27	— 5	— 8	—12	10	26	— 15
$\Delta^4\theta_5$...........	13	1	— 4	— 9	— 11	13	— 3	— 4	— 6	5	13	— 8
$L(\pm\Delta^4\Theta_6)$.....	0	0792	5185	6990	5563	8692	0792	3979	6335	7782	1139	3424
$L(\theta_6)$.........	1275	1275	1500	1727	1875	1880	1969	2124	2189	2198	2198	2202
Différence...	8725	9517	3685	5263	3688	6812	8823	1855	4146	5584	8941	1222
$\theta_6^{-1}\Delta^4\Theta_6$.......	1	— 9	23	3	23	—48	8	—15	26	— 4	8	—13
$\Delta^4\theta_6$...........	0	— 4	12	2	12	—24	4	— 8	13	— 2	4	— 7
$L(\mp\Delta^4\Theta_7)$.....	5185	9542	3424	3424	3010	5051	6021	5911	3424	0414	7324	6721
$L(\theta_7)$.........	1285	1285	1512	1743	1888	1894	1985	2149	2217	2226	2226	2230
Différence ..	3900	8257	1912	1681	1122	3157	4036	3762	1207	8188	5098	4491
$\theta_7^{-1}\Delta^4\Theta_7$.......	—25	7	—16	15	— 1	21	— 3	24	—13	— 7	— 32	28
$\Delta^4\theta_7$...........	—12	3	— 8	7	— 1	10	— 1	12	— 7	— 3	—16	14

L'exactitude des valeurs de $\Delta^4\Theta_i$ comprises dans le Tableau XXI se trouve confirmée par les observations suivantes.

Les formules (117) donnent

$$(144)\quad \left\{\begin{aligned} S\,\Delta^4\Theta_i &= \quad\Delta^4\Theta_1+\Delta^4\Theta_2+\Delta^4\Theta_3+\Delta^4\Theta_4+\Delta^4\Theta_5+\Delta^4\Theta_6+\Delta^4\Theta_7=0,\\ S'\,\Delta^4\Theta_i &= \quad\Delta^4\Theta_1+\Delta^4\Theta_2+\Delta^4\Theta_3+\Delta^4\Theta_4-\Delta^4\Theta_5-\Delta^4\Theta_6-\Delta^4\Theta_7=0,\\ S''\,\Delta^4\Theta_i &= -\Delta^4\Theta_1-\Delta^4\Theta_2+\Delta^4\Theta_3+\Delta^4\Theta_4+\Delta^4\Theta_5+\Delta^4\Theta_6-\Delta^4\Theta_7=0,\\ S'''\,\Delta^4\Theta_i &= -\Delta^4\Theta_1+\Delta^4\Theta_2+\Delta^4\Theta_3-\Delta^4\Theta_4-\Delta^4\Theta_5+\Delta^4\Theta_6+\Delta^4\Theta_7=0. \end{aligned}\right.$$

D'autre part, si l'on nomme ς la moyenne arithmétique entre les valeurs extrêmes de $\frac{1}{\theta_i}$, c'est-à-dire entre $\frac{1}{\theta_1}$ et $\frac{1}{\theta_7}$, de sorte qu'on ait

$$(145)\qquad \varsigma=\frac{1}{2}\left(\frac{1}{\theta_1}+\frac{1}{\theta_7}\right),$$

la différence entre $\frac{1}{\theta_i}$ et ς ne surpassera jamais

$$\frac{1}{\theta_1}-\varsigma=\varsigma-\frac{1}{\theta_7}=\frac{1}{2}\left(\frac{1}{\theta_1}-\frac{1}{\theta_7}\right);$$

par suite, la différence entre $\Delta^4\Theta_i=\frac{1}{2\theta_i}\Delta^4\Theta_i$ et le produit $\frac{1}{2}\varsigma\Delta^4\Theta_i$ ne surpassera jamais la quantité

$$(146)\qquad \frac{1}{4}\left(\frac{1}{\theta_1}-\frac{1}{\theta_7}\right)\Delta^4\Theta_i.$$

Or la différence entre les valeurs de $\frac{1}{\theta_1}$ et $\frac{1}{\theta_7}$, calculées à l'aide du Tableau III, dans lequel on trouve leurs logarithmes, sera

Pour l'eau		$0{,}7513-0{,}7440=0{,}0073$
Pour la solution de potasse		$0{,}7145-0{,}7060=0{,}0085$
Pour l'huile de térébenthine		$0{,}6800-0{,}6694=0{,}0106$
Pour le crownglass,	1re espèce	$0{,}6560-0{,}6474=0{,}0086$
»	2e espèce	$0{,}6554-0{,}6466=0{,}0088$
»	3e espèce	$0{,}6432-0{,}6331=0{,}0101$
Pour le flintglass,	1re espèce	$0{,}6242-0{,}6096=0{,}0146$
»	2e espèce	$0{,}6159-0{,}6002=0{,}0157$
»	3e espèce	$0{,}6148-0{,}5989=0{,}0159$
»	4e espèce	$0{,}6143-0{,}5984=0{,}0159.$

Donc le quart de cette différence sera, pour toutes les substances employées par Frauenhofer, inférieure à

$$\frac{0,0160}{4} = 0,004,$$

à plus forte raison à 0,01; et, comme, dans le Tableau XVII, la plus grande des valeurs numériques de $\Delta^4\Theta_i$ est représentée par le nombre 0,000079, il est clair que le produit (146), c'est-à-dire la différence entre $\Delta^4\Theta_i$ et le produit

$$\tfrac{1}{2}\varsigma\Delta^4\Theta_i$$

restera inférieure à un millionième. Donc les valeurs de $\Delta^4\theta_i$ et celles du produit $\frac{1}{2}\varsigma\Delta^4\Theta_i$, exprimées en millionièmes, seront représentées par les mêmes nombres, de sorte que, en s'arrêtant à la 6e décimale, on aura

$$(147) \qquad \Delta^3\theta_i = \tfrac{1}{2}\varsigma\Delta^4\Theta_i.$$

Cela posé, des formules (144) multipliées par $\frac{1}{2}\varsigma$ on tirera

$$(148) \quad \begin{cases} S\ \Delta^4\theta_i = \Delta^4\theta_1 + \Delta^4\theta_2 + \Delta^4\theta_3 + \Delta^4\theta_4 + \Delta^4\theta_5 + \Delta^4\theta_6 + \Delta^4\theta_7 = 0, \\ S'\ \Delta^4\theta_i = \Delta^4\theta_1 + \Delta^4\theta_2 + \Delta^4\theta_3 + \Delta^4\theta_4 - \Delta^4\theta_5 - \Delta^4\theta_6 - \Delta^4\theta_7 = 0, \\ S''\ \Delta^4\theta_i = -\Delta^4\theta_1 - \Delta^4\theta_2 + \Delta^4\theta_3 + \Delta^4\theta_4 + \Delta^4\theta_5 + \Delta^4\theta_6 - \Delta^4\theta_7 = 0, \\ S'''\Delta^4\theta_i = -\Delta^4\theta_1 + \Delta^4\theta_2 + \Delta^4\theta_3 - \Delta^4\theta_4 - \Delta^4\theta_5 + \Delta^4\theta_6 + \Delta^4\theta_7 = 0. \end{cases}$$

Or, si l'on combine successivement la première des équations (148) avec la seconde, puis avec la troisième, on en conclura

$$\Delta^4\theta_1 + \Delta^4\theta_2 + \Delta^4\theta_3 + \Delta^4\theta_4 = 0, \qquad \Delta^4\theta_5 + \Delta^4\theta_6 + \Delta^4\theta_7 = 0,$$

puis

$$\Delta^4\theta_3 + \Delta^4\theta_4 + \Delta^4\theta_5 + \Delta^4\theta_6 = 0, \qquad \Delta^4\theta_1 + \Delta^4\theta_2 + \Delta^4\theta_7 = 0,$$

et, par conséquent,

$$(149) \qquad \Delta^4\theta_1 + \Delta^4\theta_2 = -(\Delta^4\theta_3 + \Delta^4\theta_4) = \Delta^4\theta_5 + \Delta^4\theta_6 = -\Delta^4\theta_7.$$

Donc les quatre quantités

$$(150) \qquad \Delta^4\theta_1 + \Delta^4\theta_2, \quad \Delta^4\theta_3 + \Delta^4\theta_4, \quad \Delta^4\theta_5 + \Delta^4\theta_6, \quad \Delta^4\theta_7$$

doivent être égales, au signe près, et alternativement affectées de signes contraires. Pareillement, de la première des équations (148) combinée avec les deux dernières, on conclura que les quatre quantités

(151) $$\Delta^4\theta_1,\quad \Delta^4\theta_2+\Delta^4\theta_7,\quad \Delta^4\theta_3+\Delta^4\theta_6,\quad \Delta^4\theta_4+\Delta^4\theta_5$$

doivent être égales, au signe près, et alternativement affectées de signes contraires. Ces conditions se trouvent effectivement remplies avec une exactitude suffisante pour les valeurs de $\Delta^4\Theta_i$ que fournit le Tableau XXI, comme le prouve celui que nous allons tracer.

Tableau XXII.

Valeurs de $\Delta^4\theta_i$, $\Delta^4\theta_1+\Delta^4\theta_2$, ... exprimées en millionièmes.

	EAU.		SOLUTION de potasse.	HUILE de térében-thine.	CROWNGLASS.			FLINTGLASS.				
	1re série.	2e série.			1re espèce.	2e espèce.	3e espèce.	1re espèce.	2e espèce.	3e espèce. 1re série.	3e espèce, 2e série.	4e espèce.
$\Delta^4\theta_1$	−4	−2	9	−11	11	−4	0	−2	−7	−1	12	−2
$\Delta^4\theta_2$	18	−2	0	3	−11	−7	1	−10	14	3	5	−12
$\Delta^4\theta_3$	−5	3	−3	−12	0	20	−4	6	−20	2	8	14
$\Delta^4\theta_4$	−8	0	−4	20	0	−10	2	7	13	−5	−24	10
$\Delta^4\theta_5$	13	1	−4	−9	−11	13	−3	−4	−6	5	13	−8
$\Delta^4\theta_6$	0	−4	12	2	12	−24	4	−8	13	−2	4	−7
$\Delta^4\theta_7$	−12	3	−8	7	−1	10	−1	12	−7	−3	−16	14
$\Delta^4\theta_1+\Delta^4\theta_2$	14	−4	9	−8	0	−11	1	−12	7	2	17	−14
$\Delta^4\theta_3+\Delta^4\theta_4$	−13	3	−7	8	0	10	−2	13	−7	−3	−16	14
$\Delta^4\theta_5+\Delta^4\theta_6$	13	−3	8	−7	1	−11	1	−12	7	3	17	−15
$\Delta^4\theta_7$	−12	3	−8	7	−1	10	−1	12	−7	−3	−16	14
$\Delta^4\theta_1$	−4	−2	9	−11	11	−4	0	−2	−7	−1	12	−2
$\Delta^4\theta_2+\Delta^4\theta_7$	6	1	−8	10	−12	3	0	2	7	0	−12	2
$\Delta^4\theta_3+\Delta^4\theta_6$	−5	−1	9	−10	12	−4	0	−2	−7	0	12	−3
$\Delta^4\theta_4+\Delta^4\theta_5$	5	1	−8	11	−11	3	−1	3	7	0	−11	2

Les résultats fournis par le Tableau XXI peuvent encore être invoqués à l'appui des conclusions précédemment énoncées, suivant lesquelles les valeurs de $\Delta^4 \Theta_i$, et par suite celles de $\Delta^4 \theta_i$, doivent être comparables aux erreurs d'observation. Effectivement, lorsqu'on passe de l'une à l'autre des deux séries d'expériences faites sur l'eau et la troisième espèce de flintglass, les valeurs de θ_i présentent les variations ci-dessous :

TABLEAU XXIII.

Variations de θ_i dans le passage d'une série d'expériences à une autre.

		$i = 1.$	$i = 2.$	$i = 3.$	$i = 4.$	$i = 5.$	$i = 6.$	$i = 7.$
θ_i. Eau.	1re série	1,330965	1,331712	1,333577	1,335851	1,337818	1,341293	1,344177
	2e série	1,330977	1,331709	1,333577	1,335849	1,337788	1,341261	1,344162
	Variation de θ_i...	0,000042	−0,000003	0,000000	−0,000002	−0,000030	−0,000032	−0,000015
θ_i. Flintglass.	3e espèce, 1re série.	1,626564	1,628451	1,633666	1,640544	1,646780	1,658849	1,669680
	2e série.	1,626596	1,628469	1,633667	1,640495	1,646756	1,658848	1,669686
	Variation de θ_i...	0,000032	0,000018	0,000001	−0,000049	−0,000024	−0,000001	0,000000

Ainsi les valeurs de θ_i fournies par les expériences de Frauenhofer admettent des erreurs comparables aux nombres

$$0{,}000042, \quad 0{,}000049,$$

renfermés dans les 4e et 7e lignes horizontales du Tableau XXIII. Or ces nombres surpassent évidemment les nombres

$$0{,}000020 \quad \text{et} \quad 0{,}000024,$$

qui, dans les Tableaux XXI et XXII, représentent les plus grandes valeurs numériques de $\Delta^4 \theta_i$.

Comme on l'a déjà remarqué, les valeurs de Θ_i déduites de l'observation méritent moins de confiance que les valeurs corrigées de Θ_i, représentées par $\Theta_i - \Delta^4 \Theta_i$. Pareillement les valeurs de θ_i fournies par l'observation doivent mériter moins de confiance que les valeurs corrigées de θ_i, représentées par $\theta_i - \Delta^4 \theta_i$ et inscrites dans le Tableau suivant.

Tableau XXIV.

Valeurs de $\theta_i - \Delta^4\theta_i$.

	EAU.		SOLUTION de potasse.	HUILE de térében-thine.	CROWNGLASS.			FLINTGLASS.				
	1re série.	2e série.			1re espèce.	2e espèce.	3e espèce.	1re espèce.	2e espèce.	3e espèce, 1re série.	3e espèce, 2e série.	4e espèce.
θ_1	1,330935	1,330977	1,399629	1,470496	1,524312	1,525832	1,554774	1,602042	1,623570	1,626564	1,626596	1,627749
$\Delta^4\theta_1$	−4	−2	9	−11	11	−4	0	−2	−7	−1	12	−2
$\theta_1 - \Delta^4\theta_1$	1,330939	1,330979	1,399620	1,470507	1,524301	1,525836	1,554774	1,602044	1,623577	1,626565	1,626584	1,627751
θ_2	1,331712	1,331709	1,400515	1,471530	1,525299	1,526849	1,555933	1,603800	1,625477	1,628451	1,628469	1,629681
$\Delta^4\theta_2$	18	−2	0	3	−11	−7	1	−10	14	3	5	−12
$\theta_2 - \Delta^4\theta_2$	1,331694	1,331711	1,400515	1,471527	1,525310	1,526856	1,555932	1,603810	1,625463	1,628448	1,628464	1,629693
θ_3	1,333577	1,333577	1,402805	1,474434	1,527982	1,529587	1,559075	1,608494	1,630585	1,633666	1,633667	1,635036
$\Delta^4\theta_3$	−5	3	−3	−12	0	20	−4	6	−20	2	8	4
$\theta_3 - \Delta^4\theta_3$	1,333582	1,333574	1,402808	1,474446	1,527982	1,529567	1,559079	1,608488	1,630605	1,633664	1,633659	1,635032
θ_4	1,335851	1,335849	1,405632	1,478353	1,531372	1,533005	1,563150	1,614532	1,637356	1,640544	1,640495	1,642024
$\Delta^4\theta_4$	−8	0	−4	20	0	−10	2	7	13	−5	−24	10
$\theta_4 - \Delta^4\theta_4$	1,335859	1,335849	1,405636	1,478333	1,531372	1,533015	1,563148	1,614525	1,637343	1,640549	1,640519	1,642014
θ_5	1,337818	1,337788	1,408082	1,481736	1,534337	1,536052	1,566741	1,620042	1,643466	1,646780	1,646756	1,648260
$\Delta^4\theta_5$	13	1	−4	−9	−11	13	−3	−4	−6	5	13	−8
$\theta_5 - \Delta^4\theta_5$	1,337805	1,337787	1,408086	1,481745	1,534348	1,536039	1,566744	1,620046	1,643472	1,646775	1,646743	1,648268
θ_6	1,341293	1,341261	1,412579	1,488198	1,539908	1,541657	1,573535	1,630772	1,655406	1,658849	1,658848	1,660285
$\Delta^4\theta_6$	0	−4	12	2	12	−24	4	−8	13	−2	4	−7
$\theta_6 - \Delta^4\theta_6$	1,341293	1,341265	1,412567	1,488196	1,539896	1,541681	1,573531	1,630780	1,655393	1,658851	1,658844	1,660292
θ_7	1,344177	1,344162	1,416368	1,493874	1,544684	1,546566	1,579470	1,640373	1,666072	1,669680	1,669686	1,671062
$\Delta^4\theta_7$	−12	3	−8	7	−1	10	−1	12	−7	−3	−16	14
$\theta_7 - \Delta^4\theta_7$	1,344189	1,344159	1,416376	1,493867	1,544685	1,546556	1,579471	1,640361	1,666079	1,669683	1,669702	1,671048

Les valeurs de $\Delta^4\theta_i$ et de $\theta_i - \Delta^4\theta_i$ que renferme le Tableau XXIV peuvent être directement déduites de l'équation (142) ou (147) jointe à la formule (136). D'ailleurs, si l'on substitue aux valeurs de

$$\Theta_1, \quad \Theta_2, \quad \Theta_3, \quad \Theta_4, \quad \Theta_5, \quad \Theta_6, \quad \Theta_7,$$

que fournissent l'une des séries d'expériences faites sur l'eau ou la troisième espèce de flintglass, les moyennes arithmétiques entre les valeurs déduites de la première et de la seconde série, les formules (135), (136) et même la formule (147) fourniront pour chacune des quantités

$$\mathrm{U}, \quad \mathrm{U}', \quad \mathrm{U}'', \quad \mathrm{U}''', \quad \Delta^4\Theta_i \quad \text{et} \quad \Delta^4\theta_i,$$

non l'une des deux valeurs correspondantes aux deux séries d'expériences, mais une troisième valeur qui sera la moyenne arithmétique entre les deux premières. Il y a plus : le calcul n'étant point poussé au delà des millionièmes, l'équation (40), présentée sous la forme

$$(152) \qquad \theta_i = \sqrt{\Theta_i},$$

donnera, dans la même hypothèse, pour chacune des quantités

$$\theta_1, \quad \theta_2, \quad \theta_3, \quad \theta_4, \quad \theta_5, \quad \theta_6, \quad \theta_7,$$

une valeur égale à la moyenne arithmétique entre les valeurs fournies par les deux séries d'expériences faites sur l'eau ou la troisième espèce de flintglass. C'est du moins ce que l'on prouvera sans peine, en ayant égard à l'extrême petitesse des variations que subit Θ_i dans le passage de la première série d'expériences à la seconde.

De ce qu'on vient de dire il résulte que, pour chacune des quantités

$$\theta_i, \quad \Delta^4\theta_i \quad \text{et} \quad \theta_i - \Delta^4\theta_i,$$

les deux valeurs relatives à l'eau ou à la troisième espèce de flintglass, et inscrites dans deux colonnes verticales du Tableau XXIV, peuvent être remplacées par une troisième valeur, qui sera la moyenne arithmétique entre les deux premières, et méritera évidemment plus de confiance. En opérant de cette manière, on réduira le Tableau XXIV à celui que nous allons tracer.

Tableau XXV.

Valeurs de $\theta_i - \Delta^4\theta_i$.

	EAU.	SOLUTION de potasse.	HUILE de térébenthine.	CROWNGLASS. 1re espèce.	CROWNGLASS. 2e espèce.	CROWNGLASS. 3e espèce.	FLINTGLASS. 1re espèce.	FLINTGLASS. 2e espèce.	FLINTGLASS. 3e espèce.	FLINTGLASS. 4e espèce.
θ_1	1,330956	1,399629	1,470496	1,524312	1,525832	1,554774	1,602042	1,623570	1,626580	1,627749
$\Delta^4\theta_1$	−3	9	−11	11	−4	0	−2	−7	5	−2
$\theta_1 - \Delta^4\theta_1$	1,330959	1,399620	1,470507	1,524301	1,525836	1,554774	1,602044	1,623577	1,626575	1,627751
θ_2	1,331711	1,400515	1,471530	1,525299	1,526849	1,555933	1,603800	1,625477	1,628460	1,629681
$\Delta^4\theta_2$	8	0	3	−11	−7	−1	−10	14	4	−12
$\theta_2 - \Delta^4\theta_2$	1,331703	1,400515	1,471527	1,525310	1,526856	1,555932	1,603810	1,625463	1,628456	1,629693
θ_3	1,333577	1,402805	1,474434	1,527982	1,529587	1,559075	1,608494	1,630585	1,636667	1,635036
$\Delta^4\theta_3$	−1	−3	−12	0	20	−4	6	−20	5	4
$\theta_3 - \Delta^4\theta_3$	1,333578	1,402808	1,474446	1,527982	1,529567	1,559079	1,608488	1,630605	1,636662	1,635032
θ_4	1,335850	1,405632	1,478353	1,531372	1,533005	1,563150	1,614532	1,637356	1,640520	1,642024
$\Delta^4\theta_4$	−4	−4	20	0	−10	2	7	13	−14	10
$\theta_4 - \Delta^4\theta_4$	1,335854	1,405636	1,478333	1,531372	1,533015	1,563148	1,614525	1,637343	1,640534	1,642014
θ_5	1,337803	1,408032	1,481736	1,534337	1,536052	1,566741	1,620042	1,643466	1,646768	1,648260
$\Delta^4\theta_5$	7	−4	−9	−11	13	−3	−4	−6	9	−8
$\theta_5 - \Delta^4\theta_5$	1,337796	1,408086	1,481745	1,534348	1,536039	1,566744	1,620046	1,643472	1,646759	1,648268
θ_6	1,341277	1,412579	1,488198	1,539908	1,541657	1,573535	1,630772	1,655406	1,658849	1,660285
$\Delta^4\theta_6$	−2	12	2	12	−24	4	−8	13	1	−7
$\theta_6 - \Delta^4\theta_6$	1,341279	1,412567	1,488196	1,539896	1,541681	1,573531	1,630780	1,655393	1,658848	1,660292
θ_7	1,344170	1,416368	1,493874	1,544684	1,546566	1,579470	1,640373	1,666072	1,669683	1,671062
$\Delta^4\theta_7$	−4	−8	7	−1	10	−1	12	−7	−9	14
$\theta_7 - \Delta^4\theta_7$	1,344174	1,416376	1,493867	1,544685	1,546556	1,579471	1,640361	1,666079	1,669692	1,671048

§ VII. — *Suite des applications numériques.*

La valeur corrigée de Θ_i, qui dans le paragraphe VI se trouve représentée par

$$\Theta_i - \Delta^4 \Theta_i$$

et déterminée en fonction de U, U′, U″, U‴ par la formule (136), ne vérifie qu'approximativement la condition de se réduire à l'unité, quand on remplace l'un des milieux réfringents par l'air (*voir* le Tableau XIX), ce qui revient à supposer

$$U = 7, \qquad U' = 1, \qquad U'' = 1, \qquad U''' = 1.$$

Mais on pourrait modifier nos formules de manière que cette même condition se trouvât rigoureusement remplie. Pour y parvenir, il suffira de considérer la quantité Θ, que détermine, dans le paragraphe VI, l'équation (123), comme représentant la première valeur approchée de chacune des quantités

$$\Theta_1, \quad \Theta_2, \quad \Theta_3, \quad \Theta_4, \quad \Theta_5, \quad \Theta_6, \quad \Theta_7,$$

et de substituer en conséquence aux équations (113), (114) les formules suivantes

$$(1)\quad \left\{\begin{array}{llll}
\Theta_1 = \Theta + \Delta\Theta_1, & \Theta_2 = \Theta + \Delta\Theta_2, & \ldots, & \Theta_7 = \Theta + \Delta\Theta_7, \\
\Delta\Theta_1 = \mathfrak{J}'_1 + \Delta^2\Theta_1, & \Delta\Theta_2 = \mathfrak{J}'_2 + \Delta^2\Theta_2, & \ldots, & \Delta\Theta_7 = \mathfrak{J}'_7 + \Delta^2\Theta_7, \\
\Delta^2\Theta_1 = \mathfrak{J}''_1 + \Delta^3\Theta_1, & \Delta^2\Theta_2 = \mathfrak{J}''_2 + \Delta^3\Theta_2, & \ldots, & \Delta^2\Theta_7 = \mathfrak{J}''_7 + \Delta^3\Theta_7, \\
\Delta^3\Theta_1 = \mathfrak{J}'''_1 + \Delta^4\Theta_1, & \Delta^3\Theta_2 = \mathfrak{J}'''_2 + \Delta^4\Theta_2, & \ldots, & \Delta^3\Theta_7 = \mathfrak{J}'''_7 + \Delta^4\Theta_7, \\
\ldots\ldots\ldots\ldots, & \ldots\ldots\ldots\ldots, & \ldots, & \ldots\ldots\ldots\ldots,
\end{array}\right.$$

$$(2)\quad \left\{\begin{array}{llll}
\multicolumn{4}{l}{\Theta = \tfrac{1}{7}\,S\Theta_i = \dfrac{\Theta_1 + \Theta_2 + \Theta_3 + \Theta_4 + \Theta_5 + \Theta_6 + \Theta_7}{7},} \\
\mathfrak{J}'_1 = \dfrac{\Sigma'\Delta\Theta_1}{\Sigma' S'\Delta\Theta_i}\,S'\Delta\Theta_i, & \mathfrak{J}'_2 = \dfrac{\Sigma'\Delta\Theta_2}{\Sigma' S'\Delta\Theta_i}\,S'\Delta\Theta_i, & \ldots, & \mathfrak{J}'_7 = \dfrac{\Sigma'\Delta\Theta_7}{\Sigma' S'\Delta\Theta_i}\,S'\Delta\Theta_i, \\
\mathfrak{J}''_1 = \dfrac{\Sigma''\Delta^2\Theta_1}{\Sigma'' S''\Delta^2\Theta_i}\,S''\Delta^2\Theta_i, & \mathfrak{J}''_2 = \dfrac{\Sigma''\Delta^2\Theta_2}{\Sigma'' S''\Delta^2\Theta_i}\,S''\Sigma^2\Theta_i, & \ldots, & \mathfrak{J}''_7 = \dfrac{\Sigma''\Delta^2\Theta_7}{\Sigma'' S''\Delta^2\Theta_i}\,S''\Delta^2\Theta_i, \\
\mathfrak{J}'''_1 = \dfrac{\Sigma'''\Delta^3\Theta_1}{\Sigma''' S'''\Delta^3\Theta_i}\,S'''\Delta^3\Theta_i, & \mathfrak{J}'''_2 = \dfrac{\Sigma'''\Delta^3\Theta_2}{\Sigma''' S'''\Delta^3\Theta_i}\,S'''\Delta^3\Theta_i, & \ldots, & \mathfrak{J}'''_7 = \dfrac{\Sigma'''\Delta^3\Theta_7}{\Sigma''' S'''\Delta^3\Theta_i}\,S'''\Delta^3\Theta_i, \\
\ldots\ldots\ldots\ldots, & \ldots\ldots\ldots\ldots, & \ldots, & \ldots\ldots\ldots\ldots;
\end{array}\right.$$

dans lesquelles on désigne par

$$S\Theta_i,\quad S'\Delta\Theta_i,\quad S''\Delta^2\Theta_i,\quad S'''\Delta^3\Theta_i,\quad \ldots$$

les sommes des valeurs de

$$\Theta_i,\quad \Delta\Theta_i,\quad \Delta^2\Theta_i,\quad \Delta^3\Theta_i,\quad \ldots$$

relatives aux divers rayons, mais prises tantôt avec le signe $+$, tantôt avec le signe $-$, de manière que les valeurs numériques de ces sommes se réduisent, du moins pour certaines substances, aux sommes des valeurs numériques, et par

$$\Sigma' S'\Delta\Theta_i,\quad \Sigma'' S''\Delta^2\Theta_i,\quad \Sigma''' S'''\Delta^3\Theta_i,\quad \ldots$$

les sommes des valeurs numériques de

$$S'\Delta\Theta_i,\quad S''\Delta^2\Theta_i,\quad S'''\Delta^3\Theta_i,\quad \ldots$$

relatives aux diverses substances. Effectivement, si l'on remplace le milieu réfringent par l'air, ce qui revient à poser généralement

$$\Theta_i = 1,$$

on tirera des formules (1) et (2) :

1° $\quad \Theta = 1 \quad$ et, par suite, $\quad \Delta\Theta_i = 0, \quad$ quel que soit i,

donc aussi $S'\Delta\Theta_i = 0$;

2° $\quad \vartheta'_i = 0 \quad$ et, par suite, $\quad \Delta^2\Theta_i = 0, \quad$ quel que soit i,

donc aussi $S''\Delta^2\Theta_i = 0$;

3° $\quad \vartheta''_i = 0, \quad$ et, par suite, $\quad \Delta^3\Theta_i = 0, \quad$ quel que soit i,

donc aussi $S'''\Delta^3\Theta_i = 0$;

4° $\quad \vartheta'''_i = 0, \quad$ et, par suite, $\quad \Delta^4\Theta_i = 0, \quad$ quel que soit i,

etc. Donc, en définitive, les formules (1) et (2) donneront, quand on substituera l'air au milieu réfringent,

$$\Delta\Theta_i = 0,\qquad \Delta^2\Theta_i = 0,\qquad \Delta^3\Theta_i = 0,\qquad \Delta^4\Theta_i = 0,\qquad \ldots$$

et, par conséquent,

$$\Theta_i - \Delta\Theta_i = \Theta_i - \Delta^2\Theta_i = \Theta_i - \Delta^3\Theta_i = \Theta_i - \Delta^4\Theta_i = \ldots = 1.$$

D'ailleurs les formules (1) diffèrent des formules (113) du paragraphe VI en un seul point, savoir, que les valeurs de $\Delta\Theta_i$ s'y trouvent déterminées, non plus par des équations de la forme

$$\Theta_i = \vartheta_i + \Delta\Theta_i \quad \text{ou} \quad \Delta\Theta_i = \Theta_i - \vartheta_i,$$

mais par des équations de la forme

$$\Theta_i = \Theta + \Delta\Theta_i \quad \text{ou} \quad \Delta\Theta_i = \Theta_i - \Theta.$$

Du reste, les nouvelles valeurs de $\Delta\Theta_i$, comme les premières, s'évanouiraient si l'on pouvait réduire la formule (42) du paragraphe VI à la formule (56) du même paragraphe, puisqu'on aurait alors

$$\Theta_1 = \Theta_2 = \Theta_3 = \Theta_4 = \Theta_5 = \Theta_6 = \Theta_7 = \Theta.$$

Donc les nouvelles valeurs de $\Delta\Theta_i$, comme les premières, seront des quantités du même ordre que b_2. Elles satisferont aussi, comme elles, à l'équation

$$K_1\Delta\Theta_1 + K_2\Delta\Theta_2 + \ldots + K_n\Delta\Theta_n = 0,$$

que l'on déduira immédiatement des équations (41) et (42) du paragraphe VI, jointes aux formules

$$\Theta_1 = \Theta + \Delta\Theta_1, \quad \Theta_2 = \Theta + \Delta\Theta_2, \quad \ldots, \quad \Theta_n = \Theta + \Delta\Theta_n;$$

et c'est à l'aide des mêmes règles que, dans les formules (113), § VI, et (1), § VII, on déduira successivement les valeurs de $\Delta^2\Theta_i$, $\Delta^3\Theta_i$, $\Delta^4\Theta_i$, ... des valeurs déjà calculées de $\Delta\Theta_i$. Enfin les formules (1) et (2), aussi bien que les formules (113) et (114) du paragraphe VI, entraîneront les conditions (116), (117), (118), (119) du paragraphe VI, à l'exception de la première des conditions (116) et de celles des conditions (118), (119) qui renferment le signe Σ. Cela posé, en raisonnant toujours de la même manière, on prouvera que les formules (1), comme les formules (113), § VI, fournissent : 1° des valeurs de

$$\Delta\Theta_i, \quad \Delta^2\Theta_i, \quad \Delta^3\Theta_i, \quad \Delta^4\Theta_i, \quad \ldots$$

respectivement comparables aux coefficients

$$\mathfrak{b}_2,\quad \mathfrak{b}_3,\quad \mathfrak{b}_4,\quad \mathfrak{b}_5,\quad \ldots,$$

par conséquent des valeurs de $\Delta^4\Theta_i$ comparables aux erreurs d'observation, puisqu'on a vu qu'on peut sans erreur sensible supposer $\mathfrak{b}_5 = 0$; 2° des valeurs de

$$\Theta_i - \Delta^4\Theta_i,$$

ou valeurs corrigées de Θ_i, qui pourront être substituées aux valeurs de Θ_i directement tirées des expériences, et mériteront même plus de confiance que ces dernières.

Si l'on fait, pour abréger,

$$(3)\quad \left\{\begin{array}{llll} \beta_1 = \dfrac{\Sigma'\Delta\Theta_1}{\Sigma' S'\Delta\Theta_i}, & \beta_2 = \dfrac{\Sigma'\Delta\Theta_2}{\Sigma' S'\Delta\Theta_i}, & \ldots, & \beta_7 = \dfrac{\Sigma'\Delta\Theta_7}{\Sigma' S'\Delta\Theta_i}, \\ \gamma_1 = \dfrac{\Sigma''\Delta^2\Theta_1}{\Sigma'' S''\Delta^2\Theta_i}, & \gamma_2 = \dfrac{\Sigma''\Delta^2\Theta_2}{\Sigma'' S''\Delta^2\Theta_i}, & \ldots, & \gamma_7 = \dfrac{\Sigma''\Delta^2\Theta_7}{\Sigma'' S''\Delta^2\Theta_i}, \\ \delta_1 = \dfrac{\Sigma'''\Delta^3\Theta_1}{\Sigma''' S'''\Delta^3\Theta_i}, & \delta_2 = \dfrac{\Sigma'''\Delta^3\Theta_2}{\Sigma''' S'''\Delta^3\Theta_i}, & \ldots, & \delta_7 = \dfrac{\Sigma'''\Delta^3\Theta_7}{\Sigma''' S'''\Delta^3\Theta_i}, \\ \ldots\ldots\ldots\ldots, & \ldots\ldots\ldots\ldots, & \ldots, & \ldots\ldots\ldots\ldots, \end{array}\right.$$

les formules (2) donneront

$$(4)\quad \left\{\begin{array}{llll} \mathfrak{I}'_1 = \beta_1 S'\Delta\Theta_i, & \mathfrak{I}'_2 = \beta_2 S'\Delta\Theta_i, & \ldots, & \mathfrak{I}'_7 = \beta_7 S'\Delta\Theta_i, \\ \mathfrak{I}''_1 = \gamma_1 S''\Delta^2\Theta_i, & \mathfrak{I}''_2 = \gamma_2 S''\Delta^2\Theta_i, & \ldots, & \mathfrak{I}''_7 = \gamma_7 S''\Delta^2\Theta_i, \\ \mathfrak{I}'''_1 = \delta_1 S'''\Delta^3\Theta_i, & \mathfrak{I}'''_2 = \delta_2 S'''\Delta^3\Theta_i, & \ldots, & \mathfrak{I}'''_7 = \delta_7 S'''\Delta^3\Theta_i, \\ \ldots\ldots\ldots\ldots, & \ldots\ldots\ldots\ldots, & \ldots, & \ldots\ldots\ldots\ldots, \end{array}\right.$$

et l'on tirera des équations (3) jointes aux équations (117), § VI,

$$(5)\quad \left\{\begin{array}{llll} S\beta_i = 0, & S'\beta_i = 1, & & \\ S\gamma_i = 0, & S'\gamma_i = 0, & S''\gamma_i = 1, & \\ S\delta_i = 0, & S'\delta_i = 0, & S''\delta_i = 0, & S'''\delta_i = 1, \\ \ldots\ldots, & \ldots\ldots, & \ldots\ldots, & \ldots\ldots \end{array}\right.$$

Si maintenant on applique aux expériences de Frauenhofer les formules (1), (3) et (4), alors, en partant des valeurs de Θ données par le Tableau VIII du paragraphe VI, on reconnaîtra que les sommes désignées par

$$S'\Theta_i, \quad S''\Theta_i, \quad S'''\Theta_i$$

peuvent rester composées comme l'indiquent les équations (49) du même paragraphe; et, en posant en conséquence

$$(6)\quad \left\{\begin{array}{l} S'\Theta_i = \Theta_1 + \Theta_2 + \Theta_3 + \Theta_4 - \Theta_5 - \Theta_6 - \Theta_7, \\ S''\Theta_i = -\Theta_1 - \Theta_2 + \Theta_3 + \Theta_4 + \Theta_5 + \Theta_6 - \Theta_7, \\ S'''\Theta_i = -\Theta_1 + \Theta_2 + \Theta_3 - \Theta_4 - \Theta_5 + \Theta_6 + \Theta_7, \\ \ldots\ldots\ldots\ldots\ldots\ldots\ldots\ldots\ldots\ldots, \end{array}\right.$$

on obtiendra successivement les valeurs de

$$\Delta\Theta_i, \quad \beta_i, \quad \vartheta'_i, \quad \Delta^2\Theta_i, \quad \gamma_i, \quad \vartheta''_i, \quad \Delta^3\Theta_i, \quad \delta_i, \quad \vartheta'''_i, \quad \Delta^4\Theta_i$$

que fournissent les Tableaux suivants.

Les nombres compris dans la dernière colonne verticale du Tableau I servent à prouver la justesse de nos calculs; car ces nombres, qui représentent les diverses valeurs des trois sommes

$$\Sigma'\Theta, \quad \Sigma'\Theta_i, \quad \Sigma'\Delta\Theta_i,$$

dont chacune se compose uniquement de termes positifs, vérifient les formules

$$\Sigma'\Theta_1 = \Sigma'\Theta + \Sigma'\Delta\Theta_1, \qquad \Sigma'\Theta_2 = \Sigma'\Theta + \Sigma'\Delta\Theta_2, \qquad \ldots, \qquad \Sigma'\Theta_7 = \Sigma'\Theta + \Sigma'\Delta\Theta_7,$$

que l'on déduit immédiatement des premières des équations (153).

Tableau I.

Valeurs de $\Delta\Theta_i$.

	EAU.		SOLUTION de potasse.	HUILE de térében-thine.	CROWNGLASS.			FLINTGLASS.					SOMMES.
	1re série.	2e série.			1re espèce.	2e espèce.	3e espèce.	1re espèce.	2e espèce.	3e espèce, 1re série.	3e espèce, 2e série.	4e espèce.	
Θ ...	1,786201	1,786186	1,978320	2,189883	2,348779	2,353887	2,448260	2,615351	2,690721	2,701331	2,701322	2,705825	28,306066
Θ_1 ..	1,771387	1,771500	1,958961	2,162360	2,323527	2,328164	2,417322	2,566358	2,635981	2,645712	2,645816	2,649568	27,876836
$\Delta\Theta_1$.	−0,014814	−0,014686	−0,019359	−0,027523	−0,025252	−0,025723	−0,030938	−0,048813	−0,054740	−0,055619	−0,055506	−0,056257	−0,429230
Θ ...	1,786201	1,786186	1,978320	2,189883	2,348779	2,353887	2,448260	2,615351	2,690721	2,701331	2,701322	2,705825	28,306066
Θ_2 ..	1,773457	1,773449	1,961442	2,165402	2,326538	2,331269	2,420927	2,572175	2,642177	2,651854	2,651912	2,655861	27,926463
$\Delta\Theta_2$.	−0,012744	−0,012737	−0,016878	−0,024481	−0,022241	−0,022618	−0,027333	−0,043176	−0,048544	−0,049477	−0,049410	−0,049964	−0,379603
Θ ...	1,786201	1,786186	1,978320	2,189883	2,348779	2,353887	2,448260	2,615351	2,690721	2,701331	2,701322	2,705825	28,306066
Θ_3 ..	1,778429	1,778429	1,967862	2,173955	2,334730	2,339637	2,430716	2,587255	2,658808	2,668865	2,668869	2,673344	28,060899
$\Delta\Theta_3$.	−0,007772	−0,007757	−0,010458	−0,015928	−0,014049	−0,014250	−0,017544	−0,028096	−0,031913	−0,032466	−0,032453	−0,032481	−0,245167
Θ ...	1,786201	1,786186	1,978320	2,189883	2,348779	2,353887	2,448260	2,615351	2,690721	2,701331	2,701322	2,705825	28,306066
Θ_4 ..	1,784497	1,784492	1,975801	2,185528	2,345101	2,350105	2,443438	2,606712	2,680936	2,691384	2,691225	2,696244	28,235463
$\Delta\Theta_4$.	−0,001704	−0,001694	−0,002519	−0,004355	−0,003678	−0,003782	−0,004822	−0,008639	−0,009785	−0,009947	−0,010097	−0,009581	−0,070603
Θ ...	1,786201	1,786186	1,978320	2,189883	2,348779	2,353887	2,448260	2,615351	2,690721	2,701331	2,701322	2,705825	28,306066
Θ_5 ..	1,789757	1,789677	1,982695	2,195543	2,354190	2,359457	2,454677	2,624535	2,700981	2,711886	2,711806	2,716761	28,391965
$\Delta\Theta_5$.	0,003556	0,003491	0,004375	0,005660	0,005411	0,005570	0,006417	0,009184	0,010260	0,010555	0,010484	0,010936	0,085899
Θ ...	1,786201	1,786186	1,978320	2,189883	2,348779	2,353887	2,448260	2,615351	2,690721	2,701331	2,701322	2,705825	28,306066
Θ_6 ..	1,799068	1,798981	1,995381	2,214734	2,371317	2,376707	2,476012	2,659418	2,740370	2,751781	2,751776	2,756547	28,692092
$\Delta\Theta_6$.	0,012867	0,012795	0,017061	0,024851	0,022538	−0,022820	0,027752	0,044067	0,049649	0,050450	0,050454	0,050722	0,386026
Θ ...	1,786201	1,786186	1,978320	2,189883	2,348779	2,353887	2,448260	2,615351	2,690721	2,701331	2,701322	2,705825	28,306066
Θ_7 ..	1,806813	1,806772	2,006099	2,231661	2,386049	2,391867	2,494726	2,690825	2,775796	2,787832	2,787853	2,792449	28,958742
$\Delta\Theta_7$.	0,020612	0,020586	0,027779	0,041778	0,037270	0,037980	0,046466	0,075474	0,085075	0,086501	0,086531	0,086624	0,652676

Tableau II.

Valeurs de β_i.

	$\Delta\Theta_1$.	$\Delta\Theta_2$.	$\Delta\Theta_3$.	$\Delta\Theta_4$.	$\Delta\Theta_5$.	$\Delta\Theta_6$.	$\Delta\Theta_7$.	$\Delta\Theta_1+\Delta\Theta_2$ $+\Delta\Theta_3+\Delta\Theta_4$.	$\Delta\Theta_5$ $+\Delta\Theta_6+\Delta\Theta_7$.	$S\,\Delta\Theta_i$.	$S'\,\Delta\Theta_i$.	$L(-S'\Delta\Theta_i)$
Eau. 1re série	−0,014814	−0,012744	−0,007772	−0,001704	0,003556	0,012867	0,020612	−0,037034	0,037035	0,000001	−0,074069	8696365
Eau. 2e série	−0,014686	−0,012737	−0,007757	−0,001694	0,003491	0,012795	0,020586	−0,036874	0,036782	−0,000002	−0,073746	8677385
Solution de potasse	−0,019359	−0,016878	−0,010458	−0,002519	0,004375	0,017061	0,027779	−0,049214	0,049215	0,000001	−0,098429	9931231
Huile de térébenthine	−0,027523	−0,024481	−0,015928	−0,004355	0,005660	0,024851	0,041778	−0,072287	0,072289	0,000002	−0,144576	1600963
Crownglass. 1re espèce	−0,025252	−0,022241	−0,014049	−0,003678	0,005411	0,022538	0,037270	−0,065220	0,065219	−0,000001	−0,130439	1154076
Crownglass. 2e espèce	−0,025723	−0,022618	−0,014250	−0,003782	0,005570	0,022820	0,037980	−0,066373	0,066370	−0,000003	−0,132743	1230116
Crownglass. 3e espèce	−0,030938	−0,027333	−0,017544	−0,004822	0,006417	0,027752	0,046466	−0,080637	0,080635	−0,000002	−0,161272	2075590
Flintglass. 1re espèce	−0,048813	−0,043176	−0,028096	−0,008639	0,009184	0,044067	0,075474	−0,128724	0,128725	0,000001	−0,257449	4106912
Flintglass. 2e espèce	−0,054740	−0,048544	−0,031913	−0,009785	0,010260	0,049649	0,085075	−0,144982	0,144984	0,000002	−0,289966	4623471
Flintglass. 3e espèce, 1re série	−0,055619	−0,049477	−0,032466	−0,009947	0,010555	0,050450	0,086501	−0,147509	0,147506	−0,000003	−0,295015	4698441
Flintglass. 3e espèce, 2e série	−0,055506	−0,049410	−0,032453	−0,010097	0,010484	0,050454	0,086531	−0,147466	0,147469	0,000003	−0,294935	4697264
Flintglass. 4e espèce	−0,056257	−0,049964	−0,032481	−0,009581	0,010936	0,050722	0,086624	−0,148283	0,148282	−0,000001	−0,296565	4721200
Sommes ou $\Sigma'\Delta\Theta_i$	0,429230	0,379603	0,245167	0,070603	−0,085899	−0,386026	−0,652676			$\Sigma'S'\Delta\Theta_i$	2,249204	
	6326901	5793262	3894496	8488232	9339881	5866098	8146937				3520281	
		34	125			68	40				8	
$L(\pm\Sigma'\Delta\Theta_i)$	6326901	5793296	3894621	8488232	9339881	5866166	8146977			$L(\Sigma'S'\Delta\Theta_i)$	3520289	
$L(\Sigma'S'\Delta\Theta_i)$	3520289	3520289	3520289	3520289	3520289	3520289	3520289					
$L(\pm\beta_i)$	2806612	2273007	0374332	4967943	5819592	2345877	4626688					
	6467	2953	4265			5679	6675	$\beta_1+\beta_2$ $+\beta_3+\beta_4$	β_5 $+\beta_6+\beta_7$	$S\beta_i$	$S'\beta_i$	
	145	54	67			198	13					
β_i	0,190836	0,168772	0,109002	0,031390	−0,038191	−0,171628	−0,290181	0,500000	−0,500000	0	1	

Comme on devait s'y attendre, les nombres compris dans ce Tableau vérifient rigoureusement la condition

$$S'\Sigma'\Delta\Theta_i = \Sigma'S'\Delta\Theta_i$$

et, avec une exactitude suffisante, celles que comprend la formule

$$S\Delta\Theta_i = 0.$$

Il y a plus : ils vérifient en toute rigueur les deux premières des conditions (157), savoir

$$S\beta_i = 0, \qquad S'\beta_i = 1.$$

TABLEAU III.

Valeurs de $\mathfrak{F}'_i$ et de $\Delta^2\Theta_i$ exprimées en millionièmes.

	EAU.		SOLUTION de potasse.	HUILE de térébenthine.	CROWNGLASS.			FLINTGLASS.					SOMMES.
	1re série.	2e série.			1re espèce.	2e espèce.	3e espèce.	1re espèce.	2e espèce.	3e espèce, 1re série.	3e espèce, 2e série.	4e espèce.	
$L(-S'\Delta\Theta_i)$	8696365	8677385	9931231	1600963	1154076	1230116	2075590	4106912	4623471	4698441	4697264	4721200	
$L(\beta_1)$	2806612	2806612	2806612	2806612	2806612	2806612	2806612	2806612	2806612	2806612	2806612	2806612	
$L(-\mathfrak{F}'_1)$	1502977	1483997	2737843	4407575	3960688	4036728	4882202	6913524	7430083	7505053	7503876	7527812	
$\mathfrak{F}'_1$	—14135	—14074	—18784	—27590	—24893	—25332	—30777	—49131	—55336	—56300	—56284	—56595	—0,429231
$\Delta\Theta_1$	—14814	—14686	—19359	—27523	—25252	—25723	—30938	—48813	—54740	—55619	—55506	—56257	—0,429230
$\Delta^2\Theta_1$	—679	—612	—575	67	—359	—391	—161	318	596	681	778	338	0,000001
$L(-S'\Delta\Theta_i)$	8696365	8677385	9931231	1600963	1154076	1230116	2075590	4106912	4623471	4698441	4697264	4721200	
$L(\beta_2)$	2273007	2273007	2273007	2273007	2273007	2273007	2273007	2273007	2273007	2273007	2273007	2273007	
$L(-\mathfrak{F}'_2)$	0969372	0950392	2204238	3873970	3427083	3503123	4348597	6379919	6896478	6971448	6970271	6994207	
$\mathfrak{F}'_2$	—12501	—12446	—16612	—24400	—22014	—22403	—27218	—43450	—48938	—49790	—49777	—50052	—0,379601
$\Delta\Theta_2$	—12744	—12737	—16878	—24481	—22241	—22618	—27333	—43176	—48544	—49477	—49410	—49964	—0,379603
$\Delta^2\Theta_2$	—243	—291	—266	—81	—227	—215	—115	274	394	313	367	88	—0,000002
$L(-S'\Delta\Theta_i)$	8696365	8677385	9931231	1600963	1154076	1230116	2075590	4106912	4623471	4698441	4697264	4721200	
$L(\beta_3)$	0374332	0374332	0374332	0374332	0374332	0374332	0374332	0374332	2374332	0374332	0374332	0374332	
$L(-\mathfrak{F}'_3)$	9070697	9021717	0305563	1975295	1528408	1604448	3449922	4481244	4997803	5072773	5071596	5095532	
$\mathfrak{F}_3$	—8074	—8039	—10729	—15759	—14218	—14469	—17579	—28062	—31607	—32157	—32148	—32326	0,245167
$\Delta\Theta_3$	—7772	—7757	—10458	—15928	—14049	—14250	—17544	—28096	—31913	—32466	—32453	—32481	0,245167
$\Delta^2\Theta_3$	302	282	271	—169	169	219	35	—34	—306	—309	—305	—155	0,000000

TABLEAU III (suite).

	EAU.		SOLUTION de potasse.	HUILE de térében-thine.	CROWNGLASS.			FLINTGLASS.					SOMMES.
	1re série.	2e série.			1re espèce.	2e espèce.	3e espèce.	1re espèce.	2e espèce.	3e espèce. 1re série.	3e espèce. 2e série.	4e espèce.	
$L(-S'\Delta\Theta_i)$	8696365	8677385	9931231	1600963	1154076	1230116	2075590	4106912	4623471	4698441	4697264	4721200	
$L(\beta_4)$	4967943	4967943	4967943	4967943	4967943	4967943	4967943	4967943	4967943	4967943	4967943	4967943	
$L(-\vartheta'_4)$	3664308	3645328	4999174	6568906	6122019	6198059	7043533	9074855	9591414	9666384	9665207	9689143	
ϑ'_4	−2325	−2315	−3090	−4538	−4095	−4167	−5062	−8081	−9102	−9261	−9258	−9309	−0,070603
$\Delta\Theta_4$	−1704	−1694	−2519	−4355	−3678	−3782	−4822	−8639	−9785	−9947	−10097	−9581	−0,070603
$\Delta^2\Theta_4$	621	621	571	183	417	385	240	−558	−683	−686	−839	−272	0,000000
$L(-S'\Delta\Theta_i)$	8696365	8677385	9931231	1600963	1154076	1230116	2075590	4106912	4623471	4698441	4697264	4721200	
$L(-\beta_5)$	5819592	5819592	5819592	5819592	5819592	5819592	5819592	5819592	5819592	5819592	5819592	5819592	
$L(\vartheta'_5)$	4515957	4496977	5750823	7420555	6973668	7049708	7895182	9926504	0443063	0518033	0516856	0540792	
ϑ'_5	2829	2816	3759	5522	4982	5070	6159	9832	11074	11267	11264	11326	0,085900
$\Delta\Theta_5$	3556	3491	4375	5660	5411	5570	6417	9184	10260	10555	10484	10936	0,085899
$\Delta^2\Theta_5$	727	675	616	138	429	500	258	−648	−814	−712	−780	−390	−0,000001
$L(-S'\Delta\Theta_i)$	8696365	8677385	9931231	1600963	1154076	1230116	2075590	4106912	4623471	4698441	4697264	4721200	
$L(-\beta_6)$	2345877	2345877	2345877	2345877	2345877	2345877	2345877	2345877	2345877	2345877	2345877	2345877	
$L(\vartheta'_6)$	1042242	1023262	2287108	3946840	3499953	3575993	4421467	6452789	6969348	7044318	7043141	7067077	
ϑ'_6	12712	12657	16893	24813	22387	22782	27679	44185	49766	50638	50619	50899	0,386030
$\Delta\Theta_6$	12867	12795	17061	24851	22538	22820	27752	44067	49649	50450	50454	50722	0,386026
$\Delta^2\Theta_6$	155	138	168	38	151	38	73	−118	−117	−188	−165	−177	−0,000004
$L(-S'\Delta\Theta_i)$	8696365	8677385	9831231	1600963	1154076	1230116	2075590	4106912	4623471	4698441	4697264	4721200	
$L(-\beta_7)$	4626688	4626688	4626688	4626688	4626688	4626688	4626688	4626688	4626688	4626688	4626688	4626688	
$L(\vartheta'_7)$	3323053	3304073	4557919	6227651	5780764	5856804	6702278	8733600	9250159	9325129	9323952	9347888	
ϑ'_7	21493	21400	28562	41953	37851	38520	46798	74707	84143	85608	85585	86057	0,652677
$\Delta\Theta_7$	20612	20536	27779	41778	37270	37980	46466	75474	85075	86501	86531	86624	0,652676
$\Delta^2\Theta_7$	−881	−814	−783	−175	−581	−540	−332	767	932	893	946	567	−0,000001

Tableau IV.

Valeurs de γ_i.

	$\Delta^2\Theta_1$.	$\Delta^2\Theta_2$.	$\Delta^2\Theta_3$.	$\Delta^2\Theta_4$.	$\Delta^2\Theta_5$.	$\Delta^2\Theta_6$.	$\Delta^2\Theta_7$.	$\Delta^2\Theta_3+\Delta^2\Theta_4+\Delta^2\Theta_5+\Delta^2\Theta_6$.	$\Delta^2\Theta_1+\Delta^2\Theta_2+\Delta^2\Theta_7$.	$S\Delta^2\Theta_i$.	$S''\Delta^2\Theta_i$.	$L(\pm S''\Delta^2\Theta_i)$.
Eau. 1re série	-0,000679	-0,000243	0,000302	0,000621	0,000727	0,000155	-0,000881	0,001805	-0,001803	0,000002	0,003608	5572665
Eau. 2e série	-0,000612	-0,000291	0,000282	0,000621	0,000675	0,000138	-0,000814	0,001716	-0,001717	-0,000001	0,003433	5356738
Solution de potasse	-0,000575	-0,000266	0,000271	0,000571	0,000616	0,000168	-0,000783	0,001626	-0,001624	0,000002	0,003250	5118834
Huile de térébenthine	0,000067	-0,000081	-0,000169	0,000183	-0,000138	0,000038	-0,000175	0,000190	-0,000189	0,000001	0,000379	5786392
Crownglass. 1re espèce	-0,000359	-0,000227	0,000169	0,000417	0,000429	0,000152	-0,000581	0,001166	-0,001167	-0,000001	0,002333	3679147
Crownglass. 2e espèce	-0,000391	-0,000215	0,000219	0,000385	0,000500	0,000038	-0,000540	0,001142	-0,001146	-0,000004	0,002288	3594560
Crownglass. 3e espèce	-0,000161	-0,000115	0,000035	0,000240	0,000258	0,000073	-0,000332	0,000606	-0,000608	-0,000002	0,001214	0842187
Flintglass. 1re espèce	0,000318	0,000274	-0,000034	-0,000558	-0,000648	-0,000118	0,000767	-0,001358	0,001359	0,000001	-0,002717	4340896
Flintglass. 2e espèce	0,000596	0,000394	-0,000306	-0,000683	-0,000814	-0,000117	0,000932	-0,001920	0,001922	-0,000002	-0,003842	5845574
Flintglass. 3e esp., 1re série	0,000681	0,000313	-0,000309	-0,000686	-0,000712	-0,000183	0,000893	-0,001890	0,001887	-0,000003	-0,003777	5771470
Flintglass. 3e esp., 2e série	0,000778	0,000367	-0,000305	-0,000839	-0,000780	-0,000165	0,000946	-0,002089	0,002091	0,000002	-0,004180	6211763
Flintglass. 4e espèce	0,000338	0,000088	-0,000155	-0,000272	-0,000390	-0,000177	0,000567	-0,000994	0,000993	-0,000001	-0,001987	2981979
Sommes. Flintglass	0,002711	0,001436	-0,001109	-0,003038	-0,003344	-0,000760	0,004105				-0,016503	
Sommes. Les autres substances	-0,002710	-0,001438	0,001109	0,003038	0,003343	-0,000761	-0,004106				0,016505	
$\Sigma\Delta^2\Theta_i$	0,000001	-0,000002	0,000000	0,000000	-0,000001	0,000001	-0,000001			$\Sigma S''\Delta^2\Theta_i$	0,00000	
$\Sigma''\Delta^2\Theta_i$	-0,005421	-0,002874	0,002218	0,006076	0,006687	0,001521	-0,008211			$\Sigma'' S''\Delta^2\Theta_i$	0,033008	
$L(\Sigma''\Delta^2\Theta_i)$	7340794	4584868	3459615	7836178	8252313	1821292	9149361			$L(\Sigma'' S''\Delta^2\Theta_i)$	5186192	
$L(\Sigma'' S''\Delta^2\Theta_i)$	5186192	5186192	5186192	5186192	5186192	5186192	5186192					
$L(\mp\gamma_i)$	2154602	9398676	8273423	2649986	3066121	6635100	3957769	$\gamma_3+\gamma_4+\gamma_5+\gamma_6$	$\gamma_1+\gamma_2+\gamma_7$	$S\gamma_i$	$S''\gamma_i$	
	-0,16423	-0,08707	0,06720	0,18408	0,20259	0,04688	-0,24876	0,49995	-0,50006	-0,00011	1,00001	

Comme on devait s'y attendre, les nombres compris dans ce Tableau vérifient rigoureusement les deux conditions

$$S''\Sigma\Delta^2\Theta_i = \Sigma S''\Delta^2\Theta_i, \qquad S''\Sigma''\Delta^2\Theta_i = \Sigma'' S''\Delta^2\Theta_i,$$

et, avec une exactitude suffisante, celles que comprennent les formules

$$S\Delta^2\Theta_i = 0, \quad \Sigma\Delta^2\Theta_i = 0, \quad S''\Sigma\Delta^2\Theta_i = \Sigma S''\Delta^2\Theta_i = 0, \quad S\gamma_i = 0, \quad S'\gamma_i = 0, \quad S''\gamma_i = 1,$$

ce qui prouve la justesse de nos calculs.

TABLEAU V.

Valeurs de $\mathfrak{I}''_i$ et de $\Delta^3\Theta_i$ exprimées en millionièmes.

	EAU.		SOLUTION de potasse.	HUILE de térében-thine.	CROWNGLASS.			FLINTGLASS.					SOMMES.
	1re série.	2e série.			1re espèce.	2e espèce.	3e espèce.	1re espèce.	2e espèce.	3e espèce. 1re série.	3e espèce. 2e série.	4e espèce.	
$L(\pm S''\Delta^2\Theta_i)$	5572665	5356738	5118834	5786392	3679147	3594560	0842187	4340896	5845574	5771470	6211763	2981979	
$L(-\gamma_1)$	2154602	2154602	2154602	2154602	2154602	2154602	2154602	2154602	2154602	2154602	2154602	2154602	
$L(\mp \mathfrak{I}''_1)$	7727267	7511340	7273436	7940094	5833749	5749162	2996789	6495498	8000176	7926072	8366365	5136581	
$\mathfrak{I}''_1$	—593	—564	—534	—62	—383	—376	—199	446	631	620	686	326	—0,000002
$\Delta^2\Theta_1$	—679	—612	—575	67	—359	—391	—161	318	596	681	778	338	0,000001
$\Delta^3\Theta_1$	—86	—48	—41	129	24	—15	38	—128	—35	61	92	12	—0,000003
$L(\pm S''\Delta^2\Theta_i)$	5572665	5356738	5118834	5786392	3679147	3594560	0842187	4340896	5845574	5771470	6211763	2981979	
$L(-\gamma_2)$	9398676	9398676	9398676	9398676	9398676	9398676	9398676	9398676	9398676	9398676	9398676	9398676	
$L(\mp \mathfrak{I}''_2)$	4971341	4755414	4517510	5185068	3077823	2993236	0240863	3739572	5244250	5170146	5610439	2380655	
$\mathfrak{I}''_2$	—314	—299	—283	—33	—203	—199	—106	237	335	329	364	173	0,000001
$\Delta^2\Theta_2$	—243	—291	—266	—81	—227	—215	—115	274	394	313	367	88	—0,000002
$\Delta^3\Theta_2$	71	8	17	—48	—24	—16	—9	37	59	—16	3	—85	—0,000003
$L(\pm S''\Delta^2\Theta_i)$	5572665	5356738	5118834	5786392	3779147	3594560	0842187	4340896	5845574	5771470	6211763	2981979	
$L(\gamma_3)$	8273423	8273423	8273423	8273423	8273423	8273423	8273423	8273423	8273423	8273423	8273423	8273423	
$L(\pm \mathfrak{I}''_3)$	3846088	3630161	3392257	4059815	1952570	1867983	9115610	2614319	4118997	4044893	4485186	1255402	
$\mathfrak{I}''_3$	242	231	218	25	157	154	82	—183	—258	—254	—281	—134	—0,000001
$\Delta^2\Theta_3$	302	282	271	—169	169	219	35	—34	—306	—309	—305	—155	0,000000
$\Delta^3\Theta_3$	60	51	53	—194	12	65	—47	149	—48	—55	—24	—21	0,000001

$L(\pm S'' \Delta^2 \Theta_i)$	5572665	5356738	5118834	5786392	3679147	3594560	0842187	4340896	5845574	5771470	6211763	2981979	
$L(\gamma_4)$	2649986	2649986	2649986	2649986	2649986	2649986	2649986	2649986	2649986	2649986	2649986	2649986	
$L(\pm \mathfrak{I}''_4)$	8222651	8006724	7768820	8436378	6329130	8244546	3492173	6990882	8495560	8421456	8861749	5631965	
$\mathfrak{I}''_4$	664	632	598	70	429	421	223	−500	−707	−695	−769	−366	0,000000
$\Delta^2 \Theta_4$	621	621	571	183	417	385	240	−558	−683	−686	−839	−272	0,000000
$\Delta^3 \Theta_4$	−43	−11	−27	113	−12	−36	17	−58	24	9	−70	94	0,000000
$L(\pm S'' \Delta^2 \Theta_i)$	5572665	5356738	5118834	5786392	3679147	3594560	0842187	4340896	5845574	5771470	6211763	2981979	
$L(\gamma_5)$	3066121	3066121	3066121	3066121	3066121	3066121	3066121	3066121	3066121	3066121	3066121	3066121	
$L(\pm \mathfrak{I}''_5)$	8638786	8422859	8184955	8852513	6745268	6660681	3908308	7407017	8911695	8837591	9277884	6048100	
$\mathfrak{I}''_5$	731	695	658	77	473	464	246	−550	−778	−765	−847	−403	0,000001
$\Delta^2 \Theta_5$	727	675	616	138	429	500	258	−648	−814	−712	−780	−390	−0,000001
$\Delta^3 \Theta_5$	−4	−20	−42	61	−44	36	12	−98	−36	53	67	13	−0,000002
$L(\pm S'' \Delta^2 \Theta_i)$	5572665	5356738	5118834	5786392	3679147	3594560	0842187	4340896	5845574	5771470	6211763	2981979	
$L(\gamma_6)$	6635100	6635100	6635100	6635100	6635100	6635100	6635100	6635100	6635100	6635100	6635100	6635100	
$L(\pm \mathfrak{I}''_6)$	2207765	1991838	1753934	2421492	0314247	0229660	7477287	0975996	2480674	2406570	2846863	9617079	
$\mathfrak{I}''_6$	166	158	150	17	108	105	56	−125	−177	−174	−193	−92	−0,000001
$\Delta^2 \Theta_6$	155	138	168	38	151	38	73	−118	−117	−183	−165	−177	0,000001
$\Delta^3 \Theta_6$	−11	−20	18	21	43	−67	17	7	60	−9	28	−85	0,000002
$L(\pm S'' \Delta^2 \Theta_i)$	5572665	5356738	5118834	5786392	3679147	3594560	0842187	4340896	5845574	5771470	6211763	2981979	
$L(-\gamma_7)$	3957769	3957769	3957769	3957769	3957769	3957769	3957769	3957769	3957769	3957769	3957769	3957769	
$L(\mp \mathfrak{I}''_7)$	9530434	9314507	8076603	9744161	7636916	7552329	1799956	8298665	9803343	9729239	0169532	6939748	
$\mathfrak{I}''_7$	−898	−854	−808	−94	−580	−569	−302	676	956	940	1040	494	0,000001
$\Delta^2 \Theta_7$	−881	−814	−783	−175	−581	−540	−332	767	932	893	946	567	−0,000001
$\Delta^3 \Theta_7$	17	40	25	−81	−1	29	−30	91	−24	−47	−94	73	−0,000002

TABLEAU VI.

Valeurs de δ_i.

	$\Delta^3\Theta_1$.	$\Delta^3\Theta_2$.	$\Delta^3\Theta_3$.	$\Delta^3\Theta_4$.	$\Delta^3\Theta_5$.	$\Delta^3\Theta_6$.	$\Delta^3\Theta_7$.	$\Delta^3\Theta_2+\Delta^3\Theta_3$ $+\Delta^3\Theta_6+\Delta^3\Theta_7$.	$\Delta^3\Theta_1$ $+\Delta^3\Theta_4+\Delta^3\Theta_5$.	$S\Delta^3\Theta_i$.	$S'''\Delta^3\Theta_i$.	$L(\pm S'''\Delta^3\Theta_i)$.
Eau. 1re série	-0,000086	0,000071	0,000069	-0,000043	-0,000004	-0,000011	0,000017	0,000137	-0,000133	0,000004	0,000270	4313638
Eau. 2e série	-0,000048	0,000008	0,000051	-0,000011	-0,000020	-0,000020	0,000040	0,000079	-0,000079	0,000000	0,000158	1986571
Solution de potasse	-0,000041	0,000017	0,000053	-0,000027	-0,000042	0,000018	0,000025	0,000113	-0,000110	0,000003	0,000223	3483049
Huile de térébenthine	0,000129	-0,000048	-0,000194	0,000113	0,000061	0,000021	-0,000081	-0,000302	0,000303	0,000001	-0,000605	7817554
Crownglass. 1re espèce	0,000024	-0,000024	0,000012	-0,000012	-0,000044	0,000043	-0,000001	0,000030	-0,000032	-0,000002	0,000062	7923917
Crownglass. 2e espèce	-0,000015	-0,000016	0,000065	-0,000036	0,000036	-0,000067	0,000029	0,000011	-0,000015	-0,000004	0,000026	4149734
Crownglass. 3e espèce	0,000038	-0,000009	-0,000047	0,000017	0,000012	0,000017	-0,000030	-0,000069	0,000067	-0,000002	-0,000136	1335389
Flintglass. 1re espèce	-0,000128	0,000037	0,000149	-0,000058	-0,000098	0,000007	0,000091	0,000284	-0,000284	0,000000	0,000568	7543483
Flintglass. 2e espèce	-0,000035	0,000059	-0,000048	0,000024	-0,000036	0,000060	-0,000024	0,000047	-0,000047	0,000000	0,000094	9731279
Flintglass. 3e espèce, 1re série	0,000061	-0,000016	-0,000055	0,000009	0,000053	-0,000009	-0,000047	-0,000127	0,000123	-0,000004	-0,000250	2979400
Flintglass. 3e espèce, 2e série	0,000092	0,000003	-0,000024	-0,000070	0,000067	0,000028	-0,000094	-0,000087	0,000089	0,000002	-0,000176	2455127
Flintglass. 4e espèce	0,000012	-0,000085	-0,000021	0,000094	0,000013	-0,000085	0,000073	-0,000118	0,000119	0,000001	-0,000237	3747484
Sommes. Eau, potasse, 1re et 2e esp. de crowngl. et flintgl.	-0,000329	0,000152	0,000342	-0,000163	-0,000208	0,000030	0,000177				0,001401	
Sommes. les autres substances.	0,000332	-0,000155	-0,000341	0,000163	0,000206	-0,000028	-0,000179				-0,001404	
$\Sigma\Delta^3\Theta_i$	0,000003	-0,000003	0,000001	0,000000	-0,000002	0,000002	-0,000002			$\Sigma S'''\Delta^3\Theta_i$	-0,000003	
$\Sigma'''\Delta^3\Theta_i$	-0,000661	0,000307	0,000683	-0,000325	-0,000414	0,000058	0,000356			$\Sigma'''S'''\Delta^3\Theta_i$	0,002805	
$L(\mp\Sigma'''\Delta^3\Theta_i)$	8202015	4871384	8344207	5131176	6170003	7634280	5514500			$L(\Sigma'''S'''\Delta^3\Theta_i)$	4479329	
$L(\Sigma'''S'''\Delta^3\Theta_i)$	4479329	4479329	4479329	4479329	4479329	4479329	4479329					
Différence	3722686	0392055	3364878	0652847	1690674	3154951	1035171	$\delta_2+\delta_3+\delta_6+\delta_7$	$\delta_1+\delta_4+\delta_5$	$S\delta_i$	$S'''\delta_i$	
δ_i	-0,2357	0,1094	0,2435	-0,1162	-0,1476	0,0207	0,1269	0,5005	-0,4995	-0,0010	1,000	

Comme on devait s'y attendre, les nombres compris dans ce Tableau vérifient rigoureusement les deux conditions

$$S'''\Sigma\Delta^3\Theta_i = \Sigma S'''\Delta^3\Theta_i, \qquad S'''\Sigma'''\Delta^3\Theta_i = \Sigma'''S'''\Delta^3\Theta_i,$$

et, avec une exactitude suffisante, celles que comprennent les formules

$$S\Delta^3\Theta_i = 0, \quad \Sigma\Delta^3\Theta_i = 0, \quad S'''\Sigma\Delta^3\Theta_i = \Sigma S'''\Delta^3\Theta_i, \quad S\delta_i = 0, \quad S'\delta_i = 0, \quad S''\delta_i = 0, \quad S'''\delta_i = 1,$$

ce qui prouve la justesse de nos calculs.

TABLEAU VII.

Valeurs de $\mathfrak{I}'''_i$ et de $\Delta^4\Theta_i$ exprimées en millionièmes.

	EAU.		SOLUTION de potasse.	HUILE de térébenthine.	CROWNGLASS.			FLINTGLASS.					SOMMES.
	1re série.	2e série.			1re espèce.	2e espèce.	3e espèce.	1re espèce.	2e espèce.	3e espèce. 1re série.	3e espèce. 2e série.	4e espèce.	
$L(\pm S''' \Delta^3\Theta_i)$	4313638	1986571	3483049	7817554	7923917	4149734	1335389	7543483	9731279	3979400	2455127	3747484	
$L(-\delta_1)$	3722686	3722686	3722686	3722686	3722686	3722686	3722686	3722686	3722686	3722686	3722686	3722686	
$L(\mp \mathfrak{I}'''_1)$	8036324	5709257	7205735	1540240	1646603	7872420	5058075	1266169	3453965	7702086	6177813	7470170	
$\mathfrak{I}'''_1$	—64	—37	—53	143	—15	—6	32	—134	—22	59	41	56	0,000003
$\Delta^3\Theta_1$	—86	—48	—41	129	24	—15	38	—128	—35	61	92	12	0,000003
$\Delta^4\Theta_1$	—22	—11	12	—14	39	—9	6	6	—13	2	51	—44	0,000000
$L(\pm S''' \Delta^3\Theta_i)$	4313638	1986571	3483049	7317554	7923917	4149734	1335389	7543483	9721279	3979400	2455127	3747484	
$L(\delta_2)$	0392055	0392055	0392055	0392055	0392055	0392055	0392055	0392055	0392055	0392055	0392055	0392055	
$L(\pm \mathfrak{I}'''_2)$	4705693	2378626	3875104	8209609	8315972	4541789	1727444	7935538	0123334	4371455	2847182	4139539	
$\mathfrak{I}'''_2$	30	17	24	—66	7	3	—15	62	10	—27	—19	—26	0,000000
$\Delta^3\Theta_2$	71	8	17	—48	—24	—16	—9	37	59	—16	3	—85	—0,000003
$\Delta^4\Theta_2$	41	—9	—7	18	—31	—19	6	—25	49	11	22	—59	—0,000003
$L(\pm S''' \Delta^3\Theta_i)$	4313638	1986571	3483049	7817554	7923917	4149734	1335389	7543483	9731279	3979400	2455127	3747484	
$L(\delta_3)$	3864878	3864878	3864878	3864878	3864878	3864878	3864878	3864878	3864878	3864878	3864878	3864878	
$L(\pm \mathfrak{I}'''_3)$	8178516	5851449	7347927	1682432	1788795	8014612	5200267	1408361	5596157	7844278	6320005	7612362	
$\mathfrak{I}'''_3$	66	38	54	—147	15	6	—33	138	23	—61	—43	—58	—0,000002
$\Delta^3\Theta_3$	60	51	53	—194	12	65	—47	149	—48	—55	—24	—21	0,000001
$\Delta^4\Theta_3$	—6	13	—1	47	—3	59	—14	11	71	8	19	37	0,000003

TABLEAU VII (suite).

	EAU.		SOLUTION de potasse.	HUILE de térében-thine.	CROWNGLASS.			FLINTGLASS.					SOMMES.
	1re série.	2e série.			1re espèce.	2e espèce.	3e espèce.	1re espèce.	2e espèce.	3e espèce. 1re série.	3e espèce, 2e série.	4e espèce.	
$L(\pm S'''\Delta^3\Theta_i)$	4313638	1986571	3483049	7817554	7923917	4149734	1335389	7543483	9731279	3979400	2455127	3747484	
$L(-\delta_4)$	0652847	0652847	0652847	0652847	0652847	0652847	0652847	0652847	0652847	0652847	0652847	0652847	
$L(\mp\vartheta'''_4)$	1966485	2639418	4135896	8470401	8576764	4802581	1988236	8196330	0384126	4632247	3107974	4400331	
ϑ'''_4	−31	−18	−26	70	−7	−3	16	−66	−11	29	20	28	0,000001
$\Delta^3\Theta_4$	−43	−11	−27	113	−12	−36	17	−58	24	9	−70	94	0,000000
$\Delta^4\Theta_4$	−12	7	−1	43	−5	−33	1	8	35	−20	−90	66	−0,000001
$L(\pm S'''\Delta^3\Theta_i)$	4313638	1986571	3483049	7817554	7923917	4149734	1335389	7543483	9731279	3979400	2455127	3747484	
$L(-\delta_5)$	1690674	1690674	1690674	1690674	1690674	1690674	1690674	1690674	1690674	1690674	1690674	1690674	
$L(\mp\vartheta'''_5)$	6004312	3677245	5173723	9508228	9614591	5840408	3026063	9234157	1421953	5670074	4145801	5438158	
ϑ'''_5	−40	−23	−43	89	−9	−4	20	−84	−14	37	26	35	0,000000
$\Delta^3\Theta_5$	−4	−20	−42	61	−44	36	12	−98	−36	53	67	13	−0,000002
$\Delta^4\Theta_5$	36	3	−9	−28	−35	40	−8	−14	−22	16	41	−22	−0,000002
$L(\pm S'''\Delta^3\Theta_i)$	4313638	1986571	3483049	7817554	7923917	4149734	1335389	7543483	9731279	3979400	2455127	3747484	
$L(\delta_6)$	3154951	3154951	3154951	3154951	3154951	3154951	3154951	3154951	3154951	3154951	3154951	3154951	
$L(\pm\vartheta'''_6)$	7468589	5141522	6638000	0972505	1018868	7304685	4490340	0698434	2886230	7134351	5610078	6902435	
ϑ'''_6	6	3	5	−13	1	1	−3	12	2	−5	−4	−5	0,000000
$\Delta^3\Theta_6$	−11	−20	18	21	43	−67	17	7	60	−9	28	−85	0,000002
$\Delta^4\Theta_6$	−17	−23	13	34	42	−68	20	−5	−58	−4	32	−80	0,000002
$L(\pm S'''\Delta^3\Theta_i)$	4313638	1986571	3483049	7817554	7923917	4149734	1335389	7543483	9731279	3979400	2455127	3747484	
$L(\delta_7)$	1035171	1035171	1035171	1035171	1035171	1035171	1035171	1035171	1035171	1035171	1035171	1035171	
$L(\pm\vartheta'''_7)$	5348809	3021742	4518220	8852725	8959088	5184905	2370560	8578654	0766450	5014571	3490298	4782655	
ϑ'''_7	34	20	28	−77	8	3	−17	72	12	−32	−22	−30	−0,000001
$\Delta^3\Theta_7$	17	40	25	−81	−1	29	−30	91	−24	−47	−94	73	−0,000002
$\Delta^4\Theta_7$	−17	20	−3	−4	−9	26	−13	19	−36	−15	−72	103	−0,000001

D'après le Tableau qui précède, la plus grande des valeurs numériques de $\Delta^4\Theta_i$, représentée par le nombre

$$0,000103,$$

est de beaucoup inférieure au nombre

$$0,000159$$

qui représente la plus grande des valeurs numériques des variations de Θ_i comprises dans la 7e ligne horizontale du Tableau VII du § VI, d'où il résulte encore que, dans l'application de nos formules aux expériences de Frauenhofer, on peut, sans erreur sensible, réduire le second membre de l'équation (1) ou (9) (§ VI) à ses quatre premiers termes. Il y a plus : en raisonnant comme dans le § VI, on prouvera que les valeurs de Θ_i déduites de l'expérience méritent moins de confiance que les valeurs corrigées de Θ_i qu'on tirerait des équations (1) en y remplaçant généralement $\Delta^4\Theta_i$ par zéro. D'ailleurs, comme en vertu des formules (1) on aura

$$\Theta_i = \Theta + \vartheta'_i + \vartheta''_i + \vartheta'''_i + \Delta^4\Theta_i, \tag{7}$$

les valeurs corrigées de Θ_i, ou celles qu'on obtiendra en remplaçant, dans le second membre de l'équation (7), $\Delta\Theta_i$ par zéro, seront évidemment les diverses valeurs du polynôme

$$\Theta + \vartheta'_i + \vartheta''_i + \vartheta'''_i = \Theta_i - \Delta^4\Theta_i. \tag{8}$$

Cela posé, on tirera sans peine des Tableaux I, III, V et VII le Tableau suivant qui offre, non seulement les valeurs de Θ_i immédiatement déduites de l'expérience, mais aussi les valeurs corrigées de Θ_i ou, en d'autres termes, les valeurs de

$$\Theta_i - \Delta^4\Theta_i,$$

et montre comment ces dernières valeurs se trouvent formées par l'addition des quantités

$$\Theta,\quad \vartheta'_i,\quad \vartheta''_i,\quad \vartheta'''_i.$$

TABLEAU VIII.

Valeurs de ϑ'_i, ϑ''_i, ϑ'''_i *et de* $\Theta_i - \Delta^4\Theta_i$.

	EAU.		SOLUTION de potasse.	HUILE de térében-thine.	CROWNGLASS.			FLINTGLASS.					SOMMES.
	1re série.	2e série.			1re espèce.	2e espèce.	3e espèce.	1re espèce.	2e espèce.	3e espèce, 1re série.	3e espèce, 2e série.	4e espèce.	
Θ.........	1,786201	1,786186	1,978320	2,189883	2,348779	2,353887	2,448260	2,615351	2,690721	2,701331	2,701322	2,705825	28,306066
ϑ'_1........	—14135	—14074	—18784	—27590	—24893	—25332	—30777	—49131	—55336	—56300	—56284	—56595	-0,429231
ϑ''_1........	—593	—564	—534	—62	—333	—376	—199	446	631	620	686	326	-2
ϑ'''_1........	—64	—37	—53	143	—15	—6	32	—134	—22	59	41	56	0
$\Theta_1 - \Delta^4\Theta_1$..	1,771409	1,771511	1,958949	2,162374	2,323488	2,328173	2,417316	2,566532	2,635994	2,645710	2,645765	2,649612	27,876833
$\Delta^4\Theta_1$......	—22	—11	12	—14	39	—9	6	6	—13	2	51	—44	3
Θ_1...	1,771387	1,771500	1,958961	2,162360	2,323527	2,328164	2,417322	2,566538	2,635981	2,645712	2,645816	2,649568	27,876836
Θ.........	1,786201	1,786186	1,978320	2,189883	2,348779	2,353887	2,448260	2,615351	2,690721	2,701331	2,701322	2,705825	28,306066
ϑ'_2........	—12501	—12446	—16612	—24400	—22014	—22403	—27218	—43450	—48938	—49790	—49774	—50052	-0,379601
ϑ''_2........	—314	—299	—283	—33	—203	—199	—106	237	335	329	364	173	1
ϑ'''_2........	30	17	24	—66	7	3	—15	62	10	—27	—19	—26	0
$\Theta_2 - \Delta^4\Theta_2$..	2,773416	1,773458	1,961449	2,165384	2,326569	2,331288	2,420921	2,572200	2,642128	2,651843	2,651890	2,655920	27,926466
$\Delta^4\Theta_2$......	41	—9	—7	18	—31	—19	6	—25	49	11	22	—59	—3
Θ_2...	1,773457	1,773449	2,961442	2,165402	2,326538	2,331269	2,420927	2,572175	2,642177	2,651854	2,651912	2,655861	27,926463
Θ.........	1,786201	1,786186	1,978320	2,189883	2,348779	2,353887	2,448260	2,615351	2,690721	2,701331	2,701322	2,705825	28,306066
ϑ'_3........	—8074	—8039	—10729	—15759	—14218	—14469	—17579	—28062	—31607	—32157	—32148	—32326	-0,245167
ϑ''_3........	242	231	218	25	157	154	82	—183	—258	—254	—281	—134	—1
ϑ'''_3........	66	38	54	—147	15	6	—33	138	23	—61	—43	—58	—2
$\Theta_3 - \Delta^4\Theta_3$..	1,778435	1,778416	1,967863	2,174002	2,334733	2,339578	2,430730	2,587244	2,658879	2,668859	2,668850	2,673307	28,060896
$\Delta^4\Theta_3$......	—6	13	—1	—47	—3	59	—14	11	—71	6	19	37	3
Θ_3...	1,778429	1,778429	1,967862	2,173955	2,334730	2,339637	2,430716	2,587255	2,658808	2,668865	2,668869	2,673344	28,060899

Θ	1,786201	1,786186	1,978320	2,189883	2,348779	2,353887	2,448260	2,615351	2,690721	2,701331	2,701322	2,705825	28,306066
ϑ'_4	—2325	—2315	—3090	—4538	—4095	—4167	—5062	—8081	—9102	—9261	—9258	—9309	-0,070603
ϑ''_4	664	632	598	70	429	421	223	—500	—707	—695	—769	—366	0
ϑ'''_4	—31	—18	—26	70	—7	—3	16	—66	—11	29	20	28	1
$\Theta_4 - \Delta^4\Theta_4$	1,784509	1,784485	1,975802	2,185485	2,345106	2,350138	2,443437	2,606704	2,680901	2,691404	2,691315	2,696178	28,235464
$\Delta^4\Theta_4$	—12	7	—1	43	—5	—33	1	8	35	—20	—90	66	—1
Θ_4	1,784497	1,784492	1,975801	2,185528	2,345101	2,350105	2,443438	2,606712	2,680936	2,691384	2,691225	2,696244	28,235463

Θ	1,786201	1,786186	1,978320	2,189883	2,348779	2,353887	2,448260	2,615351	2,690721	2,701331	2,701322	2,705825	28,306066
ϑ'_5	2829	2816	3759	5522	4982	5070	6159	9832	11074	11267	11264	11326	0,085900
ϑ''_5	731	695	658	77	473	464	246	—550	—778	—765	—847	—403	1
ϑ'''_5	—40	—23	—33	89	—9	—4	20	—84	—14	37	26	35	0
$\Theta_5 - \Delta^4\Theta_5$	1,789721	1,789674	1,982704	2,195571	2,354225	2,359417	2,454685	2,624549	2,701003	2,711870	2,711765	2,716783	28,391967
$\Delta^4\Theta_5$	36	3	—9	—28	—35	40	—8	—14	—22	16	41	—22	—2
Θ_5	1,789757	1,789677	1,982695	2,195543	2,354190	2,359457	2,454677	2,624535	2,700981	2,711886	2,711806	2,716761	28,391965

Θ	1,786201	1,786186	1,978320	2,189883	2,348779	2,353887	2,448260	2,615351	2,690721	2,701331	2,701322	2,705825	28,306066
ϑ'_6	12712	12657	16893	24818	22387	22782	27679	44185	49766	50633	50619	50899	0,386025
ϑ''_6	166	158	150	17	108	105	56	—125	—177	—174	—193	—92	—1
ϑ'''_6	6	3	5	—13	1	1	—3	12	2	—5	—4	—5	0
$\Theta_6 - \Delta^4\Theta_6$	1,799085	1,799004	1,995368	2,214700	2,371275	2,376775	2,475992	2,659423	2,740312	2,751785	2,751744	2,756627	28,692090
$\Delta^4\Theta_6$	—17	—23	13	34	42	—68	20	—5	58	—4	32	—80	2
Θ_6	1,799068	1,798981	1,995381	2,214734	2,371317	2,376707	2,476012	2,659418	2,740370	2,751781	2,751776	2,756547	28,692092

Θ	1,786201	1,786186	1,978320	2,189883	2,348779	2,353887	2,448260	2,615351	2,690721	2,701331	2,701322	2,705825	28,306066
ϑ'_7	21493	21400	28562	41953	37851	38520	46798	74707	84143	85608	85585	86057	0,652677
ϑ''_7	—898	—854	—808	—94	—580	—569	—302	676	956	940	1040	494	1
ϑ'''_7	34	20	28	—77	8	3	—17	72	12	—32	—22	—30	—1
$\Theta_7 - \Delta^4\Theta_7$	1,806830	1,806752	2,006102	2,231665	2,386058	2,391841	2,494739	2,690806	2,775832	2,787847	2,787925	2,792346	28,958743
$\Delta^4\Theta_7$	—17	20	—3	—4	—9	26	—13	19	—36	—15	—72	103	—1
Θ_7	1,806813	1,806772	2,006099	2,231661	2,386049	2,391867	2,494726	2,690825	2,775796	2,787832	2,787853	2,792449	28,958742

Dans le Tableau VIII, ainsi qu'on devait s'y attendre, les valeurs numériques des quatre quantités

$$(9)\qquad \Theta,\quad \mathfrak{I}'_i,\quad \mathfrak{I}''_i,\quad \mathfrak{I}'''_i$$

forment généralement une suite décroissante. La seule substance pour laquelle cette condition ne soit pas toujours remplie est l'huile de térébenthine. Encore, pour cette substance, les exceptions sont-elles seulement relatives à la valeur numérique de $\mathfrak{I}'''_i$, qui devient supérieure, quand il s'agit des rayons B, C, D, F, à la valeur numérique de $\mathfrak{I}''_i$.

Les valeurs de

$$\Theta_i - \Delta^4\Theta_i$$

fournies par le Tableau VIII, c'est-à-dire, en d'autres termes, les carrés des indices de réfraction, calculés pour les rayons et les substances auxquelles se rapportent les expériences de Frauenhofer, et corrigés d'après les principes ci-dessus exposés, se réduisent évidemment, pour chaque substance, à sept valeurs particulières d'une même fonction linéaire des quantités

$$\beta_i,\quad \gamma_i,\quad \delta_i,$$

et pour chaque rayon à des valeurs particulières d'une fonction linéaire des seules quantités

$$(10)\qquad \Theta = \tfrac{1}{7}S\Theta_i,\qquad U' = S'\Theta_i,\qquad U'' = S''\Theta_i,\qquad U''' = S'''\Theta_i.$$

En effet, on tirera successivement des équations (1) et (4)

$$\Delta\Theta_i = \Theta_i - \Theta,$$

$$S'\Delta\Theta_i = S'(\Theta_i - \Theta) = S'\Theta_i - \Theta = U' - \Theta,$$

puis

$$\mathfrak{I}'_i = (U' - \Theta)\beta_i,$$

$$\Delta^2\Theta_i = \Delta\Theta_i - \mathfrak{I}'_i = \Theta_i - \Theta - (U' - \Theta)\beta_i,$$

$$\begin{aligned} S''\Delta^2\Theta_i = S''[\Theta_i - \Theta - (U' - \Theta)\beta_i] &= S''\Theta_i - \Theta - (U' - \Theta)S''\beta_i \\ &= U'' - \Theta - (U' - \Theta)S''\beta_i, \end{aligned}$$

puis encore

$$\mathfrak{I}''_i = [U'' - \Theta - (U' - \Theta) S''\beta_i]\gamma_i,$$

$$\Delta^3\Theta_i = \Delta^2\Theta_i - \mathfrak{I}''_i = \Theta_i - \Theta - (U' - \Theta)\beta_i - [U'' - \Theta - (U' - \Theta) S''\beta_i]\gamma_i,$$

$$\begin{aligned} S'''\Delta^3\Theta_i &= S'''\{\Theta_i - \Theta - (U' - \Theta)\beta_i - [U'' - \Theta - (U' - \Theta) S''\beta_i]\}\gamma_i \\ &= U'' - \Theta - (U' - \Theta) S'''\beta_i - [U'' - \Theta - (U' - \Theta) S''\beta_i] S'''\gamma_i, \end{aligned}$$

et enfin

$$\mathfrak{I}'''_i = \{U''' - \Theta - (U' - \Theta) S'''\beta_i - [U''' - \Theta - (U' - \Theta) S''\beta_i] S'''\gamma_i\}\delta_i.$$

Or, en substituant les valeurs précédentes de

$$\mathfrak{I}'_i, \quad \mathfrak{I}''_i, \quad \mathfrak{I}'''_i$$

dans le premier membre de l'équation (8), on tirera de cette équation

$$(11) \left\{ \begin{aligned} \Theta_i - \Delta^4\Theta_i = \Theta &+ (U' - \Theta)\beta_i + [U'' - \Theta - (U' - \Theta) S''\beta_i]\gamma_i \\ &+ \{U''' - \Theta - (U' - \Theta) S'''\beta_i - [U'' - \Theta - (U' - \Theta) S''\beta_i] S'''\gamma_i\}\delta_i. \end{aligned} \right.$$

Telle est la formule à l'aide de laquelle la valeur corrigée de Θ_i, ou, ce qui revient au même, la valeur de $\Theta_i - \Delta^4\Theta_i$, se trouve déterminée pour chaque substance en fonction linéaire des quantités

$$\beta_i, \quad \gamma_i, \quad \delta_i$$

qui varient avec les divers rayons, et pour chaque rayon en fonction linéaire des quantités

$$\Theta, \quad U, \quad U', \quad U''$$

qui varient avec la substance que l'on considère. D'ailleurs on reconnaîtra sans peine : 1° que, si le second membre de la formule (11) est substitué à la place de $\Theta_i - \Delta^4\Theta_i$ dans les quatre sommes

$$S(\Theta_i - \Delta^4\Theta_i), \quad S'(\Theta_i - \Delta^4\Theta_i), \quad S''(\Theta_i - \Delta^4\Theta_i), \quad S'''(\Theta_i - \Delta^4\Theta_i),$$

ces quatre sommes, réduites à leur expression la plus simple en vertu des équations (5), deviendront, comme on devait s'y attendre,

$$7\Theta = S\Theta_i, \qquad U' = S'\Theta_i, \qquad U'' = S''\Theta_i, \qquad U''' = S'''\Theta_i;$$

2° que, en substituant l'air au milieu réfringent et posant en conséquence

$$\Theta_i = 1, \qquad \Theta = U' = U'' = U''' = 1,$$

on réduit le second membre de la formule (11) à l'unité.

TABLEAU IX.

Valeurs de $\mathfrak{U}$, $\mathfrak{V}$, $\mathfrak{W}$.

	EAU.		SOLUTION de potasse.	HUILE de térébenthine.	CROWNGLASS.			FLINTGLASS.				
	1re série.	2e série.			1re espèce.	2e espèce.	3e espèce.	1re espèce.	2e espèce.	3e espèce, 1re série.	3e espèce, 2e série.	4e espèce.
Θ...	1,786201	1,786186	1,978320	2,189883	2,348779	2,353887	2,448260	2,615351	2,690721	2,701331	2,701322	2,705825
$\mathfrak{U}$...	-0,074069	-0,073746	-0,098429	-0,144576	-0,130439	-0,132743	-0,161272	-0,257449	-0,289966	-0,295015	-0,294935	-0,296565
$\mathfrak{V}$...	0,003608	0,003433	0,003250	0,000379	0,002333	0,002288	0,001214	-0,002717	-0,003842	-0,003777	-0,004180	-0,001987
$\mathfrak{W}$..	0,000270	0,000158	0,000223	-0,000605	0,000062	0,000026	-0,000136	0,000568	0,000094	-0,000250	-0,000176	-0,000237

TABLEAU X.

Valeurs de β_i, γ_i, δ_i.

i.	1.	2.	3.	4.	5.	6.	7.	SOMME des valeurs numériques.
β_i	0,190836	0,168772	0,109002	0,031390	-0,038191	-0,171628	-0,290181	1,000000
γ_i	-0,16423	-0,08707	0,06720	0,18408	0,20259	0,04608	-0,24876	1,00001
δ_i	-0,2357	0,1094	0,2435	-0,1162	-0,1476	0,0207	0,1269	1,0000

Pour tirer de la seule formule (11) les valeurs corrigées de Θ_i relatives aux divers rayons et aux diverses substances, il suffirait d'y substituer aux quantités Θ, $U' - \Theta$, ..., β_i, γ_i, δ_i les valeurs de

$$\Theta, \quad \mathfrak{u} = S'\Delta\Theta_i, \qquad \mathfrak{v} = S''\Delta^2\Theta_i, \qquad \mathfrak{w} = S'''\Delta^3\Theta_i$$

et de

$$\beta_i, \quad \gamma_i, \quad \delta_i$$

fournies par les Tableaux I, II, III, IV, V, VI, VII ou, ce qui revient au même, par les Tableaux IX et X.

Alors les valeurs de

$$S''\beta_i, \quad S'''\beta_i, \quad S'''\gamma_i,$$

déduites des formules (6), ou, ce qui revient au même, des formules (137) du § VI, deviendront respectivement

$$(12)\quad \begin{cases} S''\beta_i = 0,430573 - 0,569427 = -0,138854, \\ S'''\beta_i = 0,315965 - 0,684035 = -0,368070, \\ S'''\gamma_i = 0,27751 - 0,72250 = -0,44499. \end{cases}$$

Aux valeurs corrigées de Θ_i, fournies par le Tableau VIII, ou, ce qui revient au même, par la formule (11), et représentées par

$$\Theta_i - \Delta^4\Theta_i,$$

correspondront des valeurs corrigées de θ_i, que nous représenterons par

$$\theta_i - \Delta^4\theta_i,$$

et qui seront déterminées par la formule (139) du § VI, à laquelle on pourra substituer encore la formule (142) du même paragraphe, savoir

$$(13)\qquad \Delta^4\theta_i = \frac{\Delta^4\Theta_i}{2\theta_i} = \tfrac{1}{2}\theta_i^{-1}\Delta^4\Theta_i.$$

Or, de cette dernière formule, combinée avec le Tableau III du § VI et le Tableau VII du § VII, on tirera, en effectuant le calcul par logarithmes, les valeurs suivantes de

$$\theta_i^{-1}\Delta^4\Theta_i \quad \text{et de} \quad \Delta^4\Theta_i.$$

Tableau XI.

Valeurs de $\theta_i^{-1}\Delta^4\Theta_i$ *et de* $\Delta^4\theta_i$, *exprimées en millionièmes.*

	EAU.		SOLUTION de potasse	HUILE de térébenthine.	CROWNGLASS.			FLINTGLASS.				
	1re série.	2e série.			1re espèce.	2e espèce.	3e espèce.	1re espèce.	2e espèce.	3e espèce. 1re série.	3e espèce. 2e série.	4e espèce.
$L(\mp\Delta^4\Theta_1)$	3424	0414	0792	1461	5911	9542	7782	7782	1139	3010	7076	6435
$L(\theta_1)$	1242	1242	1460	1675	1831	1835	1917	2047	2105	2113	2113	2116
Différence	2182	9172	9332	9786	4080	7707	5865	5735	9034	0879	4963	4319
$\theta_1^{-1}\Delta^4\Theta_1$	−17	− 8	8	−10	26	− 6	4	4	− 8	1	31	−27
$\Delta^4\theta_1$	− 8	− 4	4	− 5	13	− 3	2	2	− 4	1	16	−14
$L(\pm\Delta^4\Theta_2)$	6128	9542	8451	2553	4914	2788	7782	3979	6902	0414	3424	7709
$L(\theta_2)$	1244	1244	1463	1678	1834	1838	1920	2052	2110	2118	2118	2121
Différence	4884	8298	6988	0875	3080	0950	5862	1927	4792	8296	1306	5588
$\theta_2^{-1}\Delta^4\Theta_2$	31	− 7	− 5	12	−20	−12	4	−16	30	7	14	−36
$\Delta^4\theta_2$	15	− 3	− 2	6	−10	− 6	2	− 8	− 15	3	7	−18
$L(\mp\Delta^4\Theta_3)$	7782	1139	0	6721	4771	7709	1461	0414	8513	7782	2788	5682
$L(\theta_3)$	1250	1250	1470	1686	1841	1846	1929	2064	2123	2132	2132	2135
Différence	6532	9889	8530	5035	2930	5863	9532	8350	6390	5650	0656	3547
$\theta_3^{-1}\Delta^4\Theta_3$	− 4	10	− 1	−32	− 2	39	− 9	7	−44	4	12	23
$\Delta^4\theta_3$	− 2	5	0	−16	− 1	19	− 4	3	−22	2	6	11
$L(\mp\Delta^4\Theta_4)$	0792	8451	0	6335	6990	5185	0	9031	5441	3010	9542	8195
$L(\theta_4)$	1258	1258	1479	1698	1851	1855	1940	2080	2141	2150	2150	2154
Différence	9534	7193	8521	4637	5139	3330	8060	6951	3300	0860	7392	6041
$\theta_4^{-1}\Delta^4\Theta_4$	− 9	5	− 1	29	− 3	−22	1	5	21	−12	−55	40
$\Delta^4\theta_4$	− 4	3	0	15	− 2	−11	0	2	11	− 6	−27	20
$L(\pm\Delta^4\Theta_5)$	5563	4771	9542	4472	5441	6021	9031	1461	3424	2041	6128	3424
$L(\theta_5)$	1264	1264	1486	1708	1859	1864	1950	2095	2158	2166	2166	2170
Différence	4299	3507	8056	2764	3582	4157	7081	9366	1266	9875	3962	1254
$\theta_5^{-1}\Delta^4\Theta_5$	27	2	− 6	−19	−23	26	− 5	− 9	−13	10	25	− 13
$\Delta^4\theta_5$	13	1	− 3	− 9	−11	13	− 3	− 4	− 7	5	12	− 7
$L(\mp\Delta^4\Theta_6)$	2304	3617	1139	5185	6232	8325	3010	6990	7634	6021	5051	9031
$L(\theta_6)$	1275	1275	1500	1727	1875	1880	1969	2124	2189	2198	2198	2202
Différence	1029	2342	9639	3458	4357	6445	1041	4866	5445	3823	2853	6829
$\theta_6^{-1}\Delta^4\Theta_6$	−13	−17	9	22	27	−44	13	− 3	35	− 2	19	−48
$\Delta^4\theta_6$	− 6	− 9	5	11	14	−22	6	− 2	18	− 1	10	−24
$L(\mp\Delta^4\Theta_7)$	2304	3010	4771	6021	9542	4150	1139	2788	5563	1761	8573	0128
$L(\theta_7)$	1285	1285	1512	1743	1888	1894	1985	2149	2217	2226	2226	2230
Différence	1019	1725	3259	4278	7654	2256	9154	0639	3346	9535	6347	7898
$\theta_7^{-1}\Delta^4\Theta_7$	−13	15	− 2	− 3	− 6	17	− 8	12	−22	− 9	−43	62
$\Delta^4\theta_7$	− 6	7	− 1	− 1	− 3	8	− 4	6	−11	− 4	−22	31

Les valeurs précédentes de $\Delta^4\Theta_i$ doivent satisfaire aux mêmes conditions que les valeurs de $\Delta^4\theta_i$ contenues dans le Tableau XXII du § VI, et fournir, pour les quantités (150) ou (151) du même paragraphe, des valeurs numériques égales, mais affectées de signes contraires. Ces conditions se trouvent effectivement remplies avec une exactitude suffisante, comme le prouve le nouveau Tableau que nous allons tracer.

Tableau XII.

Valeurs de $\Delta\theta_i$, $\Delta^4\theta_1+\Delta^4\theta_2$, ... *exprimées en millionièmes.*

	EAU.		SOLUTION de potasse.	HUILE de térében-thine.	CROWNGLASS.			FLINTGLASS.				
	1re série.	2e série.			1re espèce.	2e espèce.	3e espèce.	1re espèce.	2e espèce.	3e espèce, 1re série.	3e espèce, 2e série.	4e espèce.
$\Delta^4\theta_1$	−8	−4	4	−5	13	−3	2	2	−4	1	16	−14
$\Delta^4\theta_2$	15	−3	−2	6	−10	−6	2	−8	15	3	7	−18
$\Delta^4\theta_3$	−2	5	0	−16	−1	19	−4	3	−22	2	6	11
$\Delta^4\theta_4$	−4	3	0	15	−2	−11	0	2	11	−6	−27	20
$\Delta^4\theta_5$	13	1	−3	−9	−11	13	−3	−4	−7	5	12	−7
$\Delta^4\theta_6$	−6	−9	5	11	14	−22	6	−2	18	−1	10	−24
$\Delta^4\theta_7$	−6	7	−1	−1	−3	8	−4	6	−11	−4	−22	31
$\Delta^4\theta_1+\Delta^4\theta_2$	7	−7	2	1	3	−9	4	−6	11	4	23	−32
$\Delta^4\theta_3+\Delta^4\theta_4$	−6	8	0	−1	−3	8	−4	5	−11	−4	−21	31
$\Delta^4\theta_5+\Delta^4\theta_6$	7	−8	2	1	3	−9	3	−6	11	4	22	−31
$\Delta^4\theta_7$	−6	7	−1	−2	−3	8	−4	6	−11	−4	−22	31
$\Delta^4\theta_1$	−8	−4	4	−5	13	−3	2	2	−4	1	16	−14
$\Delta^4\theta_2+\Delta^4\theta_7$	9	4	−3	5	−13	2	−2	−2	4	−1	−15	13
$\Delta^4\theta_3+\Delta^4\theta_6$	−8	−4	5	−5	13	−3	2	1	−4	1	16	−13
$\Delta^4\theta_4+\Delta^4\theta_5$	9	4	−3	6	−13	2	−3	−2	4	−1	−15	13

Les résultats fournis par les Tableaux XI ou XII peuvent encore être invoqués à l'appui de l'assertion précédemment émise, suivant laquelle les valeurs de $\Delta^4\Theta_i$, et par suite celles de $\Delta^4\theta_i$, doivent être comparables aux erreurs d'observation. Effectivement, il résulte du Tableau XXIII (§ VI) que les valeurs de θ_i données par les expériences de Frauenhofer admettent des erreurs comparables aux nombres 0,000042, 0,000049, et ces nombres surpassent notablement les nombres 0,000027, 0,000037, qui, dans les Tableaux XI et XII, représentent les plus grandes valeurs numériques de $\Delta^4\theta_i$.

Si l'on retranche les valeurs de $\Delta^4\theta_i$ fournies par le Tableau XI des valeurs de θ_i données par le Tableau I du § VI, on obtiendra les valeurs corrigées de θ_i ou, en d'autres termes, les valeurs de

$$\theta_i - \Delta^4\theta_i,$$

telles que les présente le Tableau XIII.

Si maintenant on remplace les deux valeurs d'une même quantité, qui correspondent aux deux séries d'expériences faites sur l'eau ou la troisième espèce de flintglass par la moyenne arithmétique entre ces deux valeurs, on réduira le Tableau XIII au Tableau XIV.

TABLEAU XIII.

Valeurs de $\theta_i - \Delta^4\theta_i$.

	EAU.		SOLUTION de potasse.	HUILE de térébenthine.	CROWNGLASS.			FLINTGLASS.				
	1re série.	2e série.			1re espèce.	2e espèce.	3e espèce.	1re espèce.	2e espèce.	3e espèce, 1re série.	3e espèce, 2e série.	4e espèce.
θ_1	1,330935	1,330977	1,399629	1,470496	1,524312	1,525832	1,554774	1,602042	1,623570	1,626564	1,626596	1,627749
$\Delta^4\theta_1$	−8	−4	4	−5	13	−3	2	2	−4	1	16	−14
$\theta_1 - \Delta^4\theta_1$...	1,330943	1,330981	1,399625	1,470501	1,524299	1,525835	1,554772	1,602040	1,623574	1,626563	1,626580	1,627763
θ_2	1,331712	1,331709	1,400515	1,471530	1,525299	1,526849	1,555933	1,603800	1,625477	1,628451	1,628469	1,629681
$\Delta^4\theta_2$	15	−3	−2	6	−10	−6	2	−8	15	3	7	−18
$\theta_2 - \Delta^4\theta_2$...	1,331697	1,331712	1,400517	1,471524	1,525309	1,526855	1,555931	1,603808	1,625462	1,628448	1,628462	1,629699
θ_3	1,333577	1,333577	1,402805	1,474434	1,527982	1,529587	1,559075	1,608494	1,630585	1,633666	1,633667	1,635036
$\Delta^4\theta_3$	−2	5	0	−16	−1	19	−4	3	−22	2	6	11
$\theta_3 - \Delta^4\theta_3$...	1,333579	1,333572	1,402805	1,474450	1,527983	1,529568	1,559079	1,608491	1,630607	1,633664	1,633661	1,635025
θ_4	1,335851	1,335849	1,405632	1,478353	1,531372	1,533005	1,563150	1,614532	1,637356	1,640544	1,640495	1,642024
$\Delta^4\theta_4$	−4	3	0	15	−2	−11	0	2	11	−6	−27	20
$\theta_4 - \Delta^4\theta_4$...	1,335855	1,335846	1,405632	1,478338	1,531374	1,533016	1,563150	1,614530	1,637345	1,640550	1,640522	1,642004
θ_5	1,337818	1,337788	1,408082	1,481736	1,534337	1,536052	1,566741	1,620042	1,643466	1,646780	1,646756	1,648260
$\Delta^4\theta_5$	13	1	−3	−9	−11	13	−3	−4	−7	5	12	−7
$\theta_5 - \Delta^4\theta_5$...	1,337805	1,337787	1,408085	1,481745	1,534348	1,536039	1,566744	1,620046	1,643473	1,646775	1,646744	1,648267
θ_6	1,341293	1,341261	1,412579	1,488198	1,539908	1,541657	1,573535	1,630772	1,655406	1,658849	1,658848	1,660285
$\Delta^4\theta_6$	−6	−9	5	11	14	−22	6	−2	18	−1	10	−24
$\theta_6 - \Delta^4\theta_6$...	1,341299	1,341270	1,412574	1,488187	1,539894	1,541679	1,573529	1,630774	1,655388	1,658850	1,658838	1,660309
θ_7	1,344177	1,344162	1,416368	1,493874	1,544684	1,546566	1,579470	1,640373	1,666072	1,669680	1,669686	1,671062
$\Delta^4\theta_7$	−6	7	−1	−1	−3	8	−4	6	−11	−4	−22	31
$\theta_7 - \Delta^4\theta_7$...	1,344183	1,344155	1,416369	1,493875	1,544687	1,546558	1,579474	1,640367	1,666083	1,669684	1,669708	1.671031

TABLEAU XIV.

Valeurs de $\theta_i - \Delta^4\theta_i$.

	EAU.	SOLUTION de potasse.	HUILE de térébenthine.	CROWNGLASS. 1re espèce.	CROWNGLASS. 2e espèce.	CROWNGLASS. 3e espèce.	FLINTGLASS. 1re espèce.	FLINTGLASS. 2e espèce.	FLINTGLASS. 3e espèce.	FLINTGLASS. 4e espèce.
θ_1	1,330956	1,399629	1,470496	1,524312	1,525832	1,554774	1,602042	1,623570	1,626580	1,627749
$\Delta^4\theta_1$	—6	4	—5	13	—3	2	2	—4	8	—14
$\theta_1 - \Delta^4\theta_1$...	1,330962	1,399625	1,470501	1,524299	1,525835	1,554772	1,602040	1,623574	1,626572	1,627763
θ_2	1,331711	1,400515	1,471530	1,525299	1,526849	1,555933	1,603800	1,625477	1,628460	1,629681
$\Delta^4\theta_2$	6	—2	6	—10	—6	2	—8	15	5	—18
$\theta_2 - \Delta^4\theta_2$...	1,331705	1,400517	1,471524	1,525309	1,526855	1,555931	1,603808	1,625462	1,628455	1,629699
θ_3	1,333577	1,402805	1,474434	1,527982	1,529587	1,559075	1,608494	1,630585	1,633667	1,635036
$\Delta^4\theta_3$	1	0	—16	—1	19	—4	3	—22	4	11
$\theta_3 - \Delta^4\theta_3$...	1,333576	1,402805	1,474450	1,527983	1,529568	1,559079	1,608491	1,630607	1,633663	1,635025
θ_4	1,335850	1,405632	1,478353	1,531372	1,533005	1,563150	1,614532	1,637356	1,640520	1,642024
$\Delta^4\theta_4$	—1	0	15	—2	—11	0	2	11	—16	20
$\theta_4 - \Delta^4\theta_4$...	1,335851	1,405632	1,478338	1,531374	1,533016	1,563150	1,614530	1,637345	1,640536	1,642004
θ_5	1,337803	1,408082	1,481736	1,534337	1,536052	1,566741	1,620042	1,643466	1,646768	1,648260
$\Delta^4\theta_5$	7	—3	—9	—11	13	—3	—4	—7	8	—7
$\theta_5 - \Delta^4\theta_5$...	1,337796	1,408085	1,481745	1,534348	1,536039	1,566744	1,620046	1,643473	1,646760	1,648267
θ_6	1,341277	1,412579	1,488198	1,539908	1,541657	1,573535	1,630772	1,655406	1,658849	1,660285
$\Delta^4\theta_6$	—8	5	11	14	—22	6	—2	18	5	—24
$\theta_6 - \Delta^4\theta_6$...	1,341285	1,412574	1,488187	1,539894	1,541679	1,573529	1,630774	1,655388	1,658844	1,660309
θ_7	1,344170	1,416368	1,493874	1,544684	1,546566	1,579470	1,640373	1,666072	1,669683	1,671062
$\Delta^4\theta_7$	1	—1	—1	—3	8	—4	6	—11	—13	31
$\theta_7 - \Delta^4\theta_7$...	1,344169	1,416369	1,493875	1,544687	1,546558	1,579474	1,640367	1,666083	1,669696	1,671031

En comparant les Tableaux XII et XIII aux Tableaux analogues qui portent les numéros XXII et XXIV dans le § VI, on reconnaît que les changements apportés dans le § VII aux formules à l'aide desquelles on détermine les valeurs corrigées de θ_i font très peu varier ces mêmes valeurs. Effectivement, les différences entre les valeurs de $\Delta^4\theta_i$ que fournissent les Tableaux XXII du § VI et XII du § VII, étant exprimées en millionièmes, seront telles que les offre le Tableau suivant.

Tableau XV.

Différences entre les valeurs de $\Delta^4\theta_i$ obtenues dans les § VI et VII.

	EAU.		SOLUTION de potasse.	HUILE de térébenthine.	CROWNGLASS.			FLINTGLASS.				
	1re série.	2e série.			1re espèce.	2e espèce.	3e espèce.	1re espèce.	2e espèce.	3e espèce. 1re série.	3e espèce. 2e série.	4e espèce.
Pour $i=1$.....	4	2	5	−6	−2	−1	−2	−4	−3	0	−4	12
2.....	3	1	2	−3	−1	−1	−1	−2	−1	0	−2	6
3.....	−3	−2	−3	4	1	1	0	3	2	0	2	−7
4.....	−4	−3	−4	5	2	1	2	5	3	1	3	−10
5.....	0	0	−1	0	0	0	0	0	1	0	1	−1
6.....	6	5	7	−9	−2	−2	−2	−6	−5	−1	−6	17
7.....	−6	−4	−7	8	2	2	3	6	4	1	6	−17

Donc, parmi ces différences, celles qui se rapportent au cinquième rayon ou bien à la 3e espèce de flintglass (1re série), lorsqu'on les considère abstraction faite de leurs signes, ne surpassent pas 1 millionième; celles qui se rapportent aux trois espèces de crownglass ne surpassent pas 3 millionièmes; et toutes généralement sont (abstraction faite de leurs signes) inférieures à 10 millionièmes, à l'exception toutefois de celles qui sont relatives à la 4e espèce de flintglass et dont les valeurs numériques s'élèvent au plus à 12 ou 17 millionièmes. Au reste, comme, des deux systèmes de formules employées dans les § VI et VII, le dernier seul a la propriété de réduire exactement les indices de réfraction à l'unité quand on remplace le milieu réfringent par l'air, il est clair que les valeurs de $\Delta^4\theta_i$ et de $\theta_i - \Delta^4\theta_i$ fournies par les Tableaux XII, XIII et XIV du § VII méritent plus de confiance que les valeurs fournies pour les mêmes quantités par les Tableaux XXII, XXIV et XXV du § VI.

Si dans la formule (11) on pose, pour abréger,

$$(14)\quad \begin{cases} \mathfrak{U} = \mathrm{U}' - \Theta, \\ \mathfrak{V} = \mathrm{U}'' - \Theta - (\mathrm{U}' - \Theta)\mathrm{S}''\beta_i, \\ \mathfrak{W} = \mathrm{U}''' - \Theta - (\mathrm{U}' - \Theta)\mathrm{S}'''\beta_i - [\mathrm{U}'' - \Theta - (\mathrm{U}' - \Theta)\mathrm{S}''\beta_i]\mathrm{S}'''\gamma_i, \end{cases}$$

on tirera de cette formule

$$(15)\qquad \Theta_i - \Delta^4\Theta_i = \Theta + \mathfrak{U}\beta_i + \mathfrak{V}\gamma_i + \mathfrak{W}\delta_i,$$

puis, en négligeant $\Delta^4\Theta_i$, qui est, comme on l'a vu, comparable aux erreurs d'observation, on trouvera

$$(16)\qquad \Theta_i = \Theta + \mathfrak{U}\beta_i + \mathfrak{V}\gamma_i + \mathfrak{W}\delta_i.$$

A l'aide de l'équation (16), jointe au Tableau X, on déterminerait immédiatement, pour une substance quelconque, des valeurs de Θ_i très voisines de celles que fourniraient les observations, si l'on connaissait les valeurs des quatre coefficients Θ, $\mathfrak{U}$, $\mathfrak{V}$, $\mathfrak{W}$ relatives à la substance dont il s'agit. Ajoutons que ces coefficients pourraient se déduire, moyennant les formules (14) et (12), des valeurs supposées connues des quatre quantités

$$\Theta,\quad \mathrm{U}',\quad \mathrm{U}'',\quad \mathrm{U}'''.$$

Mais, comme on ne saurait obtenir directement et sans recourir à l'expérience les valeurs de ces quatre dernières quantités, ce qu'il y aura de mieux à faire sera de faire servir quatre valeurs particulières de Θ_i données par l'observation, par exemple celles de

$$\Theta_1,\quad \Theta_3,\quad \Theta_5,\quad \Theta_7,$$

à la détermination de Θ, $\mathfrak{U}$, $\mathfrak{V}$, $\mathfrak{W}$, ou, ce qui revient au même, à la détermination de la valeur générale de Θ_i. On y parviendra facilement en opérant comme il suit.

Si dans l'équation (16) on pose successivement

$$i = 1, \qquad i = 3, \qquad i = 5, \qquad i = 7,$$

cette équation donnera

$$(17) \qquad \begin{cases} \Theta_1 = \Theta + \mathfrak{u}\beta_1 + \mathfrak{v}\gamma_1 + \mathfrak{w}\delta_1, \\ \Theta_3 = \Theta + \mathfrak{u}\beta_3 + \mathfrak{v}\gamma_3 + \mathfrak{w}\delta_3, \\ \Theta_5 = \Theta + \mathfrak{u}\beta_5 + \mathfrak{v}\gamma_5 + \mathfrak{w}\delta_5, \\ \Theta_7 = \Theta + \mathfrak{u}\beta_7 + \mathfrak{v}\gamma_7 + \mathfrak{w}\delta_7. \end{cases}$$

Or, des formules (17), jointes au Tableau X, on pourra déduire les valeurs de

$$\Theta, \quad \mathfrak{u}, \quad \mathfrak{v}, \quad \mathfrak{w}$$

exprimées en fonctions linéaires de

$$\Theta_1, \quad \Theta_3, \quad \Theta_5, \quad \Theta_7.$$

Par suite, la valeur générale de Θ_i, que détermine l'équation (16), deviendra elle-même une fonction linéaire de Θ_1, Θ_3, Θ_5, Θ_7. On arriverait encore aux mêmes conclusions de la manière suivante.

Si l'on combine, par voie de soustraction, la première des formules (17) avec la formule (16), on aura

$$\Theta_i - \Theta_1 = \mathfrak{u}(\beta_i - \beta_1) + \mathfrak{v}(\gamma_i - \gamma_1) + \mathfrak{w}(\delta_i - \delta_1);$$

puis, en divisant les deux membres par $\beta_i - \beta_1$, et posant, pour abréger,

$$(18) \qquad \gamma'_i = \frac{\gamma_i - \gamma_1}{\beta_i - \beta_1}, \qquad \delta'_i = \frac{\delta_i - \delta_1}{\beta_i - \beta_1},$$

on trouvera

$$(19) \qquad \frac{\Theta_i - \Theta_1}{\beta_i - \beta_1} = \mathfrak{u} + \mathfrak{v}\gamma'_i + \mathfrak{w}\delta'_i.$$

Si l'on combine encore, par voie de soustraction, la formule (19) avec celle qu'on en déduit en posant $i = 3$, c'est-à-dire avec l'équation

$$(20) \qquad \frac{\Theta_3 - \Theta_1}{\beta_3 - \beta_1} = \mathfrak{u} + \mathfrak{v}\gamma'_3 + \mathfrak{w}\delta'_3,$$

on aura

$$\frac{\Theta_i-\Theta_1}{\beta_i-\beta_1}-\frac{\Theta_3-\Theta_1}{\beta_3-\beta_1}=\mathfrak{v}(\gamma'_i-\gamma'_3)+\mathfrak{w}(\delta'_i-\delta'_3);$$

puis, en divisant les deux membres par $\gamma'_i-\gamma'_3$, et faisant, pour abréger,

$$(21)\qquad \delta''_i=\frac{\delta'_i-\delta'_3}{\gamma'_i-\gamma'_3},$$

on trouvera

$$(22)\qquad \frac{\dfrac{\Theta_i-\Theta_1}{\beta_i-\beta_1}-\dfrac{\Theta_3-\Theta_1}{\beta_3-\beta_1}}{\gamma'_i-\gamma'_3}=\mathfrak{v}+\mathfrak{w}\delta''_i.$$

Enfin, si l'on combine, par voie de soustraction, la formule (22) avec celle qu'on en déduit en posant $i=5$, c'est-à-dire avec l'équation

$$(23)\qquad \frac{\dfrac{\Theta_5-\Theta_1}{\beta_5-\beta_1}-\dfrac{\Theta_3-\Theta_1}{\beta_3-\beta_1}}{\gamma'_5-\gamma'_3}=\mathfrak{v}+\mathfrak{w}\delta''_5,$$

on aura

$$\frac{\dfrac{\Theta_i-\Theta_1}{\beta_i-\beta_1}-\dfrac{\Theta_3-\Theta_1}{\beta_3-\beta_1}}{\gamma'_i-\gamma'_3}-\frac{\dfrac{\Theta_5-\Theta_1}{\beta_5-\beta_1}-\dfrac{\Theta_3-\Theta_1}{\beta_3-\beta_1}}{\gamma'_5-\gamma'_3}=\mathfrak{w}(\delta''_i-\delta''_5)$$

ou, ce qui revient au même,

$$(24)\qquad \frac{\dfrac{\dfrac{\Theta_i-\Theta_1}{\beta_i-\beta_1}-\dfrac{\Theta_3-\Theta_1}{\beta_3-\beta_1}}{\gamma'_i-\gamma'_3}-\dfrac{\dfrac{\Theta_5-\Theta_1}{\beta_5-\beta_1}-\dfrac{\Theta_3-\Theta_1}{\beta_3-\beta_1}}{\gamma'_5-\gamma'_3}}{\delta''_i-\delta''_5}=\mathfrak{w};$$

et comme, en prenant $i=7$, on tirera de cette dernière équation

$$(25)\qquad \frac{\dfrac{\dfrac{\Theta_7-\Theta_1}{\beta_7-\beta_1}-\dfrac{\Theta_3-\Theta_1}{\beta_3-\beta_1}}{\gamma'_7-\gamma'_3}-\dfrac{\dfrac{\Theta_5-\Theta_1}{\beta_5-\beta_1}-\dfrac{\Theta_3-\Theta_1}{\beta_3-\beta_1}}{\gamma'_5-\gamma'_3}}{\delta''_7-\delta''_5}=\mathfrak{w},$$

l'élimination de $\mathfrak{W}$ entre les formules (24) et (25) donnera

$$(26)\qquad \frac{\dfrac{\dfrac{\Theta_i-\Theta_1}{\beta_i-\beta_1}-\dfrac{\Theta_3-\Theta_1}{\beta_3-\beta_1}}{\gamma'_i-\gamma'_3}-\dfrac{\dfrac{\Theta_5-\Theta_1}{\beta_5-\beta_1}-\dfrac{\Theta_3-\Theta_1}{\beta_3-\beta_1}}{\gamma'_5-\gamma'_3}}{\delta''_i-\delta''_5}=\frac{\dfrac{\dfrac{\Theta_7-\Theta_1}{\beta_7-\beta_1}-\dfrac{\Theta_3-\Theta_1}{\beta_3-\beta_1}}{\gamma'_7-\gamma'_3}-\dfrac{\dfrac{\Theta_5-\Theta_1}{\beta_5-\beta_1}-\dfrac{\Theta_3-\Theta_1}{\beta_3-\beta_1}}{\gamma'_5-\gamma'_3}}{\delta''_7-\delta''_5}$$

ou, ce qui revient au même,

$$(27)\quad \left\{\begin{aligned}\Theta_i = \Theta_1 &+ \frac{\beta_i-\beta_1}{\beta_3-\beta_1}(\Theta_3-\Theta_1) + \frac{\beta_i-\beta_1}{\beta_5-\beta_1}\frac{\gamma'_i-\gamma'_3}{\gamma'_5-\gamma'_3}\left[\Theta_5-\Theta_1-\frac{\beta_5-\beta_1}{\beta_3-\beta_1}(\Theta_3-\Theta_1)\right]\\ &+\frac{\beta_i-\beta_1}{\beta_7-\beta_1}\frac{\gamma'_i-\gamma'_3}{\gamma'_7-\gamma'_3}\frac{\delta''_i-\delta''_5}{\delta''_7-\delta''_5}\left\{\Theta_7-\Theta_1-\frac{\beta_7-\beta_1}{\beta_3-\beta_1}(\Theta_3-\Theta_1)\right.\\ &\left.\qquad-\frac{\beta_7-\beta_1}{\beta_5-\beta_1}\frac{\gamma'_7-\gamma'_3}{\gamma'_5-\gamma'_3}\left[\Theta_5-\Theta_1-\frac{\beta_5-\beta_1}{\beta_3-\beta_1}(\Theta_3-\Theta_1)\right]\right\}.\end{aligned}\right.$$

Afin de montrer l'utilité de la formule (27), supposons que pour une substance quelconque on ait déduit de l'expérience les valeurs de Θ_i représentées par

$$\Theta_1,\quad \Theta_3,\quad \Theta_5,\quad \Theta_7$$

et correspondantes aux rayons B, D, F, H de Frauenhofer. Pour tirer de la formule (27) les valeurs de Θ_i correspondantes aux rayons

C, E, G,

il suffira d'y poser successivement

$$i=2,\qquad i=4,\qquad i=6.$$

D'ailleurs les formules (18) et (21) jointes au Tableau X fourniront les valeurs de γ'_i, δ'_i, δ''_i comprises dans le Tableau XVI.

Il y a plus : si l'on pose, pour abréger,

$$(28)\quad B_i=\frac{\beta_i-\beta_1}{\beta_3-\beta_1},\quad C_i=\frac{(\beta_i-\beta_1)(\gamma'_i-\gamma'_3)}{(\beta_5-\beta_1)(\gamma'_5-\gamma'_3)},\quad D_i=\frac{(\beta_i-\beta_1)(\gamma'_i-\gamma'_3)(\delta''_i-\delta''_5)}{(\beta_7-\beta_1)(\gamma'_7-\gamma'_3)(\delta''_7-\delta''_5)},$$

la formule (27) sera réduite à

$$(29)\quad \left\{\begin{aligned}\Theta_i = \Theta_1 &+ B_i(\Theta_3-\Theta_1)+C_i[\Theta_5-\Theta_1-B_5(\Theta_3-\Theta_1)]\\ &+D_i\{\Theta_7-\Theta_1-B_7(\Theta_3-\Theta_1)-C_7[\Theta_5-\Theta_1-B_5(\Theta_3-\Theta_1)]\}.\end{aligned}\right.$$

Tableau XVI.

Détermination des valeurs de γ'_i, δ'_i et δ''_i.

i.	1.	2.	3.	4.	5.	6.	7.	SOMMES.
β_i............	0,190836	0,168772	0,109002	0,031390	-0,038191	-0,171628	-0,290181	0,000000
β_1............	0,190836	0,190836	0,190836	0,190836	0,190836	0,190836	0,190836	1,335852
$\beta_i - \beta_1$.......	0,00000	-0,022064	-0,081834	-0,159446	-0,229027	-0,362464	-0,481017	-1,335852
γ_i............	-0,16423	-0,08707	0,06720	0,18408	0,20259	0,04608	-0,24876	-0,00011
γ_1............	-0,16423	-0,16423	-0,16423	-0,16423	-0,16423	-0,16423	-0,16423	-1,14961
$\gamma_i - \gamma_1$.......	0,00000	0,07716	0,23143	0,34831	0,36682	0,21031	-0,08453	1,14950
δ_i............	-0,2357	0,1094	0,2435	-0,1162	-0,1476	0,0207	0,1269	0,0010
δ_1............	-0,2357	-0,2357	-0,2357	-0,2357	-0,2357	-0,2357	-0,2357	-1,6492
$\delta_i - \delta_1$.......	0,0000	0,3451	0,4792	0,1195	0,0879	0,2564	0,3626	1,6502
$L[\pm(\gamma_i - \gamma_1)]$..		8873922	3644197	5419659	5644530	3228599	9270109	
$L[-(\beta_i - \beta_1)]$..		3436842	9129338	2026137	3598867	5592649	6821605	
$L(+\gamma'_i)$.......		5437080	4514859	3393522	2045663	7635950	2448504	
γ'_i............		-3,4971	-2,8280	-2,1845	-1,6016	-0,5802	0,1757	-10,5157
γ'_3............		-2,8280	-2,8280	-2,8280	-2,8280	-2,8280	-2,8280	-16,9680
$\gamma'_i - \gamma'_3$.......		-0,6691	0,0000	0,6435	1,2264	2,2478	3,0037	6,4523
$L(\delta_i - \delta_1)$.....		5379450	6805168	0773679	9439889	4089180	5594278	
$L[-(\beta_i - \beta_1)]$.		3436842	9129338	2026137	3598867	5592649	6821605	
$L(-\delta'_i)$.......		1942608	7675830	8747542	5841022	8496531	8772673	
δ'_i............		-15,6409	-5,8558	-0,7495	-0,3838	-0,7074	-0,7538	-24,0912
δ'_3............		- 5,8558	-5,8558	-5,8558	-5,8558	-5,8558	-5,8558	-35,1348
$\delta'_i - \delta'_3$.......		- 9,7851	0,0000	5,1063	5,4720	5,1484	5,1020	11,0436
$L[\mp(\delta'_i - \delta'_3)]$..		9905653		7081063	7381461	7116723	7077405	
$L[\mp(\gamma'_i - \gamma'_3)]$..		8254910		8085486	0886321	3517577	4776566	
$L(\delta''_i)$.........		1650743		8995577	6495140	3599146	2300839	
δ''_i............		14,6243		7,9352	4,4618	2,2904	1,6986	31,0103
δ''_5............		4,4618		4,4618	4,4618	4,4618	4,4618	22,3090
$\delta''_i - \delta''_5$.......		10,1625		3,4734	0,0000	-2,1714	-2,7632	8,7013
$L[\pm(\delta''_i - \delta''_5)]$.		0070006		5407548		3367398	4414123	

Or, les logarithmes des rapports B_i, C_i, D_i, et par suite ces rapports eux-mêmes, se calculeront aisément à l'aide du Tableau XVI et offriront les valeurs comprises dans le Tableau suivant.

Tableau XVII.

Valeurs de B_i, C_i, D_i.

i.	1.	2.	3.	4.	5.	6.	7.
$L[-(\beta_i-\beta_1)]$ …… $L[\mp(\gamma'_i-\gamma'_3)]$ ……		3436842 8254910	9129338	2026137 8085486	3598867 0886321	5592649 3517577	6821605 4776566
Somme………… $L[\pm(\delta''_i-\delta'''_5)]$ …….		1691752 0070006		0111623 5407548	4485188	9110226 3367398	1598171 4414123
Somme…………		1761758 6012294		5519171 6012294		2477624 6012294	6012294
$L(\pm D_i)$…………		5749464		9506877		6465330	
D_i………………	0,00000	0,03759	0,00000	−0,08927	0,00000	0,44313	1,00000
$L[\pm(\beta_i-\beta_1)(\gamma'_i-\gamma'_3)]$. $L[-(\beta_5-\beta_1)(\gamma'_5-\gamma'_1)]$.		1691752 4485188		0111623 4485188	4485188	9110226 4485188	1598171 4485188
$L(\mp C_i)$…………		7206564		5626435		4625038	7112983
C_i………………	0,00000	−0,05256	0,00000	0,36530	1,00000	2,90072	5,14397
$L[-(\beta_i-\beta_1)]$ …… $L[-(\beta_3-\beta_1)]$ ……		3436842 9129338	9129338	2026137 9129338	3598867 9129338	5592649 9129338	6821605 9129338
$L(B_i)$…………		4307504		2896799	4469529	6463311	7692267
B_i………………	0,00000	0,26963	1,00000	1,94841	2,79868	4,42926	5,87796

Pour montrer une application de la formule (29), concevons que l'on y substitue les valeurs de Θ_1, Θ_3, Θ_5, Θ_7, tirées du Tableau VIII (§ VI) et relatives à la solution de potasse. On aura

$$(30)\quad \Theta_1 = 1{,}958961,\qquad \Theta_3 = 1{,}967862,\qquad \Theta_5 = 1{,}982695,\qquad \Theta_7 = 2{,}006099,$$

et l'on en conclura

$$(31)\quad \Theta_3-\Theta_1 = 0{,}008901,\qquad \Theta_5-\Theta_1 = 0{,}023734,\qquad \Theta_7-\Theta_1 = 0{,}047138,$$

puis, en ayant égard au Tableau XV,

$$(32)\left\{\begin{array}{l}\Theta_5-\Theta_1-B_5(\Theta_3-\Theta_1)=0{,}023734-0{,}024911=-0{,}001177,\\ \Theta_7-\Theta_1-B_7(\Theta_3-\Theta_1)=0{,}047138-0{,}052320=-0{,}005182,\\ \Theta_7-\Theta_1-B_7(\Theta_3-\Theta_1)-C_7[\Theta_5-\Theta_1-B_5(\Theta_3-\Theta_1)]=-0{,}005182+0{,}006054\\ \qquad\qquad\qquad=0{,}000872.\end{array}\right.$$

Par suite, la formule (29) deviendra

$$(33)\qquad \Theta_i=1{,}958961+0{,}008901\,B_i-0{,}001177\,C_i+0{,}000872\,D_i.$$

Si dans cette dernière on pose successivement

$$i=2,\qquad i=4,\qquad i=6,$$

les valeurs correspondantes de Θ_i, calculées à l'aide du Tableau XVII, seront celles que présente le Tableau suivant.

Tableau XVIII.

Valeurs de Θ_2, Θ_4, Θ_6 déduites des valeurs de Θ_1, Θ_3, Θ_5, Θ_7 et relatives à la solution de potasse.

i.	2.	4.	6.
$L(\pm D_i)$	5749464	9506877	6465330
L(872)	9405165	9405165	9405165
Somme	5154629	8912042	5870495
$0{,}000872\,D_i$	0,000033	−0,000078	0,000386
$L(\mp C_i)$	7206564	5626435	4625038
L(1177)	0707765	0707765	0707765
Somme	7914329	6334200	5332803
$-0{,}001177\,C_i$	0,000062	−0,000430	−0,003414
$L(B_i)$	4307504	2896799	6463311
L(8901)	9494388	9494388	9494388
Somme	3801892	2391187	5957699
$0{,}008901\,B_i$	0,002400	0,017343	0,039425
Θ_1	1,958961	1,958961	1,958961
$0{,}008901\,B_i$	2400	17343	39425
$-0{,}001177\,C_i$	62	−430	−3414
$0{,}000872\,D_i$	33	−78	386
Θ_i	1,961456	1,975796	1,995358

Ainsi, pour la solution de potasse, lorsqu'on fait servir les valeurs de

$$\Theta_1,\quad \Theta_3,\quad \Theta_5,\quad \Theta_7,$$

fournies par l'expérience, à la détermination des valeurs de

$$\Theta_2,\quad \Theta_4,\quad \Theta_6,$$

on trouve

$$(34)\qquad \Theta_2 = 1{,}961456,\qquad \Theta_4 = 1{,}975796,\qquad \Theta_6 = 1{,}995358.$$

D'ailleurs les valeurs de Θ_2, Θ_4, Θ_6, fournies par les expériences de Frauenhofer, sont respectivement (*voir* le Tableau VIII, § VI)

$$(35)\qquad \Theta_2 = 1{,}961442,\qquad \Theta_4 = 1{,}975801,\qquad \Theta_6 = 1{,}995381.$$

Les différences entre ces dernières valeurs et les précédentes, savoir

$$(36)\qquad -0{,}000014,\quad -0{,}000005,\quad -0{,}000023,$$

sont comparables et même notablement inférieures, comme le prouve le Tableau VII du § VI, aux plus grandes erreurs que comportent les observations.

Si dans la formule (29) on pose, pour abréger,

$$(37)\qquad \begin{cases} E_i = C_i - C_7 D_i, \\ F_i = B_i - B_7 D_i - B_5(C_i - C_7 D_i) = B_i - B_7 D_i - B_5 E_i, \end{cases}$$

cette formule donnera

$$(38)\qquad \Theta_i = D_i(\Theta_7 - \Theta_1) + E_i(\Theta_5 - \Theta_1) + F_i(\Theta_3 - \Theta_1) + \Theta_1$$

ou, ce qui revient au même,

$$(39)\qquad \Theta_i = (1 - D_i - E_i - F_i)\Theta_1 + F_i\Theta_3 + E_i\Theta_5 + D_i\Theta_7.$$

D'ailleurs, des formules (37), jointes au Tableau XVII, on déduira facilement les valeurs suivantes des coefficients que renferment les formules (38) et (39).

TABLEAU XIX.

Valeurs de D_i, E_i, F_i.

i.	2.	4.	6.
D_i	0,03759	−0,08927	0,44313
$L(\pm D_i)$	5749464	9506877	6465330
$L(C_7)$	7112983	7112983	7112983
$L(\pm C_7 D_i)$	2862447	6619860	3578313
C_i	−0,05256	0,36530	2,90072
$-C_7 D_i$	−0,19331	0,45918	−2,27946
E_i	−0,24587	0,82448	0,62126
$L(\mp E_i)$	3907055	9161801	7932734
$L(B_5)$	4469529	4469529	4469529
$L(\mp B_5 E_i)$	8376584	3631330	2402263
$L(\pm D_i)$	5749464	9506877	6465330
$L(B_7)$	7692267	7692267	7692267
$L(\pm B_7 D_i)$	3441731	7199144	4157597
B_i	0,26963	1,94841	4,42926
$-B_7 D_i$	−0,22089	0,52470	−2,60471
$-B_5 E_i$	0,68811	−2,30745	−1,73871
F_i	0,73685	0,16566	0,08584
$L(F_i)$	8673791	2192177	9336897
1	1,00000	1,00000	1,00000
$-D_i$	−0,03759	0,08927	−0,44313
$-E_i$	0,24587	−0,82448	−0,62126
$-F_i$	−0,73685	−0,16566	−0,08584
$1-D_i-E_i-F_i$	0,47143	0,09913	−0,15023
$L[\pm(1-D_i-E_i-F_i)]$	6734172	9962051	1767567

En conséquence, on tirera de la formule (38)

$$(40)\quad \begin{cases} \Theta_2 = \Theta_1 + 0{,}73685(\Theta_3 - \Theta_1) - 0{,}24587(\Theta_5 - \Theta_1) + 0{,}03759(\Theta_7 - \Theta_1), \\ \Theta_4 = \Theta_1 + 0{,}16566(\Theta_3 - \Theta_1) + 0{,}82448(\Theta_5 - \Theta_1) - 0{,}08927(\Theta_7 - \Theta_1), \\ \Theta_6 = \Theta_1 + 0{,}08584(\Theta_3 - \Theta_1) + 0{,}62126(\Theta_5 - \Theta_1) + 0{,}44313(\Theta_7 - \Theta_1), \end{cases}$$

et de la formule (39)

$$(41)\quad \begin{cases} \Theta_2 = 0{,}47143\,\Theta_1 + 0{,}73685\,\Theta_3 - 0{,}24587\,\Theta_5 + 0{,}03759\,\Theta_7, \\ \Theta_4 = 0{,}09913\,\Theta_1 + 0{,}16566\,\Theta_3 + 0{,}82448\,\Theta_5 - 0{,}08927\,\Theta_7, \\ \Theta_6 = -0{,}15023\,\Theta_1 + 0{,}08584\,\Theta_3 + 0{,}62126\,\Theta_5 + 0{,}44313\,\Theta_7. \end{cases}$$

Les formules (40) ou (41), appliquées à une substance quelconque, donneront pour cette substance les valeurs de

$$\Theta_2, \quad \Theta_4, \quad \Theta_6$$

quand on aura déduit de l'expérience celles de

$$\Theta_1, \quad \Theta_3, \quad \Theta_5, \quad \Theta_7.$$

Pour montrer un exemple de cette application, considérons de nouveau la solution de potasse. Alors les valeurs des quantités Θ_1, Θ_3, Θ_5, Θ_7 et de leurs différences successives seront fournies par les équations (30), (31), et la substitution de ces valeurs dans les formules (40) ou, ce qui revient au même, dans la formule (38), donnera naissance au Tableau suivant.

TABLEAU XX.

Valeurs de Θ_2, Θ_4, Θ_6 *déduites de la formule* (40) *et relatives à la solution de potasse.*

i.	2.	4.	6.
$L(F_i)$	8673791	2192177	9336897
$L(\Theta_3-\Theta_1)$	9494388	9494388	9494388
$L[(\Theta_3-\Theta_1)F_i]$	8168179	1686565	8831285
$L(\mp E_i)$	3907055	9164801	7932734
$L(\Theta_5-\Theta_1)$	3753709	3753709	3753709
$L[\mp(\Theta_5-\Theta_1)E_i]$	7660764	2915510	1686443
$L(\pm D_i)$	5749464	9506877	6465330
$L(\Theta_7-\Theta_1)$	6733712	6733712	6733712
$L[\pm(\Theta_7-\Theta_1)D_i]$	2483176	6240589	3199042
Θ_1	1,958961	1,958961	1,958961
$F_i(\Theta_3-\Theta_1)$	6559	1475	764
$E_i(\Theta_5-\Theta_1)$	— 5835	19568	14745
$D_i(\Theta_7-\Theta_1)$	1771	— 4208	20888
Θ_i	1,961456	1,975796	1,995358

Or ce Tableau, comme on devait s'y attendre, reproduit précisément les valeurs de Θ_2, Θ_4, Θ_6 ci-dessus déduites de la formule (29) et déterminées par les formules (34).

On pourrait faire servir les valeurs de $\Delta^4\Theta_i$, données par le Tableau VII, à la détermination des valeurs corrigées de Θ_i que fournirait la formule (40) ou (41) appliquée successivement aux diverses substances. Observons, en effet, que ces formules, comprises elles-mêmes dans l'équation (38) ou (39), sont déduites d'une équation qui ne subsiste qu'approximativement, savoir de l'équation (16), qui devient rigoureuse, et se transforme en l'équation (15) lorsqu'on y remplace Θ_i par

$$\Theta_i - \Delta^4\Theta_i$$

en substituant à Θ_i la valeur observée. Il en résulte qu'à leur tour les équations (38) et (39) deviendront rigoureuses si l'on y remplace

$$\Theta_1, \quad \Theta_3, \quad \Theta_5, \quad \Theta_7, \quad \Theta_i$$

par

$$\Theta_1 - \Delta^4\Theta_1, \quad \Theta_3 - \Delta^4\Theta_3, \quad \Theta_5 - \Delta^4\Theta_5, \quad \Theta_7 - \Delta^4\Theta_7, \quad \Theta_i - \Delta^4\Theta_i.$$

Ainsi, par exemple, les valeurs observées de

$$\Theta_1, \quad \Theta_3, \quad \Theta_5, \quad \Theta_7, \quad \Theta_i$$

vérifient en toute rigueur l'équation

$$(42) \quad \left\{ \begin{aligned} \Theta_i - \Delta^4\Theta_i &= (1 - D_i - E_i - F_i)(\Theta_1 - \Delta^4\Theta_1) \\ &+ F_i(\Theta_3 - \Delta^4\Theta_3) + E_i(\Theta_5 - \Delta^4\Theta_5) + D_i(\Theta_7 - \Delta^4\Theta_7). \end{aligned} \right.$$

Or on tire de cette dernière formule

$$(43) \quad \left\{ \begin{aligned} &(1 - D_i - E_i - F_i)\Theta_1 + F_i\Theta_3 + E_i\Theta_5 + D_i\Theta_7 \\ &= \Theta_i - \Delta^4\Theta_i + (1 - D_i - E_i - F_i)\Delta^4\Theta_1 \\ &\quad + F_i\Delta^4\Theta_3 + E_i\Delta^4\Theta_5 + D_i\Delta^4\Theta_7. \end{aligned} \right.$$

Donc le second membre de l'équation (39), ou la valeur corrigée de Θ_i fournie par cette équation, est la somme des deux quantités

$$\Theta_i - \Delta^4\Theta_i$$

et

$$(44) \qquad (1 - D_i - E_i - F_i)\Delta^4\Theta_1 + F_i\Delta^4\Theta_3 + E_i\Delta^4\Theta_5 + D_i\Delta^4\Theta_7,$$

dont la première se trouve, pour chaque substance et pour chaque rayon, immédiatement donnée par le Tableau VIII, tandis que la seconde peut être facilement déduite des valeurs obtenues pour

$$\Delta^4\Theta_1, \quad \Delta^4\Theta_3, \quad \Delta^4\Theta_5, \quad \Delta^4\Theta_7.$$

Si dans l'expression (44) on pose successivement

$$i = 2, \qquad i = 4, \qquad i = 6,$$

cette expression acquerra, eu égard au Tableau XIX, les formes suivantes :

$$(45)\quad \begin{cases} 0{,}47143\,\Delta^4\Theta_1 + 0{,}73865\,\Delta^4\Theta_3 - 0{,}24587\,\Delta^4\Theta_5 + 0{,}03759\,\Delta^4\Theta_7, \\ 0{,}09913\,\Delta^4\Theta_1 + 0{,}16566\,\Delta^4\Theta_3 + 0{,}82448\,\Delta^4\Theta_5 - 0{,}08927\,\Delta^4\Theta_7, \\ -0{,}15023\,\Delta^4\Theta_1 + 0{,}08584\,\Delta^4\Theta_3 + 0{,}62126\,\Delta^4\Theta_5 + 0{,}44313\,\Delta^4\Theta_7. \end{cases}$$

Comme des valeurs numériques de $\Delta^4\Theta_i$, exprimées en millionièmes et fournies par le Tableau VII, la plus grande 103 est seule composée de trois chiffres, chacune des autres renferme deux chiffres au plus, il est clair que, dans l'évaluation en nombres des polynômes (45), on pourra, sans erreur sensible, réduire chaque coefficient à ses deux premiers chiffres décimaux et, par suite, ces polynômes eux-mêmes aux trois suivants :

$$(46)\quad \begin{cases} 0{,}47\,\Delta^4\Theta_1 + 0{,}74\,\Delta^4\Theta_3 - 0{,}25\,\Delta^4\Theta_5 + 0{,}04\,\Delta^4\Theta_7, \\ 0{,}10\,\Delta^4\Theta_1 + 0{,}17\,\Delta^4\Theta_3 + 0{,}82\,\Delta^4\Theta_5 - 0{,}09\,\Delta^4\Theta_7, \\ -0{,}15\,\Delta^4\Theta_1 + 0{,}09\,\Delta^4\Theta_3 + 0{,}62\,\Delta^4\Theta_5 + 0{,}44\,\Delta^4\Theta_7. \end{cases}$$

En substituant dans ces derniers polynômes les valeurs de $\Delta^4\Theta_1$, $\Delta^4\Theta_3$, $\Delta^4\Theta_5$, $\Delta^4\Theta_7$ tirées du Tableau VII, et retranchant des résultats ainsi calculés les valeurs de $\Delta^4\Theta_i$, on obtiendra les corrections que doivent subir les valeurs de Θ_i fournies par l'expérience pour se transformer en celles que donneraient les formules (39). Les corrections dont il s'agit se trouvent déterminées, pour chacun des trois rayons C, F, G de Frauenhofer, dans le Tableau que nous allons tracer.

TABLEAU XXI.

Corrections de Θ_2, Θ_4, Θ_6 exprimées en millionièmes.

	EAU. 1re série.	EAU. 2e série.	SOLUTION de potasse.	HUILE de térébenthine.	CROWNGLASS. 1re espèce.	CROWNGLASS. 2e espèce.	CROWNGLASS. 3e espèce.	FLINTGLASS. 1re espèce.	FLINTGLASS. 2e espèce.	FLINTGLASS. 3e espèce, 1re série.	FLINTGLASS. 3e espèce, 2e série.	FLINTGLASS. 4e espèce.	SOMMES.
$\Delta^4\Theta_1$..........	—22	—11	12	—14	39	—9	6	6	—13	2	51	—44	0
$\Delta^4\Theta_3$..........	—6	13	—1	—47	—3	59	—14	11	—71	6	19	37	1
$\Delta^4\Theta_5$..........	36	3	—9	—28	—35	40	—8	—14	—22	16	41	—22	—2
$\Delta^4\Theta_7$..........	—17	20	—3	—4	—9	26	—13	19	—36	—15	—72	103	—1
$0,47\,\Delta^4\Theta_1$....	—10	—5	6	—7	18	—4	3	3	—6	1	24	—21	2
$0,74\,\Delta^4\Theta_3$....	—4	10	—1	—35	—2	44	—10	8	—52	4	14	27	3
$-\,0,25\,\Delta^4\Theta_5$....	—9	—1	2	7	9	—10	2	3	5	—4	—10	5	—1
$0,04\,\Delta^4\Theta_7$....	—1	1	0	0	0	1	0	1	—1	—1	—3	4	1
Somme....	—24	5	7	—35	25	31	—5	15	—54	0	25	15	5
$\Delta^4\Theta_2$..........	41	—9	—7	18	—31	—19	6	—25	49	11	22	—59	—3
Correction de Θ_2.	—65	14	14	—53	56	50	—11	40	—103	—11	3	74	3
$0,10\,\Delta^4\Theta_1$....	—2	—1	1	—1	4	—1	1	1	—1	0	5	—4	2
$0,17\,\Delta^4\Theta_3$....	—1	2	0	—8	0	10	—2	—2	—12	1	3	6	1
$0,82\,\Delta^4\Delta_5$...	30	2	—7	—23	—29	33	—7	—12	—18	13	34	—18	—2
$-\,0,09\,\Delta^4\Theta_7$....	2	—2	0	0	1	—2	1	—2	3	1	6	—9	—1
Somme....	29	1	—6	—32	—24	40	—7	—11	—28	15	48	—25	0
$\Delta^4\Theta_4$..........	—12	7	—1	43	—5	—33	—1	8	35	—20	—90	66	—1
Correction de Θ_4.	41	—6	—5	—75	—19	73	—8	—19	—63	35	138	—91	1
$-\,0,15\,\Delta^4\Theta_1$....	3	2	—2	2	—6	1	—1	—1	2	0	—8	7	—1
$0,09\,\Delta^4\Theta_3$....	—1	1	0	—4	0	5	—1	1	—6	1	2	3	1
$0,62\,\Delta^4\Theta_5$....	22	2	—6	—17	—22	25	—5	—9	—14	10	25	—14	—3
$0,44\,\Delta^4\Theta_7$....	—8	9	—1	—2	—4	12	—6	—8	—16	—7	—32	46	—1
Somme....	16	14	—9	—21	—32	43	—13	—1	—34	4	—13	42	—4
$\Delta^4\Theta_6$..........	—17	—23	13	34	42	—68	20	—5	58	—4	32	—80	2
Correction de Θ_6.	33	37	—22	—55	—74	111	—33	4	—92	8	—45	122	—6

Pour atteindre une plus grande exactitude, nous avons, dans les multiplications, remplacé les valeurs approchées des coefficients de $\Delta^4\Theta_1$, $\Delta^4\Theta_3$, ..., c'est-à-dire les nombres

$$0,47, \quad 0,74, \quad \ldots,$$

écrits à la marge du Tableau XXI, par les nombres

$$0,47143, \quad 0,73865, \quad \ldots,$$

c'est-à-dire par les valeurs des mêmes coefficients prises dans les expressions (45), toutes les fois que la réduction de l'un de ces coefficients à sa valeur approchée pouvait augmenter ou diminuer d'une unité le dernier chiffre du produit. La dernière colonne verticale du Tableau XXI, composée de sommes qui se déduisent les unes des autres et dont chacune, comme on devait s'y attendre, diffère très peu de zéro, sert à confirmer la justesse de nos calculs.

Si l'on fait subir les corrections indiquées par le Tableau XXI aux valeurs de

$$\Theta_2, \quad \Theta_4, \quad \Theta_6$$

déduites de l'expérience, on obtiendra celles que déterminerait la formule (39) et que présente le Tableau XXII.

La dernière colonne verticale de ce Tableau, composée de sommes qui se déduisent les unes des autres, sert à confirmer la justesse de nos calculs.

TABLEAU XXII.

Valeurs corrigées de Θ_2, Θ_4, Θ_6 en vertu de la formule (39).

	EAU.		SOLUTION de potasse.	HUILE de térébenthine.	CROWNGLASS.			FLINTGLASS.					SOMMES.
	1re série.	2e série.			1re espèce.	2e espèce.	3e espèce.	1re espèce.	2e espèce.	3e espèce, 1re série.	3e espèce, 2e série.	4e espèce.	
Θ_2........	1,773457	1,773449	1,961442	2,165402	2,326538	2,331269	2,420927	2,572175	2,642177	2,651854	2,651912	2,655861	27,926463
Correction.	—65	14	14	—53	56	50	—11	40	—103	—11	3	74	8
Val. corr..	1,773392	1,773463	1,961456	2,165349	2,326594	2,331319	2,420916	2,572215	2,642074	2,651843	2,651915	2,655935	27,926471
Θ_4........	1,784497	1,784492	1,975801	2,185528	1,345101	2,350105	2,443438	2,606712	2,680936	2,691384	2,691225	2,696244	28,235463
Correction.	41	—6	—5	—75	—19	73	—8	—19	—63	35	138	—91	1
Val. corr..	1,784538	1,784486	1,975796	2,185453	2,345082	2,350178	2,443430	2,606693	2,680873	2,691419	2,691363	2,696153	28,235464
Θ_6........	1,799068	1,798981	1,995381	2,214734	2,871317	2,376707	2,476012	2,659418	2,740370	2,751781	2,751776	2,756547	28,692092
Correction.	33	37	—22	—55	—74	111	—33	—4	—92	8	—45	122	—6
Val. corr..	1,799101	1,799018	1,995359	2,214679	2,371243	2,376818	2,475979	2,659422	2,740278	2,751789	2,751731	2,756669	28,692086

Les valeurs corrigées de Θ_2, Θ_4, Θ_6 que fournit le Tableau XX, étant déduites chacune des valeurs de Θ_i correspondantes à quatre rayons différents, savoir aux rayons B, D, F, H de Frauenhofer, méritent plus de confiance que les valeurs de Θ_2, Θ_4, Θ_6 directement fournies par l'expérience, puisque chacune de ces dernières est tirée d'une seule observation. Mais on doit avoir plus de confiance encore dans les valeurs corrigées de Θ_2, Θ_4, Θ_6 que présente le Tableau VIII, et qui s'y trouvent représentées par

$$\Theta_2 - \Delta^4\Theta_2, \quad \Theta_4 - \Delta^4\Theta_4, \quad \Theta_6 - \Delta^4\Theta_6,$$

puisque, à la détermination de chacune d'elles, concourent les observations faites, non plus seulement sur quatre rayons, mais sur les sept rayons B, C, D, E, F, G, H. Cette conclusion se trouve d'accord avec la remarque facile à faire que les corrections de Θ_2, Θ_4, Θ_6, déterminées dans le Tableau XXI, offrent en général des valeurs numériques supérieures aux valeurs numériques correspondantes des quantités $\Delta^4\Theta_2$, $\Delta^4\Theta_4$, $\Delta^4\Theta_6$, qui représentent au signe près dans le Tableau VIII les corrections de Θ_2, Θ_4, Θ_6. Effectivement, dans le Tableau XXI, la correction de Θ_2, par exemple, est, pour toutes les substances, excepté pour la 3e espèce de flintglass, la différence qu'on obtient quand on retranche la quantité $\Delta^4\Theta_2$ d'une autre quantité affectée d'un signe contraire, en sorte que les valeurs numériques de ces deux quantités s'ajoutent pour former celle de la correction de Θ_2. Au reste, les plus grandes des valeurs numériques des corrections de Θ_2, Θ_4, Θ_6 exprimées en millionièmes dans le Tableau XXI, ou les quantités

$$0,000122, \quad 0,000138,$$

sont encore inférieures au nombre

$$0,000159,$$

qui représente la plus grande des valeurs numériques des variations de Θ_i comprises dans la 7e ligne horizontale du Tableau VII du § VI, et, par conséquent, se trouvent renfermées entre les limites que comportent les erreurs d'observation.

§ VIII. — *Remarques sur les résultats obtenus dans les paragraphes précédents.*

En établissant les formules à l'aide desquelles ont été calculés les nombres que renferment les divers Tableaux des deux derniers paragraphes, et spécialement le Tableau VIII du § VII, nous avons supposé que, dans chaque substance, l'élasticité de l'éther restait la même en tous sens, et qu'en conséquence les milieux traversés par la lumière étaient du nombre de ceux qui offrent les phénomènes de la réfraction simple. Dans cette supposition, les quatre quantités dont se composent les valeurs corrigées de Θ_i, c'est-à-dire les quantités désignées dans le Tableau VIII du § VII par

$$(1) \qquad \Theta, \quad \vartheta'_i, \quad \vartheta''_i, \quad \vartheta'''_i,$$

doivent, comme on l'a dit, former généralement, abstraction faite de leurs signes, une suite décroissante. Mais nos formules pourraient cesser d'être rigoureusement applicables si l'une des substances possédait, même à un faible degré, la propriété de faire subir aux rayons lumineux une réfraction double, et alors la condition ci-dessus énoncée, savoir que les valeurs numériques des quantités (1) forment une suite décroissante, pourrait cesser d'être vérifiée, surtout pour la substance dont il s'agit. Or, dans le Tableau VIII du § VII, la seule substance pour laquelle la condition énoncée ne soit pas toujours remplie est l'huile de térébenthine. Donc l'inspection de ce Tableau nous conduit à penser que, si l'une des substances employées par Frauenhofer produit à un faible degré la double réfraction, ce doit être l'huile de térébenthine. Effectivement, M. Biot a reconnu que le plan de polarisation d'un rayon lumineux, et par suite le plan mené par le rayon et dans lequel se déplacent les molécules d'éther, change plus ou moins de direction lorsqu'il a traversé une couche plus ou moins épaisse d'huile de térébenthine; et cette observation, comme nous le verrons plus tard, prouve que l'huile de térébenthine possède, quoiqu'à un faible degré, la propriété d'être doublement réfringente. Si, en raison de cette circonstance, on exclut l'huile de térébenthine des calculs relatifs à la détermination des valeurs corrigées de Θ_i, alors, à la place des Tableaux II et suivants du § VII, on obtiendra ceux que nous allons former.

D'abord, si des sommes représentées dans le Tableau II (§ VII) par

$$\Sigma'\Delta\Theta_i \quad \text{et} \quad \Sigma' S'\Delta\Theta_i$$

on retranche les valeurs de

$$\Delta\Theta_i \quad \text{et} \quad S'\Delta\Theta_i$$

relatives à l'huile de térébenthine, on obtiendra pour ces mêmes sommes et pour β_i de nouvelles valeurs qui seront fournies par le Tableau suivant.

TABLEAU I.

Valeurs de β_i.

i.	1.	2.	3.	4.	5.	6.	7.	$\Sigma' S'\Delta'\Theta_i$.
$\Sigma'\Delta\Theta_i$	0,401707	0,355122	0,229239	0,066248	−0,080239	−0,361175	−0,610898	2,104628
$L(\pm\Sigma'\Delta\Theta_i)$...	6039094	5503775	3602886	8211728	9043855	5577177	7859688	
$L(\Sigma' S'\Delta\Theta_i)$ ...	3231754	3231754	3231754	3231754	3231754	3231754	3231754	
$L(\pm\beta_i)$......	2807340	2272021	0371132	4979974	5812101	2345423	4627934	$S'\beta_i$
β_i............	0,190868	0,168734	0,108921	0,031477	−0,038125	−0,171610	−0,290264	0,999999

Si maintenant on joint les nouvelles valeurs de β_i aux valeurs de $S'\Delta\Theta_i$ que présente le Tableau II du § VII, on déduira successivement des formules (4), (3) et (1) de ce même paragraphe les valeurs des quantités

$$\vartheta'_i, \quad \Delta^2\Theta_i, \quad \gamma_i; \quad \vartheta''_i, \quad \Delta^3\Theta_i, \quad \delta_i; \quad \vartheta'''_i, \quad \Delta^4\Theta_i$$

comprises dans les Tableaux que nous allons tracer.

Tableau II.

Valeurs de $\Delta^2\Theta_i$ et de γ_i.

	$\Delta^2\Theta_1$.	$\Delta^2\Theta_2$.	$\Delta^2\Theta_3$.	$\Delta^2\Theta_4$.	$\Delta^2\Theta_5$.	$\Delta^2\Theta_6$.	$\Delta^2\Theta_7$.	$\Delta^2\Theta_3+\Delta^2\Theta_4+\Delta^2\Theta_5+\Delta^2\Theta_6$.	$\Delta^2\Theta_1+\Delta^2\Theta_2+\Delta^2\Theta_7$.	$S\Delta^2\Theta_i$.	$S''\Delta^2\Theta_i$.	$L(\pm S''\Delta^2\Theta_i)$.
Eau. 1re série	-0,000677	-0,000246	0,000296	0,000627	0,000732	0,000156	-0,000888	0,001811	-0,001811	0,000000	0,003622	5589484
Eau. 2e série	-0,000610	-0,000294	0,000276	0,000627	0,000679	0,000139	-0,000820	0,001721	-0,001724	-0,000003	0,003445	5371892
Solution de potasse	-0,000572	-0,000270	0,000263	0,000579	0,000622	0,000170	-0,000791	0,001635	-0,001633	0,000001	0,003267	5141491
Crownglass. 1re espèce	-0,000355	-0,000232	0,000159	0,000428	0,000438	0,000153	-0,000592	0,001178	-0,001179	-0,000001	0,002357	3723596
Crownglass. 2e espèce	-0,000387	-0,000220	0,000209	0,000396	0,000509	0,000040	-0,000551	0,001154	-0,001158	-0,000004	0,002312	3639878
Crownglass. 3e espèce	-0,000156	-0,000121	0,000022	0,000254	0,000269	0,000076	-0,000345	0,000621	-0,000622	-0,000001	0,001243	0944711
Flintglass. 1re espèce	0,000326	0,000264	-0,000054	-0,000535	-0,000631	-0,000114	0,000746	-0,001334	0,001336	0,000002	-0,002670	4265113
Flintglass. 2e espèce	0,000605	0,000383	-0,000329	-0,000658	-0,000795	-0,000112	0,000908	-0,001894	0,001896	0,000002	-0,003790	5786392
Flintglass. 3e esp., 1re série	0,000690	0,000302	-0,000333	-0,000661	-0,000692	-0,000177	0,000869	-0,001863	0,001861	-0,000002	-0,003724	5710097
Flintglass. 3e esp., 2e série	0,000788	0,000356	-0,000328	-0,000813	-0,000760	-0,000160	0,000922	-0,001061	0,002066	0,000005	-0,004127	6156345
Flintglass. 4e espèce	0,000348	0,000077	-0,000179	-0,000246	-0,000371	-0,000172	0,000542	-0,000968	0,000967	-0,000004	-0,001935	2866810
Sommes. Flintglass	0,002757	0,001382	-0,001223	-0,002913	-0,003249	-0,000735	0,003987				-0,016246	
Sommes. Les autres substances	-0,002757	-0,001383	0,001225	0,002911	0,003249	0,000734	-0,003987				0,016246	
$\Sigma\Delta^2\Theta_i$	0,000000	-0,000001	0,000002	0,000002	0,000000	-0,000001	0,000000			$\Sigma S''\Delta^2\Theta_i$	0,00000	
$\Sigma''\Delta^2\Theta_i$	-0,005514	-0,002765	0,002448	0,005824	0,006498	0,001469	-0,007974			$\Sigma''S''\Delta^2\Theta_i$	0,032492	
$L(\Sigma''\Delta^2\Theta_i)$	7414668	4416951	3888114	7652214	8127797	1670218	9016762					
$L(\Sigma''S''\Delta^2\Theta_i)$	5117764	5117764	5117764	5117764	5117764	5117764	5117764			$L(\Sigma''S''\Delta^2\Theta_i)$	5117764	
$L(\mp\gamma_i)$	2296904	9299187	8770350	2534450	3010033	6552454	3898998	$\gamma_3+\gamma_4+\gamma_5+\gamma_6$	$\gamma_1+\gamma_2+\gamma_7$	$S\gamma_i$	$S''\gamma_i$	
γ_i	-0,16970	-0,08510	0,07534	0,17924	0,19999	0,04521	-0,24541	0,49978	-0,50021	-0,0004	0,99999	

Tableau III.

Valeurs de $\Delta^2\Theta_i$ et de δ_i.

	$\Delta^3\Theta_1$.	$\Delta^3\Theta_2$.	$\Delta^3\Theta_3$.	$\Delta^3\Theta_4$.	$\Delta^3\Theta_5$.	$\Delta^3\Theta_6$.	$\Delta^3\Theta_7$.	$\Delta^3\Theta_2+\Delta^3\Theta_3$ $+\Delta^3\Theta_6+\Delta^3\Theta_7$.	$\Delta^3\Theta_1$ $+\Delta^3\Theta_4+\Delta^3\Theta_5$.	$S\Delta^3\Theta_i$.	$S'''\Delta^3\Theta_i$.	$L(\pm S'''\Delta^3\Theta_i)$.
Eau. 1re série	-0,000062	0,000062	0,000023	-0,000022	-0,000008	-0,000008	-0,000001	0,000076	-0,000076	0,000000	0,000152	1818436
Eau. 2e série	-0,000025	-0,000001	0,000016	0,000010	-0,000010	-0,000017	0,000025	0,000023	-0,000025	-0,000002	0,000048	6812412
Solution de potasse	-0,000017	0,000008	0,000017	-0,000007	-0,000031	0,000022	0,000011	0,000058	-0,000055	0,000003	0,000113	0530784
Crownglass. 1re espèce	0,000045	-0,000031	-0,000019	0,000006	-0,000033	0,000046	-0,000013	-0,000017	0,000018	-0,000001	-0,000035	5440680
Crownglass. 2e espèce	0,000005	-0,000023	0,000035	-0,000018	0,000047	-0,000065	0,000016	-0,000037	0,000034	-0,000003	-0,000071	8542584
Crownglass. 3e espèce	0,000055	-0,000015	-0,000072	0,000031	0,000020	0,000020	-0,000040	-0,000107	0,000106	-0,000001	-0,000213	3283796
Flintglass. 1re espèce	-0,000127	0,000037	0,000147	-0,000056	-0,000097	0,000007	0,000091	0,000282	-0,000280	0,000002	0,000562	7497363
Flintglass. 2e espèce	-0,000038	0,000060	-0,000043	0,000021	-0,000037	0,000059	-0,000022	0,000054	-0,000054	0,000000	0,000108	0334238
Flintglass. 3e espèce, 1re série	0,000058	-0,000015	-0,000052	0,000007	0,000053	-0,000009	-0,000045	-0,000121	0,000118	-0,000003	-0,000239	3783979
Flintglass. 3e espèce, 2e série	0,000088	0,000005	-0,000017	-0,000073	0,000065	0,000027	-0,000091	-0,000076	0,000080	0,000004	-0,000156	1931246
Flintglass. 4e espèce	0,000020	-0,000088	-0,000033	0,000101	0,000016	-0,000085	0,000067	-0,000139	0,000137	-0,000002	-0,000276	4409091
Sommes. Eau, potasse, flintglass, 1re et 2e espèce	-0,000269	0,000166	0,000160	-0,000054	-0,000167	0,000063	0,000104				0,000983	
Sommes. Les autres substances	0,000271	-0,000167	-0,000158	0,000054	0,000168	-0,000066	-0,000106				-0,000990	
$\Sigma\Delta^3\Theta_i$	0,000002	-0,000001	0,000002	0,000000	0,000001	-0,000003	-0,000002			$\Sigma S'''\Delta^3\Theta_i$	-0,000007	
$\Sigma'''\Delta^3\Theta_i$	-0,000540	0,000333	0,000318	-0,000108	-0,000335	0,000129	0,000210			$\Sigma'''S'''\Delta^3\Theta_i$	0,001973	
$L(\mp\Sigma'''\Delta^3\Theta_i)$	7323938	5224442	5024271	0334238	5250448	1105897	3222193					
$L(\Sigma'''S'''\Delta^3\Theta_i)$	2951271	2951271	2951271	2951271	2951271	2951271	2951271			$L(\Sigma'''S'''\Delta^3\Theta_i)$	2951271	
$L(\mp\delta_i)$	4372667	2273171	2073000	7382967	2299177	8154626	0270922	$\delta_2+\delta_3+\delta_6+\delta_7$	$\delta_1+\delta_4+\delta_5$	$S\delta_i$	$S'''\delta_i$	
δ_i	-0,2737	0,1688	0,1612	-0,0547	-0,1698	0,0654	0,1064	0,5018	-0,4982	0,004	1,0000	

TABLEAU IV.

Valeurs de Θ, ϑ'_i, ϑ''_i, ϑ'''_i, $\Theta_i - \Delta^4\Theta_i$ *et* $\Delta^4\Theta_i$.

	EAU.		SOLUTION de potasse.	CROWNGLASS.			FLINTGLASS.					SOMMES.
	1re série.	2e série.		1re espèce.	2e espèce.	3e espèce.	1re espèce.	2e espèce	3e espèce, 1re série.	3e espèce, 2e série.	4e espèce.	
Θ..........	1,786201	1,786186	1,978320	2,348779	2,353887	2,448260	2,615351	2,690721	2,701331	2,701322	2,705825	26,116183
ϑ'_1..........	−14137	−14076	−18787	−24897	−25336	−30782	−49139	−55345	−56309	−56294	−56605	−0,401707
ϑ''_1..........	−615	−585	−555	−400	−392	−211	453	643	632	700	328	−2
ϑ'''_1..........	−42	−13	−31	10	19	58	−154	−30	65	43	76	1
$\Theta_1 - \Delta^4\Theta_1$.....	1,771407	1,771512	1,958947	2,323492	2,328178	2,417325	2,566511	2,635989	2,745719	2,645771	2,649624	25,714475
$\Delta^4\Theta_1$.........	−20	−12	14	35	−14	−3	27	−8	−7	45	−56	1
Θ_1..........	1,771387	1,771500	1,958961	2,323527	2,328164	2,417322	2,566538	2,635981	2,745712	2,645816	2,649568	25,714476
Θ..........	1,786201	1,786186	1,978320	2,348779	2,353887	2,448260	2,615351	2,690721	2,701331	2,701322	2,705825	26,116183
ϑ'_2..........	−12498	−12443	−16608	−22009	−22398	−27212	−43440	−48927	−49779	−49766	−50041	−0,355121
ϑ''_2..........	−308	−293	−278	−201	−197	−106	227	323	317	351	165	0
ϑ'''_2..........	26	8	19	−6	−12	−36	95	18	−40	−26	−47	−1
$\Theta_2 - \Delta^4\Theta_2$.....	1,773421	1,773458	1,960433	2,326563	2,331280	2,420906	2,572233	2,642135	2,651829	2,651881	2,655902	25,761061
$\Delta^4\Theta_2$.........	36	−9	−11	−25	−11	21	−58	42	25	31	−41	0
Θ_2..........	1,773457	1,773449	1,960442	2,326538	2,331269	2,420927	2,572175	2,642177	2,651854	2,651912	2,655861	25,761061
Θ..........	1,786201	1,786186	1,978320	2,348779	2,353887	2,448260	2,615351	2,690721	2,701331	2,701322	2,705825	26,116183
ϑ'_3..........	−8068	−8033	−10721	−14208	−14459	−17566	−28042	−31584	−32133	−32125	−32302	−0,229241
ϑ''_3..........	273	260	246	178	174	94	−201	−286	−281	−311	−146	0
ϑ'''_3..........	24	8	18	−6	−11	−34	91	17	−39	−25	−44	−1
$\Theta_3 - \Delta^4\Theta_3$.....	1,778430	1,778421	1,967863	2,334743	2,339591	2,430754	2,587199	2,658868	2,663878	2,668861	2,673333	25,886941
$\Delta^4\Theta_3$.........	−1	8	−1	−13	46	−38	56	−60	−13	8	11	3
Θ_3..........	1,778429	1,778429	1,967862	2,334730	2,339637	2,430716	2,587255	2,658808	2,668865	2,668869	2,673344	25,886944

TABLEAU IV (suite).

	EAU.		SOLUTION de potasse.	CROWNGLASS.			FLINTGLASS.					SOMMES.
	1re série.	2e série.		1re espèce.	2e espèce.	3e espèce.	1re espèce.	2e espèce.	3e espèce, 1re série.	3e espèce, 2e série.	4e espèce.	
Θ	1,786201	1,786186	1,978320	2,348779	2,353887	2,448260	2,615351	2,690721	2,701331	2,701322	2,705825	26,116183
$\mathfrak{T}'_4$	—2331	—2321	—3098	—4106	—4178	—5076	—8104	—9127	—9286	—9284	—9335	—0,066246
$\mathfrak{T}''_4$	649	617	586	422	414	223	—479	—679	—668	—740	—347	—2
$\mathfrak{T}'''_4$	—8	—3	—6	2	4	12	—31	—6	13	9	15	1
$\Theta_4 - \Delta^4\Theta_4$	1,784511	1,784479	1,975802	2,345097	2,350127	2,443419	2,606737	2,680909	2,691390	2,691307	2,696158	26,049636
$\Delta^4\Theta_4$	—14	13	—1	4	—22	19	—25	27	—6	—82	86	—1
Θ_4	1,784497	1,784492	1,975801	2,345101	2,350105	2,443438	2,606712	2,680936	2,691384	2,691225	2,696244	26,049935
Θ	1,786201	1,786186	1,978320	2,348779	2,353887	2,448260	2,615351	2,690721	2,701331	2,701322	2,705825	26,116183
$\mathfrak{T}'_5$	2824	2812	3753	4973	5061	6148	9815	11055	11247	11244	11307	0,080239
$\mathfrak{T}''_5$	724	689	653	471	462	249	—534	—758	—745	—825	—387	—1
$\mathfrak{T}'''_5$	—26	—8	—19	6	12	36	—95	—18	41	26	47	2
$\Theta^4 - \Delta^4\Theta_5$	1,789723	1,789679	1,682707	2,354129	2,359422	2,454693	2,624537	2,701000	2,711874	2,711767	2,716792	26,196423
$\Delta^4\Theta_5$	34	—2	—12	—39	35	—16	—2	—19	12	39	—31	—1
Θ_5	1,789757	1,789677	1,982695	2,354190	2,359457	2,454677	2,624535	2,700981	2,711886	2,711806	2,716761	26,196422
Θ	1,786201	1,786186	1,978320	2,348779	2,353887	2,448260	2,615351	2,690721	2,701331	2,701322	2,705825	26,116183
$\mathfrak{T}'_6$	12711	12656	16891	22385	22780	27676	44181	49761	50627	50614	50894	0,361176
$\mathfrak{T}''_6$	164	156	148	107	105	56	— 121	—171	—168	—187	—87	2
$\mathfrak{T}'''_6$	10	3	7	—2	—5	—14	37	7	—16	—10	—18	—1
$\Theta_6 - \Delta^4\Theta_6$	1,799086	1,799001	1,995366	2,371269	2,376767	2,475978	2,659448	2,740318	2,751774	2,751739	2,756614	26,477360
$\Delta^4\Theta_6$	—18	—20	15	48	—60	34	—30	52	7	37	—67	—2
Θ_6	1,799068	1,798981	1,995381	2,371317	2,376707	2,476012	2,659418	2,740370	2,751781	2,751776	2,756547	26,477358
Θ	1,786201	1,786186	1,978320	2,348779	2,353887	2,448260	2,615351	2,690721	2,701331	2,701322	2,705825	26,116183
$\mathfrak{T}'_7$	21500	21406	28570	37862	38531	46811	74728	84167	85632	85609	86082	0,610898
$\mathfrak{T}''_7$	—887	—845	—802	—579	—567	—305	655	930	914	1013	475	2
$\mathfrak{T}'''_7$	16	5	12	—4	—8	—23	60	11	—25	—16	—29	—1
$\Theta_7 - \Delta^4\Theta_7$	1,806830	1,806752	2,006100	2,386058	2,391843	2,494743	2,690794	2,775829	2,787852	2,787928	2,792353	26,727082
$\Delta^4\Theta_7$	—17	20	—1	—9	24	—17	31	—33	—20	—75	96	—1
Δ_7	1,806813	1,806772	2,006099	2,386049	2,391867	2,494726	2,690725	2,775796	2,787832	2,787853	2,792449	26,727081

Pour abréger, nous avons omis ici les Tableaux analogues aux Tableaux III, V et VII du § VII, c'est-à-dire ceux qui servent à déterminer les valeurs de

$$\mathfrak{I}'_i, \quad \Delta^2\Theta_i, \qquad \mathfrak{I}''_i, \quad \Delta^3\Theta_i, \qquad \mathfrak{I}'''_i, \quad \Delta^3\Theta_i.$$

Au reste, l'exactitude de ces valeurs peut être aisément vérifiée à l'aide des seuls Tableaux que nous venons de présenter. Ainsi, en particulier, pour obtenir les valeurs de

$$\mathfrak{I}'_1, \quad \mathfrak{I}''_1, \quad \mathfrak{I}'''_1$$

relatives à l'eau (1re série), il suffira d'ajouter respectivement aux logarithmes de

$$\beta_1, \quad \gamma_1, \quad \delta_1,$$

pris dans les Tableaux I, II et III, c'est-à-dire aux nombres

2807340, 2296904, 4372667,

les logarithmes des valeurs de

$$-\,S'\Delta\Theta_i, \quad S''\Delta^2\Theta_i, \quad S'''\Delta^3\Theta_i$$

relatives à l'eau (1re série), pris dans ces mêmes Tableaux et dans le Tableau II du § VII, c'est-à-dire les nombres

8696365, 5589484, 1818436.

Les sommes formées, comme on vient de le dire, savoir

1503705, 7886388, 6191103,

représenteront les logarithmes décimaux des nombres

0,014137, 0,000615, 0,000042,

qui, pris avec le signe $-$, offriront précisément les valeurs de

$$\mathfrak{I}'_1, \quad \mathfrak{I}''_1, \quad \mathfrak{I}'''_1$$

inscrites dans le Tableau IV. Il sera d'ailleurs facile de vérifier, à l'aide de ces valeurs, celles que nous avons assignées à

$$\Delta^2\Theta_1,\quad \Delta^3\Theta_1,\quad \Delta^4\Theta_1;$$

car on tirera des équations (1) du § VII, en ayant égard au Tableau II de ce même paragraphe,

$$\begin{aligned}
\Delta^2\Theta_1 &= \Delta\Theta_1 - \mathfrak{I}'_1 = -0{,}014814 + 0{,}14137 = -0{,}000677,\\
\Delta^3\Theta_1 &= \Delta^2\Theta_1 - \mathfrak{I}''_1 = -0{,}000677 + 0{,}000615 = -0{,}000062,\\
\Delta^4\Theta_1 &= \Delta^3\Theta_1 - \mathfrak{I}'''_1 = -0{,}000062 + 0{,}000042 = -0{,}000020.
\end{aligned}$$

Dans le Tableau IV, ainsi qu'on devait s'y attendre, les valeurs numériques des quatre quantités

$$\Theta,\quad \mathfrak{I}_i,\quad \mathfrak{I}'_i,\quad \mathfrak{I}''_i$$

forment, pour chaque substance et pour chaque rayon, une suite décroissante. Les valeurs corrigées de Θ_i ou les valeurs de

$$\Theta_i - \Delta^4\Theta_i,$$

que fournit ce même Tableau, sont toutes comprises dans les formules (11) ou (16) du § VII, desquelles on peut les déduire, en substituant aux quantités

$$\Theta,\qquad \mathfrak{u} = S'\Delta\Theta_i,\qquad \mathfrak{v} = S''\Delta^2\Theta_i,\qquad \mathfrak{w} = S'''\Delta^3\Theta_i$$

et

$$\beta_i,\quad \gamma_i,\quad \delta_i$$

les valeurs que nous venons d'employer, et qui se trouvent réunies dans les Tableaux V et VI.

Quant aux valeurs des trois sommes représentées dans la formule dont il s'agit par les notations

$$S''\beta_i,\quad S''\gamma_i,\quad S'''\gamma_i,$$

on les déduira sans peine des formules (6) du § VII, et l'on trouvera

$$(2)\qquad \left\{\begin{aligned}
S''\beta_i &= 0{,}430662 - 0{,}569337 = -0{,}138675,\\
S''\gamma_i &= 0{,}315780 - 0{,}684219 = -0{,}368439,\\
S'''\gamma_i &= 0{,}29025 \;\; - 0{,}70974 \;\; = -0{,}41949.
\end{aligned}\right.$$

TABLEAU V.

Valeurs de Θ, $\mathfrak{U}$, $\mathfrak{V}$, $\mathfrak{W}$.

	EAU.		SOLUTION de potasse.	CROWNGLASS.			FLINTGLASS.				
	1re série.	2e série.		1re espèce.	2e espèce.	3e espèce.	1re espèce.	2e espèce.	3e espèce, 1re série.	3e espèce, 2e série.	4e espèce.
Θ..........	1,786201	1,786186	1,978320	2,348779	2,353887	2,448260	2,615351	2,690721	2,701331	2,701322	2,705825
$\mathfrak{U}$..........	-0,074069	-0,073746	-0,098429	-0,130439	-0,132743	-0,161272	-0,257449	-0,289966	-0,295015	-0,294935	-0,296565
$\mathfrak{V}$..........	0,003622	0,003445	0,003267	0,002357	0,002312	0,001243	-0,002670	-0,003790	-0,003724	-0,004127	-0,001935
$\mathfrak{W}$..........	0,000152	0,000048	0,000113	-0,000035	-0,000071	-0,000213	0,000562	0,000108	0,000239	-0,000156	-0,000276

TABLEAU VI.

Valeurs de β_i, γ_i, δ_i.

i.	1.	2.	3.	4.	5.	6.	7.	SOMMES des valeurs numériques.
β_i.......	0,190868	0,168734	0,108921	0,031477	-0,038125	-0,171610	-0,290264	0,999999
γ_i.......	-0,16970	-0,08510	0,07534	0,17924	0,19999	0,04521	-0,24541	0,99999
δ_i.......	-0,2737	0,1688	0,1612	-0,0547	-0,1698	0,0654	0,1064	1,0000

Aux valeurs corrigées de Θ_i, fournies par le Tableau IV et représentées par

$$\Theta_i - \Delta^4 \Theta_i,$$

correspondront des valeurs corrigées de θ_i que nous représenterons encore par

$$\theta_i - \Delta^4 \theta_i,$$

et dans lesquelles on déterminera $\Delta^4 \theta_i$ avec une approximation suffisante à l'aide de la formule (13) du § VII. Effectivement les valeurs de $\Delta^4 \theta_i$ ainsi obtenues, et inscrites dans le Tableau suivant, vérifient sensiblement la double condition de fournir, pour les quantités (150) ou pour les quantités (151) du § VI, quatre valeurs égales au signe près, mais alternativement affectées de signes contraires.

Tableau VII.

Valeurs de $\Delta^4 \theta_i$, ... exprimées en millionièmes.

	EAU.		SOLUTION de potasse.	CROWNGLASS.			FLINTGLASS.				
	1re série.	2e série.		1re espèce.	2e espèce.	3e espèce.	1re espèce.	2e espèce.	3e espèce, 1re série.	3e espèce, 2e série.	4e espèce.
$\Delta^4 \theta_1$..........	−8	−5	5	11	−5	−1	8	−2	−2	14	−17
$\Delta^4 \theta_2$..........	14	−3	−4	−8	−4	7	−18	13	8	10	−13
$\Delta^4 \theta_3$..........	0	3	0	−4	15	−12	17	−18	−4	2	3
$\Delta^4 \theta_4$..........	−5	5	0	1	−7	6	−8	8	−2	−25	26
$\Delta^4 \theta_5$..........	13	1	−4	−13	11	−5	−1	−6	4	12	−9
$\Delta^4 \theta_6$..........	−7	−7	5	16	−19	11	−9	16	2	11	−20
$\Delta^4 \theta_7$..........	−6	7	0	−3	8	−5	9	−10	−6	−22	29
$\Delta^4 \theta_1 + \Delta^4 \theta_2$...	6	−8	1	3	−9	6	−10	11	6	24	−30
$\Delta^4 \theta_3 + \Delta^4 \theta_4$...	−5	8	0	−3	8	−6	9	−10	−6	−23	29
$\Delta^4 \theta_5 + \Delta^4 \theta_6$...	6	−6	1	3	−8	6	−10	10	6	23	−29
$\Delta^4 \theta_7$..........	−6	7	0	−3	8	−5	9	−10	−6	−22	29
$\Delta^4 \theta_1$..........	−8	−5	5	11	−5	−1	8	−2	−2	14	−17
$\Delta^4 \theta_2 + \Delta^4 \theta_7$...	8	4	−4	−11	4	2	−9	3	2	−12	16
$\Delta^4 \theta_3 + \Delta^4 \theta_6$...	−7	−4	5	12	−4	−1	8	−2	−2	13	−17
$\Delta^4 \theta_4 + \Delta^4 \theta_5$...	8	6	−4	−12	4	1	−9	2	2	−13	17

Au reste, les valeurs de $\Delta^4\theta_i$, inscrites dans le Tableau précédent, diffèrent très peu de celles que fournissait le Tableau XII du § VII. En effet, les différences entre les unes et les autres, étant exprimées en millionièmes, sont telles que les offre le Tableau suivant.

Tableau VIII.

Différences entre les valeurs de $\Delta^4\theta_i$ obtenues dans les §§ VIII et VII.

	EAU.		SOLUTION de potasse.	CROWNGLASS.			FLINTGLASS.				
	1re série.	2e série.		1re espèce.	2e espèce.	3e espèce.	1re espèce.	2e espèce.	3e espèce, 1re série.	3e espèce, 2e série.	4e espèce.
Pour $i=1$.....	0	—1	1	—2	—2	—3	6	2	—3	—2	—3
2.....	—1	0	—2	2	2	5	—10	—2	5	3	5
3.....	2	—2	0	—3	—4	—8	14	4	—6	—4	—8
4.....	—1	2	0	3	4	6	—10	—3	4	2	6
5.....	0	0	—1	—2	—2	—2	3	1	—1	0	—2
6.....	—1	2	0	2	3	5	—7	—2	3	1	4
7.....	0	0	1	0	0	—1	3	1	—2	0	—2

Donc ces différences sont généralement très petites et inférieures ou tout au plus égales à 10 millionièmes, si l'on en excepte une qui s'élève à 14 millionièmes seulement.

En retranchant les valeurs de $\Delta^4\theta_i$ fournies par le Tableau VII des valeurs de θ_i données par le Tableau I du § VI, et remplaçant les deux valeurs d'une même quantité qui correspondent aux deux séries d'expériences faites sur l'eau ou la troisième espèce de flintglass par la moyenne arithmétique entre ces deux valeurs, on obtiendra les valeurs corrigées de θ_i ou, en d'autres termes, les valeurs de

$$\theta_i - \Delta^4\theta_i$$

inscrites dans le Tableau suivant.

TABLEAU IX.

Valeurs de $\theta_i - \Delta^4\theta_i$.

	EAU.	SOLUTION de potasse.	CROWNGLASS.			FLINTGLASS.			
			1re espèce.	2e espèce.	3e espèce.	1re espèce.	2e espèce.	3e espèce.	4e espèce.
$\theta_1 - \Delta^4\theta_1$.	1,330963	1,399624	1,524301	1,525837	1,554775	1,602034	1,623572	1,626574	1,627766
$\theta_2 - \Delta^4\theta_2$	1,331705	1,400519	1,525307	1,526853	1,555926	1,603818	1,625464	1,628451	1,629694
$\theta_3 - \Delta^4\theta_3$.	1,333576	1,402805	1,527986	1,529572	1,559087	1,608477	1,630603	1,633668	1,635033
$\theta_4 - \Delta^4\theta_4$.	1,335850	1,405632	1,531371	1,533012	1,563146	1,614540	1,637348	1,640533	1,641998
$\theta_5 - \Delta^4\theta_5$.	1,337796	1,408086	1,534350	1,536041	1,566746	1,620043	1,643472	1,646760	1,648269
$\theta_6 - \Delta^4\theta_6$.	1,341285	1,412574	1,539892	1,541676	1,573524	1,630781	1,655390	1,658842	1,660305
$\theta_7 - \Delta^4\theta_7$.	1,344169	1,416368	1,544687	1,546558	1,579475	1,640364	1,666082	1,669697	1,671033

D'après ce qui a été dit, les valeurs corrigées de θ_i, représentées ici par $\theta_i - \Delta^4\theta_i$, doivent mériter plus de confiance que les valeurs de θ_i fournies par les observations, ou même que les valeurs de $\theta_i - \Delta^4\theta_i$ calculées dans les §§ VI et VII.

§ IX. — *Sur la propagation de la lumière dans les milieux où sa vitesse reste la même pour toutes les couleurs.*

On ne peut douter que, dans le vide, c'est-à-dire dans cet espace dont l'étendue effraye l'imagination et au travers duquel les rayons des astres parviennent jusqu'à nous, la vitesse de la lumière ne reste la même pour toutes les couleurs. Autrement les étoiles nous apparaitraient, non plus comme des points brillants, mais comme des bandes lumineuses et très étroites qui offriraient à nos yeux les diverses nuances du spectre solaire. Ainsi le fluide éthéré, lorsqu'il est seul, et que sa constitution naturelle n'est pas modifiée par la présence des corps pondérables, a la propriété de transmettre avec la même vitesse les rayons diversement colorés, par exemple les rayons rouges et les rayons violets. Il y a plus : l'éther paraît conserver encore cette propriété lorsque ses molécules se trouvent en présence de celles d'un corps gazeux; du moins jusqu'à ce jour on n'a pu découvrir dans les gaz aucune trace de la dispersion des couleurs. Donc, sous certaines conditions, la vitesse de propagation de la lumière, ou la quantité représentée par Ω, dans le § II et les suivants, doit devenir indépendante de l'épaisseur l des ondes lumineuses. En d'autres termes, les formules (1) et (3) du § III, savoir

$$\Omega T = l \tag{1}$$

et

$$s = k\Omega, \tag{2}$$

doivent, sous certaines conditions, fournir pour la durée T des vibrations lumineuses une valeur proportionnelle à l, et pour la quantité

$$s = \frac{2\pi}{T} \tag{3}$$

une valeur proportionnelle à celle de

$$k = \frac{2\pi}{l}. \tag{4}$$

C'est de la recherche de ces conditions que nous allons maintenant nous occuper.

Considérons des vibrations lumineuses propagées dans le vide, ou généralement dans un milieu où l'élasticité de l'éther reste la même en tous sens. Alors les quantités s et k seront liées entre elles par la formule (79) ou (80) du § III. On pourra même débarrasser cette formule de l'angle α, en ayant égard aux équations (50) et (51) de la page 232, et à l'équation identique

$$\cos^2\alpha + \cos^2\beta + \cos^2\gamma = 1. \tag{5}$$

Effectivement, en vertu de cette dernière, et en étendant les sommes indiquées par le signe Σ à toutes les valeurs paires de λ, μ, ν qui vérifient la condition

$$\frac{\lambda}{2} + \frac{\mu}{2} + \frac{\nu}{2} = n, \tag{6}$$

on trouvera

$$(7)\quad \left\{\begin{aligned} S[mr^{2n-1}f(r)] &= S[mr^{2n-1}f(r)(\cos^2\alpha+\cos^2\beta+\cos^2\gamma)^n] \\ &= \Sigma\left\{\frac{1.2.3\ldots n}{\left(1.2\ldots\frac{\lambda}{2}\right)\left(1.2\ldots\frac{\mu}{2}\right)\left(1.2\ldots\frac{\nu}{2}\right)}S[mr^{2n-1}f(r)\cos^\lambda\alpha\cos^\mu\beta\cos^\nu\gamma]\right\}, \end{aligned}\right.$$

puis on conclura de l'équation (7) combinée avec la formule (50) du § III

$$(8)\quad S[mr^{2n-1}f(r)] = \frac{1.2.3\ldots n}{1.3.5\ldots(2n-1)}S[mr^{2n-1}f(r)\cos^{2n}\alpha]\Sigma\left[\frac{1.3\ldots(\lambda-1)}{1.2\ldots\frac{\lambda}{2}}\,\frac{1.3\ldots(\mu-1)}{1.2\ldots\frac{\mu}{2}}\,\frac{1.3\ldots(\nu-1)}{1.2\ldots\frac{\nu}{2}}\right].$$

D'ailleurs, en désignant par x, y, z des variables quelconques, on aura, en vertu d'une formule connue,

$$\Sigma\left[\frac{x(x+1)\ldots\left(x+\frac{\lambda}{2}-1\right)}{1.2\ldots\frac{\lambda}{2}}\,\frac{y(y+1)\ldots\left(y+\frac{\mu}{2}-1\right)}{1.2\ldots\frac{\mu}{2}}\,\frac{z(z+1)\ldots\left(z+\frac{\nu}{2}-1\right)}{1.2\ldots\frac{\nu}{2}}\right]$$
$$= \frac{(x+y+z)(x+y+z+1)\ldots(x+y+z+n-1)}{1.2.3\ldots n},$$

puis on tirera de cette dernière équation, en y posant

$$x=y=z=\tfrac{1}{2}$$

et multipliant les deux membres par 2^n,

$$(9)\quad \Sigma\left[\frac{1.3\ldots(\lambda-1)}{1.2\ldots\frac{\lambda}{2}}\,\frac{1.3\ldots(\mu-1)}{1.2\ldots\frac{\mu}{2}}\,\frac{1.3\ldots(\nu-1)}{1.2\ldots\frac{\nu}{2}}\right] = \frac{3.5\ldots(2n-1)(2n+1)}{1.2.3\ldots n}.$$

Donc la formule (8) donnera

$$S[mr^{2n-1}f(r)] = (2n+1)S[mr^{2n-1}f(r)\cos^{2n}\alpha]$$

et, par suite,

$$(10)\quad S[mr^{2n-1}f(r)\cos^{2n}\alpha] = \frac{1}{2n+1}S[mr^{2n-1}f(r)].$$

Pareillement, on tirera de la formule (5) jointe à l'équation (51) du § III

$$\text{(11)} \qquad \mathrm{S}[mr^{2n-3}\,\mathrm{f}(r)\cos^{2n}\alpha] = \frac{1}{2n+1}\,\mathrm{S}[mr^{2n-3}f(r)].$$

Cela posé, la valeur de s^2 déterminée par l'équation (80) du même paragraphe deviendra

$$\text{(12)} \quad \left\{ \begin{aligned} s^2 = k^2\,\mathrm{S}\left\{\frac{mr}{1.2.3}\left[\mathrm{f}(r) + \frac{1}{5}f(r)\right]\right\} &- k^4\,\mathrm{S}\left\{\frac{mr^3}{1.2.3.4.5}\left[\mathrm{f}(r) + \frac{1}{7}f(r)\right]\right\} \\ &+ k^6\,\mathrm{S}\left\{\frac{mr^5}{1.2.3.4.5.6.7}\left[\mathrm{f}(r) + \frac{1}{9}f(r)\right]\right\} - \ldots \end{aligned} \right.$$

D'autre part, comme la formule (13) du § I donne

$$\text{(13)} \qquad f(r) = r\,\mathrm{f}'(r) - \mathrm{f}(r),$$

on aura généralement, pour une valeur quelconque du nombre entier n,

$$\begin{aligned} & r^{2n-1}\left[\mathrm{f}(r) + \frac{1}{2n+3}f(r)\right] \\ &= \frac{r^{2n}\,\mathrm{f}'(r) + (2n+2)\,r^{2n-1}\,\mathrm{f}(r)}{2n+3} = \frac{1}{(2n+3)\,r^2}\,\frac{d[r^{2n+2}\,\mathrm{f}(r)]}{dr}, \end{aligned}$$

et, en conséquence, l'équation (12) pourra être réduite à

$$\text{(14)} \quad \left\{ \begin{aligned} s^2 = \frac{1}{5}\,\frac{k^2}{1.2.3}\,\mathrm{S}\left\{\frac{m}{r^2}\,\frac{d[r^4\,\mathrm{f}(r)]}{dr}\right\} &- \frac{1}{7}\,\frac{k^4}{1.2.3.4.5}\,\mathrm{S}\left\{\frac{m}{r^2}\,\frac{d[r^6\,\mathrm{f}(r)]}{dr}\right\} \\ &+ \frac{1}{9}\,\frac{k^6}{1.2.3.4.5.6.7}\,\mathrm{S}\left\{\frac{m}{r^2}\,\frac{d[r^8\,\mathrm{f}(r)]}{dr}\right\} + \ldots \end{aligned} \right.$$

Enfin on a évidemment

$$\begin{aligned} & \frac{1}{5}\,\frac{k^2 r^4}{1.2.3} - \frac{1}{7}\,\frac{k^4 r^6}{1.2.3.4.5} + \frac{1}{9}\,\frac{k^6 r^8}{1.2.3.4.5.6.7} - \ldots \\ &= \frac{r}{k^2}\,\frac{d\left(\dfrac{k^4 r^4}{1.2.3.4.5} - \dfrac{k^6 r^6}{1.2.3.4.5.6.7} + \dfrac{k^8 r^8}{1.2.3.4.5.6.7.8.9} - \ldots\right)}{dr} \\ &= \frac{r}{k^2}\,\frac{d\left[\dfrac{\sin kr}{kr} - \left(1 - \dfrac{k^2 r^2}{1.2.3}\right)\right]}{dr} = \frac{1}{k^2}\left(\cos kr - \frac{\sin kr}{kr} + \frac{1}{3}k^2 r^2\right). \end{aligned}$$

Donc la formule (14) pourra s'écrire comme il suit :

$$(15)\qquad s^2 = \mathrm{S}\left\{\frac{m}{k^2 r^2}\,\frac{d\left[\left(\cos kr - \frac{\sin kr}{kr} + \frac{1}{3}k^2 r^2\right)\mathrm{f}(r)\right]}{dr}\right\}.$$

Au reste, la formule (15), comme nous le prouverons dans un autre Mémoire, pourrait encore se déduire immédiatement de la formule (79) du § III.

Les formules (79) et (80) du § III, ou la formule (15), à laquelle on peut les réduire, se rapportent au cas où, les conditions (48), (49), (50), (51) (§ III) se trouvant remplies, la propagation de la lumière s'effectue de la même manière en tous sens; et nous devons ajouter que ce phénomène, qui a rigoureusement lieu dans le vide, subsiste approximativement dans les divers milieux, puisque, dans les corps doués de la double réfraction, la différence entre les vitesses de propagation des rayons ordinaire et extraordinaire est généralement fort petite. Or les conditions que nous venons de rappeler se vérifient toujours, comme il est facile de s'en assurer, lorsque, dans les sommes indiquées par le signe S et qui sont de l'une des formes

$$\mathrm{S}[mr^{2n-1}\,\mathrm{f}(r)\cos^\lambda\alpha\cos^\mu\beta\cos^\nu\gamma],\qquad \mathrm{S}[mr^{2n-3}f(r)\cos^\lambda\alpha\cos^\mu\beta\cos^\nu\gamma],$$

les sommations relatives aux angles α, β, γ, compris entre le rayon vecteur r et les demi-axes des coordonnées positives, peuvent être remplacées par des intégrations aux différences infiniment petites et relatives à deux angles auxiliaires p, q liés aux trois premiers par les équations

$$(16)\qquad \cos\alpha = \cos p,\qquad \cos\beta = \sin p\cos q,\qquad \cos\gamma = \sin p\sin q,$$

l'angle p étant celui que forme le rayon vecteur r avec un axe fixe, et l'angle q celui que forme un plan fixe mené par l'axe fixe avec le plan mobile qui renferme le même axe et le rayon r. Il est donc naturel de penser qu'on obtiendra une première approximation des mouvements de l'éther dans tous les milieux, et probablement avec une grande précision les lois de son mouvement dans le vide, si l'on change les sommations doubles relatives aux angles p, q en intégrations doubles, ou même les sommations triples relatives aux variables p, q, r en intégrations triples. Alors, en désignant par ρ la densité de l'éther au point avec lequel coïncide la molécule $\mathfrak{m}$; par m une seconde molécule dont les coordonnées polaires soient p, q, r; par $F(r)$ une fonction du rayon vecteur r qui s'évanouisse pour $r=\infty$, et par π le rapport de la circonférence au diamètre, ou le nombre 3,14159265..., on trouvera

$$(17) \qquad S[m\,F(r)] = \int_{r_0}^{r_\infty}\int_0^{2\pi}\int_0^{\pi} \rho r^2 F(r) \sin p \, dr\, dq\, dp,$$

le signe S s'étendant, dans le premier membre de l'équation (18), à toutes les molécules m distinctes de $\mathfrak{m}$, et

$$r_0, \quad r_\infty$$

représentant deux valeurs de r, dont la première soit nulle ou bien équivalente à la plus petite distance qui sépare deux molécules voisines d'éther, la seconde infinie ou du moins assez grande pour que, dans l'expression

$$S[m\,F(r)],$$

la somme des termes correspondants à des valeurs plus considérables de r puisse être négligée sans erreur sensible. Comme on aura d'ailleurs

$$\int_0^{\pi} \sin p \, dp = 2, \qquad \int_0^{2\pi} dq = 2\pi,$$

on pourra, en supposant la densité ρ constante, réduire la formule (17) à

$$(18) \qquad S[m\,F(r)] = 4\pi\rho \int_{r_0}^{r_\infty} r^2 F(r)\, dr,$$

et par suite l'équation (15) donnera

$$(19) \qquad s^2 = 4\pi\rho \int_{r_0}^{r_\infty} \frac{d\left[\frac{1}{k^2}\left(\cos kr - \frac{\sin kr}{kr} + \frac{1}{3}k^2 r^2\right) f(r)\right]}{dr}\, dr.$$

Or, pour de très grandes ou de très petites valeurs de r, le produit

$$(20)\quad \left\{\begin{aligned} &\frac{1}{k^2}\left(\cos kr - \frac{\sin kr}{kr} + \frac{1}{3}k^2r^2\right)\\ &= \frac{1}{3}r^2 + \frac{\cos kr}{k^2} - \frac{\sin kr}{k^3 r} = \frac{1}{5}\,\frac{k^2r^4}{1.2.3} - \frac{1}{7}\,\frac{k^4r^6}{1.2.3.4.5} + \ldots,\end{aligned}\right.$$

développé en un trinôme ou en une série ordonnée suivant les puissances ascendantes de r, pourra être remplacé sans erreur sensible par le premier terme de son développement; et ce premier terme, vis-à-vis duquel tous les autres pourront être négligés, sera, pour de très grandes valeurs de r,

$$\frac{1}{3}r^2,$$

et, pour de très petites valeurs de r,

$$\frac{1}{5}\,\frac{k^2r^4}{1.2.3} = \frac{1}{30}k^2r^4.$$

Donc la formule (19) donnera sensiblement

$$(21)\qquad s^2 = \frac{4\pi\rho}{3}\left[r_\infty^2\,\mathrm{f}(r_\infty) - \frac{1}{10}k^2r_0^4\,\mathrm{f}(r_0)\right].$$

Supposons maintenant $r_0 = 0$, $r_\infty = \infty$. L'équation (21) fournira pour s^2 une valeur finie, positive et différente de zéro, dans deux cas dignes de remarque, savoir : 1° quand le produit

$$(22)\qquad r^2\,\mathrm{f}(r)$$

se réduira, pour une valeur infiniment grande de la distance r, à une constante finie et positive; 2° quand le produit

$$(23)\qquad r^4\,\mathrm{f}(r)$$

se réduira, pour une valeur infiniment petite de r, à une constante finie mais négative. Le premier cas aura lieu, par exemple, si l'on suppose

$$(24)\qquad \mathrm{f}(r) = \frac{G}{r^2},$$

G désignant une constante positive, et alors la valeur de s^2, réduite à

$$s^2 = \frac{4\pi}{3}\rho G, \tag{25}$$

deviendra indépendante de la quantité k. Pareillement, le second cas aura lieu si l'on suppose

$$f(r) = -\frac{H}{r^4}, \tag{26}$$

H désignant encore une constante positive, et alors la valeur de s, déterminée par l'équation

$$s^2 = \frac{4\pi}{30}\rho H k^2, \tag{27}$$

deviendra proportionnelle à k. Comme d'ailleurs le produit

$$\mathfrak{m} m f(r) \tag{28}$$

représente l'attraction ou la répulsion mutuelle des deux molécules $\mathfrak{m}$, m, la quantité $f(r)$ étant positive lorsque les masses $\mathfrak{m}$, m s'attirent, et négative lorsqu'elles se repoussent; il résulte des formules (24) et (25), ou (26) et (27), que la quantité s deviendra indépendante de k, si deux molécules s'attirent en raison inverse du carré de la distance qui les sépare et proportionnelle à k, si deux molécules se repoussent en raison inverse de la quatrième puissance de cette distance. Au reste, pour obtenir la formule (25), il ne sera pas absolument nécessaire d'attribuer à la fonction $f(r)$ la forme que présente l'équation (24), et il suffira, par exemple, de supposer

$$f(r) = \frac{\mathfrak{f}(r)}{r^2}, \tag{29}$$

$\mathfrak{f}(r)$ étant une nouvelle fonction qui se réduise à G pour $r = \infty$, sans devenir infinie pour $r = 0$. Pareillement, pour obtenir la formule (27), il suffira de supposer

$$f(r) = \frac{\mathfrak{f}(r)}{r^4}; \tag{30}$$

$\mathfrak{f}(r)$ étant une fonction de r qui se réduise à H pour $r=0$, sans devenir infinie pour $r=\infty$. C'est ce qui arriverait, en particulier, si l'on posait

$$\mathfrak{f}(r)=\mathrm{H}e^{-ar} \quad \text{ou} \quad \mathfrak{f}(r)=\mathrm{H}e^{-ar}\cos br, \quad \ldots$$

et, par suite,

$$(31) \qquad \mathrm{f}(r)=-\frac{\mathrm{H}e^{-ar}}{r^2} \quad \text{ou} \quad \mathrm{f}(r)=-\frac{\mathrm{H}e^{-ar}\cos br}{r^2}, \quad \ldots,$$

a, b désignant des constantes réelles dont la première serait positive, etc.

De la formule (27), combinée avec la formule (2), on tire

$$(32) \qquad \Omega^2=\frac{4\pi}{30}\rho\mathrm{H}.$$

En vertu de cette dernière, la vitesse de propagation Ω des vibrations moléculaires devient indépendante de la durée de ces vibrations. On peut donc considérer la formule (27) comme propre à représenter la loi de propagation de la lumière dans le vide ou même dans les gaz; et alors l'action mutuelle de deux molécules d'éther doit prendre l'une des formes qui répondent à l'équation (27), de telle sorte que, *dans le voisinage du contact, cette action soit répulsive et réciproquement proportionnelle au bicarré de la distance.*

Rœmer et Cassini ont remarqué, les premiers, que les éclipses des satellites de Jupiter, calculées d'après les observations faites pour une distance donnée de cette planète à la Terre, cessaient d'être aperçues aux époques déterminées par le calcul lorsque cette distance venait à croître ou à diminuer. En comparant l'avance ou le retard qui avait lieu dans l'observation de chaque éclipse avec la diminution ou l'accroissement de la distance des deux planètes, ils en ont conclu que la lumière emploie $8^{\mathrm{m}}13^{\mathrm{s}}$ ou 493 secondes sexagésimales de temps pour parcourir un espace égal au rayon moyen de l'orbite terrestre, c'est-à-dire 39229000 lieues de 2000 toises chacune ou de 389807318^{m}. Il en résulte que la vitesse de propagation de la lumière est de 79752 lieues ou environ 310177500^{m}. Donc, en prenant le mètre pour unité de longueur et la seconde sexagésimale pour unité de temps, on aura, dans les formules (2) et (32),

$$(33)\qquad \Omega = 310\,177\,500 \quad \text{et} \quad L\Omega = 8{,}4916103.$$

Cela posé, l'équation (32) donnera

$$(34)\qquad \rho H = 22\,968\,(10)^{12} \quad \text{environ}.$$

La valeur du produit ρH déterminée par la formule (30) étant très considérable, il est nécessaire qu'au moins l'un des facteurs de ce produit soit un très grand nombre. D'ailleurs, si, pour plus de simplicité, on suppose que les masses de toutes les molécules d'éther soient égales entre elles, et si l'on prend alors la masse d'une molécule pour unité de masse, le facteur H représentera l'intensité de la répulsion qu'exerceraient, l'une sur l'autre, deux molécules d'éther placées à 1^{m} de distance, dans le cas où l'on étendrait à des distances quelconques la loi de répulsion déterminée par la formule (26), et ci-dessus établie pour de très petites distances. Or nous n'avons point de raisons de croire que le facteur H ainsi défini ait une valeur considérable. Nous devons plutôt penser qu'il offre une valeur très petite, ou, en d'autres termes, que la vitesse propre à mesurer la force répulsive dont il s'agit, c'est-à-dire la vitesse communiquée par cette force dans la première seconde sexagésimale à chacune des deux molécules prises dans l'état de repos, et placées en présence l'une de l'autre à 1^{m} de distance, serait une vitesse très peu considérable, en vertu de laquelle chaque molécule ne parcourrait en une seconde de temps qu'un espace représenté par une très petite fraction du mètre. Mais il est essentiel d'ajouter que, dans l'hypothèse admise, la densité de l'éther ou le facteur ρ se réduira au nombre des molécules éthérées comprises sous l'unité de volume, c'est-à-dire sous le volume de 1^{mc}. Cela posé, de l'équation (34), présentée sous la forme

$$(35)\qquad \rho = 22\,968\,(10)^{12}\,\frac{1}{H},$$

il résulte seulement que, pour obtenir la millionième partie de ρ, c'est-à-dire le nombre de molécules d'éther comprises dans 1^{mmc}, on doit répéter plus de vingt-deux mille millions de millions de fois le nombre vraisemblablement déjà très considérable qui se trouve exprimé par $\frac{1}{H}$.

Si l'on nomme $\mathfrak{D}$ la densité moyenne du globe terrestre, évaluée comme celle de l'éther vient de l'être, c'est-à-dire la valeur moyenne du nombre des molécules de matière pondérable comprises dans ce globe sous le volume de 1^{mc}, et G la valeur moyenne de l'attraction qu'exercent l'une sur l'autre deux de ces molécules, placées à 1^{m} de distance; le rapport

$$\frac{G}{r^2}$$

représentera l'action des mêmes molécules placées à la distance r; et, comme, en nommant $\mathfrak{R}$ le rayon moyen de la Terre, on trouvera le volume du globe terrestre sensiblement égal à

$$\frac{4\pi}{3}\mathfrak{R}^3,$$

l'intensité g de la pesanteur à la surface de la Terre aura pour mesure le produit des trois facteurs

$$\mathfrak{D},\quad \frac{G}{\mathfrak{R}^2},\quad \frac{4\pi}{3}\mathfrak{R}^3.$$

On aura donc

$$g = \frac{4\pi}{3}\mathfrak{D}G\mathfrak{R}. \tag{36}$$

De cette dernière formule, combinée avec l'équation (32), on tirera

$$\rho H = 10\frac{\Omega^2\mathfrak{R}}{g}\mathfrak{D}G. \tag{37}$$

D'ailleurs, en prenant le mètre pour unité de longueur et la seconde sexagésimale pour unité de temps, on a trouvé, à l'Observatoire de Paris,

$$g = 9{,}8088,$$

et le rayon moyen de la Terre, exprimé en mètres, est environ

$$\mathfrak{R} = 6\,366\,745.$$

Par suite on tirera de l'équation (36)

$$\mathfrak{D}G = 0{,}0000003678 \tag{38}$$

et, de l'équation (37), environ

$$\rho H = 62448(10)^{13}\mathfrak{D}G. \tag{39}$$

Comme le nombre $\mathfrak{D}$ des molécules du globe comprises sous le volume d'un mètre cube ne peut être supposé que très considérable, il résulte de l'équation (38) que l'intensité G de la force qui représente l'attraction de deux de ces molécules placées à un mètre de distance doit être fort petite et de beaucoup inférieure à

$$\left(\frac{1}{10}\right)^6,$$

c'est-à-dire à un millionième. Quant à l'équation (39), elle donnera

$$\frac{\rho}{\mathfrak{D}} = 62448(10)^{13}\frac{G}{H}, \tag{40}$$

et l'on en déduira une très grande valeur du rapport $\frac{\rho}{\mathfrak{D}}$, à moins toutefois de supposer, ce qui n'est guère probable, que la répulsion H de deux molécules d'éther transportées à un mètre de distance, sans que la loi de répulsion se trouve altérée, surpasse extraordinairement l'attraction G de deux molécules pondérables placées à la même distance. En rejetant cette dernière hypothèse et supposant au contraire le nombre H comparable au nombre G, on conclura de la formule (40) que, dans un espace qui renferme seulement quelques molécules de matière pondérable, les molécules d'éther se comptent par mille millions de millions. On peut dire en ce sens que la densité de l'éther est considérablement supérieure à celle des gaz, des liquides ou même des solides. Mais cette proposition cesserait d'être exacte, et l'on pourrait même soutenir la proposition contraire si l'on prenait pour mesure de la densité le poids des molécules comprises sous l'unité de volume, au lieu du nombre de ces molécules.

Si l'on applique la formule (32) à la propagation de la lumière, non seulement dans le vide, mais aussi dans les milieux où l'on n'aperçoit nulle trace de dispersion, par exemple dans l'air atmosphérique, si d'ailleurs on nomme

$$\rho' \quad \text{et} \quad \Omega'$$

ce que deviennent la densité ρ de l'éther et la vitesse Ω de la lumière quand on substitue l'air atmosphérique au vide, ou plus généralement le nouveau milieu au vide, on aura simultanément

$$\Omega^2 = \frac{4\pi}{30}\rho h, \qquad \Omega'^2 = \frac{4\pi}{30}\rho' h$$

et, par suite,

$$(41) \qquad \frac{\Omega'^2}{\rho'} = \frac{\Omega^2}{\rho} \quad \text{ou} \quad \frac{\Omega'}{\sqrt{\rho'}} = \frac{\Omega}{\sqrt{\rho}}.$$

En vertu de cette dernière formule, la vitesse de propagation de la lumière, dans les milieux qui ne dispersent pas les couleurs, serait proportionnelle à la racine carrée de la densité de l'éther dans ces mêmes milieux.

D'ailleurs, si l'on nomme θ l'indice de réfraction de la lumière passant du vide dans le milieu que l'on considère, on aura [*voir* la formule (8) du § VI]

$$(42) \qquad \Omega' = \frac{\Omega}{\theta},$$

et par suite la formule (41) donnera

$$(43) \qquad \rho' = \frac{\rho}{\theta^2}.$$

Or, comme l'indice de réfraction θ surpasse toujours l'unité, la valeur de ρ' déterminée par l'équation (43) sera toujours inférieure à celle de ρ. Ainsi l'application de la formule (32) aux divers milieux qui ne dispersent pas les couleurs nous conduit à supposer que la densité de l'éther, ou le nombre des molécules éthérées comprises sous l'unité de volume, est plus considérable dans le vide que dans tout autre milieu. Au reste, en vertu de la formule (43), la diminution de densité de l'éther, quand on passera du vide dans un gaz quelconque, devra être généralement fort petite, attendu que, pour tous les gaz, l'indice de réfraction θ diffère très peu de l'unité, et que pour chacun d'eux la valeur de $\theta - 1$ fournie par l'observation ne s'est jamais élevée à 16 dix-millièmes.

L'indice de réfraction de l'air atmosphérique peut être déterminé directement pour une température donnée et sous une pression donnée. C'est ce qu'ont fait MM. Biot et Arago, qui ont trouvé cet indice égal à 1,000294 pour la température zéro et sous la pression représentée par une colonne de mercure de 76 centimètres de hauteur. On peut aussi déduire le même indice des observations astronomiques, et l'on trouve alors pour sa valeur moyenne le nombre

$$1,000276.$$

En multipliant par ce dernier nombre les diverses valeurs de l_i que fournit le Tableau II du § VI, c'est-à-dire les épaisseurs des ondes lumineuses mesurées dans l'air et correspondantes aux rayons

$$B, \quad C, \quad D, \quad E, \quad F, \quad G, \quad H$$

de Frauenhofer, on obtiendra les épaisseurs de ces ondes dans le vide, telles que les présente le Tableau suivant.

TABLEAU I.

Épaisseur des ondes dans le vide, en dix-millionièmes de millimètre.

	$i=1.$	$i=2.$	$i=3.$	$i=4.$	$i=5.$	$i=6.$	$i=7.$
Valeurs de l_i dans l'air..	6878	6564	5888	5260	4843	4291	3928
Logarithmes...........	8374930	8172000	7699476	7209611	6850986	6325176	5941557
L(1,000276)...........	0001198	0001198	0001198	0001198	0001198	0001198	0001198
Sommes...	8376128	8173198	7700674	7210809	6852184	6326374	5942755
Valeurs de l_i dans le vide.	6880	6566	5889	5261	4844	4292	3929

Ainsi les épaisseurs des ondes lumineuses sont un peu plus grandes dans le vide que dans l'air. Mais, tandis que l'on passe de l'air dans le vide, la variation de l'épaisseur d'une onde ne s'élève point au delà de 2 dix-millionièmes de millimètre, et reste toujours inférieure à 3 dix-millièmes de cette même épaisseur; d'où il résulte que la variation dont il s'agit pourrait être négligée comme comparable aux erreurs des observations qui ont fourni les valeurs de l_i exprimées en cent-millionièmes de pouce et inscrites dans le Tableau II du § VI.

En joignant le Tableau qui précède aux formules (1), (2), (3), (4) et à l'équation (33), prenant toujours le mètre et la seconde sexagésimale pour unités de longueur et de temps, effectuant les calculs par logarithmes et désignant par

$$N = \frac{1}{T} \tag{44}$$

le nombre des vibrations lumineuses qui se succèdent l'une à l'autre dans une seconde de temps, on obtiendra sans peine, pour les rayons

$$B, \quad C, \quad D, \quad E, \quad F, \quad G, \quad H$$

de Frauenhofer, les valeurs de

$$k, \quad T, \quad N \quad \text{et} \quad s$$

et de leurs logarithmes, données par le Tableau suivant.

Tableau II.

Valeurs de k, T, N, s.

INDICATION DES RAYONS.	B.	C.	D.	E.	F.	G.	H.
Ll	8376128	8173198	7700674	7210809	6852184	6326374	5942755
$L\left(\frac{1}{l}\right)$	1623872	1826802	2299326	2789191	3147816	3673626	4057245
$L(2\pi)$	7981799	7981799	7981799	7981799	7981799	7981799	7981799
Logarithme de $k = \frac{2\pi}{l}$.	9605671	9808601	0281125	0770990	1129615	1655425	2039044
Ll	8376128	8173198	7700674	7210809	6852184	6326374	5942755
$L\Omega$	4916103	4916103	4916103	4916103	4916103	4916103	4916103
Logarithme de $T = \frac{l}{\Omega}$	3460025	3257095	2784571	2294706	1936081	1410271	1026652
Logarithme de $N = \frac{1}{T}$	6539975	6742905	7215429	7705294	8063919	8589729	8973348
$L(2\pi)$	7981799	7981799	7981799	7981799	7981799	7981799	7981799
Logarithme de $s = \frac{2\pi}{T}$.	4521774	4724704	5197228	5687093	6045718	6671528	6955147
$\frac{1}{1000}k$	9132	9569	10669	11943	12971	14640	15992
$(1000000)^3 T$	2218	2117	1899	1696	1562	1384	1267
$\frac{10}{(1000000)^2} N$	4508	4724	5267	5896	6403	7227	7895
$\frac{1}{(1000000)^2} s$	2833	2968	3309	3704	4023	4541	4960

En égalant les nombres que renferment, dans le Tableau II, les quatre dernières lignes horizontales aux produits placés en avant de ces mêmes lignes, on en conclut immédiatement les valeurs de k, T, N, s relatives aux divers rayons. Ainsi, par exemple, de ce que pour le rayon B le produit

$$\frac{10}{(1000000)^2} N$$

est sensiblement égal à 4508, il résulte que le nombre des vibrations lumineuses accomplies dans ce rayon en une seconde de temps est la dixième partie de 4508 millions de millions, de sorte que, pendant ce court intervalle, environ 451 millions de millions de vibrations se succèdent l'une à l'autre. Pour obtenir la durée de chacune de ces vibrations, il faudra égaler le produit

$$(1000000)^3 \mathrm{T}$$

au nombre 2218 et, par suite, la durée de chaque vibration, dans le rayon B, sera représentée par la fraction

$$\frac{2218}{(1000000)^3}, \tag{45}$$

qui est un peu plus grande que

$$\frac{2}{1000(1000000)^2}. \tag{46}$$

Si au rayon B on substituait le rayon C ou D, il faudrait à la fraction (45) substituer le rapport

$$\frac{2117}{(1000000)^3} \quad \text{ou} \quad \frac{1899}{(1000000)^3},$$

qui différerait encore très peu de la fraction (46). Donc, si l'on partage une seconde de temps en 1000 millions de millions de parties égales, deux de ces parties représenteront à très peu près la durée d'une vibration lumineuse dans les rayons B, C, D placés vers l'extrémité rouge du spectre solaire. Cette durée ne surpasserait que d'un quart environ l'une des mêmes parties dans le rayon situé vers l'extrémité opposée du spectre parmi les rayons violets.

Les épaisseurs des ondes relatives aux couleurs principales du spectre solaire et aux limites de ces couleurs ont été déterminées par Fresnel avec une grande précision. Ces épaisseurs, exprimées en millionièmes de millimètre, sont telles que les présente le Tableau suivant.

TABLEAU III.

Valeurs de l, exprimées en millionièmes de millimètre.

LIMITES DES COULEURS PRINCIPALES.		COULEURS PRINCIPALES.	
Violet extrême.........	406	Violet................	423
Violet indigo..........	439	Indigo................	449
Indigo bleu............	459	Bleu..................	475
Bleu vert..............	492	Vert..................	511
Vert jaune.............	532	Jaune.................	551
Jaune orangé...........	571	Orangé.............	583
Orangé rouge...........	596	Rouge.................	620
Rouge extrême........	645		

Les valeurs précédentes de l, mesurées dans l'air, ne seront pas sensiblement altérées si l'on passe de l'air dans le vide; car ce passage, en les faisant varier dans le rapport de 1 à 1,000276, n'ajoutera pas même à chacune d'elles le tiers de sa millième partie. En les divisant par la vitesse Ω de la lumière dans le vide, on obtiendra, pour les couleurs principales et pour leurs limites, les durées des vibrations de l'éther. Ces durées seront comparables à l'intervalle de temps insensible qui résulte de la division d'une seconde sexagésimale en mille millions de millions de parties égales, et leurs rapports avec ce même intervalle se trouveront exprimés par les nombres que renferme le Tableau que nous allons tracer.

Tableau IV.

Rapports entre les durées des vibrations de l'éther et la $\frac{1}{1000000000000000}$ *partie d'une seconde sexagésimale.*

LIMITES DES COULEURS PRINCIPALES.		COULEURS PRINCIPALES.	
Violet extrême	1,28	Violet	1,36
Violet indigo	1,42	Indigo	1,45
Indigo bleu	1,48	Bleu	1,53
Bleu vert	1,59	Vert	1,65
Vert jaune	1,72	Jaune	1,78
Jaune orangé	1,84	Orangé	1,88
Orangé rouge	1,92	Rouge	2,00
Rouge extrême	2,08		

En divisant l'unité par les rapports inscrits dans le Tableau IV, et multipliant les quotients obtenus par mille, on parviendra aux nombres qui expriment combien de millions de millions de vibrations successives s'exécutent pour une couleur donnée dans une seconde de temps. Ces nombres sont ceux que présente le Tableau suivant.

Tableau V.

Nombres qui expriment combien de millions de millions de vibrations successives s'effectuent en une seconde sexagésimale.

LIMITES DES COULEURS PRINCIPALES.		COULEURS PRINCIPALES.	
Violet extrême	764	Violet	735
Violet indigo	707	Indigo	691
Indigo bleu	676	Bleu	653
Bleu vert	630	Vert	607
Vert jaune	583	Jaune	563
Jaune orangé	543	Orangé	532
Orangé rouge	520	Rouge	500
Rouge extrême	481		

Ainsi, dans le rayon rouge du spectre solaire, les molécules de l'éther effectuent environ cinq cents millions de millions de vibrations par seconde. A ce nombre prodigieux, il faut ajouter presque sa moitié pour obtenir le nombre des vibrations par seconde dans le rayon violet. Au reste, on peut déterminer approximativement le nombre des vibrations que présentent les rayons placés vers le milieu du spectre solaire, en opérant comme il suit.

En une seconde sexagésimale, les vibrations des molécules d'éther renfermées dans une onde plane se transmettent aux molécules que renferment d'autres ondes comprises entre des plans parallèles jusqu'à une distance d'environ 80 000 lieues, de telle sorte que les vibrations commencent dans la deuxième onde quand elles s'achèvent dans la première, qu'elles commencent dans la troisième quand elles s'achèvent dans la deuxième, et ainsi de suite. Or les diverses ondes étant contiguës les unes aux autres, il suit de ce qu'on vient de dire que, pour obtenir la durée de la vibration des molécules éthérées dans une seule onde, il faudra diviser une seconde sexagésimale en autant de parties qu'il y a d'épaisseurs d'ondes dans une distance de 80 000 lieues. D'ailleurs chacune des lieues que l'on considère ici est de 2000 toises ou environ 4000^{m}; chaque mètre se compose de 1000^{mm}, et il résulte du Tableau III que l'épaisseur d'une onde, pour les rayons placés vers le milieu du spectre, est d'environ un demi-millième de millimètre, et qu'en conséquence chaque millimètre renferme environ 2000 épaisseurs semblables. Donc le nombre des vibrations exécutées par les molécules d'éther dans une seule onde plane et en une seconde de temps, pour les rayons situés vers le milieu du spectre, sera sensiblement égal au produit des facteurs

$$80\,000, \quad 4000, \quad 1000 \quad \text{et} \quad 2000,$$

c'est-à-dire à

$$640\,000\,000\,000\,000,$$

ou à 640 millions de millions. Il résulte des Tableaux II et V que ce dernier nombre représente effectivement le nombre des vibrations par seconde dans le rayon F de Frauenhofer, qui est un rayon bleu situé dans le spectre solaire vers la limite du bleu et du vert.

Les nombres compris dans le Tableau V diffèrent de ceux que l'on trouve dans le Traité de M. Herschel sur la lumière. En recherchant la cause de cette différence, j'ai reconnu qu'elle devait être principalement attribuée à ce que les épaisseurs d'onde ou longueurs d'ondulation adoptées par cet auteur, et relatives aux diverses couleurs ou à leurs limites, diffèrent assez notablement des valeurs de l inscrites dans le Tableau III et données par Fresnel.

En terminant ce paragraphe, nous ferons observer que, dans les milieux qui ne dispersent pas les couleurs, les valeurs de k relatives à deux rayons différents conservent entre elles, en vertu de la formule (7), le même rapport que les deux valeurs correspondantes de s. Ce rapport est donc, ainsi que les valeurs de s, indépendant de la nature du milieu que l'on considère, pourvu que la dispersion soit nulle; en sorte qu'il reste le même, par exemple, dans le vide et dans l'air atmosphérique. On peut en dire autant du rapport entre deux valeurs diverses de l, qui est toujours l'inverse du rapport entre les valeurs correspondantes de k. Si, pour fixer les idées, on divise successivement la valeur l_1 de l, qui répond au rayon B de Frauenhofer, par les valeurs de l relatives aux autres rayons, c'est-à-dire par les quantités

$$l_2,\quad l_3,\quad l_4,\quad l_5,\quad l_6,\quad l_7,$$

on trouvera pour quotients les nombres dont les logarithmes sont

(47) 0202930, 0675454, 1165319, 1523944, 2049754, 2433373,

c'est-à-dire les nombres

(48) 1,0478, 1,1683, 1,3078, 1,4203, 1,6032, 1,7512.

Or ces derniers nombres représenteront dans l'air et dans le vide, non seulement les valeurs des rapports

$$\frac{l_1}{l_2},\quad \frac{l_1}{l_3},\quad \frac{l_1}{l_4},\quad \frac{l_1}{l_5},\quad \frac{l_1}{l_6},\quad \frac{l_1}{l_7}, \tag{49}$$

mais encore celles des rapports

$$(50)\qquad \frac{k_2}{k_1},\quad \frac{k_3}{k_1},\quad \frac{k_4}{k_1},\quad \frac{k_5}{k_1},\quad \frac{k_6}{k_1},\quad \frac{k_7}{k_1}$$

ou même des suivants

$$(51)\qquad \frac{s_2}{s_1},\quad \frac{s_3}{s_1},\quad \frac{s_4}{s_1},\quad \frac{s_5}{s_1},\quad \frac{s_6}{s_1},\quad \frac{s_7}{s_1}.$$

§ X. — *Considérations nouvelles sur la réfraction de la lumière.*

Les lois de la réfraction simple, telles que l'expérience les donne, se trouvent comprises dans les formules (8) et (9) du § V. Or il est important d'observer que la méthode à l'aide de laquelle nous avons établi ces formules les reproduira encore si l'on suppose que les valeurs des déplacements ξ, η, ζ relatives soit au premier, soit au second milieu, et tirées en conséquence soit des équations (1), soit des équations (2), fournissent, pour les points situés sur la surface de séparation, des valeurs égales d'une fonction linéaire quelconque de ces mêmes déplacements et de leurs dérivées prises par rapport aux variables indépendantes x, y, t. En effet, désignons par $\mathfrak{s}$ la fonction linéaire dont il s'agit. Si l'on y substitue les valeurs de ξ, η, ζ, qui représentent les déplacements moléculaires dans le rayon incident, c'est-à-dire les valeurs de ξ, η, ζ données par les équations (33) du § IV, $\mathfrak{s}$ deviendra une fonction linéaire des sinus et cosinus de l'arc

$$k(x\cos\tau + y\sin\tau) - st,$$

en sorte qu'on aura, par exemple,

$$(1)\qquad \mathfrak{s} = \mathfrak{E}\cos[k(x\cos\tau + y\sin\tau) - st] + \mathfrak{F}\sin[k(x\cos\tau + y\sin\tau - st)],$$

les coefficients $\mathfrak{E}$, $\mathfrak{F}$ étant uniquement fonctions des quantités

$$(2)\qquad \mathfrak{A},\quad \mathfrak{B},\quad \mathfrak{C},\quad \mathfrak{D},\quad s,\quad k,\quad \cos\tau,\quad \sin\tau.$$

Soient maintenant

$$\mathfrak{E}_1,\quad \mathfrak{F}_1 \qquad \text{ou} \qquad \mathfrak{E}',\quad \mathfrak{F}'$$

ce que deviennent les coefficients

$$\mathfrak{E},\quad \mathfrak{F}$$

quand on passe du rayon incident au rayon réfléchi ou réfracté, c'est-à-dire quand on remplace les quantités (2) par les suivantes

$$(3)\qquad \mathfrak{A}_1,\quad \mathfrak{B}_1,\quad \mathfrak{C}_1,\quad \mathfrak{D}_1,\quad s,\quad k,\quad -\cos\tau,\quad \sin\tau$$

ou par

$$(4)\qquad \mathfrak{A}',\quad \mathfrak{B}',\quad \mathfrak{C}',\quad \mathfrak{D}',\quad s',\quad k',\quad \cos\tau',\quad \sin\tau'.$$

En considérant à la fois les deux systèmes d'ondes propagées dans le premier milieu, on devra, pour ce milieu, remplacer la formule (1) par la suivante

$$(5)\quad \left\{\begin{aligned} 8 = {} & \mathfrak{E}\cos[k(\ \ x\cos\tau+y\sin\tau)-st]+\mathfrak{F}\sin[k(\ \ x\cos\tau+y\sin\tau)-st] \\ & +\mathfrak{E}_1\cos[k(-x\cos\tau+y\sin\tau)-st]+\mathfrak{F}_1\sin[k(-x\cos\tau+y\sin\tau)-st], \end{aligned}\right.$$

tandis qu'on trouvera par le second milieu

$$(6)\quad \left\{\begin{aligned} 8 = {} & \mathfrak{E}'\cos[k'(x\cos\tau'+y\sin\tau')-s't] \\ & +\mathfrak{F}'\sin[k'(x\cos\tau'+y\sin\tau')-s't]. \end{aligned}\right.$$

Si maintenant l'on suppose que les deux valeurs précédentes de 8 deviennent égales entre elles pour les points situés sur la surface de séparation des deux milieux et correspondants à $x=0$, on aura

$$(7)\quad \left\{\begin{aligned} & (\mathfrak{E}+\mathfrak{E}_1)\cos(ky\sin\tau-st)+(\mathfrak{F}+\mathfrak{F}_1)\sin(ky\sin\tau-st) \\ & \quad =\mathfrak{E}'\cos(k'y\sin\tau'-s't)+\mathfrak{F}'\sin(k'y\sin\tau'-s't). \end{aligned}\right.$$

Or, cette dernière équation devant subsister indépendamment des valeurs attribuées aux variables y et t, les coefficients des puissances semblables de y et de t devront être égaux dans les deux membres développés en séries convergentes ordonnées suivant les puissances dont il s'agit; et de cette seule considération on déduira immédiatement les formules

$$(8)\qquad \mathfrak{E}+\mathfrak{E}_1=\mathfrak{E}',\qquad \mathfrak{F}+\mathfrak{F}_1=\mathfrak{F}',$$

$$(9)\qquad k\sin\tau=k'\sin\tau',\qquad s=s',$$

auxquelles on parvient encore très simplement de la manière suivante.

Si dans l'équation (7) on pose, pour abréger,

$$(10) \qquad ky\sin\tau - st = \mathrm{Y}, \qquad -t = \frac{1}{s}(\mathrm{Y} - ky\sin\tau),$$

on obtiendra la formule

$$(11) \qquad \left\{ \begin{aligned} &(\mathfrak{E} + \mathfrak{E}_1)\cos\mathrm{Y} + (\mathfrak{F} + \mathfrak{F}_1)\sin\mathrm{Y} \\ &\quad = \mathfrak{E}'\cos\left[\frac{s'}{s}\mathrm{Y} + \left(k'\sin\tau' - \frac{s'}{s}k\sin\tau\right)y\right] \\ &\quad + \mathfrak{F}'\sin\left[\frac{s'}{s}\mathrm{Y} + \left(k'\sin\tau' - \frac{s'}{s}k\sin\tau\right)y\right], \end{aligned} \right.$$

qui devra subsister à son tour, quelles que soient les valeurs de Y et de y. Or, le premier membre étant indépendant de y, le second devra l'être pareillement, ce qui entraîne la condition

$$(12) \qquad k'\sin\tau' = \frac{s'}{s}k\sin\tau.$$

Cela posé, la formule (11) deviendra

$$(13) \qquad (\mathfrak{E} + \mathfrak{E}_1)\cos\mathrm{Y} + (\mathfrak{F} + \mathfrak{F}_1)\sin\mathrm{Y} = \mathfrak{E}'\cos\left(\frac{s'}{s}\mathrm{Y}\right) + \mathfrak{F}'\sin\left(\frac{s'}{s}\mathrm{Y}\right),$$

et, comme, en remplaçant Y par $-\mathrm{Y}$, on en tirera

$$(14) \qquad (\mathfrak{E} + \mathfrak{E}_1)\cos\mathrm{Y} - (\mathfrak{F} + \mathfrak{F}_1)\sin\mathrm{Y} = \mathfrak{E}'\cos\left(\frac{s'}{s}\mathrm{Y}\right) - \mathfrak{F}'\sin\left(\frac{s'}{s}\mathrm{Y}\right),$$

on aura encore

$$(15) \qquad (\mathfrak{E} + \mathfrak{E}_1)\cos\mathrm{Y} = \mathfrak{E}'\cos\left(\frac{s'}{s}\mathrm{Y}\right), \qquad (\mathfrak{F} + \mathfrak{F}_1)\sin\mathrm{Y} = \mathfrak{F}'\sin\left(\frac{s'}{s}\mathrm{Y}\right).$$

Si maintenant on réduit Y à zéro dans la première des formules (15), elle donnera

$$(16) \qquad \mathfrak{E} + \mathfrak{E}_1 = \mathfrak{E}'.$$

Donc cette formule donnera généralement

$$(17) \qquad \cos\mathrm{Y} = \cos\left(\frac{s'}{s}\mathrm{Y}\right).$$

Cette dernière devant subsister, quel que soit Y, entraînera l'équation

$$(18) \qquad s' = s,$$

qui réduira la seconde des formules (15) à

$$(19) \qquad \mathfrak{S} + \mathfrak{S}_1 = \mathfrak{S}'$$

et l'équation (12) à

$$(20) \qquad k' \sin\tau' = k \sin\tau.$$

On se trouve ainsi ramené aux équations (8) et (9), dont les deux dernières coïncident avec les formules (8) et (9) du § V.

En supposant que la fonction linéaire $\mathfrak{s}$ des déplacements ξ, η, ζ et de leurs dérivées relatives à x, y, t se réduise simplement à la variable ξ, on ferait coïncider les équations (8) avec les formules (7) du § V. Mais adopter ces formules, ce serait admettre, comme nous l'avons déjà observé, que l'on peut sans erreur sensible ne pas tenir compte des altérations produites par le voisinage du second milieu dans la valeur de ξ que détermine la première des équations (1) du § V, ou par le voisinage du premier milieu dans la valeur de ξ que détermine la première des équations (2) du même paragraphe. A la vérité, en prenant successivement pour $\mathfrak{s}$ la variable ξ, ou, ce qui revient au même, la vitesse $\frac{\partial\xi}{\partial t}$, puis la composante, parallèle à l'axe des x, de la pression supportée par un plan perpendiculaire à cet axe, puis enfin les composantes, parallèles aux axes des y et z, de la pression supportée par un plan perpendiculaire à l'axe des z, on déduirait immédiatement des équations (8) celles que j'ai données dans le *Bulletin des Sciences* de M. de Férussac pour l'année 1830, et qui s'accordent si bien avec les formules et les expériences de Fresnel, quand on suppose que la densité de l'éther reste la même dans tous les milieux. Mais les principes développés dans le § IX ne nous permettent plus d'adopter cette dernière hypothèse; et d'ailleurs il n'est pas suffisamment démontré que la variable ξ et les pressions ci-dessus mentionnées doivent, dans le voisinage de la surface de séparation de deux milieux, conserver la même valeur, tandis qu'on passe de l'un à l'autre. Des recherches approfondies sur ce sujet délicat m'ont conduit à un nouveau principe de Mécanique, propre à fournir, dans plusieurs questions de Physique mathématique, les conditions relatives aux limites des corps et aux surfaces qui terminent des systèmes de molécules sollicitées par des forces d'attraction ou de répulsion mutuelle. Ce principe, que je développerai dans un autre Mémoire, étant appliqué à la théorie de la lumière, on en conclut que, dans le voisinage de la surface de séparation de deux milieux, les déplacements ξ, η, ζ des molécules d'éther relatifs, soit au premier milieu, soit au second, devront fournir les mêmes valeurs de 8, si l'on prend pour 8 l'une quelconque des trois fonctions

$$(21) \qquad \frac{\partial\eta}{\partial z}-\frac{\partial\zeta}{\partial y}, \quad \frac{\partial\zeta}{\partial x}-\frac{\partial\xi}{\partial z}, \quad \frac{\partial\xi}{\partial y}-\frac{\partial\eta}{\partial x},$$

ou bien encore si l'on suppose

$$(22) \qquad \left\{\begin{aligned} 8 = a^2\frac{\partial\xi}{\partial x}+b^2\frac{\partial\eta}{\partial y}+c^2\frac{\partial\zeta}{\partial z}+bc\left(\frac{\partial\eta}{\partial z}+\frac{\partial\zeta}{\partial y}\right)\\ +ca\left(\frac{\partial\zeta}{\partial x}+\frac{\partial\xi}{\partial z}\right)+ab\left(\frac{\partial\xi}{\partial y}+\frac{\partial\eta}{\partial x}\right),\end{aligned}\right.$$

a, b, c désignant les cosinus des angles formés par la normale à la surface de séparation des deux milieux avec les demi-axes des coordonnées positives. Il est bon d'observer que la valeur de 8, déterminée par l'équation (22), représente la dilatation linéaire de l'éther mesurée suivant cette même normale.

Lorsque, les deux milieux étant séparés l'un de l'autre par le plan des y, z, on suppose l'axe des z parallèle aux plans des ondes lumineuses, et par conséquent perpendiculaire au plan d'incidence, on a dans la formule (22)

$$a=\pm 1, \qquad b=0, \qquad c=0,$$

et, de plus, ξ, η, ζ deviennent indépendants de z. Donc alors, en changeant, ce qui est permis, le signe de la première des différences (21), on trouvera que les fonctions (21) et (22) peuvent être réduites à

$$(23)\qquad \frac{\partial\zeta}{\partial y},\quad \frac{\partial\zeta}{\partial x},\quad \frac{\partial\xi}{\partial y}-\frac{\partial\eta}{\partial x},\quad \frac{\partial\xi}{\partial x}.$$

Donc, si l'on nomme ξ', η', ζ' ce que deviennent les déplacements ξ, η, ζ tandis que l'on passe du premier milieu au second, on aura, pour les points situés sur la surface de séparation, c'est-à-dire pour $x = 0$,

$$(24)\qquad \frac{\partial\xi}{\partial x}=\frac{\partial\xi'}{\partial x},\qquad \frac{\partial\xi}{\partial y}-\frac{\partial\eta}{\partial x}=\frac{\partial\xi'}{\partial y}-\frac{\partial\eta'}{\partial x}$$

et

$$(25)\qquad \frac{\partial\zeta}{\partial x}=\frac{\partial\zeta'}{\partial x},\qquad \frac{\partial\zeta}{\partial y}=\frac{\partial\zeta'}{\partial y}.$$

Lorsque dans les équations (24) et (25) on substitue à ξ, η, ζ les seconds membres des formules (1) du § V, et à ξ', η', ζ' les seconds membres des formules (2) du même paragraphe, on obtient les lois de la réflexion et de la réfraction qui ont lieu à la surface des corps transparents, avec les diverses formules que contiennent les deux lettres adressées à M. Libri les 19 et 27 mars, et imprimées dans le n° 14 des *Comptes rendus hebdomadaires des séances de l'Académie des Sciences*, pour l'année 1836. On déduit aussi des conditions (24) et (25) les lois de la réflexion opérée par la surface extérieure d'un corps opaque ou par la surface intérieure d'un corps transparent, dans le cas où l'angle d'incidence devient assez considérable pour qu'il n'y ait plus de lumière transmise, c'est-à-dire dans le cas où la réflexion devient totale (*voir* à ce sujet les deux lettres que j'ai adressées à M. Ampère les 1er et 16 avril 1836). Comme je l'ai montré dans ces différentes lettres, les formules auxquelles conduisent les conditions (24) et (25), non seulement déterminent l'intensité de la lumière polarisée rectilignement par réflexion ou par réfraction et les plans de polarisation des rayons réfléchis ou réfractés, mais encore elles font connaître les diverses circonstances de la polarisation circulaire ou elliptique produite par la réflexion totale ou par la réflexion opérée à la surface d'un corps opaque et, en particulier, d'un métal. D'ailleurs, les divers résultats de notre analyse se trouvent d'accord avec les lois déjà connues, particulièrement avec les formules proposées par MM. Fresnel et Brewster, ainsi qu'avec les observations de tous les physiciens. Au reste, je reviendrai sur ces résultats dans de nouveaux Mémoires, où je déduirai directement des équations (15) du § I les lois des divers phénomènes lumineux, y compris les phénomènes de l'ombre et de la diffraction.

§ XI. — *Sur la relation qui existe entre la vitesse de propagation de la lumière et l'épaisseur des ondes lumineuses.*

Pour une couleur donnée, la durée T des vibrations lumineuses, ou, ce qui revient au même, la quantité

$$s = \frac{2\pi}{T} \tag{1}$$

reste la même dans les différents milieux. Mais l'épaisseur l des ondes lumineuses, aussi appelée *longueur d'ondulation*, et, par suite, le rapport

$$k = \frac{2\pi}{l}, \tag{2}$$

devront, si l'on adopte la théorie exposée dans ce Mémoire, se trouver liés à la vitesse de propagation

$$\Omega = \frac{s}{k} \tag{3}$$

par la formule (1) ou (5) du § VI, c'est-à-dire par l'équation

$$\frac{s^2}{k^2} = \Omega^2 = a_1 + a_2 k^2 + a_3 k^4 + \ldots, \tag{4}$$

en vertu de laquelle Ω^2 se développera en une série convergente ordonnée suivant les puissances ascendantes de k. D'ailleurs, en posant, comme dans le § VI,

$$(5)\qquad \mathrm{b}_1 = \frac{1}{\mathrm{a}_1}, \qquad \mathrm{b}_2 = -\frac{\mathrm{a}_2}{\mathrm{a}_1^3}, \qquad \mathrm{b}_3 = \frac{2\mathrm{a}_2^2 - \mathrm{a}_1\mathrm{a}_3}{\mathrm{a}_1^5}, \qquad \ldots,$$

on tirera de l'équation (4)

$$(6)\qquad k^2 = \mathrm{b}_1 s^2 + \mathrm{b}_2 s^4 + \mathrm{b}_3 s^6 + \ldots.$$

Les coefficients a_1, a_2, a_3, ..., b_1, b_2, b_3, ..., que renferment les seconds membres des équations (4) et (5), dépendent de la nature du milieu dans lequel se propage la lumière; les quantités k, Ω dépendent en outre de la valeur attribuée à s, c'est-à-dire de la couleur. Dans le vide et dans les milieux qui ne dispersent pas les couleurs, par exemple dans l'air atmosphérique, les coefficients

$$\mathrm{a}_2, \quad \mathrm{a}_3, \quad \ldots, \quad \mathrm{b}_2, \quad \mathrm{b}_3, \quad \ldots$$

s'évanouissent; alors la formule (4), réduite à

$$(7)\qquad \frac{s^2}{k^2} = \Omega^2 = \mathrm{a}_1,$$

exprime que la vitesse de propagation Ω est indépendante de s, et s^2 proportionnel à k^2.

Concevons maintenant que, les valeurs de k et de Ω étant relatives à l'air atmosphérique, on désigne par

$$(8)\qquad k' = \theta k$$

ce que devient la quantité k lorsqu'on substitue à l'air un autre milieu. La valeur de θ, déterminée par l'équation (8), ou, ce qui revient au même, par l'équation (16) du § V, ne sera autre chose que l'indice de réfraction d'un rayon lumineux qui passerait de l'air dans le nouveau milieu que l'on considère, et la formule (6) deviendra

$$(9)\qquad k'^2 = \theta^2 k^2 = \mathrm{b}_1 s^2 + \mathrm{b}_2 s^4 + \mathrm{b}_3 s^6 + \ldots.$$

Si dans cette dernière formule on remplace s par sa valeur tirée de l'équation (3), on trouvera

$$(10)\qquad \theta^2 = \mathrm{b}_1 \Omega^2 + \mathrm{b}_2 \Omega^4 s^2 + \mathrm{b}_3 \Omega^6 s^4 + \ldots.$$

Donc en posant, pour abréger,

$$(11)\qquad \mathfrak{b}_1\Omega^2 = \mathfrak{a}, \qquad \mathfrak{b}_2\Omega^4 = \mathfrak{b}, \qquad \mathfrak{b}_3\Omega^6 = \mathfrak{c}, \qquad \ldots,$$

on aura simplement

$$(12)\qquad \theta^2 = \mathfrak{a} + \mathfrak{b}s^2 + \mathfrak{c}s^4 + \ldots.$$

On ne doit pas oublier que, dans les formules (10) et (11), Ω représente la vitesse de propagation de la lumière dans l'air, vitesse qui reste la même pour toutes les couleurs.

Soient maintenant

$$\theta_1, \quad \theta_2, \quad \theta_3, \quad \theta_4, \quad \theta_5, \quad \theta_6, \quad \theta_7$$

les valeurs de θ relatives aux rayons

B, C, D, E, F, G, H

de Frauenhofer, et

$$s_1, \quad s_2, \quad s_3, \quad s_4, \quad s_5, \quad s_6, \quad s_7$$

les valeurs correspondantes de s. Si l'on désigne par i l'un quelconque des nombres entiers

1, 2, 3, 4, 5, 6, 7,

et si l'on pose en outre

$$(13)\qquad \Theta_i = \theta_i^2,$$

la formule (12) donnera

$$(14)\qquad \Theta_i = \mathfrak{a} + \mathfrak{b}s_i^2 + \mathfrak{c}s_i^4 + \ldots.$$

Or il résulte des calculs développés dans les §§ VI, VII, VIII qu'on peut, sans erreur sensible, réduire le second membre de l'équation (4) ou (6), et par conséquent le second membre de la formule (14), à ses quatre premiers termes. Donc cette formule pourra s'écrire comme il suit :

$$(15)\qquad \Theta_i = \mathfrak{a} + \mathfrak{b}s_i^2 + \mathfrak{c}s_i^4 + \mathfrak{d}s_i^6.$$

D'autre part, on pourra encore négliger $\Delta^4\Theta_i$ dans le premier membre de la formule (11) du § VII, et réduire cette formule à

$$(16)\quad \begin{cases} \Theta_i = \Theta + (U' - \Theta)\beta_i + [U'' - \Theta - (U' - \Theta)S''\beta_i]\gamma_i \\ \quad + \{U''' - \Theta - (U' - \Theta)S'''\beta_i - [U'' - \Theta - (U' - \Theta)S''\beta_i]S'''\gamma_i\}\delta_i, \end{cases}$$

les valeurs de

$$\Theta,\quad U',\quad U'',\quad U'''$$

étant celles que fournissent les équations (10) et (6) du § VII, savoir

$$(17)\quad \begin{cases} \Theta \;= \frac{1}{7}S\Theta_i = \dfrac{\Theta_1 + \Theta_2 + \Theta_3 + \Theta_4 + \Theta_5 + \Theta_6}{7}, \\ U' = S'\Theta_i = \Theta_1 + \Theta_2 + \Theta_3 + \Theta_4 - \Theta_5 - \Theta_6 - \Theta_7, \\ U'' = S''\Theta_i = -\Theta_1 - \Theta_2 + \Theta_3 + \Theta_4 + \Theta_5 + \Theta_6 - \Theta_7, \\ U''' = S'''\Theta_i = -\Theta_1 + \Theta_2 + \Theta_3 - \Theta_4 - \Theta_5 + \Theta_6 + \Theta_7, \end{cases}$$

et l'on tirera de ces dernières équations combinées avec la formule (14)

$$(18)\quad \begin{cases} \Theta \;= \mathfrak{a} + \dfrac{\mathfrak{b}}{7}S\,s_i^2 + \dfrac{\mathfrak{c}}{7}S\,s_i^4 + \dfrac{\mathfrak{d}}{7}S s_i^6, \\ U' = \mathfrak{a} + \mathfrak{b}\,S'\,s_i^2 + \mathfrak{c}\,S'\,s_i^4 + \mathfrak{d}S'\,s_i^6, \\ U'' = \mathfrak{a} + \mathfrak{b}\,S''\,s_i^2 + \mathfrak{c}\,S''s_i^4 + \mathfrak{d}S''s_i^6; \\ U''' = \mathfrak{a} + \mathfrak{b}\,S'''s_i^2 + \mathfrak{c}\,S'''s_i^4 + \mathfrak{d}S'''s_i^6; \end{cases}$$

les notations Ss_i^2, $S's_i^2$, $S''s_i^2$, $S'''s_i^2$, Ss_i^4, ... exprimant ce que deviennent les sommes désignées par $S\Theta_i$, $S'\Theta_i$, $S''\Theta_i$, $S'''\Theta_i$ dans les équations (17), quand on y remplace Θ_i par s_i^2 ou par s_i^4, ... Enfin il est clair que la substitution des valeurs de

$$\Theta_i,\quad \Theta,\quad U',\quad U'',$$

fournies par les équations (15) et (18), transformera les deux membres de l'équation (16) en deux fonctions linéaires des quantités

$$(19)\qquad \mathfrak{a},\quad \mathfrak{b},\quad \mathfrak{c},\quad \mathfrak{d},$$

qui varient avec la nature du milieu réfringent. Or, ces deux fonctions devant être égales entre elles, quel que soit le milieu réfringent, on peut en conclure que dans l'une et l'autre les coefficients des quantités (19) devront être les mêmes. Par suite, l'équation (16) devra continuer de subsister si, dans cette équation et dans les formules (17), on remplace Θ_i par l'une quelconque des quatre quantités

$$1, \quad s_i^2, \quad s_i^4, \quad s_i^6, \tag{20}$$

ce qui revient à supposer, dans les formules (15) et (18), l'une des quantités $\mathfrak{a}$, $\mathfrak{b}$, $\mathfrak{c}$, $\mathfrak{d}$ réduite à l'unité et les trois autres à zéro.

Remplacer Θ_i par l'unité, c'est substituer l'air au milieu qui devait réfracter la lumière. Alors on trouve, non seulement $\Theta_i = 1$, mais aussi

$$\Theta = \mathrm{U}' = \mathrm{U}'' = \mathrm{U}''' = 1,$$

et l'équation (16) devient identique, comme on l'a déjà remarqué (p. 363).

Remplaçons maintenant, dans l'équation (16), Θ_i par s_i^n, n désignant l'un des trois nombres entiers 2, 4, 6, et faisons, pour abréger,

$$\left\{\begin{aligned} \varsigma &= \tfrac{1}{7}\mathbf{S}s_i^n = \frac{s_1^n + s_2^n + s_3^n + s_4^n + s_5^n + s_6^n + s_7^n}{7}, \\ \varsigma' &= \mathbf{S}' s_i^n = \quad s_1^n + s_2^n + s_3^n + s_4^n - s_5^n - s_6^n - s_7^n, \\ \varsigma'' &= \mathbf{S}'' s_i^n = - s_1^n - s_2^n + s_3^n + s_4^n + s_5^n + s_6^n - s_7^n, \\ \varsigma''' &= \mathbf{S}''' s_i^n = - s_1^n + s_2^n + s_3^n - s_4^n - s_5^n + s_6^n + s_7^n; \end{aligned}\right. \tag{21}$$

l'équation (16), jointe aux formules (17), donnera

$$\left\{\begin{aligned} s_i^n = {} & \varsigma + (\varsigma' - \varsigma)\beta_i + [\varsigma'' - \varsigma - (\varsigma' - \varsigma)\mathbf{S}''\beta_i]\gamma_i \\ & + \{\varsigma''' - \varsigma - (\varsigma' - \varsigma)\mathbf{S}'''\beta_i - [\varsigma'' - \varsigma - (\varsigma' - \varsigma)\mathbf{S}''\beta_i]\mathbf{S}'''\gamma_i\}\delta_i. \end{aligned}\right. \tag{22}$$

L'équation (22) fournira pour s_i^n des valeurs approchées de divers ordres, si l'on réduit le polynôme que renferme le second membre au seul terme ς ou à la somme de ses deux, trois, quatre premiers termes, et, si l'on nomme

$$\Delta s_i^n, \quad \Delta^2 s_i^n, \quad \Delta^3 s_i^n, \quad \Delta^4 s_i^n$$

les différences finies des divers ordres qui doivent compléter les valeurs approchées dont il s'agit, on aura rigoureusement

$$(23)\quad \begin{cases} s_i^n = \varsigma + \Delta s_i^n \\ \quad = \varsigma + (\varsigma' - \varsigma)\beta_i + \Delta^2 s_i^n \\ \quad = \varsigma + (\varsigma' - \varsigma)\beta_i + [\varsigma'' - \varsigma - (\varsigma' - \varsigma)\, S''\beta_i]\gamma_i + \Delta^3 s_i^n \\ \quad = \varsigma + (\varsigma' - \varsigma)\beta_i + [\varsigma'' - \varsigma - (\varsigma' - \varsigma)\, S''\beta_i]\gamma_i \\ \quad + \{\varsigma''' - \varsigma - (\varsigma' - \varsigma) S'''\beta_i - [\varsigma'' - \varsigma - (\varsigma' - \varsigma) S''\beta_i] S''\gamma_i\}\,\delta_i + \Delta^4 s_i^n. \end{cases}$$

On trouvera, par suite,

$$(24)\quad \begin{cases} \Delta s_i^n = s_i^n - \varsigma, \\ \Delta^2 s_i^n = s_i^n - \varsigma - (\varsigma' - \varsigma)\beta_i, \\ \Delta^3 s_i^n = s_i^n - \varsigma - (\varsigma' - \varsigma)\beta_i - [\varsigma'' - \varsigma - (\varsigma' - \varsigma) S''\beta_i]\gamma_i; \end{cases}$$

puis on en conclura

$$S'\Delta s_i^n = S'(s_i^n - \varsigma) = S' s_i^n - \varsigma, \quad \ldots$$

ou, ce qui revient au même,

$$(25)\quad \begin{cases} S'\Delta\, s_i^n = \varsigma' - \varsigma, \\ S''\Delta^2 s_i^n = \varsigma'' - \varsigma - (\varsigma' - \varsigma)\, S''\beta_i, \\ S'''\Delta^3 s_i^n = \varsigma''' - \varsigma - (\varsigma' - \varsigma)\, S'''\beta_i - [\varsigma'' - \varsigma - (\varsigma' - \varsigma)\, S''']\gamma_i, \end{cases}$$

de sorte que la formule (23) donnera

$$(26)\quad \begin{cases} s_i^n = \frac{1}{I} S s_i^n + \Delta s_i^n \\ \quad = \frac{1}{I} S s_i^n + \beta_i S'\Delta s_i^n + \Delta^2 s_i^n \\ \quad = \frac{1}{I} S s_i^n + \beta_i S'\Delta s_i^n + \gamma_i S''\Delta^2 s_i^n + \Delta^3 s_i^n \\ \quad = \frac{1}{I} S s_i^n + \beta_i S'\Delta s_i^n + \gamma_i S''\Delta^2 s_i^n + \delta_i S'''\Delta^3 s_i^n + \Delta^4 s_i^n \end{cases}$$

et pourra être remplacée par le système des équations

$$(27)\quad \begin{cases} s_i^n = \frac{1}{I} S s_i^n + \Delta s_i^n; & \Delta s_i^n = \beta_i S'\Delta s_i^n + \Delta^2 s_i^n, \\ \Delta^2 s_i^n = \gamma_i S''\Delta^2 s_i^n + \Delta^3 s_i^n, & \Delta^3 s_i^n = \delta_i S'''\Delta^3 s_i^n + \Delta^4 s_i^n. \end{cases}$$

De plus, la formule (22), réduite à

$$(28)\quad s_i^n = \frac{1}{I} S s_i^n + \beta_i S'\Delta s_i^n + \gamma_i S''\Delta^2 s_i^n + \delta_i S'''\Delta^3 s_i^n,$$

fournira précisément pour s_i^n la valeur que l'on tirerait de l'équation (26) ou des équations (27), en y posant

(29) $$\Delta^4 s_i^n = 0.$$

On tire des équations (2) et (3)

(30) $$s = \Omega k = 2\pi\Omega l^{-1}.$$

Si, dans cette dernière formule, on suppose Ω, k et l relatifs à l'air atmosphérique, la valeur de Ω sera la même pour toutes les couleurs; et, en désignant par

$$k_i, \quad l_i$$

les valeurs de k, l relatives à $s = s_i$, on trouvera

(31) $$s_i = \Omega k_i = 2\pi\Omega l_i^{-1},$$

par conséquent

(32) $$s_i^n = \Omega^n k_i^n = (2\pi\Omega)^n l_i^{-n}.$$

Soient maintenant Δk_i^n, $\Delta^2 k_i^n$, ..., Δl_i^{-n}, $\Delta^2 l_i^{-n}$, ... ce que deviennent les différences Δs_i^n, $\Delta^2 s_i^n$, ... déterminées par le système des équations (27), quand on remplace dans ces équations s_i^n par k_i^n ou par l_i^{-n}. On aura

(33) $$\left\{\begin{array}{ll} k_i^n = \frac{1}{I} S k_i^n + \Delta k_i^n, & \Delta k_i^n = \beta_i S' \Delta k_i^n + \Delta^2 k_i^n, \\ \Delta^2 k_i^n = \gamma_i S'' \Delta^2 k_i^n + \Delta^3 k_i^n, & \Delta^3 k_i^n = \delta_i S''' \Delta^3 k_i^n + \Delta^4 k_i^n, \end{array}\right.$$

(34) $$\left\{\begin{array}{ll} l_i^{-n} = \frac{1}{I} S l_i^{-n} + \Delta l_i^{-n}, & \Delta l_i^{-n} = \beta_i S' \Delta l_i^{-n} + \Delta^2 l_i^{-n}, \\ \Delta^2 l_i^{-n} = S'' \Delta^2 l_i^{-n} + \Delta^3 l_i^{-n}, & \Delta^3 l_i^{-n} = S'' \Delta^3 l_i^{-n} + \Delta^4 l_i^{-n}; \end{array}\right.$$

puis on tirera des formules (33), (34), combinées avec les équations (27) et (32),

(35) $$\left\{\begin{array}{ll} \Delta k_i^n = \left(\frac{1}{\Omega}\right)^n \Delta s_i^n, & \Delta^2 k_i^n = \left(\frac{1}{\Omega}\right)^n \Delta^2 s_i^n, \\ \Delta^3 k_i^n = \left(\frac{1}{\Omega}\right)^n \Delta^3 s_i^n, & \Delta^4 k_i^n = \left(\frac{1}{\Omega}\right)^n \Delta^4 s_i^n; \end{array}\right.$$

(36) $$\left\{\begin{array}{ll} \Delta l_i^{-n} = \left(\frac{1}{2\pi\Omega}\right)^n \Delta s_i^n, & \Delta^2 l_i^{-n} = \left(\frac{1}{2\pi\Omega}\right)^n \Delta^2 s_i^n, \\ \Delta^3 l_i^{-n} = \left(\frac{1}{2\pi\Omega}\right)^n \Delta^3 s_i^n, & \Delta^4 l_i^{-n} = \left(\frac{1}{2\pi\Omega}\right)^n \Delta^4 s_i^n. \end{array}\right.$$

Cela posé, en multipliant les deux membres de l'équation (28) par

$\left(\frac{1}{\Omega}\right)^n$ ou par $\left(\frac{1}{2\pi\Omega}\right)^n$, on en conclura

$$(37) \qquad k_i^n = \tfrac{1}{7}\,\mathrm{S}\,k_i^n + \beta_i\,\mathrm{S}'\Delta k_i^n + \gamma_i\,\mathrm{S}''\Delta^2 k_i^n + \delta_i\,\mathrm{S}'''\Delta^3 k_i^n,$$

$$(38) \qquad l_i^{-n} = \tfrac{1}{7}\,\mathrm{S}\,l_i^{-n} + \beta_i\,\mathrm{S}'\Delta l_i^{-n} + \gamma_i\,\mathrm{S}''\Delta^2 l_i^{-n} + \delta_i\,\mathrm{S}'''\Delta^3 l_i^{-n}.$$

Les formules (37) et (38), entièrement semblables à l'équation (28), fournissent précisément les valeurs de k_i^n et de l_i^{-n} que l'on tirerait des équations (33) et (34) en y posant

$$(39) \qquad \Delta^4 k_i^n = 0, \qquad \Delta^4 l_i^{-n} = 0.$$

Les valeurs de θ_i, ou des indices de réfraction, déterminées par les expériences de Frauenhofer, sont composées chacune de sept chiffres, et le Tableau XXIII du § VI montre que l'on peut compter sur l'exactitude des cinq ou six premiers chiffres. Les valeurs de l_i n'ont pu être déterminées avec la même précision, et, pour chacune d'elles, on ne peut regarder comme exacts que les trois ou quatre premiers chiffres. Il en résulte que, dans les valeurs de k_i, s_i, et par suite dans les valeurs de l_i^{-n}, k_i^n, s_i^n, on ne saurait compter sur l'exactitude du cinquième chiffre et des suivants. On ne doit donc pas être surpris, lorsqu'on veut appliquer au calcul des différences finies des divers ordres de s_i^n, k_i^n, l_i^{-n} les formules (27), (33) ou (34), de trouver les différences finies du troisième ordre, sensiblement nulles, aussi bien que les différences finies du quatrième ordre, c'est-à-dire comparables aux variations que produisent les erreurs d'observation. Or c'est précisément ce qui arrive. Si, pour fixer les idées, on applique les formules (27) à la détermination des différences finies

$$\Delta s_i^n, \quad \Delta^2 s_i^n, \quad \Delta^3 s_i^n,$$

et si l'on prend pour unité de temps, non plus la seconde sexagésimale, mais le quotient que fournirait la division de cette seconde en mille millions de millions de parties égales, alors, en faisant usage des logarithmes de $\pm\beta_i$ et de $\mp\gamma_i$ renfermés dans les deux premiers Tableaux du § VI, et posant successivement $n=2$, puis $n=4$, on obtiendra les valeurs de s_i^n, Δs_i^n, $\Delta^2 s_i^n$, $\Delta^3 s_i^n$ comprises dans les Tableaux suivants.

TABLEAU I.

Valeurs de s_i^2, Δs_i^2, $\Delta^2 s_i^2$, $\Delta^3 s_i^2$.

i.	1.	2.	3.	4.	5.	6.	7.	SOMMES.	
s_i..........	2,833	2,968	3,309	3,704	4,023	4,541	4,960		
$L(s_i)$.......	4521774	4724704	5197228	5687093	6045718	6571528	6955147		
$L(s_i^2)$.......	9043548	9449408	0394456	1374186	2091436	3143056	3910294		$S s_i^2$
s_i^2..........	8,0233	8,8093	10,9508	13,7220	16,1862	20,6208	24,6053	102,9177	102,9177
$\frac{1}{7} S s_i^2$.......	14,7025	14,7025	14,7025	14,7025	14,7025	14,7025	14,7025	102,9175	$S' \Delta s_i^2$
Δs_i^2.........	−6,6792	−5,8932	−3,7517	−0,9805	1,4837	5,9183	9,9028	0,0002	−34,6094
$L(\pm \beta_i)$.....	2807340	2272021	0371132	4979974	5812101	2345423	4627934		
$L(- S' \Delta s_i^2)$..	5391941	5391941	5391941	5391941	5391941	5391941	5391941		
Somme...	8199281	7663962	5763073	0371915	1204042	7737364	0019875		
$\beta_i S' \Delta s_i^2$.....	−6,6058	−5,8398	−3,7697	−1,0894	1,3195	5,9393	10.0459	0,0000	$S'' \Delta^2 s_i^2$
$\Delta^2 s_i^2$........	−0,0734	−0,0534	0,0180	0,1089	0,1642	−0,0210	−0,1431	0,0002	0,540
$L(\mp \gamma_i)$.....	2296904	9299187	8770350	2534450	3010033	6552454	3898998		
$L(S'' \Delta^2 s_i^2)$...	7323938	7323938	7323938	7323938	7323938	7323938	7323938		
Somme...	9620842	5623125	6094228	9858388	0333971	3876392	1222936		
$\gamma_i S'' \Delta^2 s_i^2$....	−0,0916	−0,0460	0,0407	0,0968	0,1080	0,0244	−0,1325	−0,0002	$S''' \Delta^2 s_i^2$
$\Delta^3 s_i^2$........	0,0182	−0,0074	−0,0227	0,0121	0,0562	−0,0454	−0,0106	0,0004	−0,1726

TABLEAU II.

Valeurs de s_i^4, Δs_i^4, $\Delta^2 s_i^4$, $\Delta^3 s_i^4$.

i.	1.	2.	3.	4.	5.	6.	7.	SOMMES.	
$L(s_i^4)$.......	8087096	8898816	0788912	2748372	4182872	6286112	7820588		$S s_i^4$
s_i^4..........	64,374	77,604	119,920	188,294	261,992	425,218	605,423	1742,825	1742,825
$\frac{1}{7} S s_i^4$.......	248,975	248,975	248,975	248,975	248,975	248,975	248,975	1742,825	$S' \Delta s_i^4$
Δs_i^4.........	−184,601	−171,371	−129,055	−60,681	−13,017	176,243	356,448	0,000	−1091,416
$L(\pm \beta_i)$.....	2807340	2272021	0371132	4979974	5812101	2345423	4627934		
$L(- S' \Delta s_i^4)$..	0379903	0379903	0379903	0379903	0379903	0379903	0379903		
Somme...	3187243	2651924	0751035	5359877	6192004	2725326	5007837		
$\beta_i S' \Delta s_i^4$.....	−208,317	−184,159	−118,879	−34,355	41,610	187,298	316,799	−0,003	$S'' \Delta^2 s_i^4$
$\Delta^2 s_i^4$........	23,716	12,788	−10,176	−26,326	−28,593	−11,055	39,649	0,003	−152,303
$L(\mp \gamma_i)$.....	2296904	9299187	8770350	2534450	3010033	6552454	3898998		
$L(- S'' \Delta^2 s_i^4)$.	1827085	1827085	1827085	1827085	1827085	1827085	1827085		
Somme...	4123989	1126272	0597435	4361535	4837118	8379539	5726083		
$\gamma_i S'' \Delta^2 s_i^4$....	25,846	12,961	−11,475	−27,299	−30,459	−6,866	37,377	0,065	
$\Delta^3 s_i^4$........	−2,130	−0,173	1,299	0,973	1,866	−4,169	2,272	−0,062	

Pour s'assurer que les valeurs de $\Delta^3 s_i^n$, renfermées dans les dernières lignes horizontales de ces deux Tableaux, sont, en effet, comparables aux variations que produisent dans les valeurs de s_i^n les erreurs d'observation, il suffit de calculer les diverses valeurs de $\Delta^3 l_i$ ou de $\frac{\Delta^3 l_i}{l_i}$, en supposant que l'on désigne par

$$l_i - \Delta^3 l_i$$

ce que devient l_i en vertu de la formule (32), quand on remplace dans cette formule s_i^n par

$$s_i^n - \Delta^3 s_i^n.$$

Or, dans cette supposition, on tire de la formule (32)

$$s_i^n - \Delta^3 s_i^n = (2\pi\Omega)^n (l_i - \Delta^3 l_i)^{-n} \tag{40}$$

et, par suite,

$$1 - \frac{\Delta^3 s_i^n}{s_i^n} = \left(1 - \frac{\Delta^3 l_i}{l_i}\right)^{-n}$$

ou

$$1 - \frac{\Delta^3 l_i}{l_i} = \left(1 - \frac{\Delta^3 s_i^n}{s_i^n}\right)^{-\frac{1}{n}}. \tag{41}$$

D'ailleurs, $\Delta^3 s_i^n$ étant très petit par rapport à s_i^n, le second membre de l'équation (41) se réduira sensiblement à

$$1 + \frac{1}{n}\frac{\Delta^3 s_i^n}{s_i^n},$$

et cette équation elle-même à

$$\frac{\Delta^3 l_i}{l_i} = -\frac{1}{n}\frac{\Delta^3 s_i^n}{s_i^n}. \tag{42}$$

Enfin les valeurs de

$$-\frac{1}{n}\frac{\Delta^3 s_i^n}{s_i^n},$$

tirées des Tableaux I ou II, et par suite les valeurs correspondantes de $\frac{\Delta^3 l_i}{l_i}$, seront, en vertu de la formule (42), celles que présente le Tableau suivant.

TABLEAU III.

Valeur de $\frac{\Delta^3 l_i}{l_i}$ *déduites de la formule* (42).

i.	1.	2.	3.	4.	5.	6.	7.
Pour $n = 2$ $\Delta^3 s_i^2$......	0,0182	-0,0074	-0,0227	0,0121	0,0562	-0,0454	-0,0106
Pour $n = 2$ s_i^2........	8,0233	8,8093	10,9508	13,7220	16,1862	20,6208	24,6053
$\frac{\Delta^3 l_i}{l_i} = -\frac{1}{2}\frac{\Delta^3 s_i^2}{s_i^2}$.......	-0,0011	0,0004	0,0010	-0,0004	-0,0017	0,0011	0,0002
Pour $n = 4$ $\Delta^3 s_i^4$......	-2,130	-0,173	1,299	0,973	1,866	-4,169	2,272
Pour $n = 4$ s_i^4........	64,374	77,604	119,920	188,294	261,992	425,218	605,423
$\frac{\Delta^3 l_i}{l_i} = -\frac{1}{4}\frac{\Delta^3 s_i^4}{s_i^4}$.......	0,0083	0,0006	-0,0027	-0,0013	-0,0018	0,0025	-0,0009

D'autre part, en ayant recours à diverses expériences successives, dans son Mémoire sur la diffraction, pour déterminer l'épaisseur des ondes lumineuses qui donnent naissance à un certain rayon, et supposant cette épaisseur exprimée en millimètres, Fresnel a obtenu des nombres qui varient entre les limites

$$0{,}000635 \quad \text{et} \quad 0{,}000640,$$

dont la différence, divisée par le plus petit, donne pour quotient environ

$$0{,}0079.$$

Donc, puisque ce quotient surpasse, et même assez notablement, tous les nombres renfermés dans la quatrième et la dernière ligne horizontale du Tableau III, si l'on en excepte le seul nombre 0,0083, qui diffère peu du quotient dont il s'agit, nous devons conclure que les valeurs de $\Delta^3 s_i^2$ et $\Delta^3 s_i^4$, renfermées dans les Tableaux I et II, sont comparables aux variations que produisent dans les valeurs de s_i^n les erreurs d'observation. La même conclusion se déduirait aussi des expériences de Frauenhofer, qui fournissent pour les épaisseurs des ondes lumineuses des variations du même ordre que les expériences de Fresnel.

On peut donc négliger

$$\Delta^3 s_i^n, \quad \Delta^3 k_i^n, \quad \Delta^3 l_i^{-n}$$

dans les formules (27), (33), (34), et par suite

$$S'''\Delta^3 s_i^n, \quad S'''\Delta^3 k_i^n, \quad S'''\Delta^3 l_i^{-n},$$

dans les formules (28), (37), (38), ce qui permet de réduire les trois dernières formules à

$$(43) \qquad s_i^n = \tfrac{1}{7} S s_i^n + \beta_i S'\Delta s_i^n + \gamma_i S''\Delta^2 s_i^n,$$

$$(44) \qquad k_i^n = \tfrac{1}{7} S k_i^n + \beta_i S'\Delta k_i^n + \gamma_i S''\Delta^2 k_i^n,$$

$$(45) \qquad l_i^{-n} = \tfrac{1}{7} S l_i^{-n} + \beta_i S'\Delta l_i^{-n} + \gamma_i S''\Delta^2 l_i^{-n}.$$

Si, dans la formule (43), on pose successivement $n = 2$ et $n = 4$, on en tirera, eu égard aux Tableaux I et II,

$$(46) \qquad \begin{cases} s_i^2 = \ \ 14,7025 - \ \ 34,6094\beta_i + \ \ 0,540\gamma_i, \\ s_i^4 = 248,975 \ - 1091,416 \ \beta_i - 152,303\gamma_i \end{cases}$$

ou, ce qui revient au même,

$$(47) \qquad \begin{cases} \beta_i - 0,01560\gamma_i = 0,42481 - 0,028894 \ \ s_i^2, \\ \beta_i + 0,13955\gamma_i = 0,22812 - 0,00091624 s_i^4, \end{cases}$$

puis on conclura de ces dernières équations

$$\gamma_i = -\frac{0,19669}{0,15515} + \frac{0,028894}{0,15515} s_i^2 - \frac{0,00091624}{0,15515} s_i^4,$$

$$\beta_i = \quad 0,01560\gamma_i + 0,42481 - 0,028894 s_i^2,$$

ou plus simplement

$$(48) \qquad \begin{cases} \beta_i = \quad 0,40503 - 0,025988 s_i^2 - 0,0000921 s_i^4, \\ \gamma_i = - \ 1,2677 \ + 0,18623 \ s_i^2 - 0,0059055 s_i^4. \end{cases}$$

Si d'ailleurs on pose, comme à la page 372,

$$(49)\quad \begin{cases} \mathfrak{U} = U' - \Theta = S'\Delta\Theta_i, \\ \mathfrak{V} = U'' - \Theta - (U' - \Theta)\,S''\beta_i = S''\Delta^2\Theta_i, \\ \mathfrak{W} = U''' - \Theta - (U' - \Theta)\,S'''\beta_i - [U'' - \Theta - (U' - \Theta)S''\beta_i]\,S'''\gamma_i = S'''\Delta^3\Theta_i, \end{cases}$$

c'est-à-dire, si l'on prend pour

$$\Theta,\quad \mathfrak{U},\quad \mathfrak{V},\quad \mathfrak{W}$$

les nombres renfermés dans le Tableau V du § VIII, on réduira la formule (16) à

$$(50)\qquad \Theta_i = \Theta + \mathfrak{U}\beta_i + \mathfrak{V}\gamma_i + \mathfrak{W}\delta_i;$$

puis, en négligeant dans le second membre le terme $\mathfrak{W}\delta_i$, qui est du même ordre que $\Delta^3 s_i$ ou $\Delta^3\Theta_i$, on trouvera

$$(51)\qquad \Theta_i = \Theta + \mathfrak{U}\beta_i + \mathfrak{V}\gamma_i.$$

Cela posé, on tirera de la formule (51) jointe aux équations (48)

$$(52)\quad \begin{cases} \Theta_i = \Theta + 0{,}40503\,\mathfrak{U} - 1{,}2677\,\mathfrak{V} - (0{,}025988\;\mathfrak{U} - 0{,}18623\,\mathfrak{V})\,s_i^2 \\ \qquad\qquad - (0{,}0000921\,\mathfrak{U} + 0{,}0059055\,\mathfrak{V})\,s_i^4 \end{cases}$$

et, par suite,

$$(53)\qquad \Theta_i = \mathfrak{a} + \mathfrak{b}s_i^2 + \mathfrak{c}s_i^4,$$

les valeurs de $\mathfrak{a}$, $\mathfrak{b}$, $\mathfrak{c}$ étant

$$(54)\quad \begin{cases} \mathfrak{a} = \Theta + 0{,}40503\,\mathfrak{U} - 1{,}2677\,\mathfrak{V}, \\ \mathfrak{b} = -\,0{,}025988\;\mathfrak{U} + 0{,}18623\,\mathfrak{V}, \\ \mathfrak{c} = -\,0{,}0000921\,\mathfrak{U} - 0{,}0059055\,\mathfrak{V}; \end{cases}$$

puis, en écrivant simplement

$$\theta^2 \text{ au lieu de } \Theta_i = \theta_i^2 \qquad \text{et} \qquad s^2 \text{ au lieu de } s_i^2,$$

on aura définitivement

$$(55)\qquad \theta^2 = \mathfrak{a} + \mathfrak{b}s^2 + \mathfrak{c}s^4.$$

En substituant dans les formules (54) à la place de Θ, $\mathfrak{U}$, $\mathfrak{V}$ les nombres que renferme le Tableau V du § VIII, on obtiendra les valeurs de $\mathfrak{a}$, $\mathfrak{b}$, $\mathfrak{c}$ comprises dans celui que nous allons tracer.

Tableau IV.

Valeurs de 𝔞, 𝔟, 𝔠.

	EAU.		SOLUTION de potasse.	CROWNGLASS.			FLINTGLASS.				
	1re série.	2e série.		1re espèce.	2e espèce.	3e espèce.	1re espèce.	2e espèce.	3e espèce, 1re série.	3e espèce, 2e série.	4e espèce.
L(— 𝔘) L(40503)	8696365 6074872	8677385 6074872	9931231 6074872	1154076 6074872	1230116 6074872	2075590 6074872	4106912 6074872	4623471 6074872	4698441 6074872	4697264 6074872	4721200 6074872
Somme	4771237	4752257	6006103	7228948	7304988	8150462	0181784	0698343	0773313	0772136	0796072
L(± 𝔙) L(12677)	5589484 1030305	5371892 1030305	5141491 1030305	3723596 1030305	3639878 1030305	0944711 1030305	4265113 1030305	5786392 1030305	5710097 1030305	6156345 1030305	2866810 1030305
Somme	6619789	6402197	6171796	4753901	4670183	1975016	5295418	6816697	6740402	7186650	3897115
Θ 0,40503 𝔘 -1,2677 𝔙	1,786201 -30000 -4592	1,786186 -29869 -4367	1,978320 -39867 -4142	2,348779 -52832 -2988	2,353887 -53765 -2931	2,448260 -65320 -1576	2,615351 -104275 3385	2,690721 -117445 4805	2,701331 -119490 4721	2,701322 -119458 5232	2,705825 -120118 2453
𝔞	1,751609	1,751950	1,934311	2,292959	2,297191	2,381364	2,514461	2,578081	2,586562	2,587096	2,588160
L(— 𝔘) L(25988)	8696365 4147729	8677385 4147729	9931231 4147729	1154076 4147729	1230116 4147729	2075590 4147729	4106912 4147729	4623471 4147729	4698441 4147729	4697264 4147729	4721200 4147729
Somme	2844094	2825114	4078960	5301805	5377845	6223319	8254641	8771200	8846170	8844993	8868929
L(± 𝔙) L(18623)	5589484 2700541	5371892 2700541	5141491 2700541	3723596 2700541	3639878 2700541	0944711 2700541	4265113 2700541	5786392 2700541	5710097 2700541	6156345 2700541	2866810 2700541
Somme	8290025	8072433	7842032	6424137	6340419	3645252	6965654	8486933	8410638	8856886	5567351
-0,025988 𝔘 0,18623 𝔙	0,19249 6745	0,19165 6416	0,25580 6084	0,33899 4389	0,34497 4306	0,41911 2315	0,66906 -4972	0,75357 -7058	0,76669 -6935	0,76648 -7686	0,77071 -3604
𝔟	0,25994	0,25581	0,31664	0,38288	0,38803	0,44226	0,61934	0,68299	0,69734	0,68962	0,73467
L(— 𝔘) L(921)	8696365 9644576	8677385 9644576	9931231 9644576	1154076 9644576	1230116 9644576	2075590 9644576	4106912 9644576	4623471 9644576	4698441 9644576	4697264 9644576	4721200 9644576
Somme	8340941	8321961	9575807	0798652	0874692	1720166	3751488	4268047	4343017	4341840	4365776
L(± 𝔙) L(59055)	5589484 7712579	5371892 7712579	5141491 7712579	3723596 7712579	3639878 7712579	0944711 7712579	4265113 7712579	5786392 7712579	5710097 7712579	6156345 7712579	2866810 7712579
Somme	3302063	3084471	2854070	1436175	1352457	8657290	1977692	3498971	3422676	3868924	0579389
-0,0000921 𝔘 -0,0059055 𝔙	0,06825 -0,21390	0,06795 -0,20345	0,09069 -0,19293	0,12019 -0,13919	0,12231 -0,13654	0,14860 -0,07341	0,23722 15768	0,26718 22382	0,27183 21992	0,27176 24372	0,27326 11427
𝔠	-0,14565	-0,13550	-0,10224	-0,01900	-0,01423	0,07519	0,39490	0,49100	0,49175	0,51548	0,38753

Parmi les logarithmes que renferme le Tableau IV, les uns, savoir ceux des valeurs numériques des quantités

$$\mathfrak{u} = S'\Delta\Theta_i \quad \text{et} \quad \mathfrak{v} = S''\Delta^2\Theta_i,$$

ont été extraits de la dernière colonne verticale des Tableaux II des §§ VII et VIII. D'autres logarithmes, savoir ceux des nombres

$$1,2677 = \frac{0,19969}{0,15515}, \qquad 0,18623 = \frac{0,028894}{0,15515}, \qquad 0,00059055 = \frac{0,00091624}{0,15515}$$

et

$$0,0000921 = 0,01560 \times 0,0059055 = \frac{0,540}{34,6094}(0,0059055),$$

ont été, pour plus de précision, déduits des logarithmes des nombres dont ces coefficients représentent les produits ou les rapports. C'est ainsi qu'on trouve, par exemple,

$$L(1,2677) = L(19669) - L(15515) = 2937823 - 1907518 = 1030305.$$

On peut d'ailleurs confirmer l'exactitude des valeurs de $\mathfrak{a}$, $\mathfrak{b}$, $\mathfrak{c}$ fournies par le Tableau IV, de la manière suivante.

On tire de la formule (53)

$$(56) \qquad \Theta = \tfrac{1}{7}S\Theta_i = \mathfrak{a} + \tfrac{1}{7}\mathfrak{b}Ss_i^2 + \tfrac{1}{7}\mathfrak{c}Ss_i^4.$$

Or, si l'on substitue dans le second membre de l'équation (56) les valeurs de

$$\mathfrak{a}, \quad \mathfrak{b}, \quad \mathfrak{c}, \quad Ss_i^2, \quad Ss_i^4$$

fournies par les Tableaux I, II et IV, on retrouvera les valeurs de Θ fournies par l'expérience, comme le montre le Tableau suivant.

Tableau V.

Valeurs de Θ tirées de la formule (56).

	Eau.		Solution de potasse.	Crownglass.			Flintglass.				
	1re série.	2e série.		1re espèce.	2e espèce.	3e espèce.	1re espèce.	2e espèce.	3e espèce, 1re série.	3e espèce. 2e série.	4e espèce.
$L(\mathfrak{b})$....	4148731	4079175	5005658	5830627	5888653	6456777	7919291	8344143	8434446	8386098	8660923
$L(\frac{1}{7}Ss_i^2)$.	1673921	1673921	1673921	1673921	1673921	1673921	1673921	1673921	1673921	1673921	1673921
Somme.	5822652	5753096	6679579	7504548	7562574	8130698	9593212	0018064	0108367	0060019	0334844
$L(\mathfrak{c})$....	1633105	1319393	0096208	2787536	1532049	8761601	5964871	6910815	6917444	7122118	5883053
$L(\frac{1}{7}Ss_i^4)$.	3961558	3961558	3961558	3961558	3961558	3961558	3961558	3961558	3961558	3961558	3961558
Somme.	5594663	5280951	4057766	6749094	5493607	2723159	9926429	0872373	0879002	1083676	9844611
$\mathfrak{a}$.......	1,751609	1,751950	1,934311	2,292959	2,297191	2,381364	2,514461	7,578081	2,586562	2,587096	2,588160
$\frac{1}{7}\mathfrak{b}Ss_i^2$..	38218	37611	46554	56293	57050	65023	91059	100417	102527	101391	108015
$\frac{1}{7}\mathfrak{c}Ss_i^4$..	—3626	—3374	—2546	—473	—354	1872	9832	12225	12243	12834	9649
Θ.......	1,786201	1,786187	1,978319	2,348779	2,353887	2,448259	2,615352	2,690723	2,701332	2,701321	2,705824

En adoptant les valeurs de $\mathfrak{a}$, $\mathfrak{b}$, $\mathfrak{c}$ fournies par le Tableau IV, on aura

(57)

Pour l'eau, 1re série........................ $\theta^2 = 1,751609 + 0,0025994 s^2 - 0,000014565 s^4$,

» 2e série.................... $\theta^2 = 1,751950 + 0,0025581 s^2 - 0,000013550 s^4$,

Pour la solution de potasse............... $\theta^2 = 1,934311 + 0,0031664 s^2 - 0,000010224 s^4$,

Pour le crownglass, 1re espèce............. $\theta^2 = 2,292959 + 0,0038288 s^2 - 0,000001900 s^4$,

» 2e espèce............. $\theta^2 = 2,297191 + 0,0038803 s^2 - 0,000001423 s^4$,

» 3e espèce............. $\theta^2 = 2,381364 + 0,0044226 s^2 + 0,000007519 s^4$,

Pour le flintglass, 1re espèce............. $\theta^2 = 2,514461 + 0,0061934 s^2 + 0,000039490 s^4$,

» 2e espèce............. $\theta^2 = 2,578081 + 0,0068299 s^2 + 0,000049100 s^4$,

» 3e espèce, 1re série.... $\theta^2 = 2,586562 + 0,0069734 s^2 + 0,000049175 s^4$,

» » 2e série.... $\theta^2 = 2,587096 + 0,0068962 s^2 + 0,000051548 s^4$,

» 4e espèce............. $\theta^2 = 2,588160 + 0,0073467 s^2 + 0,000038753 s^4$.

En substituant successivement dans chacune des formules (57) les valeurs de s correspondantes aux rayons

$$\text{B, C, D, E, F, G, H}$$

de Frauenhofer, c'est-à-dire les valeurs de s_i comprises dans le Tableau I, on obtiendrait des valeurs de θ^2, et par suite des valeurs de θ, très peu différentes de celles que l'expérience a données. Au reste, pour trouver les différences des unes aux autres et constater l'accord des formules (57) avec les observations, il n'est pas même nécessaire d'effectuer la substitution dont il s'agit. On arrive plus facilement au même but à l'aide des considérations suivantes.

La formule (50), c'est-à-dire, en d'autres termes, la formule (16) de la page 372 ne subsiste qu'approximativement. Mais, comme nous l'avons déjà remarqué (p. 383), cette formule deviendra rigoureuse si l'on y remplace Θ_i par $\Theta_i - \Delta^4\Theta_i$, en attribuant à Θ_i la valeur fournie par les observations. Pareillement les formules (43) et (51) deviendront exactes, si l'on y remplace

$$s_i^n \quad \text{et} \quad \Theta_i$$

par

$$s_i^n - \Delta^3 s_i^n \quad \text{et} \quad \Theta_i - \Delta^3\Theta_i,$$

et attribuant à s_i^n, Θ_i les valeurs fournies par les observations, c'est-à-dire qu'alors on aura rigoureusement

$$s_i^n - \Delta^3 s_i^n = \tfrac{1}{7}\mathrm{S}\, s_i^n + \beta_i \mathrm{S}'\,\Delta s_i^n + \gamma_i \mathrm{S}''\,\Delta^2 s_i^n \tag{58}$$

et

$$\Theta_i - \Delta^3\Theta_i = \Theta + \mathfrak{U}\beta_i + \mathfrak{V}\gamma_i. \tag{59}$$

Effectivement l'équation (58) se déduit immédiatement des trois premières des formules (27), et l'équation (59), que l'on peut encore écrire comme il suit

$$\Theta_i - \Delta^3\Theta_i = \tfrac{1}{7}\mathrm{S}\,\Theta_i + \beta_i \mathrm{S}'\,\Delta\Theta_i + \gamma_i \mathrm{S}''\,\Delta^2\Theta_i, \tag{60}$$

est, aussi bien que l'équation (133) de la page 325, une conséquence nécessaire des formules (113) du § VI. D'ailleurs, pour obtenir l'équation (53), il a suffi d'éliminer de la formule (51) les valeurs de

$$\beta_i, \quad \gamma_i$$

tirées des équations (46) auxquelles se réduit la formule (43) quand on y pose successivement $n=2$, $n=4$; et, si au lieu des formules (43), (51) on emploie dans l'élimination dont il s'agit les formules (58), (59), on trouvera de la même manière

$$\Theta_i - \Delta^3\Theta_i = \mathfrak{a} + \mathfrak{b}(s_i^2 - \Delta^3 s_i^2) + \mathfrak{c}(s_i^4 - \Delta^3 s_i^4). \tag{61}$$

Donc, en vertu de ce qui a été dit ci-dessus, la formule (61) sera exacte, si l'on y substitue les valeurs de s_i et Θ_i fournies par l'expérience, en attribuant à

$$\Delta^3 s_i^2, \quad \Delta^3 s_i^4, \quad \Delta^3\Theta_i$$

les valeurs précédemment calculées et comprises dans les Tableaux I, II, ainsi que dans le Tableau III du § VIII. Or on tire de la formule (61)

$$\mathfrak{a} + \mathfrak{b}s_i^2 + \mathfrak{c}s_i^4 = \Theta_i + \mathfrak{b}\,\Delta^3 s_i^2 + \mathfrak{c}\,\Delta^3 s_i^4 - \Delta^3\Theta_i, \tag{62}$$

et le premier membre de la formule (62) est précisément la valeur de $\Theta_i = \theta_i^2$ ou de θ^2 que fournit chacune des équations (53), (55), (57). Donc, pour obtenir les valeurs de θ_i^2 que déterminent les formules (57), il suffira d'ajouter aux diverses valeurs de $\Theta_i = \theta_i^2$ fournies par l'expérience les valeurs correspondantes du trinôme

$$\lambda_i = \mathfrak{b}\,\Delta^3 s_i^2 + \mathfrak{c}\,\Delta^3 s_i^4 - \Delta^3\Theta_i, \tag{63}$$

qui se trouvent comprises dans le Tableau suivant.

Tableau VI.

Valeurs de $\lambda_i = \mathfrak{b}\,\Delta^3 s_i^2 + \mathfrak{c}\,\Delta^3 s_i^4 - \Delta^3 \Theta_i$ *exprimées en millionièmes.*

	EAU.		SOLUTION de potasse.	CROWNGLASS.			FLINTGLASS.				
	1re série.	2e série.		1re espèce.	2e espèce.	3e espèce.	1re espèce.	2e espèce.	3e espèce, 1re série.	3e espèce, 2e série.	4e espèce.
$\mathfrak{b}\,\Delta^3 s_1^2$	47	47	58	70	71	81	113	124	127	126	134
$\mathfrak{c}\,\Delta^3 s_1^4$	31	29	22	4	3	—16	—84	—105	—105	—110	—83
$-\Delta^3 \Theta_1$	62	25	17	—45	—5	—55	127	38	—58	—88	—20
λ_1	140	101	97	29	69	10	156	57	—36	—72	31
$\mathfrak{b}\,\Delta^3 s_2^2$	—19	—19	—23	—28	—29	—33	—46	—51	—52	—51	—54
$\mathfrak{c}\,\Delta^3 s_2^4$	2	2	2	0	0	—1	— 7	—8	—9	—9	—7
$-\Delta^3 \Theta_2$	—62	1	—8	31	23	15	—37	—60	15	—5	88
λ_2	—79	—16	—29	3	—6	—19	—90	—119	—46	—65	27
$\mathfrak{b}\,\Delta^3 s_3^2$	—59	—58	—72	—87	—88	—100	—141	—155	—158	—157	—167
$\mathfrak{c}\,\Delta^3 s_3^4$	—19	—18	—13	—2	—2	10	51	64	64	67	50
$-\Delta^3 \Theta_3$	—23	—16	—17	19	—35	72	—147	43	52	17	33
λ_3	—101	—92	—102	—70	—125	—18	—237	—48	—42	—73	—84
$\mathfrak{b}\,\Delta^3 s_4^2$	31	31	38	46	47	54	75	83	84	83	89
$\mathfrak{c}\,\Delta^3 s_4^4$	—14	—13	—10	—2	—1	7	38	48	48	50	38
$-\Delta^3 \Theta_4$	22	—10	7	—6	18	—31	56	—21	—7	73	—101
λ_4	39	8	35	38	64	30	169	110	125	206	26
$\mathfrak{b}\,\Delta^3 s_5^2$	146	144	178	215	218	249	348	384	392	388	413
$\mathfrak{c}\,\Delta^3 s_5^4$	—27	—25	—19	—3	—3	14	74	92	92	96	72
$-\Delta^3 \Theta_5$	—8	10	31	33	—47	—20	97	37	—53	—65	—16
λ_5	111	129	190	245	168	243	519	513	431	419	469
$\mathfrak{b}\,\Delta^3 s_6^2$	—118	—116	—144	—174	—176	—201	—281	—310	—317	—313	—334
$\mathfrak{c}\,\Delta^3 s_6^4$	61	56	43	8	6	—31	—165	—205	—205	—215	—162
$-\Delta^3 \Theta_6$	8	17	—22	—46	65	—20	—7	—59	9	—27	85
λ_6	—49	—43	—123	—212	—105	—252	—453	—574	—513	—555	—411
$\mathfrak{b}\,\Delta^3 s_7^2$	—28	—27	—34	—41	—41	—47	—66	—72	—74	—73	—78
$\mathfrak{c}\,\Delta^3 s_7^4$	—33	—31	—23	—4	—3	17	90	112	112	117	88
$-\Delta^3 \Theta_7$	1	—25	—11	13	—16	40	—91	22	45	91	—67
λ_7	—60	—83	—68	—32	—60	10	—67	62	83	135	—57

Ainsi, par exemple, si l'on ajoute à la valeur de Θ_1 trouvée pour l'eau (1re série), c'est-à-dire à

$$\Theta_1 = 1,771387$$

la première des valeurs de λ fournies par le Tableau VI ou le nombre

$$0,000140,$$

on obtiendra pour somme le nombre

$$1,771527,$$

qui représente précisément la valeur de θ^2 à laquelle on parvient en posant dans la première des formules (57)

$$s = s_1 = 2,833, \qquad L(s) = 4521774.$$

Pareillement, si de la valeur de Θ_6 relative au flintglass (2e espèce), c'est-à-dire de

$$\Theta_6 = 2,740370,$$

on retranche le nombre 574, qui, pris avec le signe —, représente la valeur de λ_6 correspondante à la même substance, on aura pour reste le nombre

$$2,739796,$$

qui est précisément la valeur de θ^2 à laquelle on parvient en posant dans la huitième des formules (57)

$$s = s_6 = 4,541, \qquad L(s) = 6571528.$$

Au reste, l'exactitude des valeurs de λ_i comprises dans le Tableau VI peut être confirmée comme il suit.

Les formules (117) du § VI donnent

$$S\Delta^3\Theta_i = 0, \qquad S'\Delta^3\Theta_i = 0, \qquad S''\Delta^3\Theta_i = 0.$$

On aura de même, en désignant par n l'un des nombres entiers 2 et 4,

$$(64) \qquad S\Delta^3 s_i^n = 0, \qquad S'\Delta^3 s_i^n = 0, \qquad S''\Delta^3 s_i^n = 0,$$

et par suite on tirera de l'équation (63)

$$(65)\quad \left\{\begin{aligned} S\,\lambda_i &= \lambda_1+\lambda_2+\lambda_3+\lambda_4+\lambda_5+\lambda_6+\lambda_7 = 0,\\ S'\lambda_i &= \lambda_1+\lambda_2+\lambda_3+\lambda_4-\lambda_5-\lambda_6-\lambda_7 = 0,\\ S''\lambda_i &= -\lambda_1-\lambda_2+\lambda_3+\lambda_4+\lambda_5+\lambda_6-\lambda_7 = 0. \end{aligned}\right.$$

Enfin de ces dernières équations combinées entre elles on conclura

$$(66)\quad \lambda_1+\lambda_2 = -(\lambda_3+\lambda_4) = \lambda_5+\lambda_6 = -\lambda_7.$$

Donc les quatre quantités

$$(67)\quad \lambda_1+\lambda_2,\quad \lambda_3+\lambda_4,\quad \lambda_5+\lambda_6,\quad \lambda_7$$

devront être égales au signe près et alternativement affectées de signes contraires. Or cette condition se trouve effectivement remplie avec une exactitude suffisante par les valeurs de λ_i que fournit le Tableau VI, comme le prouve celui que nous allons tracer.

Tableau VII.

Valeurs de $\lambda_1+\lambda_2$, $\lambda_3+\lambda_4$, ... exprimées en millionièmes.

	EAU.		SOLUTION de potasse.	CROWNGLASS.			FLINTGLASS.				
	1re série.	2e série.		1re espèce.	2e espèce.	3e espèce.	1re espèce.	2e espèce.	3e espèce, 1re série.	3e espèce, 2e série.	4e espèce.
$\lambda_1+\lambda_2$.......	61	85	68	32	63	−9	66	−62	−82	−137	58
$\lambda_3+\lambda_4$.......	−62	−84	−67	−32	−61	12	−68	62	83	133	−58
$\lambda_5+\lambda_6$.......	62	86	67	33	63	−9	66	−61	−82	−136	58
λ_7.......	−60	−83	−68	−32	−60	10	−67	62	83	135	−57

D'après ce qu'on vient de dire, les valeurs de θ^2 fournies par les équations (57) coïncident avec celles que l'on déduit de la formule

$$(68)\quad \theta^2 = \Theta_i + \lambda_i,$$

en attribuant à Θ_i les valeurs données par l'expérience et à λ_i les valeurs très petites que présente le Tableau VI. Or on tire de la formule (68)

$$\theta = (\Theta_i + \lambda_i)^{\frac{1}{2}} = (\theta_i^2 + \lambda_i)^{\frac{1}{2}} = \theta_i + \frac{1}{2}\frac{\lambda_i}{\theta_i} - \frac{1}{8}\frac{\lambda_i^2}{\theta_i^3} + \ldots; \tag{69}$$

et, comme, pour chacune des valeurs attribuées à λ_i et à θ_i, le troisième terme et les suivants, dans le dernier membre de l'équation (69), offriront une somme inférieure à un millionième, on pourra sans erreur sensible réduire cette équation à

$$\theta = \theta_i + \frac{1}{2}\frac{\lambda_i}{\theta_i}. \tag{70}$$

Donc la différence entre la valeur de θ déterminée par l'une des formules (57) et la valeur de θ_i donnée par l'expérience se réduira simplement à la quantité

$$\frac{\lambda_i}{2\theta_i} = \frac{1}{2}\theta_i^{-1}\lambda_i, \tag{71}$$

dont les diverses valeurs se tirent aisément du Tableau VI, et se trouvent comprises dans celui que nous allons tracer.

Tableau. VIII.

Valeurs de $\frac{1}{2}\theta_i^{-1}\lambda_i$ exprimées en millionièmes.

	EAU.		SOLUTION de potasse.	CROWNGLASS.			FLINTGLASS.				
	1re série.	2e série.		1re espèce.	2e espèce.	3e espèce.	1re espèce.	2e espèce.	3e espèce. 1re série.	3e espèce. 2e série.	4e espèce.
Pour $i=$ 1....	53	38	35	10	23	4	49	18	−11	−22	10
2....	−30	−6	−10	1	−2	−6	−28	−37	−14	−20	8
3....	−38	−34	−36	−23	−41	−6	−74	−15	−13	−22	−26
4....	15	3	12	12	20	10	52	34	38	63	8
5....	41	48	67	80	55	78	160	156	131	127	142
6....	−18	−16	−44	−69	−34	−80	−139	−173	−155	−167	−124
7....	−22	−31	−24	−10	−19	3	−20	19	25	40	−17
Sommes $i=$ 1 et 2.	23	32	25	11	21	−2	21	−19	−25	−42	18
3 et 4.	−23	−31	−24	−11	−21	4	−22	17	25	41	−18
5 et 6.	23	32	23	11	21	−2	21	−17	−24	−40	18
7.....	−22	−31	−24	−10	−19	3	−20	19	25	40	−17

Dans le Tableau VIII nous avons joint, pour chaque substance, aux diverses valeurs de

$$\tfrac{1}{2}\theta_i^{-1}\lambda_i,$$

les sommes de ces valeurs prises deux à deux à partir de celle qui correspond à $i=1$, c'est-à-dire les valeurs des quatre quantités

$$(72)\qquad \frac{\lambda_1}{2\theta_1}+\frac{\lambda_2}{2\theta_2},\quad \frac{\lambda_3}{2\theta_3}+\frac{\lambda_4}{2\theta_4},\quad \frac{\lambda_5}{2\theta_5}+\frac{\lambda_6}{2\theta_6},\quad \frac{\lambda_7}{2\theta_7}.$$

En ayant égard aux formules (65) ou (66) et raisonnant, comme dans le § VI (p. 337 et 338), on démontre sans peine que les quantités (72) doivent être sensiblement égales, au signe près, et alternativement affectées de signes contraires. Or cette condition se trouve en effet remplie, avec une exactitude suffisante, par les quantités comprises dans les quatre dernières lignes horizontales du Tableau VIII; ce qui prouve la justesse de nos calculs.

D'après le Tableau VIII, la différence entre la valeur de θ déterminée par l'une des formules (57) et la valeur de θ_i fournie par l'expérience est généralement inférieure, abstraction faite du signe, à un dix-millième. Il n'y a d'exception que pour le flintglass, dans le cas où l'on pose $i=6$ ou $i=7$, et alors même la différence dont il s'agit, prise, abstraction faite du signe, ne dépasse jamais 173 millionièmes, ou environ un dix-millième trois quarts. Les formules (57) reproduisent donc, avec de légères variations, les valeurs de θ_i fournies par l'expérience. Toutefois les variations dont il s'agit deviennent, pour certains rayons et certaines substances, supérieures aux variations observées dans le passage d'une série d'expériences à une autre; puisque ces dernières variations, d'après le Tableau XXIII du § VI, n'ont jamais surpassé la moitié d'un dix-millième. Ainsi les équations (57), appliquées à la détermination des valeurs de θ^2 et de θ, n'atteignent pas le même degré de précision que les formules établies dans les §§ VI, VII et VIII, par exemple les formules (11), (27) et (39) (§ VII), desquelles on déduisait pour $\Theta_i=\theta_i^2$, et par suite pour θ_i, des valeurs dont l'exactitude était comparable ou même supérieure à celle des résultats directement fournis par l'expérience. Mais il est juste de remarquer que les coefficients renfermés dans les équations (57), ou les valeurs de

$$\mathfrak{a}, \quad \mathfrak{b}, \quad \mathfrak{c}$$

relatives aux diverses substances, dépendent à la fois des valeurs de θ et de l fournies par l'expérience, les unes avec sept chiffres, les autres avec quatre chiffres seulement, tandis que les coefficients compris dans les formules des §§ VI, VII et VIII dépendent uniquement des valeurs observées de θ. Pour cette raison, en établissant les formules (57), on a dû négliger les différences du troisième ordre, dont on avait tenu compte dans les §§ VI, VII et VIII. On ne doit donc pas s'étonner que, pour certains rayons et certaines substances, les nombres compris dans le Tableau VIII surpassent un dix-millième et s'élèvent jusqu'à un dix-millième trois quarts environ.

Les plus grands nombres que renferment les Tableaux VI et VIII étant 574 et 173 millionièmes, il en résulte que les formules (57) déterminent les valeurs de θ^2 à 5 ou 6 dix-millièmes près et les valeurs de θ à 1 ou 2 dix-millièmes près. Comme d'ailleurs, dans les Tableaux I et II, les valeurs de s^2 sont toutes inférieures à 25 et celles de s^4 à 606, il est clair qu'on pourra simplifier les formules (57), en supprimant les deux derniers chiffres décimaux dans les coefficients de s^2 et de s^4, car cette suppression produira, dans la valeur de θ^2, une variation inférieure à la somme des produits

$$25 \times 0,00001 = 0,00025 \qquad \text{et} \qquad 606 \times 0,0000001 = 0,0000606,$$

par conséquent inférieure au nombre

$$0,0003106,$$

et à plus forte raison à

$$0,000574.$$

Après cette suppression, les deux valeurs de chaque coefficient $\mathfrak{b}$ ou $\mathfrak{c}$, correspondantes à deux séries d'expériences faites sur la même substance, seront, comme on devait s'y attendre, très peu différentes l'une de l'autre, et si l'on remplace ces mêmes valeurs par leur demi-somme, si de plus on supprime encore les deux dernières décimales dans les valeurs de $\mathfrak{a}$, on réduira les formules (57) aux suivantes :

(73)

Eau			$\theta^2 = 1,7518 + 0,00258 s^2 - 0,0000141 s^4$,
Solution de potasse			$\theta^2 = 1,9343 + 0,00317 s^2 - 0,0000102 s^4$,
Crownglass,	1re espèce		$\theta^2 = 2,2930 + 0,00383 s^2 - 0,0000019 s^4$,
»	2e espèce		$\theta^2 = 2,2972 + 0,00388 s^2 - 0,0000014 s^4$,
»	3e espèce		$\theta^2 = 2,3814 + 0,00442 s^2 + 0,0000075 s^4$,
Flintglass,	1re espèce		$\theta^2 = 2,5145 + 0,00619 s^2 + 0,0000395 s^4$,
»	2e espèce		$\theta^2 = 2,5781 + 0,00683 s^2 + 0,0000491 s^4$,
»	3e espèce		$\theta^2 = 2,5868 + 0,00693 s^2 + 0,0000504 s^4$,
»	4e espèce		$\theta^2 = 2,5882 + 0,00735 s^2 + 0,0000388 s^4$.

Si, en désignant par Ω la vitesse de propagation de la lumière dans l'air, on pose

$$(74) \qquad \frac{\Omega^2}{\mathfrak{a}^2} = \mathfrak{J},$$

on tirera des formules (5) et (11)

$$(75) \qquad \mathrm{a}_1 = \mathfrak{a}\mathfrak{J}, \qquad \mathrm{a}_2 = -\mathfrak{a}\mathfrak{b}\mathfrak{J}^2, \qquad \mathrm{a}_3 = \mathfrak{a}(2\mathfrak{b}^2 - \mathfrak{a}\mathfrak{c})\mathfrak{J}^3.$$

Par suite, si l'on réduit le dernier membre de la formule (4) à ses trois premiers termes, on tirera de cette formule, en supposant les valeurs de Ω et de k relatives, non plus à l'air, mais à un milieu quelconque,

$$(76) \qquad \frac{s^2}{k^2} = \Omega^2 - \mathfrak{a}\mathfrak{J}[1 - \mathfrak{b}\mathfrak{J}k^2 + (2\mathfrak{b}^2 - \mathfrak{a}\mathfrak{c})\mathfrak{J}^2 k^4];$$

puis on en conclura

$$(77) \qquad s^2 = \mathfrak{a}\mathfrak{J}[k^2 - \mathfrak{b}\mathfrak{J}k^4 + (2\mathfrak{b}^2 - \mathfrak{a}\mathfrak{c})\mathfrak{J}^2 k^6]$$

ou, ce qui revient au même,

$$(78) \qquad s^2 = \mathfrak{a}\mathfrak{J}k^2 - \mathfrak{a}\mathfrak{b}\mathfrak{J}^2 k^4 + (2\mathfrak{a}\mathfrak{b}^2 - \mathfrak{a}^2\mathfrak{c})\mathfrak{J}^3 k^6.$$

Si l'on continue de prendre pour unité de temps le quotient qu'on obtient en divisant une seconde sexagésimale par mille millions de millions, c'est-à-dire par $(10)^{15}$, on devra, dans les formules (77) et (78), aussi bien que dans la formule (55), attribuer aux coefficients $\mathfrak{a}$, $\mathfrak{b}$, $\mathfrak{c}$ les valeurs que fournit le Tableau V. Si, au contraire, on prend simplement pour unité de temps la seconde sexagésimale, on devra diviser les valeurs de $\mathfrak{b}$ tirées du Tableau V par $(10)^{30}$ et les valeurs de $\mathfrak{b}^2$ et de $\mathfrak{c}$ par $(10)^{60}$. Alors la formule (77) donnera

$$(79)\quad \left\{\begin{array}{lr}
\text{Pour l'eau} \dots\dots\dots\dots & \dfrac{s^2}{(10)^{30}} = 5,4890\left[\dfrac{k^2}{(10)^{14}} - 0,00808\,\dfrac{k^4}{(10)^{28}} + 0,000373\,\dfrac{k^6}{(10)^{42}}\right], \\[2ex]
\text{Pour la solution de potasse} \dots & \dfrac{s^2}{(10)^{30}} = 4,9712\left[\dfrac{k^2}{(10)^{14}} - 0,00815\,\dfrac{k^4}{(10)^{28}} + 0,000263\,\dfrac{k^6}{(10)^{42}}\right], \\[2ex]
\text{Pour le crownglass, 1}^{\text{re}}\text{ espèce.} & \dfrac{s^2}{(10)^{30}} = 4,1935\left[\dfrac{k^2}{(10)^{14}} - 0,00700\,\dfrac{k^4}{(10)^{28}} + 0,000113\,\dfrac{k^6}{(10)^{42}}\right], \\[2ex]
\text{» \quad 2}^{\text{e}}\text{ espèce.} & \dfrac{s^2}{(10)^{30}} = 4,1858\left[\dfrac{k^2}{(10)^{14}} - 0,00707\,\dfrac{k^4}{(10)^{28}} + 0,000111\,\dfrac{k^6}{(10)^{42}}\right], \\[2ex]
\text{» \quad 3}^{\text{e}}\text{ espèce.} & \dfrac{s^2}{(10)^{30}} = 4,0378\left[\dfrac{k^2}{(10)^{14}} - 0,00749\,\dfrac{k^4}{(10)^{28}} + 0,000061\,\dfrac{k^6}{(10)^{42}}\right], \\[2ex]
\text{Pour le flintglass, 1}^{\text{re}}\text{ espèce...} & \dfrac{s^2}{(10)^{30}} = 3,8241\left[\dfrac{k^2}{(10)^{14}} - 0,00941\,\dfrac{k^4}{(10)^{28}} - 0,000052\,\dfrac{k^6}{(10)^{42}}\right], \\[2ex]
\text{» \quad 2}^{\text{e}}\text{ espèce...} & \dfrac{s^2}{(10)^{30}} = 3,7298\left[\dfrac{k^2}{(10)^{14}} - 0,00988\,\dfrac{k^4}{(10)^{28}} - 0,000069\,\dfrac{k^6}{(10)^{42}}\right], \\[2ex]
\text{» \quad 3}^{\text{e}}\text{ espèce...} & \dfrac{s^2}{(10)^{30}} = 3,7172\left[\dfrac{k^2}{(10)^{14}} - 0,00996\,\dfrac{k^4}{(10)^{28}} - 0,000071\,\dfrac{k^6}{(10)^{42}}\right], \\[2ex]
\text{» \quad 4}^{\text{e}}\text{ espèce...} & \dfrac{s^2}{(10)^{30}} = 3,7152\left[\dfrac{k^2}{(10)^{14}} - 0,01055\,\dfrac{k^4}{(10)^{28}} + 0,000016\,\dfrac{k^6}{(10)^{42}}\right],
\end{array}\right.$$

la valeur de k étant variable, non seulement avec la couleur, mais encore avec la substance que l'on considère, et déterminée par l'équation

$$(2)\qquad k = \frac{2\pi}{l}.$$

Si dans les seconds membres des formules (79) on écrivait θk au lieu de k, les valeurs de k deviendraient relatives à l'air, et seraient telles que les présente le Tableau suivant.

TABLEAU IX.

Valeurs de k dans l'air.

INDICATION DES RAYONS.	B.	C.	D.	E.	F.	G.	H.
$L(l)$	8374930	8172000	7699476	7209611	6850986	6325176	5941557
$L\left(\frac{1}{l}\right)$	1625070	1828000	2300524	2790389	3149014	3674824	4058443
$L(2\pi)$	7981799	7981799	7981799	7981799	7981799	7981799	7981799
Logarithmes de $k = \frac{2\pi}{l}$.	9606869	9809799	0282323	0772188	1130813	1656623	2040242
$\frac{k}{(10)^7}$	0,9135	0,9571	1,0672	1,1946	1,2974	1,4644	1,5996

En multipliant une des valeurs de $\frac{k}{(10)^7}$ tirées du Tableau IX par la valeur de θ relative au même rayon et à une substance donnée, on obtiendra la valeur de $\frac{k}{(10)^7}$ relative au rayon et à la substance dont il s'agit. Ainsi, par exemple, en faisant usage des logarithmes, on trouvera, pour les valeurs de k relatives à la solution de potasse, celles que fournit le Tableau suivant.

TABLEAU X.

Valeurs de k relatives à la solution de potasse.

INDICATION DES RAYONS.	B.	C.	D.	E.	F.	G.	H.
$L\theta$	1460129	1462878	1469974	1478716	1486280	1500129	1511762
Lk (air)	9606869	9809799	0282323	0772188	1130813	1656623	2040242
Lk (solution de potasse).	1066998	1272677	1752297	2250904	2617093	3156752	3552004
$\frac{k}{(10)^7}$ (solution de potasse).	1,2785	1,3405	1,4970	1,6792	1,8269	2,0686	2,2657

Or, si l'on substitue ces dernières valeurs de $\frac{k}{(10)^7}$ dans la seconde des équations (79) ou, ce qui revient au même, dans la formule

$$(80) \qquad \frac{s^2}{(10)^{30}} = 4,9712 \frac{k^2}{(10)^{14}} - 0,04045 \frac{k^4}{(10)^{28}} + 0,00131 \frac{k^6}{(10)^{42}},$$

on obtiendra, comme on devait s'y attendre, des valeurs de $\frac{s^2}{(10)^{30}}$ et de $\frac{s}{(10)^{15}}$ sensiblement égales aux valeurs de s^2 et de s renfermées dans le Tableau I, et telles qu'on les trouve inscrites dans celui que nous allons tracer.

Tableau XI.

Valeurs de s^2 tirées de la formule (70).

INDICATION DES RAYONS.	B.	C.	D.	E.	F.	G.	H.
$4,9712 \frac{k^2}{(10)^{14}}$	8,1256	8,9329	11,141	14,016	16,591	21,272	25,519
$-0,04045 \frac{k^4}{(10)^{28}}$	-0,1081	-0,1306	-0,203	-0,322	-0,451	-0,741	-1,066
$0,00131 \frac{k^6}{(10)^{42}}$	0,0057	0,0076	0,015	0,029	0,049	0,102	0,177
$\frac{s^2}{(10)^{30}}$	8,0232	8,8099	10,953	13,723	16,189	20,633	24,630
$\frac{s}{(10)^{15}}$	2,833	2,968	3,310	3,704	4,024	4,542	4,963

Les différences qui existent entre les valeurs de s ou de $\frac{s}{(10)^{15}}$ fournies par les Tableaux I et XI sont inférieures aux variations que produisent les erreurs d'observations. Effectivement, on tire des formules (2) et (3)

$$(81) \qquad l = \frac{2\pi\Omega}{s};$$

et, si l'on substitue dans l'équation (81) les valeurs de s fournies par le Tableau XI, en prenant pour Ω la vitesse de propagation de la lumière dans l'air, c'est-à-dire en posant

$$\Omega = \frac{310177500}{1,000276}, \qquad L(\Omega) = 8,4914905,$$

on obtiendra les valeurs suivantes des longueurs d'ondulation dans l'air :

Tableau XII.

Valeurs de l tirées de la formule (81) *jointe au Tableau* XI.

INDICATION DES RAYONS.	B.	C.	D.	E.	F.	G.	H.
En dix-millionièmes de millimètre.....	6879	6564	5887	5260	4842	4289	3926
En cent-millionièmes de pouce........	2541	2425	2175	1943	1789	1585	1450

Or, si l'on compare les valeurs de l inscrites dans la dernière ligne horizontale du Tableau XII à celles qui ont été fournies par l'expérience et que nous avons placées en tête du Tableau II (§ VI), on reconnaîtra qu'elles ne diffèrent point les unes des autres, si l'on en excepte toutefois les valeurs relatives au rayon H. Observons d'ailleurs que la différence des nombres

$$1451 \quad \text{et} \quad 1450$$

qui, dans les deux Tableaux, représentent l'épaisseur des ondes relatives au rayon H, exprimée en cent-millionièmes de pouce, se réduit à une seule unité de l'ordre indiqué par le dernier chiffre, et que les expériences de Frauenhofer qui déterminent les épaisseurs d'ondes, exprimées en cent-millionièmes de pouce, fournissent souvent pour un même rayon des nombres dont les derniers chiffres diffèrent entre eux d'une ou de plusieurs unités.

C'est en observant les phénomènes produits par des réseaux composés de fils métalliques parallèles les uns aux autres, que Frauenhofer a obtenu les nombres inscrits en tête du Tableau II (§ VI), savoir

(a) 2541, 2425, 2175, 1943, 1789, 1585, 1451.

On peut consulter à ce sujet le Mémoire lu par ce physicien à l'Académie de Munich le 14 juin 1823. Les nombres dont il s'agit y sont donnés dans les premières pages et se trouvent, à la fin du Mémoire, remplacés par les suivants :

(b) ..., 2422, 2175, 1945, 1794, 1587, 1464.

Les épaisseurs d'ondes représentées par les nombres (a) et transformées en millimètres ont été adoptées par quelques physiciens (*voir* entre autres la *Physique* de Pouillet). D'autres physiciens, Herschel par exemple, ont adopté les épaisseurs d'ondes représentées par les nombres (b), en plaçant à la tête de ceux-ci le premier des nombres (a). Par conséquent ils ont supposé que les longueurs des ondes, exprimées en cent-millionièmes de pouce, étaient représentées, pour les rayons

B, C, D, E, F, G, H,

par les nombres

(c) 2541, 2422, 2175, 1945, 1794, 1587, 1464.

Les deux suites de nombres (a) et (c) sont complètement d'accord dans le premier et le troisième terme. Elles s'accordent encore sensiblement dans le quatrième et le sixième; mais elles diffèrent assez notablement dans le septième ou dernier terme. D'ailleurs les formules établies dans le présent Mémoire permettent de faire servir trois termes supposés connus à la détermination des quatre autres, ainsi que nous allons le faire voir.

En raisonnant comme dans le § VII (p. 373 et 374), et négligeant les différences du quatrième ordre, ou même celles du troisième, on déduira des formules (50) et (51) d'autres formules propres à déterminer la valeur générale de Θ_i, quand on connaîtra les valeurs particulières de

$$\Theta_1, \quad \Theta_2, \quad \Theta_3, \quad \Theta_5,$$

ou même simplement les valeurs de

$$\Theta_1, \quad \Theta_2, \quad \Theta_3.$$

Ces formules coïncideront avec l'équation (27) du § VII et avec celle qu'on en déduit quand on supprime le dernier terme du second membre, par conséquent avec la suivante

$$(82)\quad \begin{cases} \Theta_i = \Theta_1 + \dfrac{\beta_i - \beta_1}{\beta_3 - \beta_1}(\Theta_3 - \Theta_1) \\ \quad + \dfrac{\beta_i - \beta_1}{\beta_5 - \beta_1}\dfrac{\gamma'_i - \gamma'_3}{\gamma'_5 - \gamma'_3}\left[\Theta_5 - \Theta_1 - \dfrac{\beta_5 - \beta_1}{\beta_3 - \beta_1}(\Theta_3 - \Theta_1)\right], \end{cases}$$

la valeur de γ'_i étant

$$(83)\qquad \gamma'_i = \frac{\gamma_i - \gamma_1}{\beta_i - \beta_1}.$$

Pareillement, en supposant toujours que l'on néglige les différences finies du troisième ordre, c'est-à-dire les quantités

$$\Delta^3\Theta_i, \quad \Delta^3 s''_i, \quad \Delta^3 k''_i, \quad \Delta^3 l_i^{-n}, \quad .$$

on déduira des équations (43), (44), (45) d'autres équations qui serviront à déterminer les valeurs générales des quantités

$$s''_i, \quad k''_i, \quad l_i^{-n}$$

quand on connaîtra leurs valeurs particulières correspondantes à trois valeurs données de i. Ainsi, par exemple, en posant $n = 2$, et regardant comme connues les valeurs de l_i^{-2} correspondantes à $i = 1$, $i = 3$, $i = 6$, on tirera de l'équation (45)

$$(84)\quad \begin{cases} l_i^{-2} = l_1^{-2} + \dfrac{\beta_i - \beta_1}{\beta_3 - \beta_1}(l_3^{-2} - l_1^{-2}) \\ \quad + \dfrac{\beta_i - \beta_1}{\beta_6 - \beta_1}\dfrac{\gamma'_i - \gamma'_3}{\gamma'_6 - \gamma'_3}\left[l_6^{-2} - l_1^{-2} - \dfrac{\beta_6 - \beta_1}{\beta_3 - \beta_1}(l_3^{-2} - l_1^{-2})\right]. \end{cases}$$

Si maintenant on fait, pour abréger,

$$(85)\quad B_i = \frac{\beta_i - \beta_1}{\beta_3 - \beta_1}, \qquad C_i = \frac{(\beta_i - \beta_1)(\gamma'_i - \gamma'_3)}{(\beta_6 - \beta_1)(\gamma'_6 - \gamma'_3)}, \qquad D_i = B_i - B_6 C_i,$$

la formule (84) donnera simplement

$$l_i^{-2} = l_1^{-2} + \mathrm{B}_i(l_3^{-2} - l_1^{-2}) + \mathrm{C}_i[l_6^{-2} - l_1^{-2} - \mathrm{B}_6(l_3^{-2} - l_1^{-2})] \tag{86}$$

ou, ce qui revient au même,

$$l_i^{-2} = (1 - \mathrm{D}_i - \mathrm{C}_i)l_1^{-2} + \mathrm{D}_i l_3^{-2} + \mathrm{C}_i l_6^{-2}. \tag{87}$$

Enfin, si dans les équations (83) et (85) on substitue les valeurs de β_i et de γ_i trouvées dans le § VIII, on déduira aisément de ces formules les valeurs de

$$\gamma'_i,\quad \mathrm{B}_i,\quad \mathrm{C}_i \quad \text{et} \quad \mathrm{D}_i$$

comprises dans le Tableau que nous allons tracer.

Tableau XIII.

Valeurs de γ'_i, B_i, C_i, D_i.

i.	1.	2.	3.	4.	5.	6.	7.	SOMME.
β_i	0,190868	0,168734	0,108921	0,031477	-0,038125	-0,171610	-0,290264	0,000001
β_1	0,190868	0,190868	0,190868	9,190868	0,190868	0,190868	0,190868	1,336076
$\beta_i - \beta_1$	0,000000	-0,022134	-0,081947	-0,159391	-0,228993	0,362478	-0,481132	-1,336075
γ_i	-0,16970	-0,08510	0,07534	0,17924	0,19999	0,04521	-0,24541	-0,00043
γ_1	-0,16970	-0,16970	-0,16970	-0,16970	-0,16970	-0,16970	-0,16970	-1,18790
$\gamma_i - \gamma_1$	0,00000	0,08460	0,24504	0,34894	0,36969	0,21491	-0,07571	1,18747
$L[\pm(\gamma_i - \gamma_1)]$		9273704	3892370	5427508	5678377	3322566	8791532	
$L[-(\beta_i - \beta_1)]$		3450599	9135331	2024638	3598222	5592817	6822640	
$L(\mp \gamma'_i)$		5823105	4757039	3402870	2080155	7729749	1968892	
γ'_i		-3,8222	-2,9902	-2,1892	-1,6144	-0,5929	0,1574	-11,0515
γ'_3		-2,9902	-2,9902	-2,9902	-2,9902	-2,9902	-2,9902	-17,9412
$\gamma'_i - \gamma'_3$		-0,8320	0,0000	0,8010	1,3758	2,3973	3,1476	6,8897
$L(\gamma'_i - \gamma'_3)$		9201233		9036325	1385553	3797224	4979795	
$L[-(\beta_i - \beta_1)]$		3450599		2024638	3598222	5592817	6822640	
$L[\pm(\beta_i-\beta_1)(\gamma'_i-\gamma'_3)]$		2651832		1060963	4983775	9390041	1802435	
$L[-(\beta_6-\beta_1)(\gamma'_6-\gamma'_3)]$		9390041		9390041	9390041	9390041	9390041	
$L(\mp C_i)$		3261791		1670922	5593734	0,00000	2412394	
C_i		-0,02119		0,14692	0,36255	1,00000	1,74277	3,23105
$L[-(\beta_i - \beta_1)]$		3450599	9135331	2024638	3598222	5592817	6822640	
$L[-(\beta_3 - \beta_1)]$		9135331	9135331	9135331	9135331	9135331	9135331	
$L(B_i)$		4815268	0,00000	2889307	4462891	6457486	7687309	
$L(B_6)$		6457486		6457486	6457486	6457486	6457486	
$L(\mp C_i)$		3261791		1670922	5593734		2412394	
$L(\mp B_6 C_i)$		9719277		8128408	2051220	6457486	8869880	
B_i		0,27010		1,94505	2,79440	4,42332	5,87125	15,30412
$B_6 C_i$		-0,09374		0,64989	1,60370	4,42332	7,70882	14,29199
D_i		0,36384		1,29516	1,19070	0,00000	-1,83757	0,01213
$C_i + D_i$		0,34265		1,44208	1,55325		-0,09480	3,24318
$1 - C_i - D_i$		0,65735		-0,44208	-0,55325		1,09480	0,75682

En conséquence, on tirera de la formule (87)

$$
(88)\qquad \left\{
\begin{aligned}
l_2^{-2} &= 0{,}65735\, l_1^{-2} + 0{,}36384\, l_3^{-2} - 0{,}02119\, l_6^{-2},\\
l_4^{-2} &= -0{,}44208\, l_1^{-2} + 1{,}29516\, l_3^{-2} + 0{,}14692\, l_6^{-2},\\
l_5^{-2} &= -0{,}55325\, l_1^{-2} + 1{,}19070\, l_3^{-2} + 0{,}36255\, l_6^{-2},\\
l_7^{-2} &= 1{,}09480\, l_1^{-2} - 1{,}83757\, l_3^{-2} + 1{,}74277\, l_6^{-2}.
\end{aligned}
\right.
$$

Si dans ces dernières équations on substitue les valeurs de l_1, l_3, l_6 qui font partie de la suite (a) ou, ce qui revient au même, si, en prenant pour unité de longueur un cent-millième de pouce, on pose

$$l_1 = 2,541, \qquad l_3 = 2,175, \qquad l_6 = 1,585,$$

on obtiendra pour

$$l_2, \quad l_4, \quad l_5, \quad l_7$$

les valeurs que détermine le Tableau suivant.

TABLEAU XIV.

Valeurs de l_2, l_4, l_5, l_7 déduites de la formule (87).

i.	2.	4.	5.	7.
$L[\pm(1 - C_i - D_i)]$	8177967	6455009	7429214	0393348
$L(l_1^{-2})$	1899906	1899906	1899906	1899906
$L[\pm(1 - C_i - D_i)l_1^{-2}]$	0077873	8354915	9329120	2293254
$L(\pm D_i)$	5609104	1123235	0758024	2642439
$L(l_3^{-2})$	3250814	3250814	3250814	3250814
$L(\pm D_i l_3^{-2})$	8859918	4374049	4008838	5893253
$L(\mp C_i)$	3261791	1670922	5593734	2412394
$L(l_6^{-2})$	5999414	5999414	5999414	5999414
$L(\mp C_i l_6^{-2})$	9261205	7670336	1593148	8411808
$(1 - C_i - D_i)l_1^{-2}$	0,10181	−0,06847	−0,08569	0,16956
$D_i l_3^{-2}$	0,07691	0,27378	0,25170	−0,38844
$C_i l_6^{-2}$	−0,00844	0,05848	0,14432	0,69371
l_i^{-2}	0,17028	0,26379	0,31033	0,47483
$L(l_i^{-2})$	2311636	4212583	4918238	6765382
$L(l_i^{-1})$	6155818	7106292	7459119	8382691
$L(l_i)$	3844182	2393708	2540881	1617309
l_i	2,423	1,947	1,795	1,451

Ainsi, en adoptant comme exactes les valeurs de l_1, l_3 et l_6 représentées par le premier, le troisième et le sixième terme de la suite (a), nous sommes conduits, par l'application de la formule (87), à remplacer la suite dont il s'agit par cette autre suite de nombres

(d) 2541, 2423, 2175, 1947, 1795, 1585, 1451.

Si au sixième terme de la suite (a) on substituait le sixième terme de la suite (b), les nombres (d) se trouveraient, en vertu de la formule (87), remplacés par les suivants :

(e) 2541, 2423, 2175, 1948, 1796, 1587, 1454.

En comparant les nombres (d) et (e) aux nombres (a) et (c), on reconnaît que, si des deux suites (a) et (c) la première s'accorde moins bien avec les suites (d) et (e) dans le second, le quatrième et le cinquième terme, elle s'en rapproche beaucoup plus dans le septième terme, dont la variation, quand on passe de la suite (a) à la suite (d) ou (e), est nulle ou seulement égale à trois unités de l'ordre indiqué par le dernier chiffre, et s'élève au contraire à treize unités du même ordre lorsqu'on passe des nombres (c) aux nombres (d).

En terminant ce paragraphe, nous ferons observer que les équations (43), (44), (45) et (50) ont une grande analogie avec une formule du même genre que j'ai donnée dans un Mémoire lithographié sur l'interpolation, et à l'aide de laquelle on pourrait encore développer aisément deux des trois quantités

$$\theta, \quad s \quad \text{et} \quad k \quad \text{ou} \quad l^{-1}$$

suivant les puissances ascendantes de la troisième.

§ XII. — *Sur les résultats que fournit l'approximation du premier ordre.*

Le Tableau XI du § XI fournit les valeurs approchées de s^2 que l'on déduit de la formule (77) ou (78), en supposant les valeurs de $\mathfrak{a}$, $\mathfrak{b}$, $\mathfrak{c}$, $\mathfrak{I}$ relatives à la solution de potasse. Chacune de ces valeurs approchées se compose de trois termes dont les deux derniers sont comparables aux valeurs de $\Delta\Theta_i$ et de $\Delta^2\Theta_i$, c'est-à-dire aux différences finies du premier et du second ordre; et l'on reconnaît immédiatement à l'inspection du Tableau XI (§ XI) que le troisième terme, c'est-à-dire le terme du second ordre, est toujours moindre que la centième partie du premier. Il en est ainsi pour toutes les substances, même pour l'eau, quoique le coefficient de $\frac{k^6}{(10)^{42}}$ soit, dans la première des formules (79), beaucoup plus considérable que dans les suivantes. Effectivement la valeur de $\frac{k}{(10)^7}$ relative à l'eau et au rayon H, ou le produit

$$1,3442 \times 1,5996 = 2,1502,$$

a pour quatrième puissance le nombre

$$21,375,$$

et le produit de ces derniers nombres par le coefficient 0,000373, savoir

$$21,375 \times 0,000373 = 0,00797,$$

est inférieur à $\frac{1}{100}$. Or ce produit représentera évidemment le rapport des termes proportionnels à k^6 et à k^2 dans le trinôme que renferme la première des formules (79).

Il suit de ce qu'on vient de dire que les formules (79) et autres du § XI précédent seront encore sensiblement exactes, si l'on y néglige les termes du second ordre. Alors, en posant, pour abréger,

$$(1) \qquad \mathfrak{a}\mathfrak{I} = \mathfrak{N}, \qquad \mathfrak{b}\mathfrak{I} = \mathfrak{K}, \qquad \mathfrak{K}\mathfrak{N} = \mathfrak{N}',$$

on réduira la formule (76) à

$$(2) \qquad \frac{s^2}{k^2} = \Omega^2 = \mathfrak{N}(1 - \mathfrak{K}k^2) = \mathfrak{N} - \mathfrak{N}'k^2.$$

On peut d'ailleurs établir directement cette dernière formule de la manière suivante.

Concevons que les vibrations du fluide éthéré s'exécutent dans un milieu où la propagation du mouvement reste la même en tous sens, et considérons un rayon dans lequel les déplacements moléculaires soient parallèles à l'axe des x. On devra, dans la première des formules (16) du § I, supposer

$$\eta = 0, \qquad \zeta = 0,$$

et ξ fonction des seules variables indépendantes y, t. Donc cette formule donnera simplement

$$(3) \qquad \frac{\partial^2 \xi}{\partial t^2} = \mathrm{S}\left[m \frac{\mathrm{f}(r) + f(r)\cos^2\alpha}{r} \Delta\xi\right].$$

De plus, $\Delta\xi$ étant l'accroissement de la fonction ξ, correspondant à l'accroissement Δy ou $r\cos\beta$ de la variable y, on aura, par le théorème de Taylor,

$$(4) \qquad \Delta\xi = r\cos\beta \frac{\partial \xi}{\partial y} + \frac{r^2\cos^2\beta}{1.2}\frac{\partial^2\xi}{\partial y^2} + \frac{r^3\cos^3\beta}{1.2.3}\frac{\partial^3\xi}{\partial y^3} + \frac{r^4\cos^4\beta}{1.2.3.4}\frac{\partial^4\xi}{\partial y^4} + \ldots.$$

En substituant la valeur précédente de $\Delta\xi$ dans l'équation (3), négligeant les sommes qui renferment sous le signe S des puissances impaires de $\cos\beta$, et posant, pour abréger,

$$(5) \qquad \begin{cases} \mathfrak{a} = \mathrm{S}\left\{\dfrac{mr}{2}\,[\mathrm{f}(r) + f(r)\cos^2\alpha]\cos^2\beta\right\}, \\ \mathfrak{a}' = \mathrm{S}\left\{\dfrac{mr^3}{2.3.4}[\mathrm{f}(r) + f(r)\cos^2\alpha]\cos^4\beta\right\}, \end{cases}$$

on obtiendra la formule

$$(6) \qquad \frac{\partial^2\xi}{\partial t^2} = \mathfrak{a}\frac{\partial^2\xi}{\partial x^2} + \mathfrak{a}'\frac{\partial^4\xi}{\partial x^4} + \ldots,$$

qui devient

$$(7) \qquad \frac{\partial^2\xi}{\partial t^2} = \mathfrak{a}\frac{\partial^2\xi}{\partial x^2} + \mathfrak{a}'\frac{\partial^4\xi}{\partial x^4}$$

lorsqu'on réduit la série comprise dans le second membre à ses deux premiers termes. Si d'ailleurs on choisit pour origine des coordonnées un point où les molécules d'éther ne soient pas déplacées dans le premier instant, ξ devra s'évanouir quand on supposera simultanément

$$y = 0, \qquad t = 0,$$

et l'on vérifiera cette condition, ainsi que la formule (7), en posant

$$\xi = \mathfrak{A} \sin[k(y \pm \Omega t)], \tag{8}$$

$$\Omega^2 = \mathfrak{H} - \mathfrak{H}' k^2. \tag{9}$$

C'est à très peu près en suivant cette méthode que j'avais établi la formule (2) ou (9) dans un Mémoire présenté à l'Académie des Sciences le 14 juin 1830. Cette même méthode a été publiée, ainsi que les formules (7), (8) et (9), dans le *Bulletin des Sciences* de M. de Férussac (t. XIV, p. 9, année 1830) (¹); et, si elle a été proposée depuis dans un article du *Philosophical Magazine* (janvier 1836) comme propre à simplifier les calculs développés dans le Mémoire sur la dispersion, cela tient évidemment à ce que l'auteur de l'article n'avait point sous les yeux le Tome XIV du *Bulletin* ci-dessus mentionné.

Lorsque l'on considère le terme

$$\mathfrak{K} k^2 = \frac{\mathfrak{H}}{\mathfrak{H}'} k^2$$

comme une quantité dont le carré peut être négligé, on a

$$1 - \mathfrak{H} k^2 = \frac{\sin(k\sqrt{6\mathfrak{K}})}{k\sqrt{6\mathfrak{K}}}, \tag{10}$$

et l'équation (2) ou (9) devient

$$\Omega^2 = \mathfrak{H} \frac{\sin(k\sqrt{6\mathfrak{K}})}{k\sqrt{6\mathfrak{K}}}. \tag{11}$$

C'est sous cette dernière forme que l'équation (9) a été présentée et vérifiée à l'aide des expériences de Frauenhofer par M. B. Powel dans plusieurs articles que renferment les *Philosophical Transactions* et le *Philosophical Magazine*.

(¹) *OEuvres de Cauchy*, S. II, T. II.

TABLE DES MATIÈRES

DES NOUVEAUX EXERCICES DE MATHÉMATIQUES.

FIN DU TOME X DE LA SECONDE SÉRIE.

TABLE DES MATIÈRES

DU TOME DIXIÈME.

SECONDE SÉRIE.

MÉMOIRES DIVERS ET OUVRAGES.

III. — MÉMOIRES PUBLIÉS EN CORPS D'OUVRAGES.

FIN DE LA TABLE DES MATIÈRES DU TOME X DE LA SECONDE SÉRIE.

18986 Paris. — Imprimerie Gauthier-Villars et fils, quai des Grands-Augustins, 55.

Printed in the United States
By Bookmasters